"课程思政+核心素养+分层教学"立体化新理念教材

计算机辅助设计（AutoCAD 2020）

职山杰　赵大伟　张甲秋　/　主　编

史宇宏　姚耀龙　/　副主编

電子工業出版社

Publishing House of Electronics Industry

北京·BEIJING

内 容 简 介

本书以AutoCAD辅助设计与制图为主线，构建立体化的学习框架。本书从多层次、多角度介绍使用AutoCAD 在建筑工程、机械制图及室内装饰领域进行辅助设计与制图的完整流程，不仅可以帮助学生解决未来生活、工作中的相关问题，还可以培养学生的职业思维、岗位技能和价值创造能力。本书内容翔实、条理清晰、通俗易懂、简单实用，以推进课程思政为指导，以增强职业素养为中心，以满足应用需求为导向，完善了教学环节中的思想与技能教育，强化德技并修的育人途径，将思想性、技术性、人文性、趣味性与实用性有机结合起来，既可以作为专业课教材，又可以作为职业型工作手册。

本书对接多个专业和 AutoCAD 辅助设计与制图相关的课程标准，衔接对应的职业岗位要求，不仅可以作为应用型本科及职业院校计算机类专业的教材，还可以作为 AutoCAD 辅助设计与制图培训班的培训资料及广大用户的参考用书。

图书在版编目（CIP）数据

计算机辅助设计：AutoCAD 2020 / 职山杰，赵大伟，张甲秋主编. —北京：电子工业出版社，2023.8

ISBN 978-7-121-45950-4

Ⅰ. ①计… Ⅱ. ①职… ②赵… ③张… Ⅲ. ①工程制图－AutoCAD 软件 Ⅳ. ①TB237

中国国家版本馆 CIP 数据核字（2023）第 126916 号

责任编辑：杨　波
印　　刷：三河市鑫金马印装有限公司
装　　订：三河市鑫金马印装有限公司
出版发行：电子工业出版社
　　　　　北京市海淀区万寿路 173 信箱　　邮编　100036
开　　本：880×1230　1/16　　印张：16　　字数：369 千字
版　　次：2023 年 8 月第 1 版
印　　次：2024 年 8 月第 2 次印刷
定　　价：48.00 元

凡所购买电子工业出版社图书有缺损问题，请向购买书店调换。若书店售缺，请与本社发行部联系，联系及邮购电话：（010）88254888，88258888。

质量投诉请发邮件至 zlts@phei.com.cn，盗版侵权举报请发邮件至 dbqq@phei.com.cn。

本书咨询联系方式：（010）88254584，yangbo@phei.com.cn。

PREFACE

本书以党的二十大精神为统领，全面贯彻党的教育方针，落实立德树人根本任务，践行社会主义核心价值观，铸魂育人，坚定理想信念，坚定“四个自信”，为中国式现代化全面推进中华民族伟大复兴培育技能型人才。

本书涵盖了 AutoCAD 辅助设计与制图在建筑工程、机械制图及室内装饰领域的相关内容，遵循由浅入深、由易到难、由点到面的设计原则，采用案例引导的基本方法来组织内容。将 AutoCAD 辅助设计与制图的相关知识融入不同应用领域的案例中，符合学生从接受知识、消化知识到应用和转化知识的认知发展规律。

本书在整体规划与内容编排方面独具匠心，形成了具有鲜明特色的知识框架。

1. 内容覆盖全面，结构清晰合理

本书按照 AutoCAD 辅助设计与制图的主要流程来安排内容，全面介绍了使用 AutoCAD 在建筑工程、机械制图及室内装饰领域绘制各种图形的过程，不仅有利于学生了解各应用领域的理论知识，还可以拓宽学生的知识视野。

2. 知识点精练，实用性更强

本书既注重全面性，又注重学习效果与实用性。在全面介绍 AutoCAD 辅助设计与制图的职业领域、职业前景、职业规范化要求、与职业相关的其他知识，以及 AutoCAD 辅助设计与制图在不同应用领域的设计流程、方法和技巧的同时，本书还对软件知识点进行精心提炼，用通俗易懂的语言来描述专业性的概念、命令及操作过程，并将其融入案例中，激发学生学习 AutoCAD 辅助设计与制图的兴趣，强化训练学生的职业技能，使学生的学习更轻松，掌握的技能更实用。

3. 可灵活安排日常教学和自主学习

本书的设计宗旨之一就是便于不同层次的读者开展自主学习与自主探索。但由于软件本身的特点，编者建议的教学课时为 80～100 学时，知识讲解与实训的课时比例建议为 1∶2。教师和学生也可根据自身情况与需求，灵活安排课时。例如，教师可重点讲解书中的知识要

点，学生可参考教师的讲解或案例操作视频，先对课堂实训开展自主学习，再由教师进行必要的辅导。另外，部分章节安排了课堂练习和知识拓展等，用来锻炼学生自主学习和解决问题的能力。由于本书采用黑白印刷，书中部分图片细节及颜色较难区分，请读者在软件中结合源文件进行识别。

4．适合中高职融通化教学

根据实践应用的难易顺序和学生的心理接受过程，本书将“知”与“行”进行融合并交替展开，兼顾了中等及高等职业院校的计算机辅助设计能力培养需求。因此，本书不仅适合中专、中职、技工院校开展计算机软件课程教学使用，还可以作为高职、高专院校计算机专业的教材。

5．提供丰富的配套教学资源

本书配有教学参考资料包，包括PPT课件、教案与教学指南、案例操作视频、试卷与答案等，以便教师开展日常教学。如有需要，可登录华信教育资源网免费下载。

- 素材：本书所使用的素材文件。
- 图块文件：本书所使用的图块文件。
- 效果文件：本书所有案例的效果文件。
- 操作视频：本书部分章节的视频讲解文件。
- 知识拓展：本书知识拓展内容。
- PPT课件：本书的PPT课件。
- 思政：配套的思政文件。
- 试卷与答案：本书配套的试卷及“知识巩固与能力拓展”模块的答案。
- 教案与教学指南：配套的电子教案与教学指南文件。

本书由职山杰、赵大伟、张甲秋担任主编，由史宇宏、姚耀龙担任副主编。史宇宏负责统筹全书内容并统稿，黑龙江农业工程职业学院张甲秋编写第1～3章，苏州大学应用技术学院的职山杰负责编写第7～10章和第14章，大庆师范学院的赵大伟负责编写第4～6章和第13章，山东省路桥集团有限公司西南公司的姚耀龙负责编写第11章和第12章。另外，大庆师范学院的马骏驰为本书的编写提供了许多帮助，在此表示感谢。

虽然编者在本书的规划设计和编写过程中倾注了大量的精力与心血，但由于个人能力有限，书中难免存在不足之处，恳请广大读者不吝指教，以便进行改正和完善（编者的E-mail为yuhong69310@163.com）。

编　者

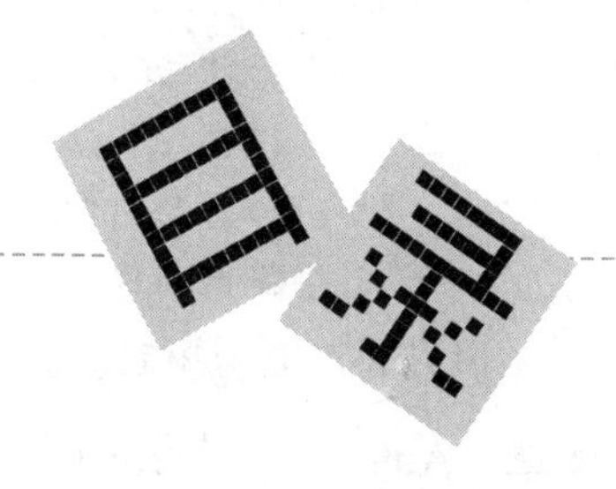

CONTENT

开篇——AutoCAD 与辅助绘图 第1章

工作任务分析

本章主要介绍 AutoCAD 的应用领域、职业前景和基本操作等内容。学习本章有助于开阔学生的视野，激发学生的职业认同感及学习 AutoCAD 的热情。

知识学习目标

- 了解 AutoCAD 的应用领域。
- 了解 AutoCAD 的职业前景。
- 了解 AutoCAD 的就业方向。
- 熟悉 AutoCAD 的工作空间与基本操作。

技能实践目标

- 掌握 AutoCAD 的基本操作。
- 掌握 AutoCAD 图形对象的基本操作。

1.1 了解 AutoCAD 的应用领域

AutoCAD 是由 Autodesk 公司开发的一款辅助绘图与设计的软件。该软件的问世打破了传统手工绘图的烦琐、缓慢、工作量大、误差多等弊端，使绘图与设计变得更高效、简单和精准。目前，AutoCAD 是国内外设计工程领域应用最广泛的软件。

1.1.1 AutoCAD 在建筑工程中的应用

建筑工程非常复杂，关乎人们的基本生活与生命安全。建筑工程的核心是设计图，由于建筑工程的大小不同，因此设计图可能有几十幅或上百幅。这些设计图是建筑工程质量的重要保障，其中，最主要的 3 种设计图是平面图、立面图和剖面图，简称三视图。三视图从不同角度和方向表达了建筑物的内部布置、构造、装修、外部形状与施工要求等。

在 AutoCAD 问世之前，建筑工程所需的所有设计图都需要依靠传统的手工绘图技术来绘制。手工绘图不仅费时费力，最重要的是精度差，可能会影响建筑工程的质量。应用 AutoCAD 进行建筑工程设计图的设计与绘制，不但大大减少了设计工作量，而且设计图的精度也得到了极大的提高，建筑工程的质量也有了很好的保障。使用 AutoCAD 设计的某住宅楼的平面图、立面图和剖面图如图 1-1 所示。

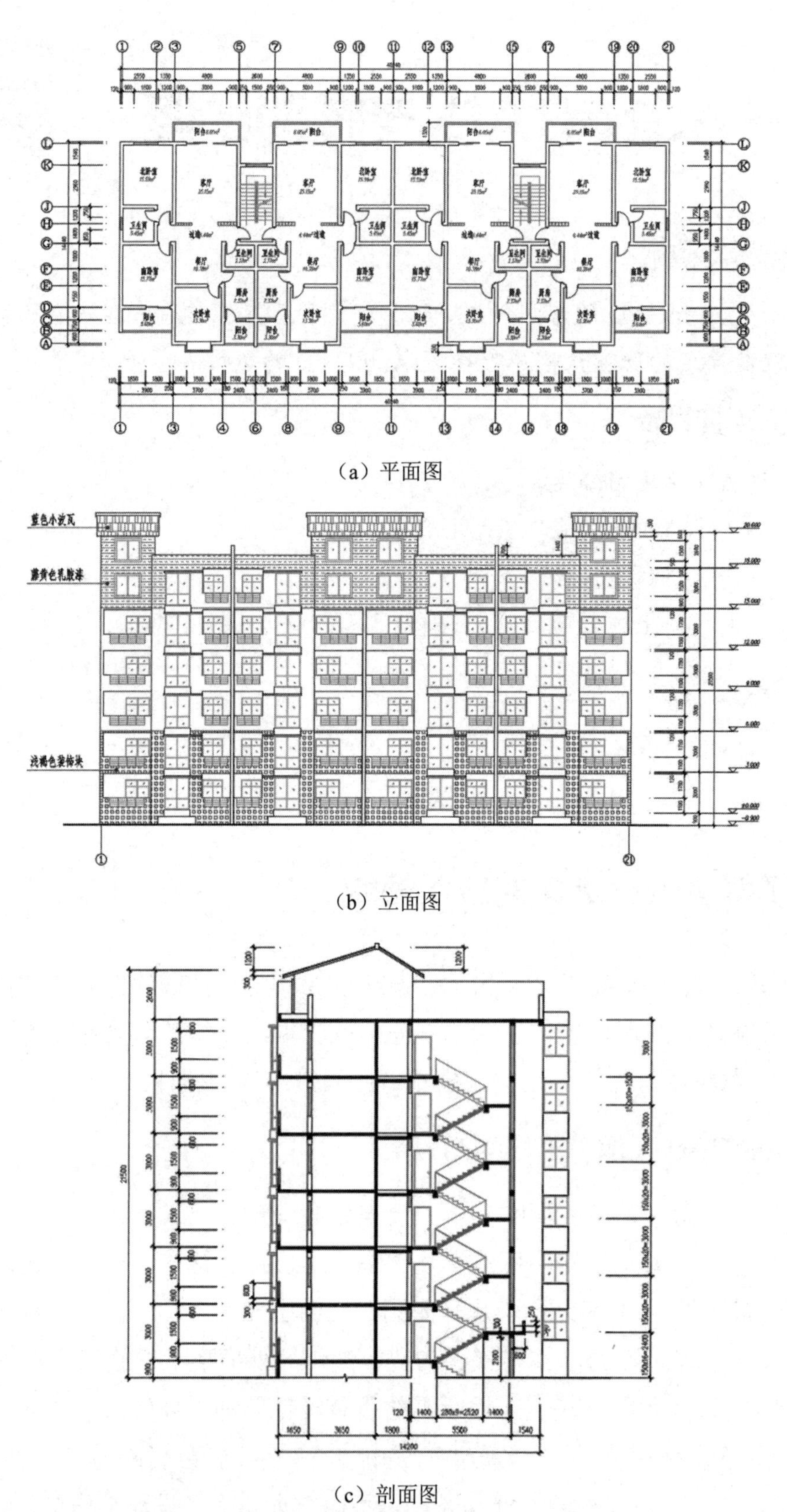

（a）平面图

（b）立面图

（c）剖面图

图 1-1　某住宅楼的平面图、立面图和剖面图

第 12 章将通过具体的案例详细讲解 AutoCAD 在建筑设计中的应用，因此本节不再详细介绍。

1.1.2 AutoCAD 在机械制图中的应用

机械工程是国家发展的重要组成部分。从儿童玩具到飞机、舰船等，都反映了一个国家机械化的水平。机械工程的核心是机械设计与制造，为了能准确表达机械零件内部和外部的结构特征，方便机械零件的加工制造，机械零件图就显得尤为重要。

在机械工程中，一般采用三面正投影图来准确表达机械零件的形状，即主视图、俯视图和左视图，有时还需要绘制零件的剖视图、轴测图、三维视图及装配图等其他视图，这些视图是机械零件加工与制造的重要依据。使用 AutoCAD 绘制这些机械零件图，不但速度快、精度高，而且方便对设计图进行修改，并且可以为机械的检修提供极大的便利。使用 AutoCAD 绘制的盖板零件的二视图、三维模型与轴测图如图 1-2 所示。

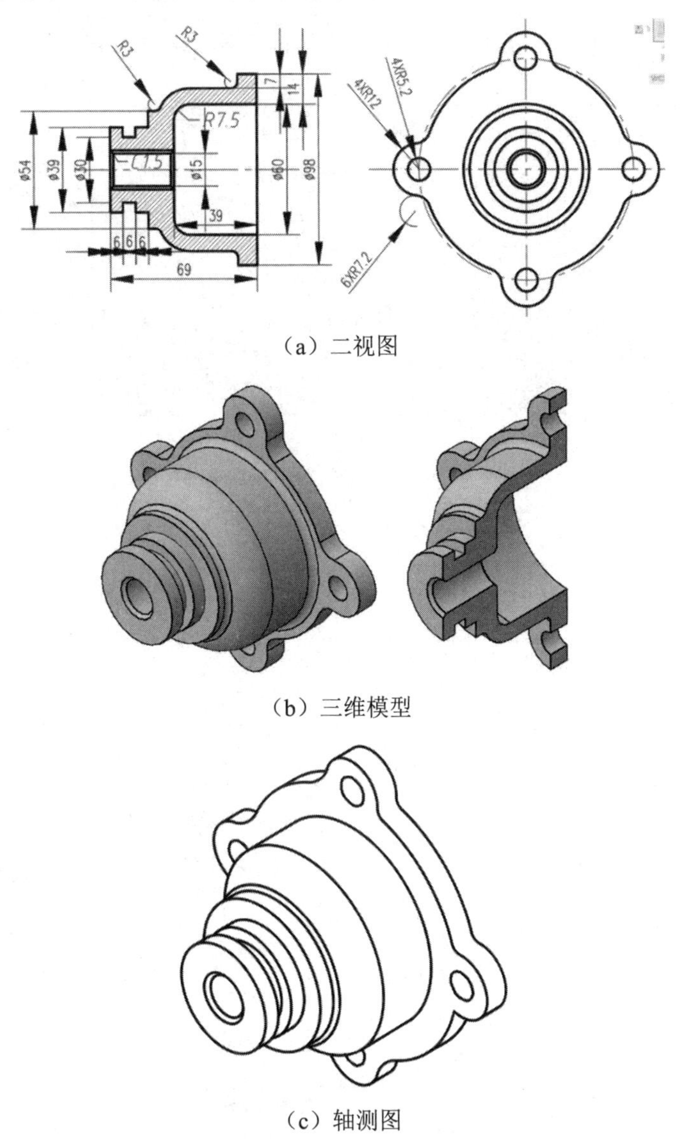

（a）二视图

（b）三维模型

（c）轴测图

图 1-2　盖板零件的二视图、三维模型与轴测图

第 14 章将通过具体的案例详细讲解 AutoCAD 在机械制图中的应用，因此本节不再详细介绍。

1.1.3 AutoCAD 在室内装饰设计中的应用

室内装饰设计是指综合的室内环境设计，包括视、声、光、热等。通过对室内环境进行设计，既能使室内环境更具有使用价值，满足相应的功能要求，以及人们的物质和精神生活需求，又能反映历史文脉、建筑风格和人文环境等。

在室内装饰设计中，同样需要绘制大量的设计图，这些设计图包括平面布置图、立面图、吊顶灯具图，以及构造节点详细的细部大样图和设备管线图等一系列图纸（这些图纸是室内装饰工程施工的重要依据）。使用 AutoCAD 来绘制这些设计图，不仅能大大减少绘图工作量，还能最大限度地保证设计图的精确度。使用 AutoCAD 绘制的某套一居室室内装饰设计的设计图如图 1-3 所示。

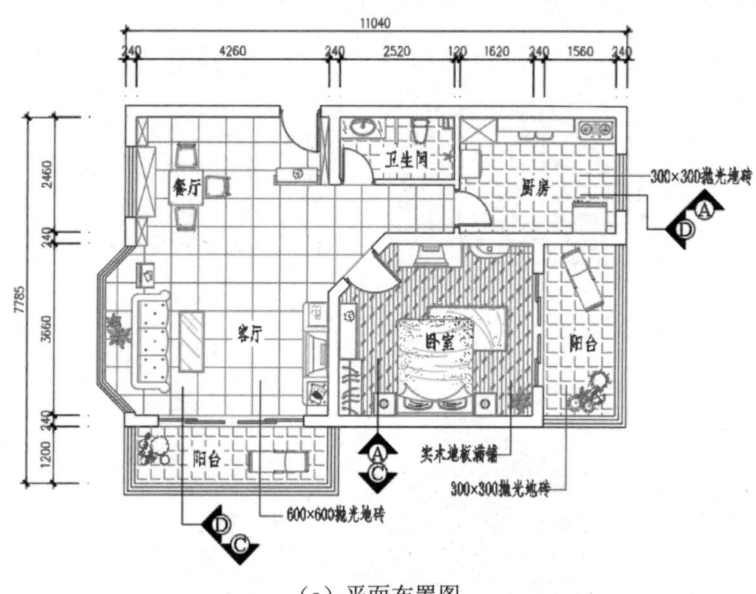

（a）平面布置图

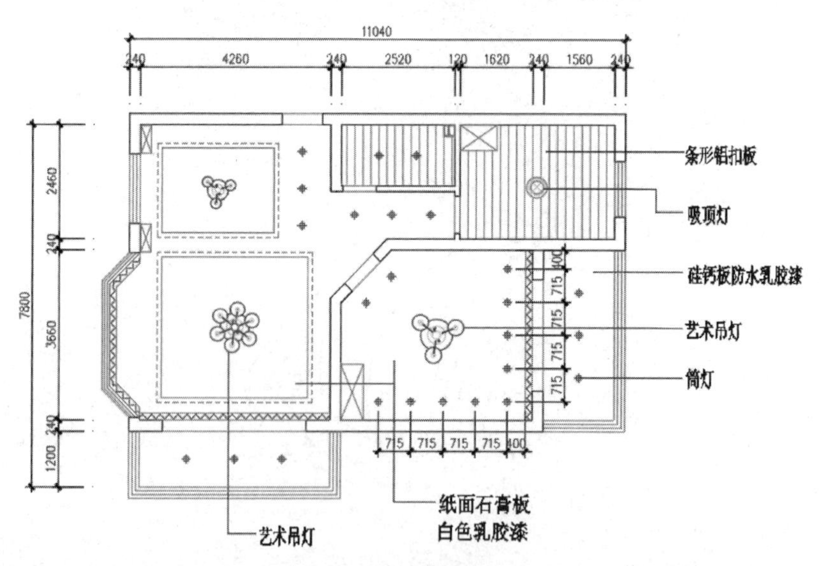

（b）吊顶灯具图

图 1-3　某套一居室室内装饰设计的设计图

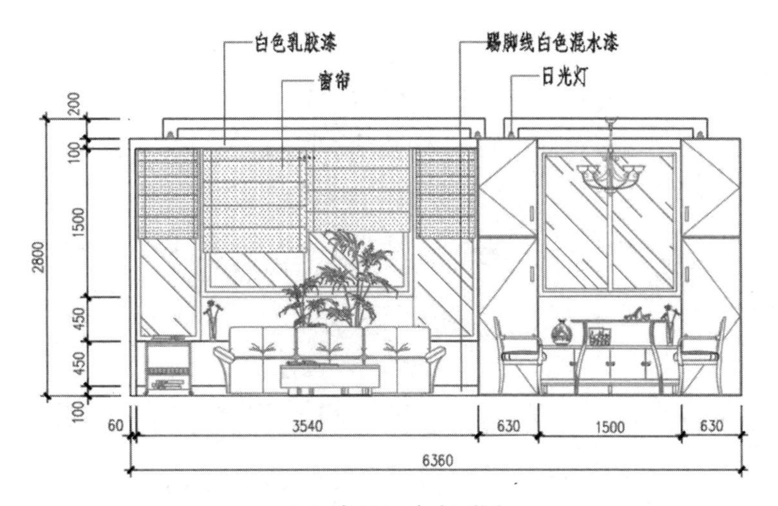

（c）客厅 D 向立面图

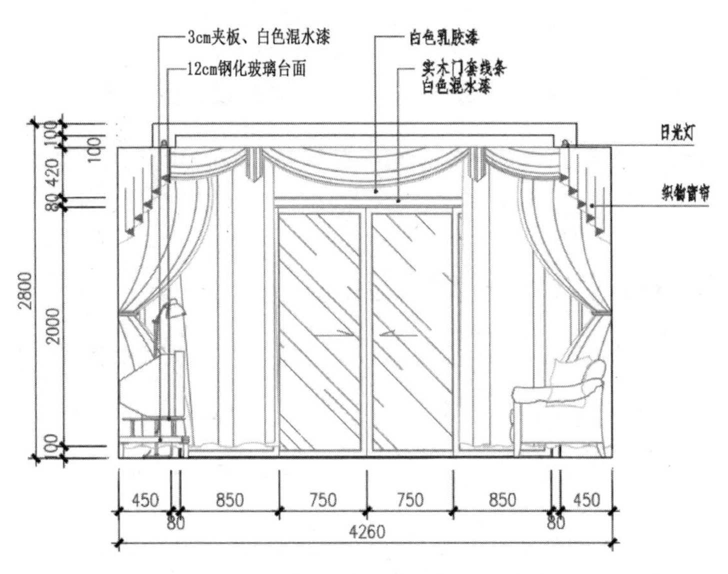

（d）客厅 C 向立面图

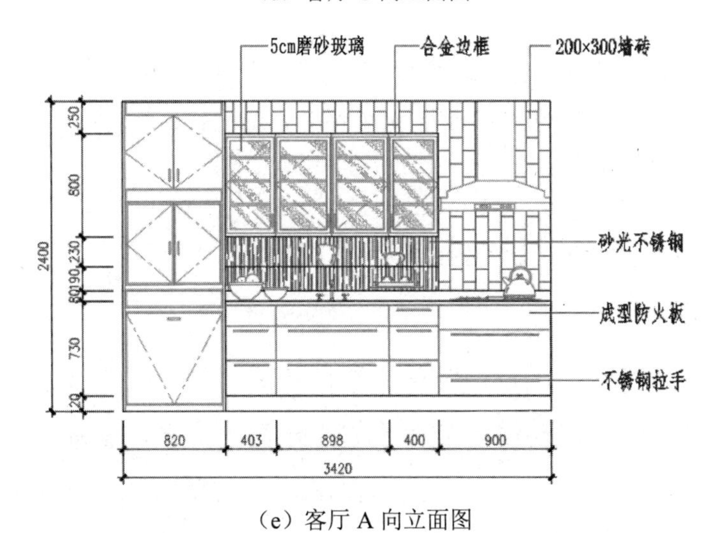

（e）客厅 A 向立面图

图 1-3　某套一居室室内装饰设计的设计图（续）

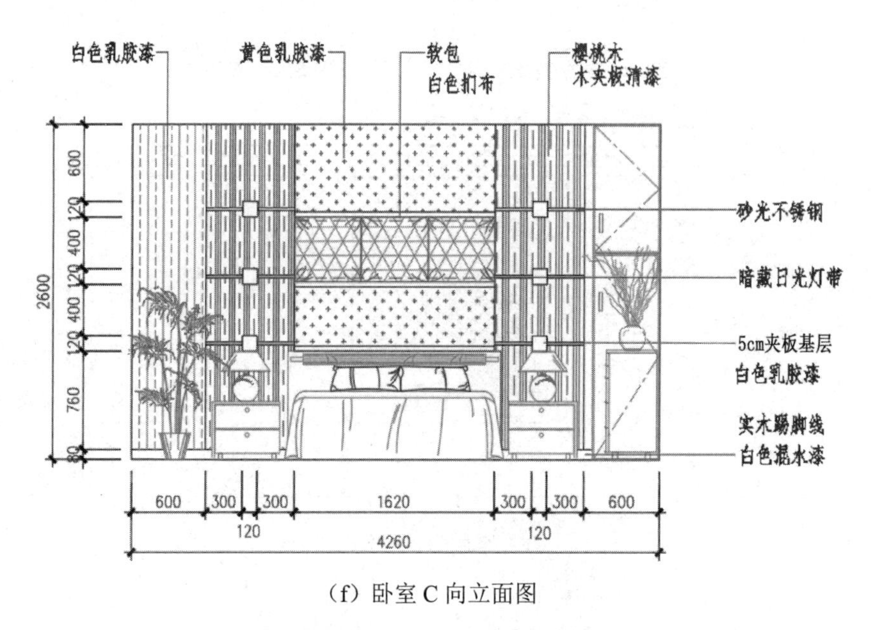

（f）卧室 C 向立面图

图 1-3　某套一居室室内装饰设计的设计图（续）

第 13 章将通过具体的案例详细讲解 AutoCAD 在室内装饰设计中的应用，因此本节不再详细介绍。

1.1.4　AutoCAD 在其他设计领域的应用

除了建筑设计、机械制图及室内装饰设计，AutoCAD 在桥梁建设、隧道工程、地质勘探、服装设计和电路设计，乃至航空航天、宇宙探索等行业都有广泛的应用。由于篇幅所限，相关内容在此不再赘述，对此感兴趣的读者可以自行查阅相关资料。

1.2　AutoCAD 绘图员的职业前景与就业方向

AutoCAD 作为一款辅助绘图与设计软件，被广泛应用于多个设计行业，如建筑工程、机械设计与机械制图、室内装饰装潢，下面对这 3 个行业中 AutoCAD 绘图员的职业前景与就业方向进行分析。

1.2.1　AutoCAD 绘图员的职业前景与从业资格

1）建筑工程

随着我国经济的不断发展，以及城镇化进程的不断推进，城镇人口在逐年增加，城镇住房需求也在逐年增加，因此与建筑设计类相关的工作需求更多，就业机会也更多。

建筑设计不但综合性很强，而且专业技术要求较高。要想成为一名合格的建筑设计师，必须经过相关专业的学习，掌握相关专业知识，并且具备相关专业能力，具体如下。

第一，具备建筑学、建筑结构、工民建、土木工程等相关专业本科及以上学历，能根据设计要求完成建筑风格、外形等总体设计；第二，能提供各种建筑的主体设计、户型设计、外墙设计和景观设计等；第三，能协助解决施工过程中遇到的各种施工技术问题，并且参与建筑规划和设计方案的审查，具备建筑图纸修改等能力。

2）机械设计与机械制图

机械设计是机械工程的重要组成部分，是机械生产的第一步，是决定机械性能的最主要的因素。具体来说，机械设计就是根据使用要求对机械的工作原理、结构、运动方式、力和能量的传递方式，以及各个零件的材料和形状尺寸、润滑方法等进行构思、分析和计算，并将其以图纸的形式表现出来，以作为制造依据。机械设计的目标是，在各种限定的条件（如材料、加工能力、理论知识和计算手段等条件）下进行优化设计，使机械具备最好的工作性能、最低的制造成本、最小尺寸和质量、最低的消耗、最少的环境污染，以及使用中的最高的可靠性。

机械设计同样是一门综合性很强的学科。要想成为一名合格的机械设计师，必须掌握机械制图、数学、理论力学、材料力学、机械设计、机械原理、机械制造、电路原理、弹性力学、数值分析、机械工程控制及微机原理等相关知识。

相对于机械设计，机械制图就简单得多。简单来说，机械制图就是绘图，绘图人员只需要掌握简单的机械知识，并且能熟练运用绘图软件（如AutoCAD）即可。

3）室内装饰装潢

室内装饰装潢是指对室内空间进行设计，使其能满足相应的功能要求，满足人们的物质和精神生活需求。

室内装饰装潢是AutoCAD辅助绘图与设计中最简单的行业，从业者只需要具备一定的建筑知识，以及颜色、视角、比例、空间和构图等基础知识，同时掌握相关的绘图软件（如AutoCAD、3ds Max等）就可以从事室内装饰装潢工作。

4）其他行业

随着科技的不断发展及基础设施的持续完善，除了以上行业，还有很多行业（如科研、工业、勘探、人工智能、桥梁、隧道建设及服装设计等）都需要大量从事AutoCAD辅助绘图与设计的人才。

1.2.2　AutoCAD绘图员的就业方向与职位分布

1）建筑行业的就业方向与职位分布

建筑学是一门综合性较强的学科。建筑行业的职位分布较广，就业方向多样。根据所学专业不同，职业院校的学生在建筑行业的就业方向与职位分布如下。

（1）进入建筑设计研究院、建筑设计事务所等设计单位，成为建筑设计师。

（2）参加公务员考试进入城市规划等设计单位，成为公务员。

（3）进入房地产行业，成为建筑设计人员。

（4）成立个人工作室，从事与建筑设计有关的工作。

2）机械设计行业的就业方向与职位分布

机械设计行业的专业性很强。该行业的就业方向与职位分布如下。

（1）进入汽车制造企业，从事汽车零部件的设计工作。

（2）进入各修理企业，从事机械的修理工作。

（3）参加公务员考试成为公务员。

（4）自己创业，从事机械修理工作。

3）室内装饰装潢行业的就业方向与职位分布

室内装饰装潢是目前非常热门的一个行业，该行业的就业方向与职位分布如下。

（1）进入建筑设计公司，从事建筑的室内和室外装饰设计工作。

（2）进入装饰设计公司，从事室内和室外装饰设计工作。

（3）参加公务员考试成为公务员。

（4）创办个人工作室，从事室内装饰设计工作。

4）其他行业

AutoCAD 辅助绘图与设计在其他行业的职位与个人职业能力及职业素养有关，就业方向基本上是项目设计、项目管理等。

1.2.3 AutoCAD 绘图员的薪资待遇

无论是从事建筑设计、机械设计、室内装饰装潢设计，还是其他设计行业，都属于技术类职业，这类职业对从业人员的职业技能与职业素养的要求很高，因此其薪资待遇一般普遍高于本地平均薪资待遇的 30%左右。随着就业时间的延长，职业技能的进一步提高，技术类职业的涨薪幅度会更大。

1.3 AutoCAD 的工作空间与基本操作

本节主要介绍 AutoCAD 的工作空间与基本操作。

1.3.1 了解并切换工作空间

AutoCAD 2020 的工作空间包括“草图与注释”、“三维基础”及“三维建模”。当成功安装 AutoCAD 2020 并启动程序后，显示的是“开始”界面，如图 1-4 所示。

单击“最近使用的文档”列表中的一个文档，即可打开最近使用过的文档。如果单击“开始绘制”按钮，那么系统会自动打开一个名为 Drawing1.dwg 的默认图形文件，并进入系统默认的“草图与注释”工作空间，如图 1-5 所示。

图 1-4 “开始”界面

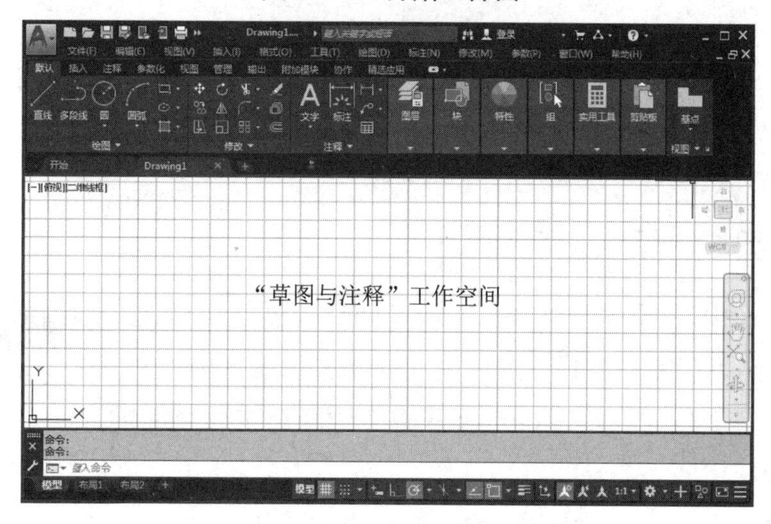

图 1-5 “草图与注释”工作空间

单击“草图与注释”工作空间的状态栏中的“切换工作空间”按钮，在弹出的菜单中选择“三维基础”命令，此时即可切换到“三维基础”工作空间，如图 1-6 所示。

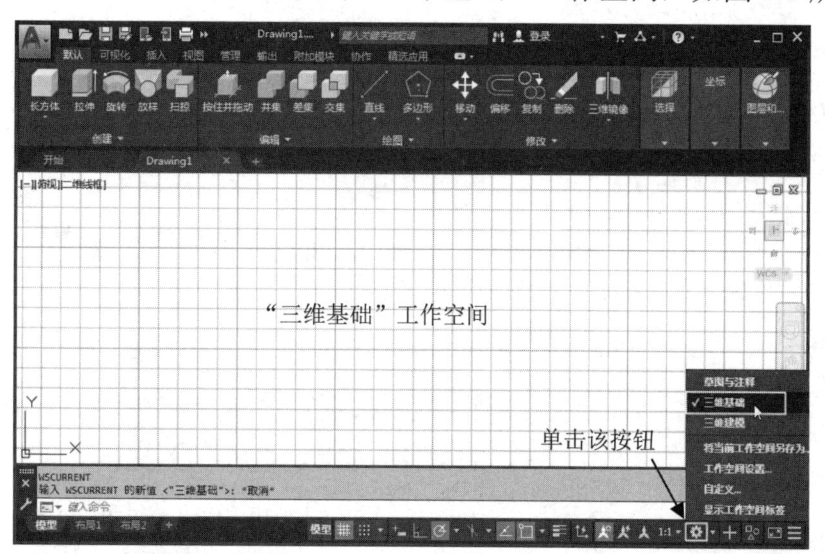

图 1-6 “三维基础”工作空间

继续使用相同的方法，或者执行“工具”→“工作空间”→“三维建模”命令，即可切换到“三维建模”工作空间，如图 1-7 所示。

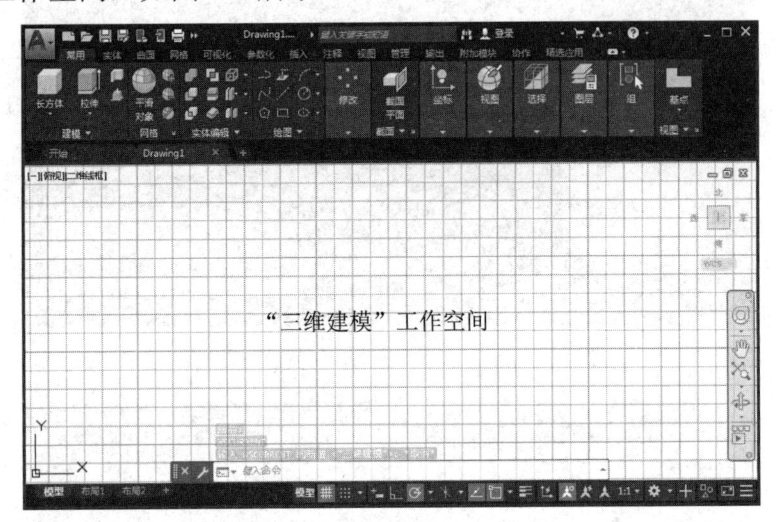

图 1-7　“三维建模”工作空间

1.3.2　“草图与注释”工作空间

在 3 个工作空间中，“草图与注释”工作空间适合创建与修改二维图形，是最常用的工作空间。本节主要介绍“草图与注释”工作空间的相关内容。由于“三维基础”工作空间与“三维建模”工作空间适合创建三维模型，因此有关这两个工作空间的应用，将在后面的章节通过具体案例进行讲解。

“草图与注释”工作空间主要分为程序菜单、标题栏与菜单栏、浮动工具栏与工具选项卡、绘图区与鼠标指针、命令行、状态栏 6 个区域。

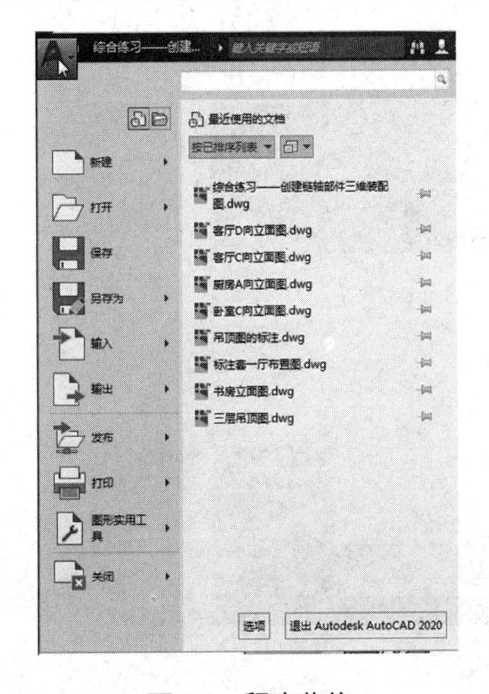

图 1-8　程序菜单

1. 程序菜单

程序菜单是 AutoCAD 自 2010 版本新增的，位于界面左上角。使用程序菜单不仅可以快速浏览最近使用过的文档，还可以访问一些常用工具，以及搜索常用命令等。

单击界面左上角的图标，即可打开程序菜单，如图 1-8 所示。左侧是各种常用命令，选择各命令即可完成相应的操作，如新建文件、保存文件、打开文件、输入、发布和关闭文件等。右侧则是“最近使用的文档”列表，选择相关文档即可将其打开。单击右下方的“退出 Autodesk AutoCAD 2020”按钮，即可退出 AutoCAD 2020。单击“选项”按钮可以打开“选项”对话框，在该对话框中可以对 AutoCAD 2020 进行相关的设置。

2. **标题栏与菜单栏**

标题栏位于界面顶部，包括快速访问工具栏、工作空间切换列表、版本号与文件名称、快速查询信息中心及窗口控制按钮等内容，如图 1-9 所示。

图 1-9 标题栏

- 快速访问工具栏：用于快速访问某些命令，并在工具栏中添加或删除常用命令按钮。
- 工作空间切换列表：用于快速切换工作空间。
- 版本号与文件名称：用于显示当前正在运行的程序名和当前被激活的图形文件名。
- 快速查询信息中心：用于快速获取所需信息，以及搜索所需资源等。
- 窗口控制按钮：用于控制 AutoCAD 窗口的大小和关闭程序。

菜单栏在默认设置下处于隐藏状态，用户可以单击工作空间切换列表右侧的按钮，在弹出的菜单中选择“显示菜单栏”命令，在标题栏下方将显示菜单栏，如图 1-10 所示。

图 1-10 菜单栏

菜单栏的操作非常简单，在主菜单项上单击将其展开，将鼠标指针移至所需命令上单击即可激活菜单命令。主菜单的主要功能如下。

- 文件：对图形文件进行设置、保存、清理、打印及发布等。
- 编辑：对图形进行一些常规编辑，包括复制、粘贴和链接等。
- 视图：调整和管理视图，以方便视图内图形的显示，以及查看和修改图形。
- 插入：在当前文件中引用外部资源，如块、参照、图像和布局等。
- 格式：设置与绘图环境有关的参数和样式等，如单位、颜色、线型、文字、尺寸样式等。
- 工具：设置了一些辅助工具和常规的资源组织管理工具。
- 绘图：二维和三维图元的绘制菜单，几乎所有的绘图和建模工具都组织在此菜单中。
- 标注：为图形标注尺寸，包含所有与尺寸标注相关的工具。
- 修改：对图形进行修整、编辑、细化和完善。
- 参数：为图形添加几何约束和标注约束等。
- 窗口：控制 AutoCAD 多文档的排列方式，以及 AutoCAD 界面元素的锁定状态。
- 帮助：为用户提供一些帮助性的信息。

3. 浮动工具栏与工具选项卡

浮动工具栏是指可以随时移动其位置的工具栏。AutoCAD 2020 的浮动工具栏也处于隐藏状态，先执行“工具”→“工具栏”→“AutoCAD”命令显示各工具菜单，再执行相关命令即可打开相关的浮动工具栏，如执行“绘图”命令及“修改”命令会在界面左右两侧显示“绘图”工具栏和“修改”工具栏，如图 1-11 所示，激活相关按钮即可绘图。

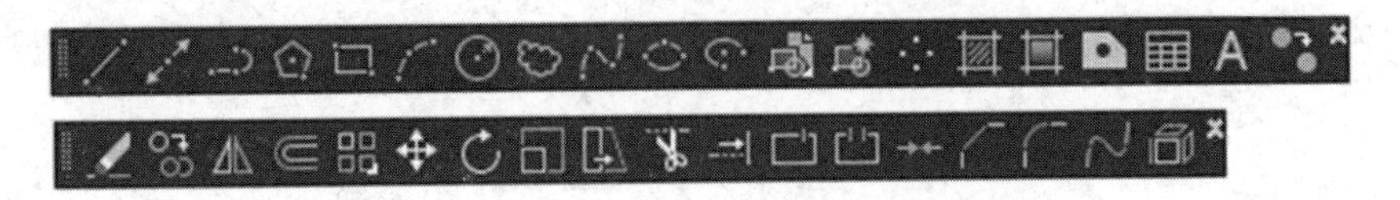

图 1-11　“绘图”工具栏和“修改”工具栏

将鼠标指针移到浮动工具栏的左上端，按住鼠标左键可以将其拖到界面中的任何地方，单击浮动工具栏右上角的按钮×即可将其关闭。

工具选项卡位于标题栏的下方，具体包括“默认”选项卡、“插入”选项卡、“注释”选项卡、“参数化”选项卡、“视图”选项卡、“管理”选项卡、“输出”选项卡、“附加模块”选项卡、“协作”选项卡及“精选应用”选项卡，切换至各选项卡，即可显示与绘图有关的相关按钮。例如，切换至“默认”选项卡，显示绘图、修改、注释，以及其他几乎所有的操作工具，激活相关按钮即可执行与绘图有关的操作，如图 1-12 所示。

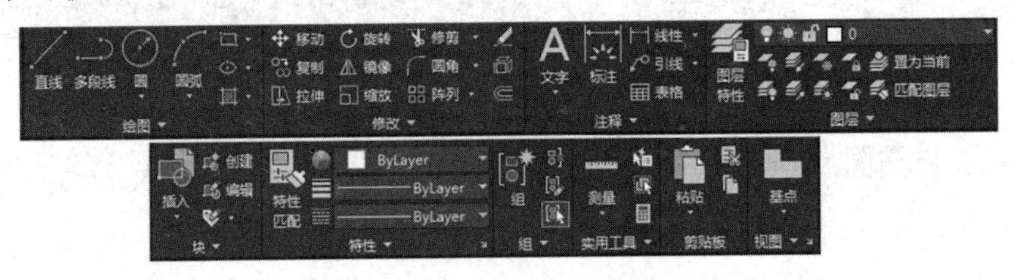

图 1-12　“默认”选项卡

4. 绘图区与鼠标指针

绘图区位于工作界面正中央，绘图区中的十字符号就是鼠标指针。鼠标指针是用户执行命令绘图的主要工具，会随着用户的鼠标移动而移动。

在没有执行任何命令时，鼠标指针由十字符号和矩形符号叠加而成，所以将其称为“十字光标”。随着相关命令的执行，十字光标会发生变化。例如，当执行绘图命令时，十字光标就会变成一个十字符号，将其称为“拾取点光标”（它是点的坐标拾取器，用于拾取坐标点进行绘图）。如果执行了相关修改命令，进入修改模式后，十字光标就会显示矩形符号，将其称为“选择光标”，用于选择对象。十字光标如图 1-13 所示。

5. 命令行

命令行位于绘图区的下方，分为上、下两部分；上半部分是命令行记录窗口，下半部分是命令行输入窗口。绘图时用户先输入绘图命令，再根据命令行的提示进行操作，由此完成图形的绘制；此时上半部分会记录用户输入的每条命令及操作过程。

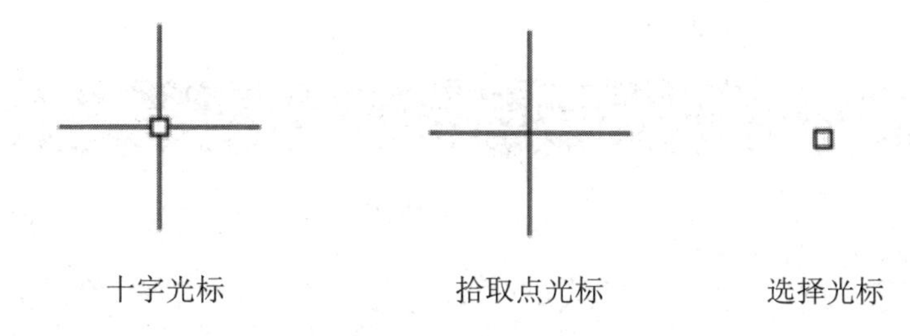

图 1-13　十字光标

例如，在命令行输入“LINE”，按 Enter 键激活“直线”命令，根据命令行的提示，先在绘图区单击拾取直线的第一个点，再根据命令行的提示输入另一个点的坐标“100”，根据命令行的提示，按两次 Enter 键确认并结束操作，此时在命令行记录窗口中将显示该操作的所有过程，如图 1-14 所示。

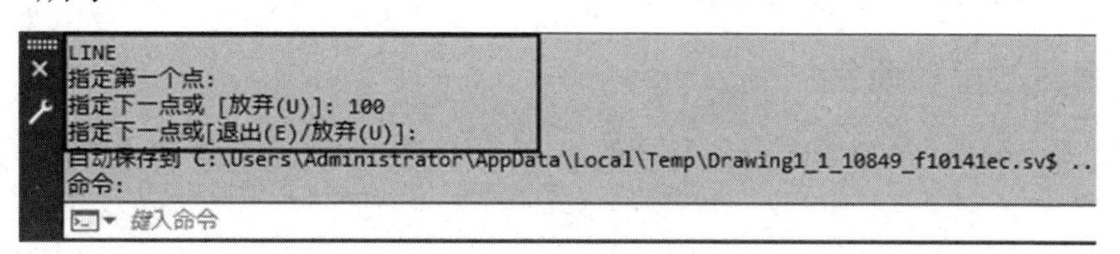

图 1-14　命令行

小贴士：

由于命令行记录窗口的显示有限，如果需要直观且快速地查看更多的历史信息，那么用户可以按 F2 键，系统会以窗口的形式显示记录信息，如图 1-15 所示，再次按 F2 键即可关闭该窗口。

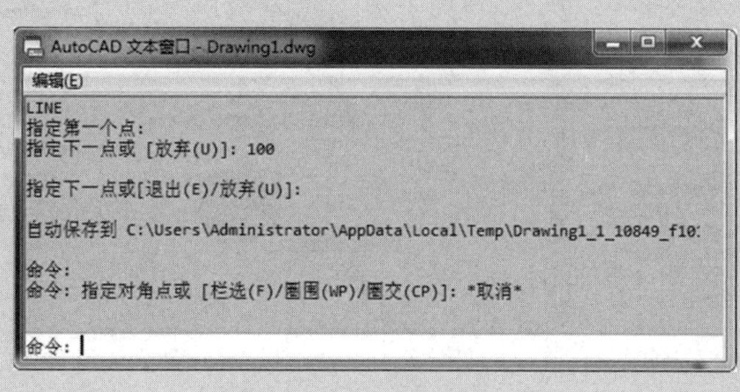

图 1-15　文本窗口

6. 状态栏

状态栏位于命令行的下方，即操作界面的底部，由绘图空间切换按钮与辅助功能按钮两部分组成，如图 1-16 所示。

绘图空间包括模型空间和布局空间两种。在一般情况下，模型空间用于绘图，布局空间用于打印输出。可以通过单击标签 模型 、标签 布局1 和标签 布局2 在不同的绘图空间进行切换。

如果想新建一个布局，那么可以单击右侧的“新建布局”按钮 ＋。有关布局空间的使用，将在后面的章节讲解，此处不再赘述。

图 1-16 状态栏

辅助功能按钮是用户精准绘图不可或缺的好帮手，绘图时的相关设置都需要通过这些按钮来实现，如设置捕捉模式、捕捉角度和极轴追踪角度等。有关辅助功能按钮的使用方法将在后面的章节通过具体案例详细讲解。

1.3.3 设置绘图环境

AutoCAD 2020 允许用户根据自己的绘图习惯来设置绘图环境。本节主要介绍绘图区的背景颜色、鼠标指针及文件保存格式的设置。

1. 设置绘图区的背景颜色

在默认情况下，AutoCAD 2020 绘图区的背景颜色为黑色。下面将绘图区的背景颜色设置为白色。

单击程序菜单中的“选项”按钮，打开“选项”对话框，切换至“显示”选项卡，单击“颜色”按钮，打开“图形窗口颜色”对话框，在“颜色”列表选择“白”选项，如图 1-17 所示。

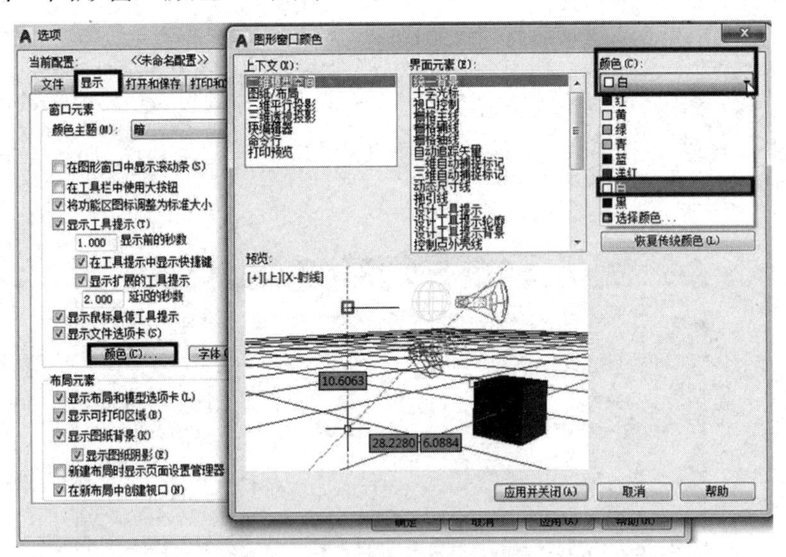

图 1-17 选择“白”选项

单击“应用并关闭”按钮，此时绘图区的背景颜色变成白色。

小贴士：

如果想恢复默认的颜色，那么先单击“恢复传统颜色”按钮，再单击“应用并关闭”按钮即可。

2. 设置鼠标指针

在默认情况下，鼠标指针大小为 100，即布满整个绘图区域，此时用户通常将鼠标指针线误看成图形轮廓线，容易出现操作失误。下面将鼠标指针大小设置为 5。

打开“选项”对话框，切换至“显示”选项卡，在右侧的“十字光标大小”选项组中设置光标大小为“5”，如图 1-18 所示。

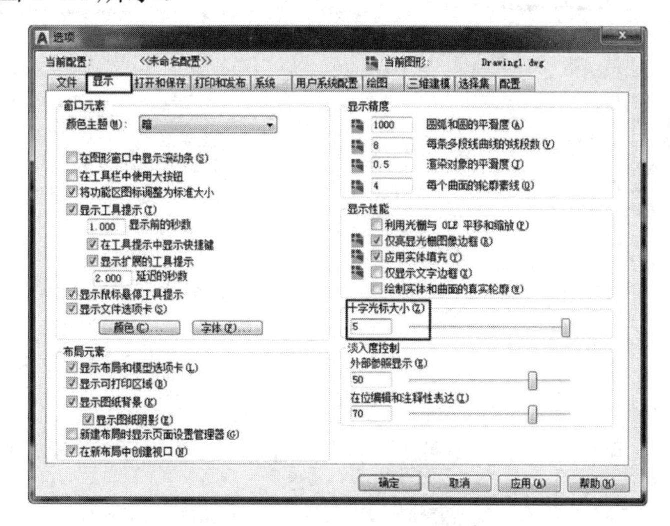

图 1-18　设置十字光标大小

先单击“应用”按钮，再单击“确定”按钮，返回绘图区，此时十字光标变小。

3. 设置文件保存格式

保存设置包括文件另存为、文件安全措施、最近使用的文件数等。它不仅可以确保用户正在编辑的文件定时自动保存，还可以帮助用户快速打开最近编辑过的文件，对用户的绘图帮助很大。

另外，使用 AutoCAD 的低版本通常无法打开通过高版本绘制的图形，也就是说，使用低版本的用户无法打开通过高版本绘制的图形。但是，AutoCAD 允许用户将文件重新保存为当前版本或更低的版本，这样可以解决低版本不能应用高版本文件的问题。下面通过设置，将使用 AutoCAD 2020 所绘制的图形存储为 AutoCAD 2018 版本，这样使用 AutoCAD 2020 绘制的图形就可以在 AutoCAD 2018 及其以上版本中应用。

设置文件保存格式：打开“选项”对话框，切换至“打开和保存”选项卡，在“另存为”下拉列表中选择“AutoCAD 2018 图形（*.dwg）”选项，这样就可以将文件保存为 2018 版本，如图 1-19 所示。

设置文件安全措施：如果设置了文件安全措施，当计算机突然出现故障时，就能避免用户前面的工作内容丢失。勾选“文件安全措施”选项组中的“自动保存”复选框，并在“保存间隔分钟数”文本框中设置保存间隔的时间，如设置为 10min，这样系统将每隔 10min 自动对文件进行保存，如图 1-20 所示。

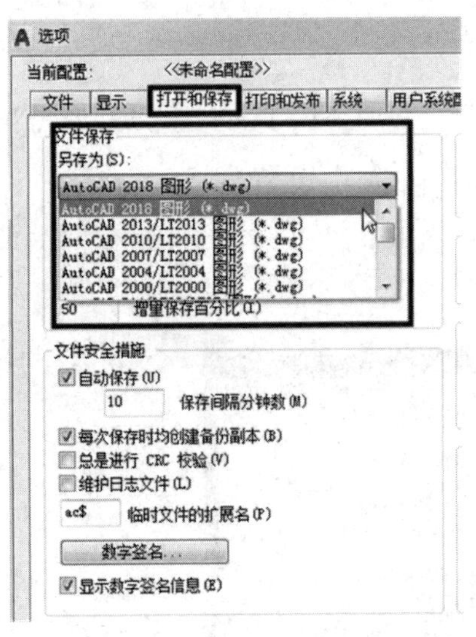

图 1-19　设置文件保存格式

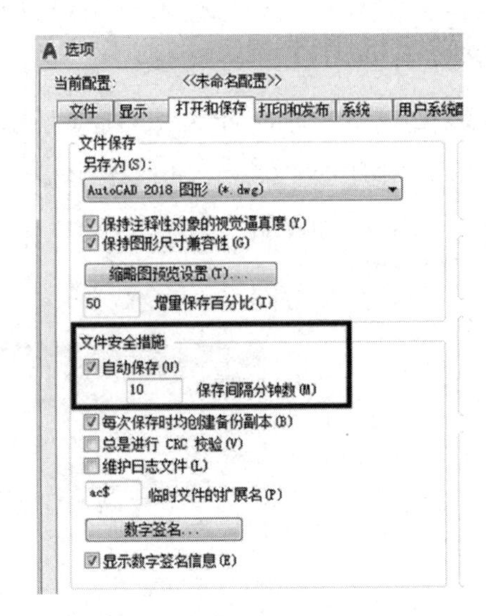

图 1-20　设置文件安全措施

小贴士：

如果想得到更安全的保障，那么可以勾选“每次保存时均创建备份副本”复选框，以创建备份保存，设置完成后单击“应用”按钮。

设置最近使用的文件数：AutoCAD 2020 可以将最近使用过的相关文件都组织并放置在程序菜单中，其默认数量为 9，这样用户就可以通过程序菜单非常方便地打开最近使用过的至少 9 个文件。如果用户觉得这些还不够，那么可以将最近使用过的至少 50 个文件通过设置放置在程序菜单中。

打开“选项”对话框，切换至“打开和保存”选项卡，在“文件打开”选项组的“最近使用的文件数”文本框中输入“9”，在“应用程序菜单”选项组的“最近使用的文件数”文本框中输入“50”，如图 1-21 所示。

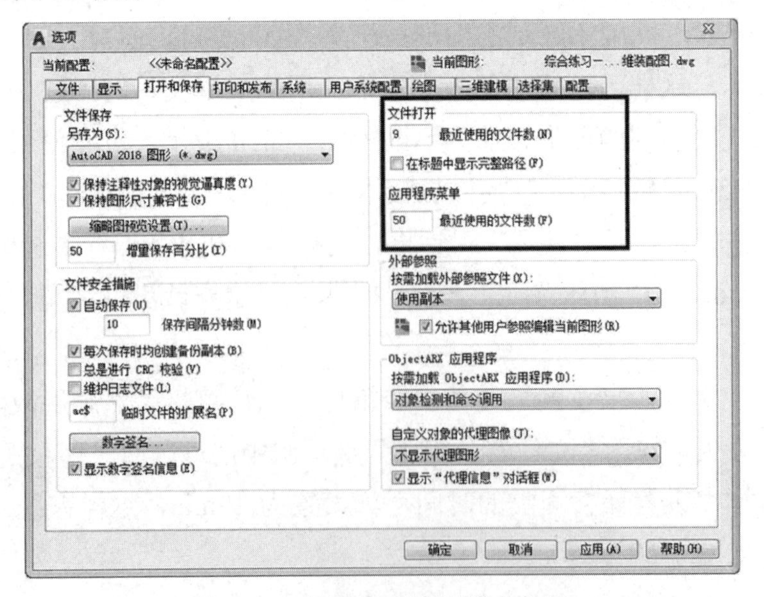

图 1-21　设置最近使用的文件数

设置完成后单击“应用”按钮确认完成设置。

1.4 AutoCAD 图形对象的基本操作

本节主要介绍 AutoCAD 图形对象的基本操作，具体包括图形文件的新建、保存和打开，视图的实时缩放、平移，以及图形的选择与移动等。

1.4.1 新建、保存和打开图形文件

1. 新建图形文件

新建图形文件是使用 AutoCAD 2020 绘图的第一步。新建一个图形文件其实很简单，当启动 AutoCAD 2020 之后，单击“开始”界面中的“开始绘制”按钮，自动新建一个无样板模式的名为 Drawing 的空白图形文件，并进入 AutoCAD 2020 的“草图与注释”工作空间。

除此之外，单击快速访问工具栏中的“新建”按钮，打开“选择样板”对话框，该对话框中放置了系统预设的样板文件及用户自定义的样板文件。

选择系统预设的“acadISO-Named Plot Styles”样板文件，如图 1-22 所示，单击“打开”按钮，即可新建一个样板文件。

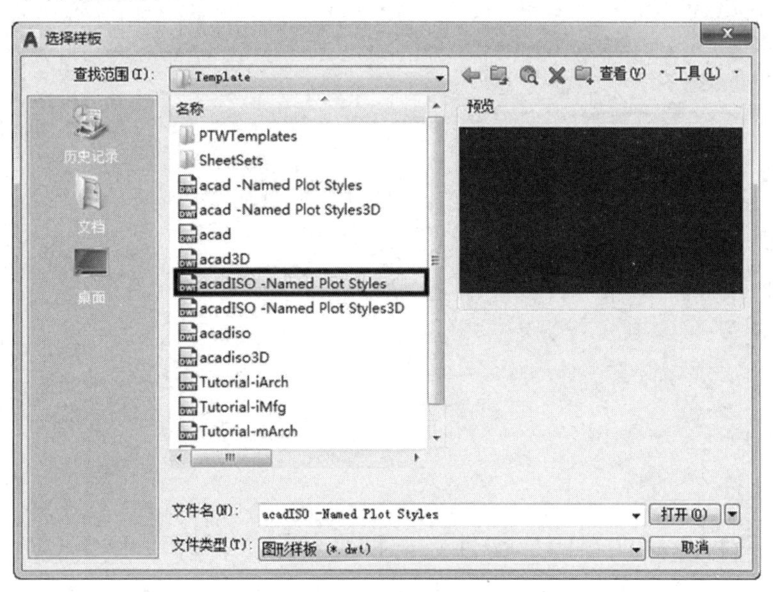

图 1-22　选择样板文件

小贴士：

选择“文件”→“新建”命令，或者在命令行输入“NEW”后按 Enter 键，或者按快捷键 Ctrl+N，都可以打开“选择样板”对话框。另外，“选择样板”对话框中有两种类型的样板文件，分别是 acadISO-Named Plot Styles 和 acadiso（这两种都是公制单位的样板文件）。

这两种样板文件的区别在于，前者使用的是“命名打印样式”，后者使用的是“颜色相关打印样式”。其实这两种打印样式对用户绘图没有任何影响，用户选择哪一种都可以。

另外，在选择样板文件时，用户还可以以“无样板”方式新建空白文件，具体操作就是在“选择样板”对话框中选择一种样板后，单击“打开”按钮右侧的下三角按钮，在弹出的下拉菜单中选择“无样板打开-公制”命令（见图 1-23），即可快速新建一个公制单位的图形文件。

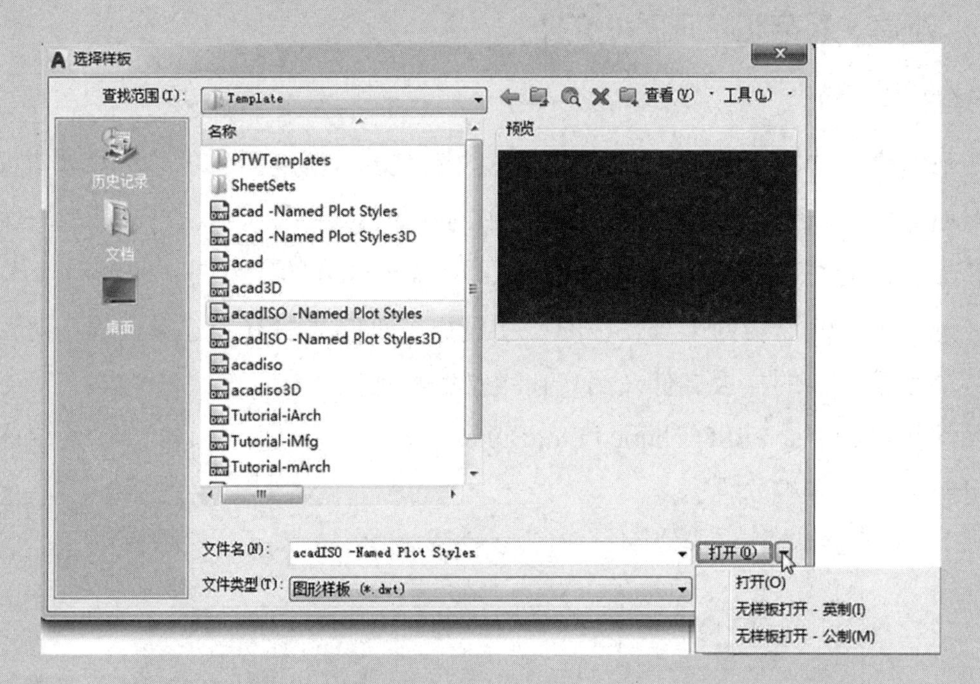

图 1-23　选择“无样板打开-公制”命令

公制就是采用我国对设计图的相关制式要求，英制就是采用美国对设计图的相关制式要求。在一般情况下，采用我国对设计图的相关制式要求来绘图，因此，在新建图形文件时，选择公制模式即可。

2. 保存图形文件

可以使用以下两种方式保存图形文件：一种是使用“保存”命令将图形文件保存到原目录下；另一种是使用“另存为”命令将图形文件保存到其他目录下，这种保存方式大多用于对原有图形进行编辑修改后的保存，其结果就是得到原有文件的备份。

在 AutoCAD 2020 中保存文件的方法与使用其他应用程序保存文件的方法相同，单击快速访问工具栏中的“保存”按钮，打开“图形另存为”对话框，先选择存盘路径并命名，再选择存储格式，单击“保存”按钮进行保存，如图 1-24 所示。

图 1-24　“图形另存为”对话框

小贴士：

选择“文件”→“保存”（或“另存为”）命令，或者在命令行输入“SAVE”后按 Enter 键，或者按快捷键 Ctrl+S，都可以打开“图形另存为”对话框。需要注意的是，在保存图形文件时，AutoCAD 2020 提供了多种存储版本和格式，所以选择存储版本和格式非常重要。AutoCAD 专业文件格式为“.dwg”。如果要将设计图与其他软件进行交互使用，如在 3ds Max 中使用，那么应该选择“.dws”格式或“.dxf”格式进行保存；如果保存的是一个样板文件，那么应该选择“.dwt”格式进行保存。后面的章节会对样板文件进行更详细的讲解。另外，AutoCAD 2020 默认的存储版本为“AutoCAD 2018 图形（*.dwg）”，使用此版本将文件存盘后，只能被 AutoCAD 2018 及其更高的版本打开。如果需要在 AutoCAD 早期版本中打开设计图，那么可以选择更低的文件格式存盘，如图 1-25 所示。

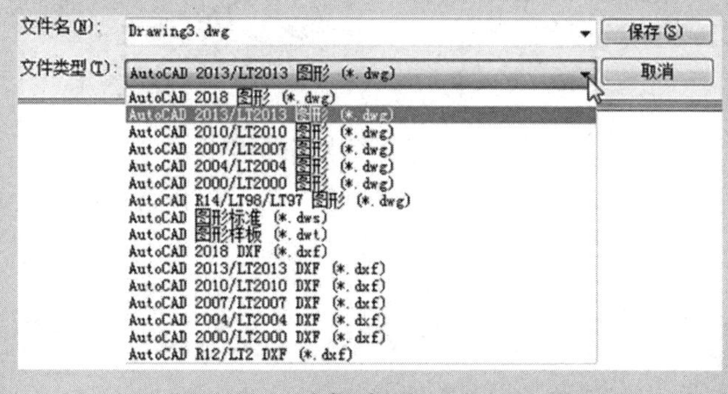

图 1-25　选择存储版本与格式

3．打开图形文件

打开图形文件的操作很简单，并且有多种方法。启动 AutoCAD 2020，进入“开始”界面，单击该界面中的“打开文件”链接，打开“选择文件”对话框，选择要打开的文件，单击“打开”按钮即可将其打开。

小贴士：

单击标准工具栏或快速访问工具栏中的“打开”按钮，或者选择“文件”→“打开”命令，或者在命令行输入“OPEN”后按 Enter 键，或者按快捷键 Ctrl+O，都可以打开“选择文件”对话框，选择要打开的文件将其打开。

1.4.2 实时缩放与平移视图

通过实时缩放与平移视图，用户可以非常方便地观察图形的全部或局部。

1. 实时缩放

打开“缩放”工具栏，该工具栏中提供了多种缩放工具，可以对视图进行快速缩放，如图 1-26 所示。

图 1-26 “缩放”工具栏

- 激活“窗口缩放”按钮，按住鼠标左键在对象上拖曳，创建矩形框，释放鼠标左键，矩形框中的图形被放大，如图 1-27 所示。

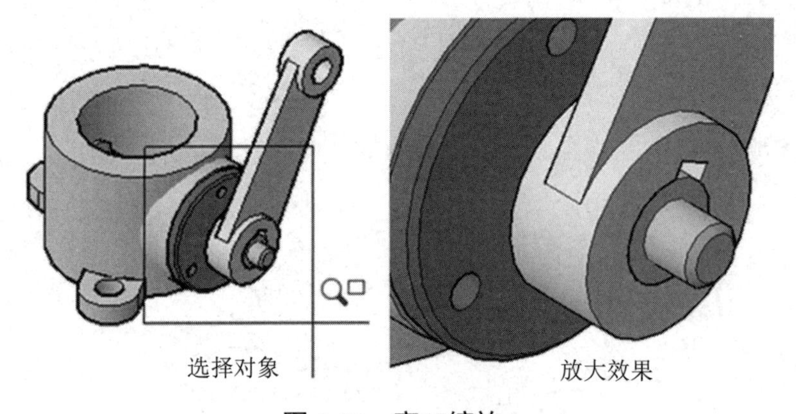

图 1-27 窗口缩放

小贴士：

“动态缩放”按钮用于动态浏览和缩放视图，常用于观察和缩放比例比较大的图形，一般不用。由于篇幅所限，此处不对其功能进行详述。

- 激活“比例缩放”按钮，在命令行输入缩放比例，用于放大或缩小图形。在输入缩放比例时，有以下 3 种情况：一是直接在命令行输入数字，表示相对于图形界限的倍数，图形界限其实就是用户绘图时的图纸大小，如选择的图纸为 A1，如果在命令行输入“2”，那么表示将视图放大为 A1 图纸的 2 倍。需要说明的是，如果当前视图已经超过了图形界限，那么会缩小视图。二是在输入的数字后加字母 X，表示相对于当前视图的缩放倍数。当前视图就是图形当前的显示效果，如输入“2X”，表示将视图按照当前视图放大 2 倍。三是在输入的数字后加字母 XP，表示将根据图纸空间单位确定缩放比例。在通常情况下，相对于视图的缩放倍数比较直观，也较为常用。

- 激活“中心缩放”按钮。先单击确定中心点，再输入缩放比例，按 Enter 键确定新视图的高度缩放视图。如果在输入的数字后加字母 X，那么将其看作视图的缩放倍数。
- 激活“缩放对象”按钮。单击并且自左向右拖出浅蓝色选择框将图形包围，释放鼠标左键，选择被包围的图形，如图 1-28 所示。

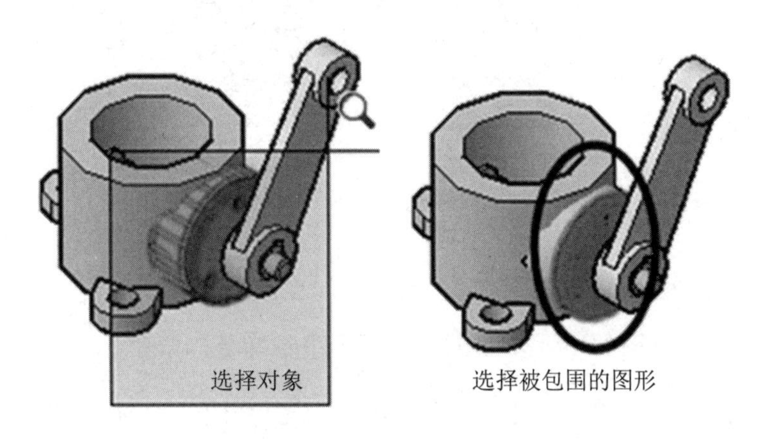

图 1-28　选择图形对象 1

如果单击并自右向左拖曳，就会拖出浅绿色选择框，选取图形局部，释放鼠标左键，与选择区相交及被包围的对象都会被选择，如图 1-29 所示。

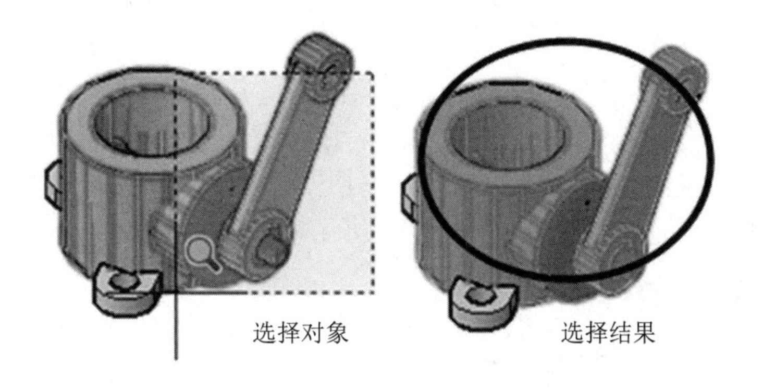

图 1-29　选择图形对象 2

- 单击一次“放大”按钮或“缩小”按钮，表示将图形放大或缩小；单击“全部缩放”按钮，将图形按照图形界限或图形范围的尺寸，在绘图区域全部显示；单击“范围缩放”按钮，将在绘图区显示所有图形。

小贴士：

菜单栏中的“视图”→“缩放”菜单下的各子菜单命令与“缩放”工具栏包含的各缩放按钮的功能相同，执行这些命令也可以对图形进行缩放。另外，滚动鼠标的中间键也可以对视图进行缩放。

2. 实时平移

视图被放大后，在菜单栏的“视图”→“平移”菜单下有一组菜单命令，执行相关命令可以对视图进行平移，如图 1-30 所示。

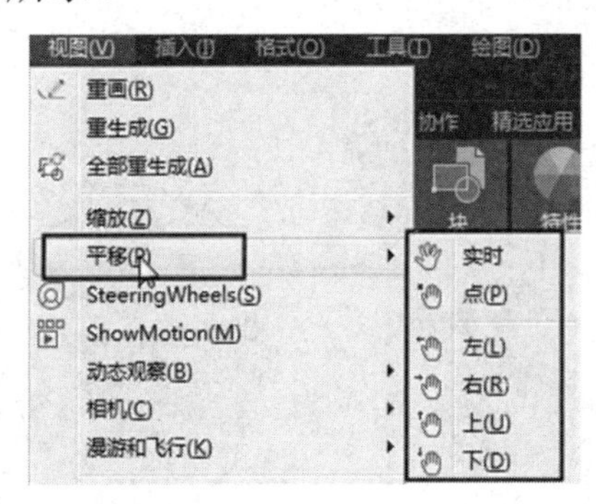

图 1-30 “视图”→“平移”菜单下的命令

- “实时”命令：执行该命令，鼠标指针显示为 ，按住鼠标左键平移视图。
- “点”命令：单击指定基点和目标点以平移视图。
- “左”命令、“右”命令、“上”命令和“下”命令：分别用于在 X 轴和 Y 轴方向上移动视图。

小贴士：

滚动鼠标的中间键，或者按键盘上的空格键，此时鼠标指针显示为 ，按住鼠标左键拖曳以平移视图。

1.4.3 选择与移动图形

在 AutoCAD 2020 中，选择与移动是绘图中必不可少的基本操作。

1. 点选

点选是指通过单击选择对象，这是一种最简单、最常用的选择方法。当采用点选时，一次只能选择一个对象。

打开“素材”目录下的“飞轮零件图.dwg”文件，在无任何命令发出的情况下单击中间的圆形，该圆形夹点显示，表示该圆形被选择，如图 1-31 所示。

继续单击边缘位置的圆形，则该圆形也夹点显示，表示该圆形也被选择，如图 1-32 所示。

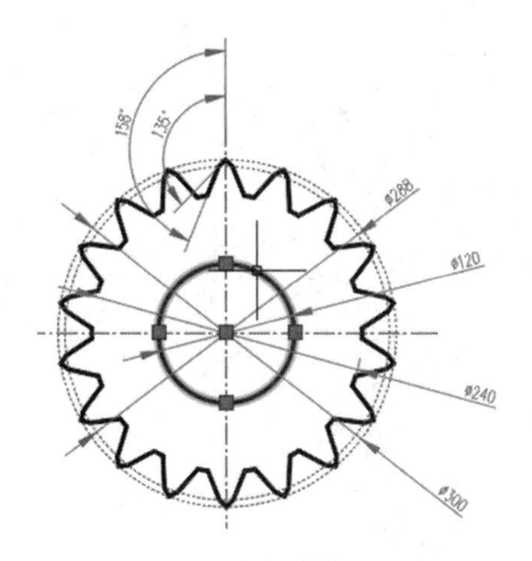

图 1-31　选择中间的圆形

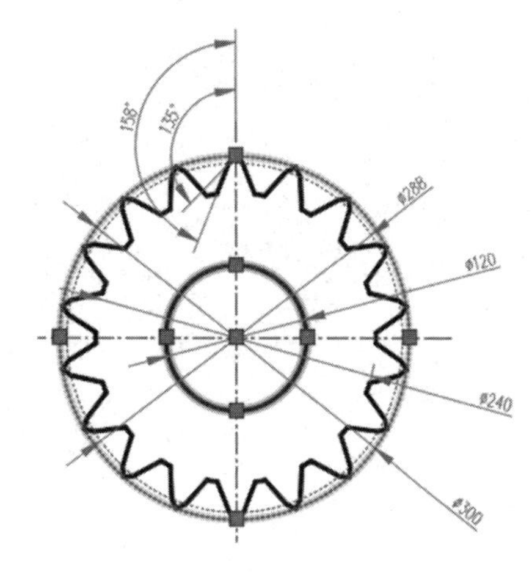

图 1-32　选择边缘位置的圆形

2. 窗口选择

当采用窗口选择时，需要将被选择的对象全部包围在选择框中，这样就可以一次选择多个对象。继续在无任何命令发出的情况下单击并且自左向右拖出浅蓝色选择框，将飞轮图形边缘的多条线包围在选择框中，释放鼠标左键，此时被选择框包围的线均被选择，如图 1-33 所示。

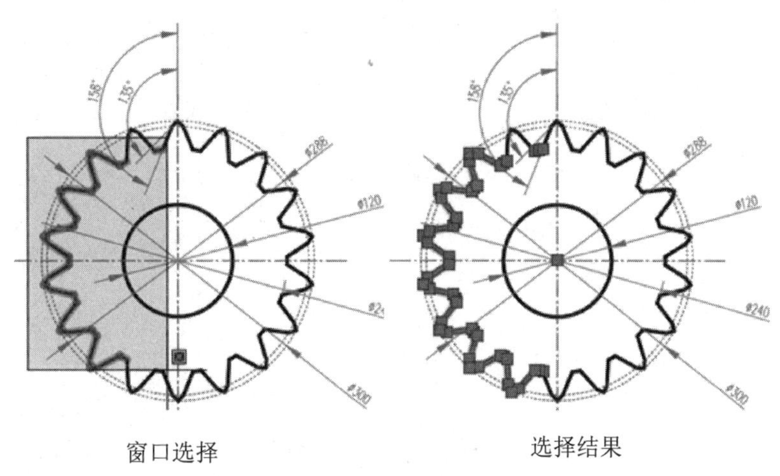

图 1-33　窗口选择

3. 窗交选择

与窗口选择不同，当采用窗交选择方法选择对象时，只要选择框与对象相交，以及对象被选择框包围，对象都会被选择。继续在无任何命令发出的情况下单击并且自右向左拖曳鼠标，拖出浅绿色选择框，使其与图线相交，并将图像包围，释放鼠标左键，被包围及与选择框相交的图线被选择，如图 1-34 所示。

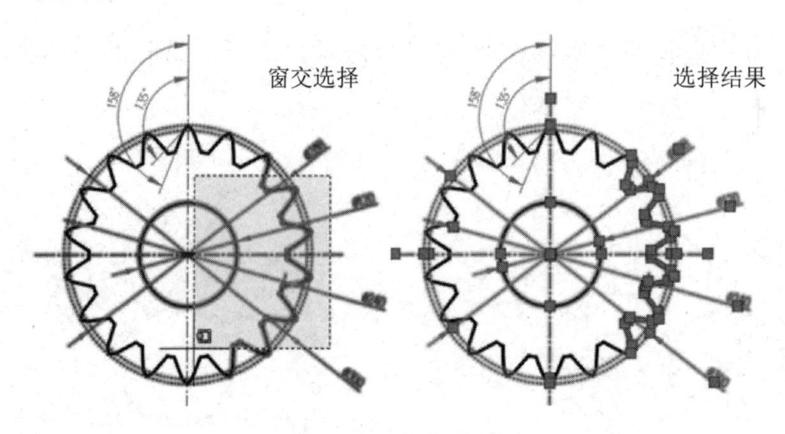

图 1-34 窗交选择

4. 移动对象

在移动对象时，先拾取一个基点，再拾取一个目标点，这样就可以完成对象的移动。先打开“素材”目录下的“移动示例.dwg”文件，再以矩形的左下端点为基点，将其向右移动到直线的右端点位置。

首先输入“M”，按 Enter 键激活“移动”命令，单击矩形将其选择，按 Enter 键确认，然后捕捉矩形的左下端点作为基点，最后捕捉直线的右端点作为目标点，这样就可以将矩形移动到直线的右端点，如图 1-35 所示。

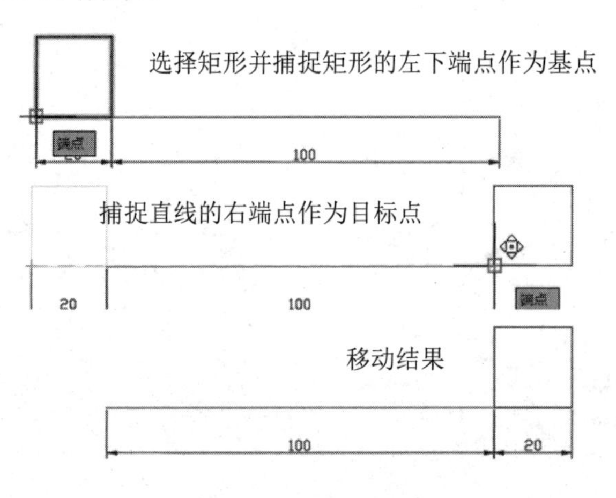

图 1-35 移动矩形

小贴士：

在移动对象时，除了可以捕捉目标点进行移动，还可以输入目标点的坐标进行移动。例如，已知直线长度为 100 个绘图单位，矩形边长为 20 个绘图单位，可以计算出矩形的左下端点到直线的右端点的距离为 20+100=120（个绘图单位），因此，当捕捉矩形的左下端点为基点后，输入目标点的坐标“@120,0”，按 Enter 键，这样就可以将矩形移动到直线的右端点位置。有关坐标输入的相关内容，在后面的章节会进行详细讲解。

知识巩固与能力拓展

一、单选题

1．AutoCAD 默认的文件格式是_____。

A．.dwg　　B．.dxf　　C．.dws　　D．.dwt

2．窗口选择的特点是_____。

A．只能选择与选择框相交的对象

B．只能选择被选择框包围的对象

C．只能选择与选择框相交及被选择框包围的对象

3．窗交选择的特点是_____。

A．只能选择与选择框相交的对象

B．只能选择被选择框包围的对象

C．只能选择与选择框相交及被选择框包围的对象

4．在移动对象时，输入_____，按 Enter 键即可激活“移动”命令。

A．M　　B．S　　C．A　　D．T

二、多选题

1．AutoCAD 的工作空间包括_____。

A．草图与注释　　B．三维基础　　C．三维建模

2．实时平移的方法有_____。

A．执行“视图”→“平移”菜单下的相关命令

B．右击并选择“平移”命令

C．按住鼠标的中间键拖曳

3．实时缩放的方法有_____。

A．执行“视图”→“缩放”菜单下的相关命令

B．激活“缩放”工具栏中的相关按钮

C．滑动鼠标的中间键

4．移动对象时，确定目标点的方法有_____。

A．直接拾取目标点　　B．输入目标点的坐标

C．先捕捉基点，再拾取目标点

三、简答题

简单描述 AutoCAD 的用途及应用领域。

AutoCAD 辅助绘图与设计的基础知识

工作任务分析

本章主要介绍 AutoCAD 辅助绘图与设计的基础知识，具体包括设置绘图单位与精度、启动绘图命令及输入坐标等。

知识学习目标

- 了解设置绘图单位与精度的方法。
- 了解启动绘图命令的方法。
- 掌握启用绘图辅助功能的方法。
- 熟悉坐标系与输入坐标的方法。

技能实践目标

- 能够根据绘图需要设置绘图单位与精度。
- 能够正确启动绘图命令进行绘图。
- 能够启用绘图辅助功能进行绘图。
- 能够通过输入坐标精确绘图。

2.1 绘图的第一步——基本设置

在使用 AutoCAD 绘图前，需要设置许多与绘图有关的辅助功能，具体包括栅格、绘图界限、绘图单位与精度、角度方向，以及捕捉与追踪等。本节主要介绍绘图常用的几种功能的设置方法，其他功能采用默认设置即可。

2.1.1 设置绘图单位与精度

在 AutoCAD 中，设置绘图单位与精度是绘图的关键。

【课堂实训】设置绘图单位与精度。

（1）执行“格式”→“单位”命令，打开“图形单位”对话框，在“长度”选项组的“类型”下拉列表中选择“小数”选项，在“精度”下拉列表中选择“0.0”选项。

（2）在“角度”选项组的“类型”下拉列表中选择“十进制度数”选项，在“精度”下拉列表中选择“0”选项。

（3）在“插入时的缩放单位”选项组的“用于缩放插入内容的单位”下拉列表中选择“毫米”选项（这是默认设置），效果如图 2-1 所示。

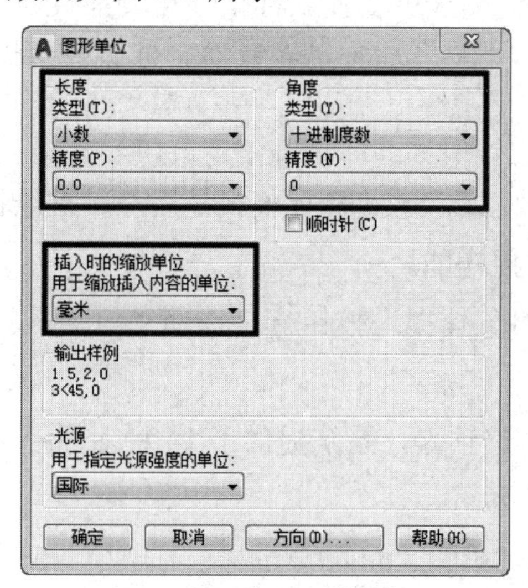

图 2-1　设置绘图单位与精度

（4）当设置完成后，单击“确定”按钮关闭该对话框，完成绘图单位与精度的设置。

2.1.2　设置角度方向

在默认设置下，AutoCAD 是以东为基准角度的。也就是说，东（水平向右）为 0°，北（垂直向上）为 90°，西（水平向左）为 180°，南（垂直向下）为 270°。如果用户设置北为基准角度，那么垂直向上就是 0°，依次类推，西（水平向左）就是 90°，南（垂直向下）就是 180°，东（水平向右）就是 270°。

单击“图形单位”对话框中的“方向”按钮，打开“方向控制”对话框，可以根据绘图需要设置基准角度，如图 2-2 所示。

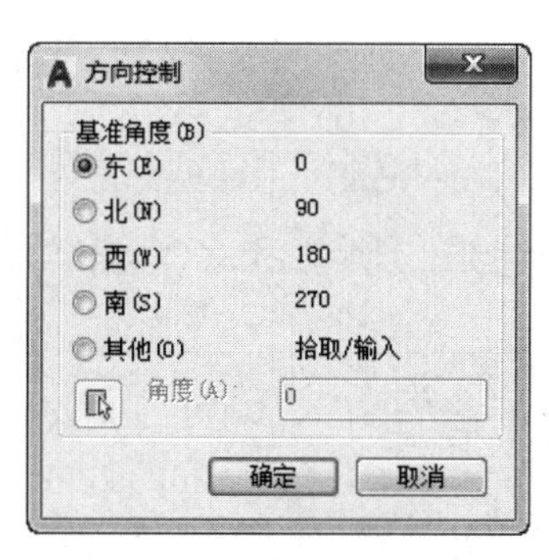

图 2-2　设置基准角度

小贴士：

在默认设置下，AutoCAD 以逆时针为角度方向，若选中“顺时针”单选按钮，则可以设置角度方向为顺时针。

2.1.3 设置捕捉模式

在 AutoCAD 中，启用捕捉模式可以使鼠标指针自动捕捉图形的特征点，以便快速、准确地定位点，提高绘图的速度与精度。捕捉模式包括对象捕捉、临时捕捉及自功能等。

1. 对象捕捉

对象捕捉包括 14 种捕捉模式，这些捕捉模式是用户精准绘图的好帮手。

【课堂实训】设置对象捕捉功能。

（1）右击状态栏中的“对象捕捉”按钮，选择“对象捕捉设置”命令，打开“草图设置”对话框。

（2）切换至“对象捕捉”选项卡，系统提供了 14 种对象捕捉模式，用户可以根据需要勾选相关的复选框，如图 2-3 所示。

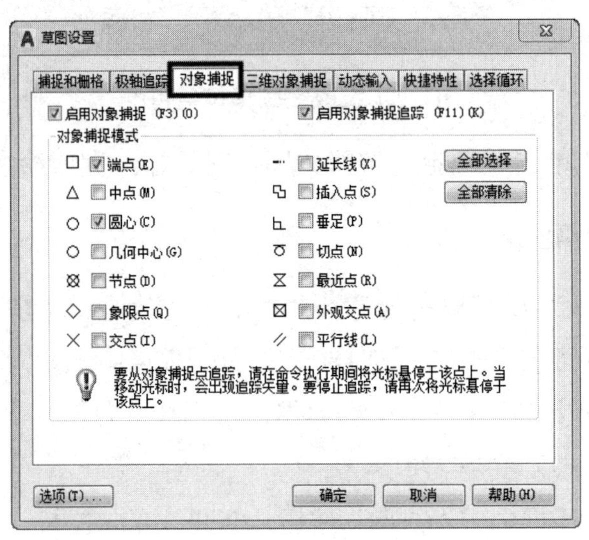

图 2-3　对象捕捉

各捕捉模式如下。

- 端点：捕捉直线、矩形、多边形、圆弧和多段线等图形的端点。
- 中点：捕捉直线、矩形、多边形、圆弧和多段线等图形的中点。
- 圆心：捕捉圆、圆弧的圆心。
- 几何中心：捕捉几何图形的中心点。
- 节点：捕捉点和节点。
- 象限点：捕捉圆、圆弧上的象限点。
- 交点：捕捉直线、圆弧和圆等图形的交点。
- 延长线：当鼠标指针经过对象的端点时，显示临时延长线或圆弧，以便用户在延长线或圆弧上指定点。
- 插入点：捕捉块的插入点。

- 垂足：捕捉直线的垂足。
- 切点：捕捉圆、圆弧的切点，绘制切线。
- 最近点：捕捉距离鼠标指针最近的点。
- 外观交点：捕捉延伸线上的交点。
- 平行线：通过捕捉绘制平行线。

（3）设置完成后勾选“启用对象捕捉”复选框，或者在单击“确定”按钮后，激活状态栏中的“对象捕捉”按钮，这样即可启用对象捕捉功能。

小贴士：

当设置了某种捕捉模式后，系统将一直沿用该捕捉模式，除非用户取消相关的捕捉设置，因此，该捕捉模式常被称为自动捕捉模式。需要注意的是，当设置了某种捕捉模式后，还需要勾选“启用对象捕捉”复选框，或者激活状态栏中的“将鼠标指针捕捉到二维参照点”按钮，或者按 F3 键，以启用该功能，这样才能捕捉到对象特征点上。

下面使用捕捉功能来绘制矩形的垂直中心线和对角线，并以此为例介绍捕捉功能在实际绘图中的应用方法和技巧。

（4）设置并启用中点和端点捕捉功能，输入“REC”，按 Enter 键激活“矩形”命令，在绘图区拾取单击一点，确定矩形的左下端点。

（5）输入“@1500,1000”，按 Enter 键确定另一个端点，绘制矩形，如图 2-4 所示。

（6）输入“L”，按 Enter 键激活“直线”命令，将鼠标指针移动到矩形上水平边的中间位置，捕捉上水平边的中点，如图 2-5 所示。

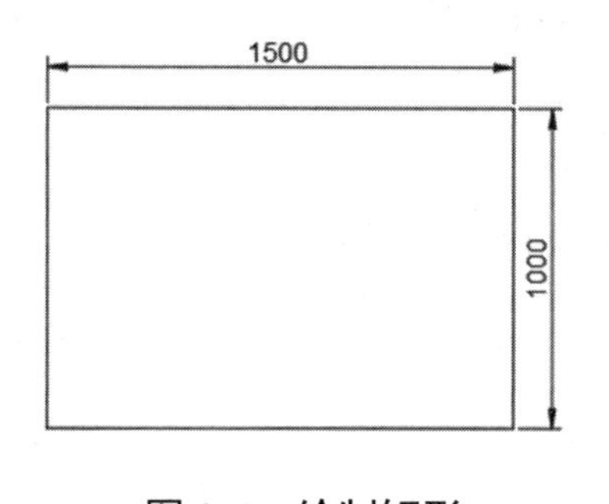

图 2-4　绘制矩形

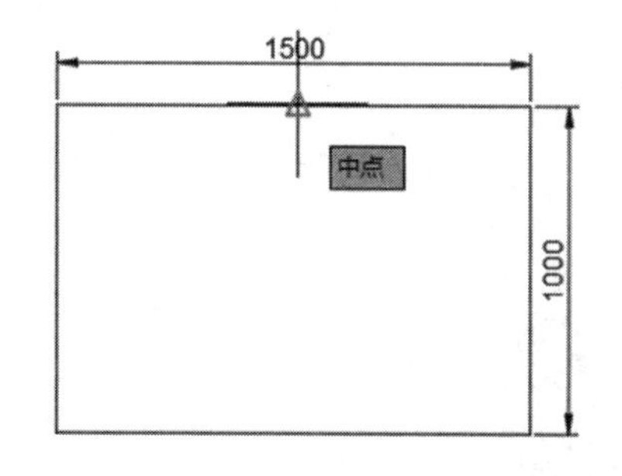

图 2-5　捕捉中点

（7）将鼠标指针移动到矩形下水平边的中间位置，捕捉下水平边的中点，按 Enter 键确认并结束绘制，效果如图 2-6 所示。

（8）再次输入“L”，按 Enter 键激活“直线”命令，先将鼠标指针移动到矩形左上端点的位置，捕捉端点，再将鼠标指针移动到矩形右下端点的位置，捕捉另一个端点，按 Enter 键确认并结束绘制，效果如图 2-7 所示。

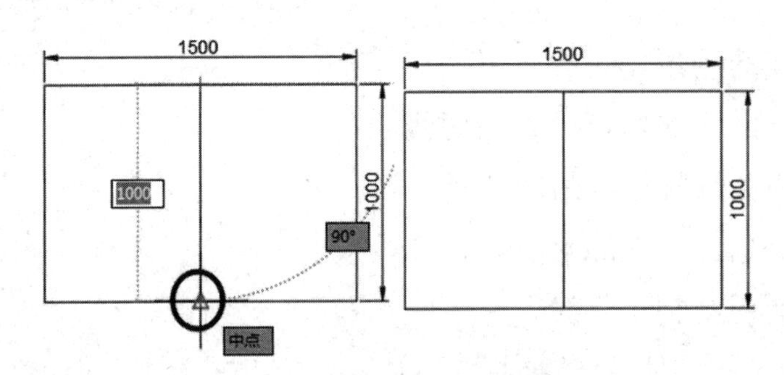

图 2-6　绘制垂直中心线

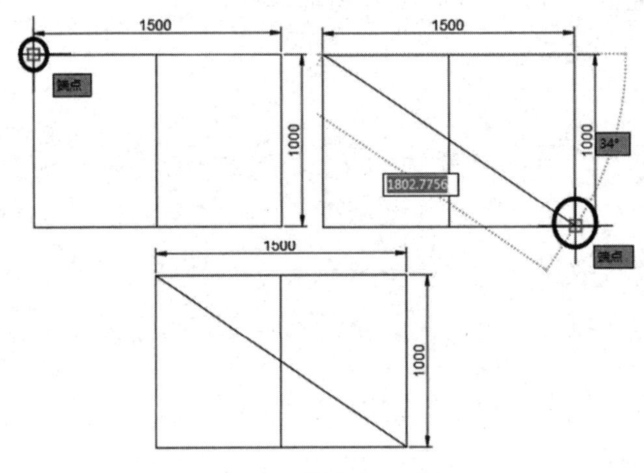

图 2-7　绘制对角线

2. 临时捕捉

临时捕捉与对象捕捉的功能完全相同，只是这种捕捉仅能捕捉一次，因此被称为临时捕捉。

【课堂实训】启用临时捕捉功能。

（1）右击状态栏中的“将鼠标指针捕捉到二维参照点”按钮，打开“临时捕捉”菜单，如图 2-8 所示。

（2）执行“工具”→“工具栏”→“AutoCAD”→“对象捕捉”命令，打开“对象捕捉”工具栏，如图 2-9 所示。

图 2-8　“临时捕捉”菜单

图 2-9　“对象捕捉”工具栏

（3）执行“临时捕捉”菜单中的相关捕捉功能，或者在“对象捕捉”工具栏中激活相关捕捉按钮，都可以启用临时捕捉功能，这些捕捉功能与“草图设置”对话框中的各捕捉模式的功能相同。

3. 自功能

自功能是另一种绘图辅助功能，该功能可以通过捕捉一点作为参照来定位另一点的坐标。在实际绘图中，自功能是不可或缺的。

下面使用自功能绘制平面窗。平面窗内框与外框的距离均为 50mm，可以通过自功能，以矩形左下端点和垂直中心线的端点为参照点，定位内框的交点来绘制内框。下面通过案例来介绍自功能在实际绘图中的应用方法和技巧。

【课堂实训】启用自功能绘制平面窗。

（1）继续上面的操作。在无任何命令发出的情况下单击上面绘制的矩形的对角线，使其夹点显示，按 Delete 键将其删除。

（2）输入“REC”，按 Enter 键激活“矩形”命令，按住 Shift 键或 Ctrl 键右击，在弹出的菜单中选择“自”命令，并配合端点捕捉功能捕捉矩形的左下端点，输入“@50,50”，按 Enter 键确定平面窗内框的左下端点，如图 2-10 所示。

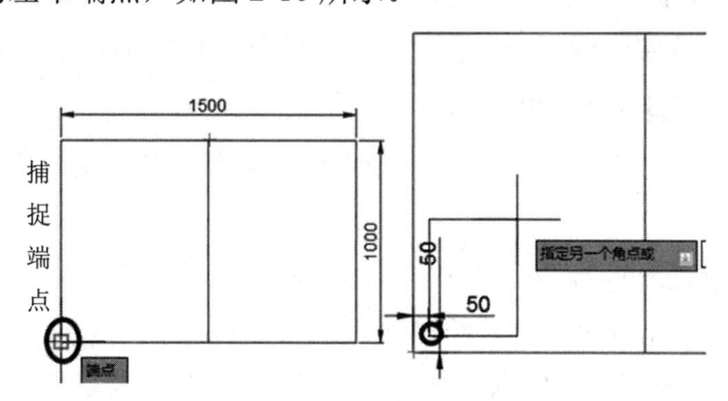

图 2-10　确定平面窗内框的左下端点

（3）再次按住 Shift 键或 Ctrl 键右击，在弹出的菜单中选择“自”命令，继续配合端点捕捉功能捕捉矩形垂直中心线的上端点，输入“@-50,-50”，按 Enter 键确定平面窗内框的右上端点，如图 2-11 所示。

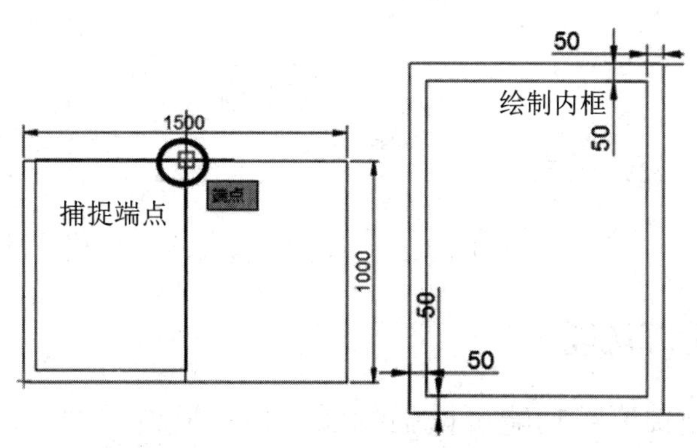

图 2-11　绘制平面窗内框

（4）参照上面的操作继续启用自功能，绘制平面窗右侧的内框，完成该平面窗的绘制，效果如图 2-12 所示。

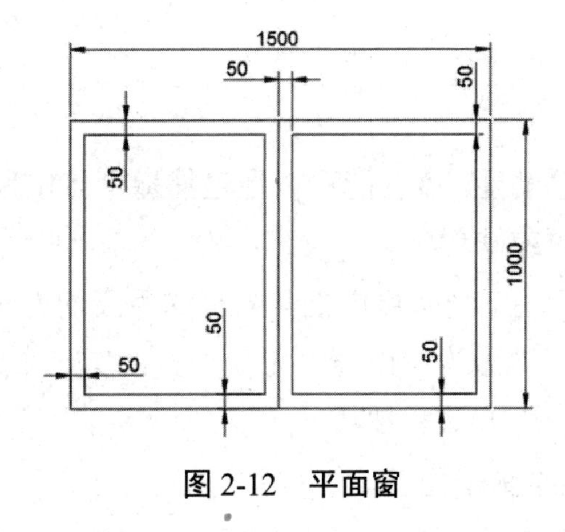

图 2-12　平面窗

【知识拓展】其他捕捉功能（请参考资料包中的“知识拓展”→“第 2 章”→“其他捕捉功能”）。

2.1.4　启用正交功能

使用正交功能可以捕捉水平或垂直方向上的点，以绘制水平或垂直方向上的直线。下面通过绘制 100mm×50mm 的矩形来介绍正交功能在实际绘图中的使用方法。

【课堂实训】启用正交功能绘制矩形。

（1）按 F8 键启用正交功能，输入“L”，按 Enter 键激活“直线”命令，在绘图区单击确定起点。

（2）先向右引导鼠标指针，输入“100”，按 Enter 键，绘制矩形的一条水平边，再向上引导鼠标指针，输入“50”，按 Enter 键，绘制矩形的右垂直边。

（3）继续向左引导鼠标指针，输入“100”，按 Enter 键，绘制矩形的上水平边，然后向下移动鼠标指针，捕捉下水平边的左端点，按 Enter 键结束操作，效果如图 2-13 所示。

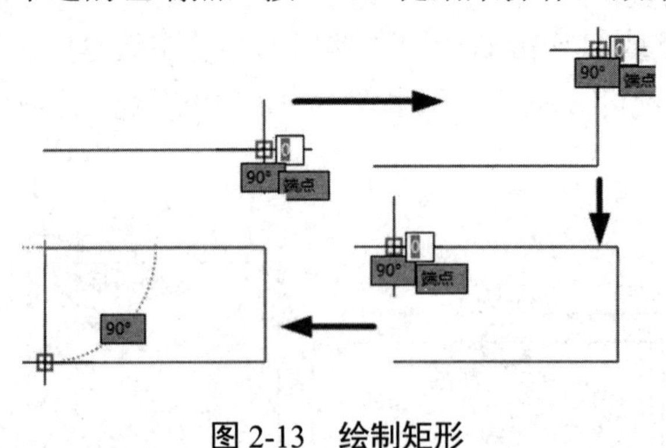

图 2-13　绘制矩形

2.1.5　启用极轴追踪功能

与正交功能不同，极轴追踪功能可以强制鼠标指针沿设定的角度进行追踪，以捕捉追踪线上的点。下面通过绘制边长为 100mm 的等边三角形来介绍极轴追踪功能在实际工作中的应用方法和技巧。

【课堂实训】启用极轴追踪功能绘制边长为 100mm 的等边三角形。

（1）输入“SE”，按 Enter 键，打开“草图设置”对话框，切换至“极轴追踪”选项卡，勾选“启用极轴追踪”复选框。

下面设置一个极轴追踪角度。因为等边三角形的内角为 60°，所以可以设置极轴追踪角度为 30° 或 60°，这样就可以控制鼠标指针沿 30° 或 60° 的角度进行追踪，以绘制等边三角形的边。

（2）在“增量角”下拉列表中选择“30”选项，如图 2-14 所示。

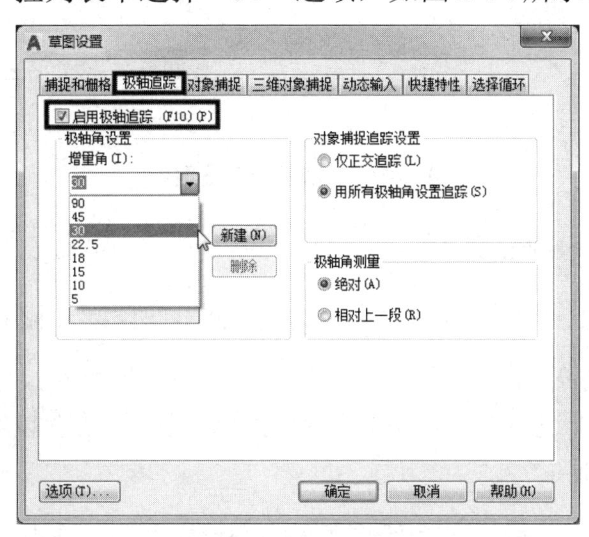

图 2-14　设置增量角

小贴士：

除了勾选“草图设置”对话框中的“启用极轴追踪”复选框激活极轴追踪功能，用户还可以单击状态栏中的“按指定角度限制鼠标指针”按钮，或者使用 F10 键激活该功能。另外，当“增量角”下拉列表中预设的角度不能满足绘图需求时，用户可以先勾选“附加角”复选框，再单击“新建”按钮，新建一个增量角并输入所需角度，如输入“6”（见图 2-15），这样就可以通过追踪新建的增量角来绘图。

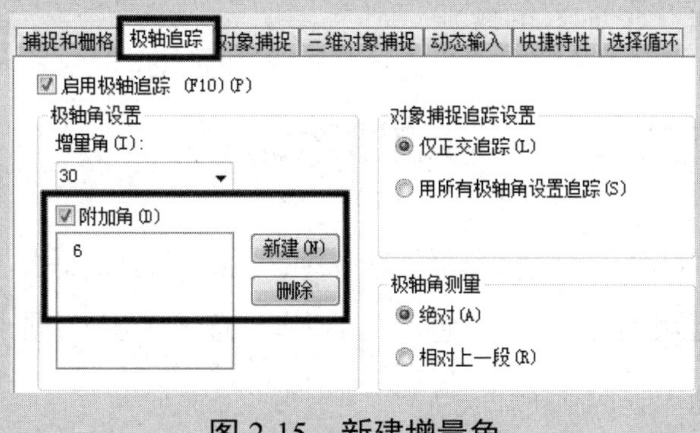

图 2-15　新建增量角

（3）单击“确定”按钮，关闭“草图设置”对话框，输入“L”，按 Enter 键激活“直线”命令，在绘图区拾取一点，以确定直线的起点。

（4）向右上引出 60° 的方向矢量，输入“100”，按 Enter 键，绘制三角形的一条边，继续向右下引出 60° 的方向矢量，输入“100”，按 Enter 键，绘制三角形的另一条边，输入“C”，按 Enter 键，闭合图形并结束操作，效果如图 2-16 所示。

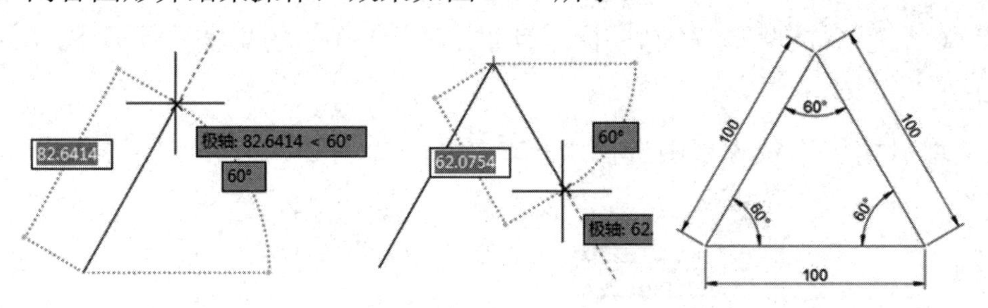

图 2-16 绘制等边三角形

2.1.6 启用对象捕捉追踪功能

对象捕捉追踪以对象上的特征点作为追踪点，引出向两端无限延伸的追踪虚线，以捕捉追踪线上的一点。在默认设置下，系统仅沿正交（水平和垂直）方向进行追踪，如果选中了“对象捕捉追踪设置”选项组中的“用所有极轴角设置追踪”单选按钮，就可以沿设置的极轴角进行追踪，如图 2-17 所示。

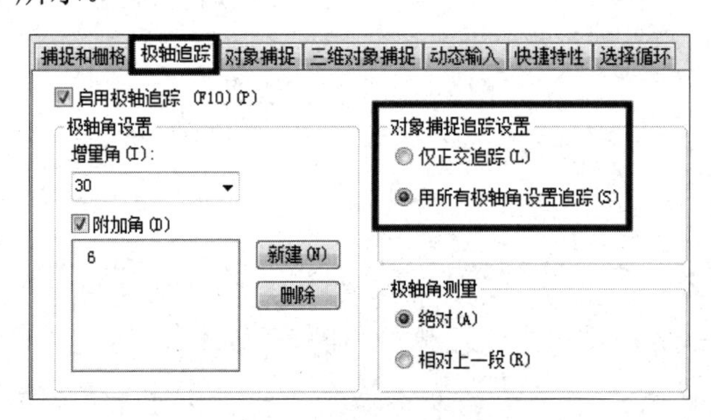

图 2-17 对象捕捉追踪设置

对象捕捉追踪功能一般与极轴追踪配合使用。关于对象捕捉追踪功能的应用，后面章节将通过具体案例进行讲解，此处不再赘述。

2.2 绘图的第二步——启动绘图命令

使用 AutoCAD 绘图的第二步是启动绘图命令。AutoCAD 提供了多种启动绘图命令的方式，如执行菜单命令，启用右键菜单，通过工具栏，通过工具选项卡，输入绘图命令，以及使用快捷键与功能键等。

2.2.1 执行菜单命令启动绘图命令

AutoCAD 的菜单栏中放置了与绘图有关的所有菜单命令，执行菜单命令启动绘图命令是较为传统的方法。下面通过执行“矩形”命令来绘制一个矩形。

【课堂实训】通过菜单命令绘制与修改矩形。

（1）单击工作空间切换列表右侧的按钮，在弹出的菜单中选择“显示菜单栏”命令，显示被隐藏的菜单栏，如图 2-18 所示。

图 2-18　菜单栏

（2）执行“绘图”→“矩形”命令，在绘图区单击确定矩形的一个端点，将鼠标指针移动到合适位置单击，确定矩形的另一个端点，绘制矩形，如图 2-19 所示。

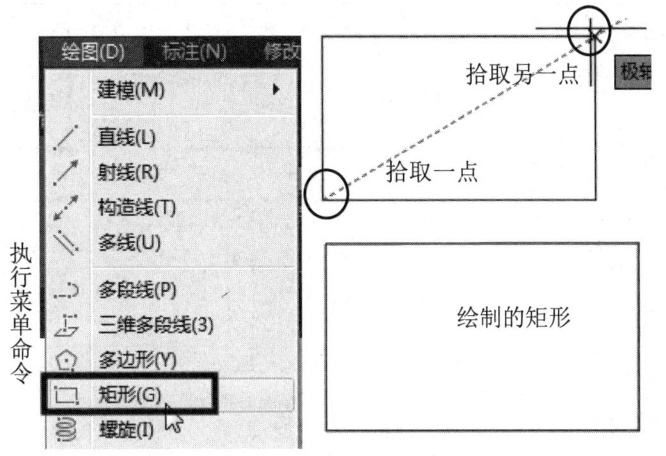

图 2-19　绘制矩形

（3）执行“修改”→“偏移”命令，输入“5”，按 Enter 键确认偏移距离，拾取矩形，在矩形内部拾取一点进行偏移，效果如图 2-20 所示。

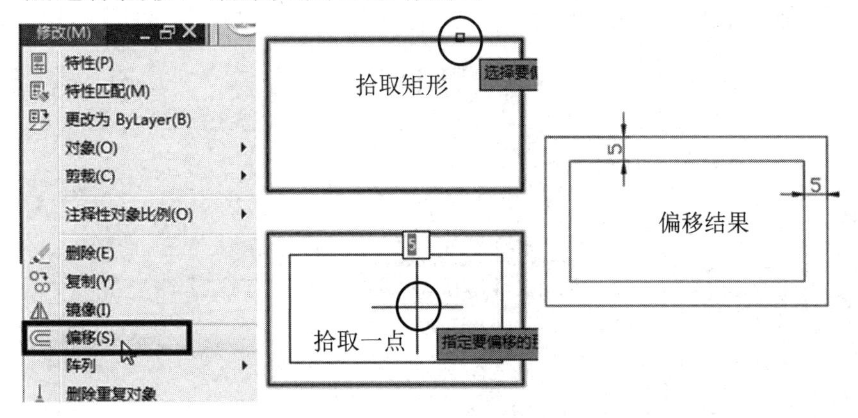

图 2-20　修改矩形

2.2.2 启用右键菜单启动绘图命令

在绘图过程中，用户只需右击即可弹出右键菜单，在右键菜单中选择相关命令就可以快速激活相应的绘图命令。

根据操作过程不同，可以将右键菜单归纳为 3 种。

1）默认模式菜单

在没有命令执行的前提下或没有对象被选择的情况下，右击弹出的就是默认模式菜单，菜单内容主要包括重复操作（即重复上一次的操作）、视图缩放调整、图形隔离、图形剪切、复制和粘贴等常用命令，如图 2-21 所示。

例如，执行默认模式菜单中的“重复偏移”命令，按 Enter 键采用默认的偏移距离，先单击内部的矩形，再在该矩形内部单击，将其向内偏移 5 个绘图单位，如图 2-22 所示。

图 2-21　默认模式菜单

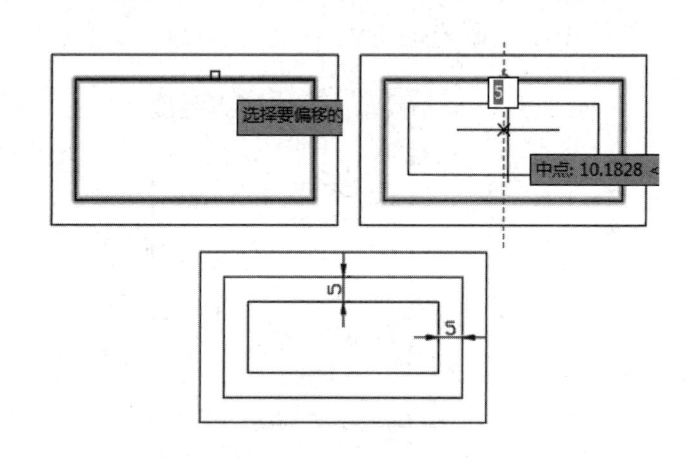

图 2-22　执行“重复偏移”命令

2）编辑模式菜单

在有一个或多个对象被选择的情况下右击出现的快捷菜单就是编辑模式菜单。例如，在没有任何命令执行的情况下，单击内部的矩形使其夹点显示，右击并选择“删除”命令，此时内部的矩形被删除，如图 2-23 所示。

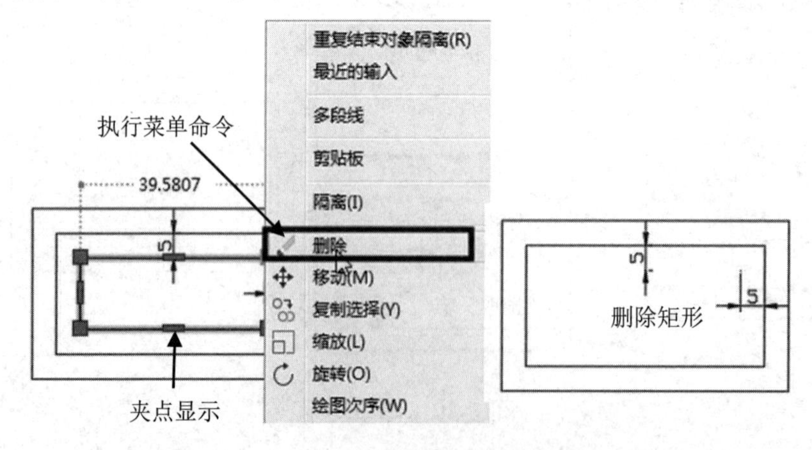

图 2-23　通过编辑模式菜单删除矩形

小贴士：

夹点显示是指在没有任何命令发出的情况下选择对象，对象会显示图形的特征点。不同的图形对象的特征点不同，如圆的特征点就是圆心和位于圆上的 4 个象限点。关于夹点及图形的特征点的相关内容在后面章节将详细讲解，此处不再赘述。

3）模式菜单

在命令执行过程中右击，弹出的快捷菜单就是模式菜单。模式菜单主要包括取消或确认正在执行的命令，以及该命令的其他选项等。

例如，输入“C”，按 Enter 键激活“圆”命令，此时右击弹出快捷菜单，在该菜单中可以选择绘制圆的方式，如选择“两点”命令，配合中点捕捉功能分别捕捉矩形两条水平边的中点绘制圆，如图 2-24 所示。

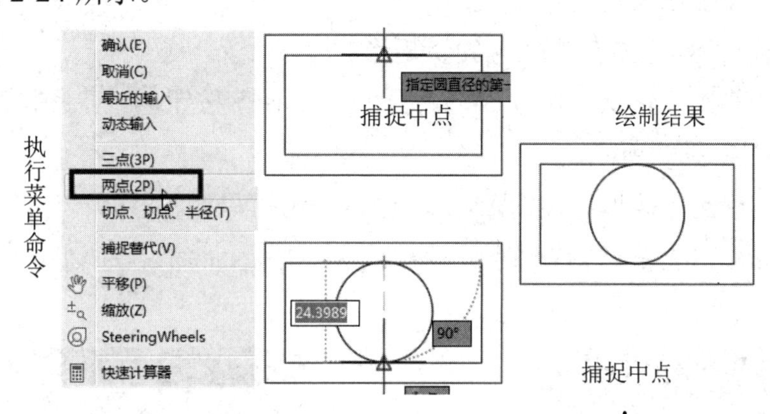

图 2-24　通过模式菜单绘制圆

2.2.3　通过工具栏启动绘图命令

在 AutoCAD 中，工具栏是启动绘图命令的传统手段。“工具”→“工具栏”→“AutoCAD”菜单下放置了 AutoCAD 的各种工具栏，执行相关命令可以打开相关工具栏，激活相关按钮进行绘图。

【课堂实训】通过工具栏中的按钮绘制与偏移圆。

（1）执行“工具”→“工具栏”→“AutoCAD”→“绘图”命令，打开“绘图”工具栏，如图 2-25 所示。

图 2-25　“绘图”工具栏

（2）单击“圆”按钮激活“圆”命令，在绘图区单击拾取圆心，输入“20”，按 Enter 键确认，由此可以绘制半径为 20mm 的圆。

（3）执行“工具”→“工具栏”→“AutoCAD”→“修改”命令，打开“修改”工具栏，单击“偏移”按钮激活“偏移”命令，输入“10”，按 Enter 键设置偏移距离，单击圆，在圆内拾取一点，按 Enter 键结束操作，效果如图 2-26 所示。

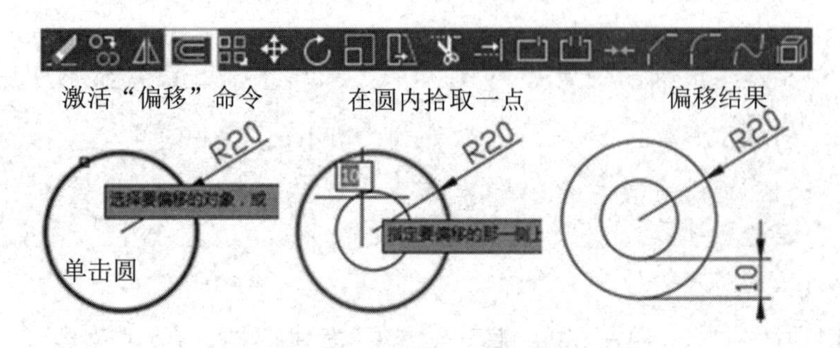

图 2-26　绘制与偏移圆

2.2.4　通过工具选项卡启动绘图命令

在 AutoCAD 新版本中增加了工具选项卡，将所有与绘图有关的功能都以按钮的形式集中显示到选项卡中，使绘图变得更加方便。

【课堂实训】通过工具选项卡绘制与旋转矩形。

（1）将鼠标指针移到“默认”选项卡的“圆心、半径”按钮上，稍等片刻即可显示所有绘图工具按钮，如图 2-27 所示。

（2）将鼠标指针移到“矩形”按钮上，通过单击可以激活“矩形”命令。先依照前面的操作绘制一个矩形，再将鼠标指针移到“修改”按钮上，稍等片刻即可显示所有修改工具按钮，如图 2-28 所示。

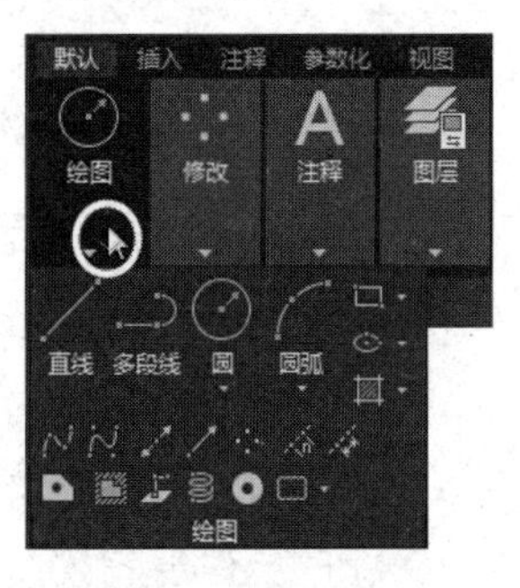

图 2-27　绘图工具按钮

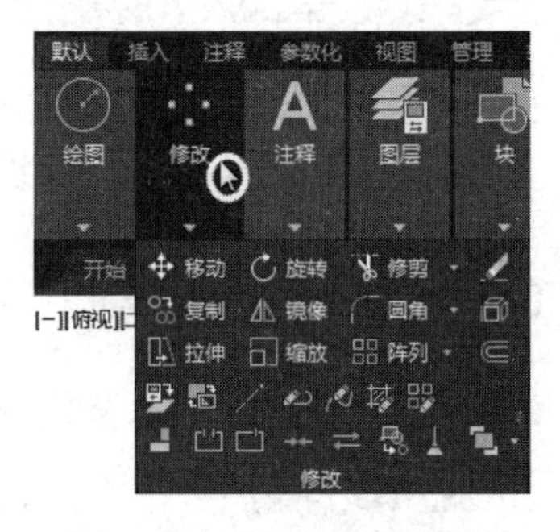

图 2-28　修改工具按钮

（3）将鼠标指针移到“旋转”按钮上，通过单击可以激活“旋转”命令。单击矩形，按 Enter 键确认，捕捉矩形的左下端点作为基点，输入“30”，按 Enter 键确认，将矩形旋转 30°，效果如图 2-29 所示。

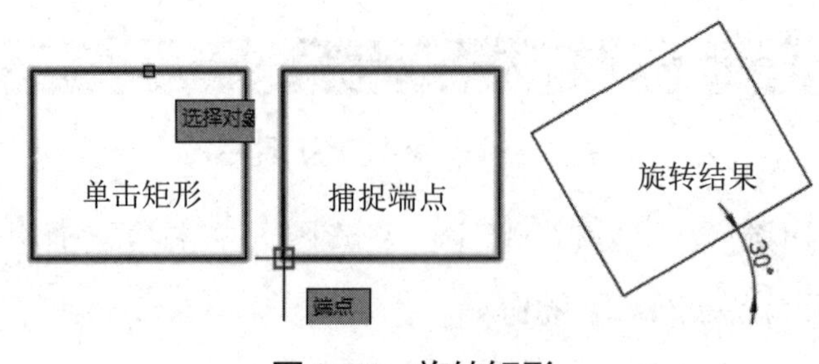

图 2-29　旋转矩形

2.2.5 输入绘图命令

输入绘图命令绘图是 AutoCAD 的高级操作，用户需要熟悉所有与绘图有关的操作的英文命令。下面通过输入“RECTANG”命令绘制 100mm×50mm 的矩形，输入“OFFSET”命令对矩形进行偏移，来介绍输入绘图命令的相关内容。

【课堂实训】输入绘图命令绘制与偏移矩形。

（1）输入“RECTANG”，按 Enter 键激活“矩形”命令，拾取一点并输入“@100,50”，按 Enter 键确认，绘制 100mm×50mm 的矩形。

（2）输入“OFFSET”，按 Enter 键激活“偏移”命令，输入“10”，按 Enter 键设置偏移距离，单击矩形，在矩形内部拾取一点，按 Enter 键结束操作，效果如图 2-30 所示。

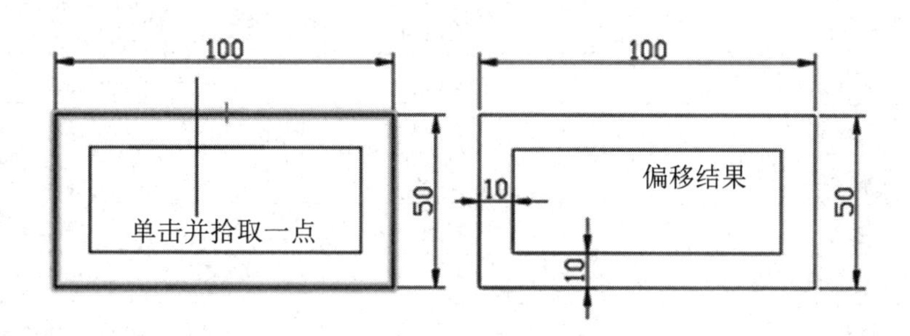

图 2-30 绘制与偏移矩形

2.2.6 使用快捷键与功能键启动绘图命令

在所有启动绘图命令的操作中，使用快捷键与功能键是 AutoCAD 中最快捷的操作。

AutoCAD 2020 为大多数的绘图命令设定了快捷键和功能键，将鼠标指针移到工具选项卡或工具栏中的工具按钮上，在鼠标指针的下方就会显示该工具的中英文名称及操作方法的动态演示，如图 2-31 所示。

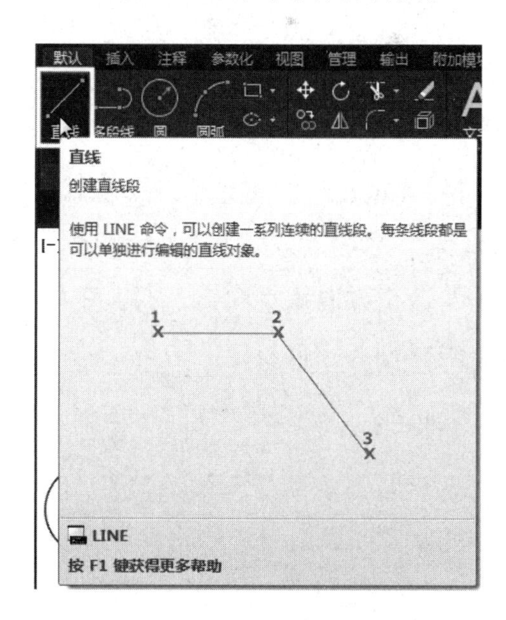

图 2-31 工具的中英文名称及操作方法

功能键与快捷键其实就是这些工具英文名称的缩写，一般是英文名称的前 1～3 个英文字母，如直线的英文名称为 LINE，其快捷键就是 L，在命令行输入“L”，按 Enter 键即可激活“直线”命令，用户只需要牢记这些名称功能键，在绘图时加以利用，就可以大大提高绘图速度。除此之外，还有一些与绘图有关的操作的功能键，如表 2-1 所示。

表 2-1　AutoCAD 2020 的快捷键与功能键

快捷键与功能键	功能	快捷键与功能键	功能
F1	显示帮助信息	Ctrl+N	新建文件
F2	打开文本窗口	Ctrl+O	打开文件
F3	对象捕捉开关	Ctrl+S	保存文件
F4	三维对象捕捉开关	Ctrl+P	打印文件
F5	转换等轴测平面	Ctrl+Z	撤销上一步操作
F6	动态用户坐标系	Ctrl+Y	重复撤销的操作
F7	栅格开关	Ctrl+X	剪切
F8	正交开关	Ctrl+C	复制
F9	捕捉开关	Ctrl+V	粘贴
F10	极轴开关	Ctrl+K	超级链接
F11	对象跟踪开关	Ctrl+0	显示全屏
F12	动态输入	Ctrl+1	显示“特性管理器”面板
Delete	删除	Ctrl+2	显示“设计中心”面板
Ctrl+A	全选	Ctrl+3	显示“工具选项板”面板
Ctrl+4	图纸集管理器	Ctrl+5	显示“信息选项板”面板
Ctrl+6	连接数据库	Ctrl+7	显示“标记集管理器”面板
Ctrl+8	快速计算器	Ctrl+9	显示命令行
Ctrl+W	选择循环	Ctrl+Shift+P	显示快捷特性
Ctrl+Shift+I	推断约束	Ctrl+Shift+C	带基点复制
Ctrl+Shift+V	粘贴为块	Ctrl+Shift+S	另存为

2.3　绘图的第三步——坐标输入

在 AutoCAD 2020 中，坐标输入是精准绘图的关键。坐标系是由 3 个相互垂直并且相交的坐标轴 *X*、*Y*、*Z* 组成的，如图 2-32 所示。在二维绘图空间中，坐标系的 *X* 轴正方向水平向右，*Y* 轴正方向垂直向上，*Z* 轴正方向垂直屏幕向外指向用户；在三维绘图空间中，坐标系的 3 个坐标轴各指向特定的方向。

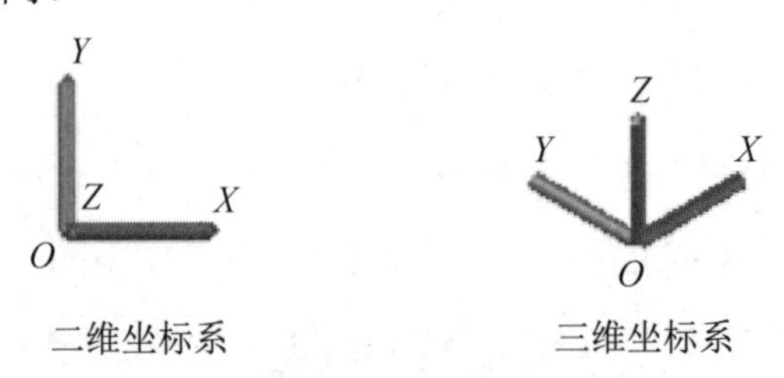

图 2-32　坐标系

坐标系的 3 个坐标轴组成了 *XY*、*YZ* 和 *ZX* 3 个平面。在这 3 个平面中，*XY* 是绘图平面，简单来说就是在 *XY* 平面通过坐标输入绘图。坐标输入是指输入点的坐标。

根据输入方式不同，将坐标输入分为绝对坐标输入和相对坐标输入两种。绝对坐标输入是输入点的绝对坐标值，通俗来讲，就是输入坐标原点与目标点之间的绝对距离值。绝对坐标包括绝对直角坐标和绝对极坐标两种。相对坐标输入是以上一点作为参照，输入上一点距离下一点的值。相对坐标包括相对直角坐标和相对极坐标两种。

2.3.1 输入绝对直角坐标

绝对直角坐标以坐标系原点（0,0）作为参考点来定位其他点，其表达式为（*x*,*y*,*z*）。用户可以直接输入点的 *x*、*y*、*z* 绝对坐标值来表示点。

打开“素材”目录下的“坐标输入.dwg”文件。在该文件中，*A* 点的绝对直角坐标是（4,7）。“4”表示从 *A* 点向 *X* 轴引垂线，垂足与坐标系原点的距离为 4 个单位；而“7”表示从 *A* 点向 *Y* 轴引垂线，垂足与原点的距离为 7 个单位。简单来说就是 *A* 点到坐标系 *Y* 轴的水平距离为 4，到坐标系 *X* 轴的垂直距离为 7，如图 2-33 所示。

下面输入绝对直角坐标，绘制以坐标系原点为左下端点，长为 100mm 且宽为 50mm 的矩形。

【课堂实训】使用绝对直角坐标绘制 100mm×50mm 的矩形。

（1）输入“REC”，按 Enter 键激活“矩形”命令，输入“0,0”，按 Enter 键，确定矩形左下端点为坐标系原点。

（2）输入“100,50”，按 Enter 键，确定矩形右上端点的坐标，绘制的矩形如图 2-34 所示。

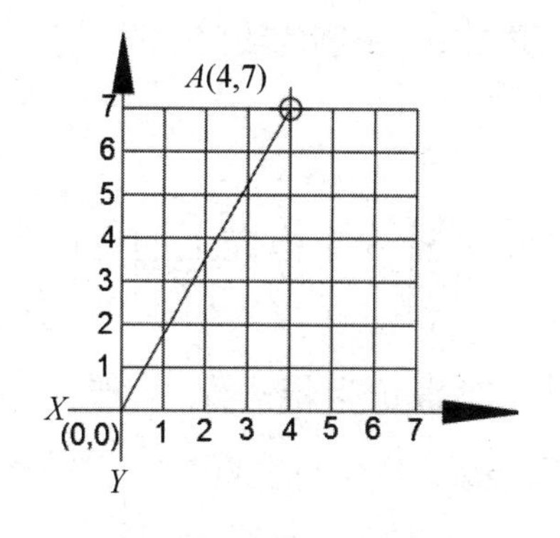

图 2-33 坐标示例图

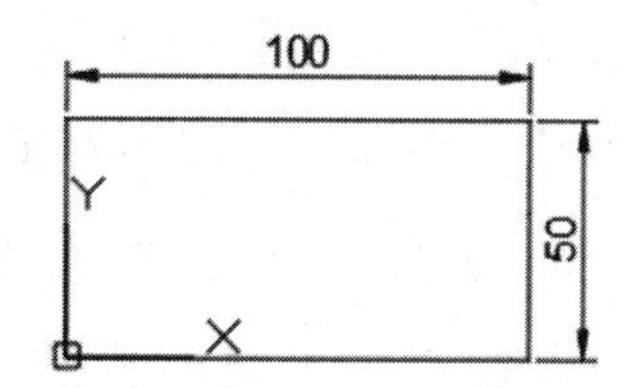

图 2-34 绘制的矩形

小贴士：

在输入点的坐标值时，其数字和逗号应在英文方式下输入，坐标值 *X* 和 *Y* 之间必须以逗号分隔，并且必须是英文形式的。例如，*X* 为 10，*Y* 为 20，正确的表达方法是（10,20）。

2.3.2 输入绝对极坐标

绝对极坐标也是以坐标系原点作为参考点，通过某点相对于原点的极长和角度来定义点的，其表达式为（$L<\alpha$）。L 表示某点和原点之间的极长，即长度；α 表示某点连接原点的边线与 X 轴的夹角。

如图 2-35 所示，C 点的表达式为（6<30），6 表示 C 点和原点连线的长度，30 表示 C 点和原点连线与 X 轴的正向夹角为 30°。

下面采用绝对极坐标输入法和“直线”命令绘制长度为 100mm 且夹角为 30° 的线段。

【课堂实训】使用绝对极坐标输入绘制长度为 100mm 且夹角为 30° 的线段。

（1）输入“L”，按 Enter 键激活“直线”命令，输入“0,0”，按 Enter 键，确定线段的起点为坐标系原点。

（2）输入“100<30”，按两次 Enter 键，确定线段的另一个端点的坐标并结束操作，效果如图 2-36 所示。

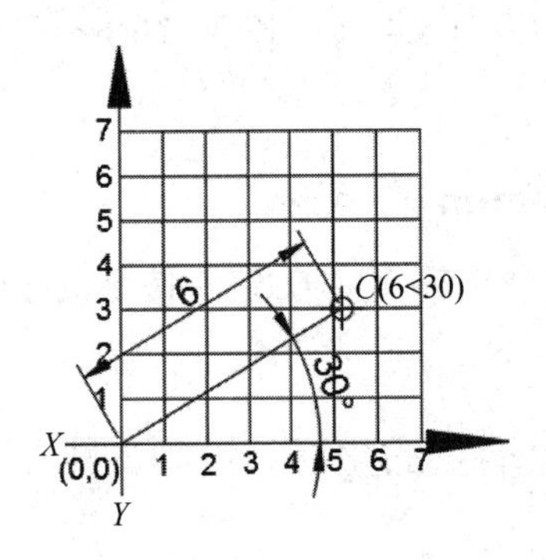

图 2-35 C 点的坐标

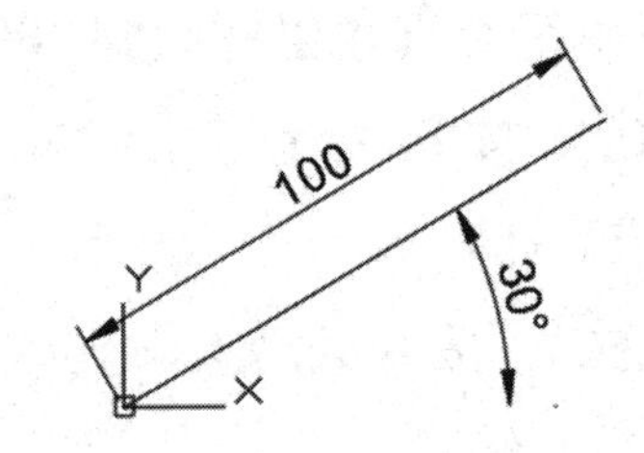

图 2-36 绘制的线段

2.3.3 输入相对直角坐标

相对直角坐标是某个点相对于参照点 X 轴、Y 轴和 Z 轴 3 个方向上的坐标变化，其表达式为（@x,y,z）。其中，“@”表示相对的意思。

如图 2-37 所示，如果以 B 点作为参照点，使用相对直角坐标表示 A 点，那么表达式为（@−3,1）。“@”表示相对的意思，就是相对于 B 点来表示 A 点的坐标；“−3”表示从 B 点到 A 点的 X 轴负方向的距离；“1”表示从 B 点到 A 点的 Y 轴正方向的距离。

下面采用相对直角坐标输入法和“矩形”命令绘制边长为 100mm 的正方形。

【课堂实训】使用相对直角坐标输入法和“矩形”命令绘制边长为 100mm 的正方形。

（1）输入“REC”，按 Enter 键激活“矩形”命令，输入“0,0”，按 Enter 键，确定正方形的端点为坐标系原点。

（2）输入“@100,100”，按 Enter 键，确定正方形的另一个端点的坐标并结束操作，效果如图 2-38 所示。

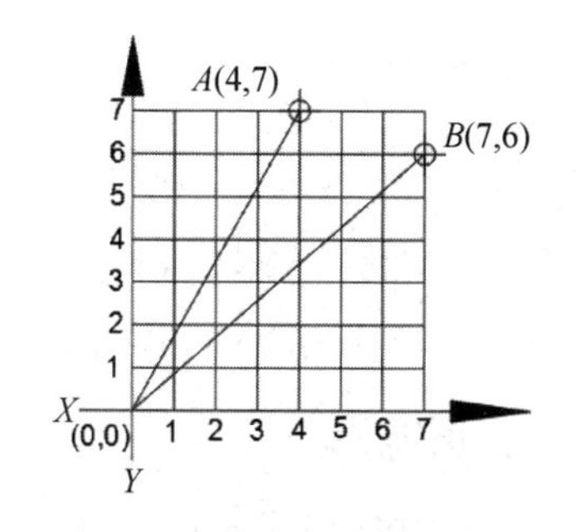

图 2-37 相对直角坐标

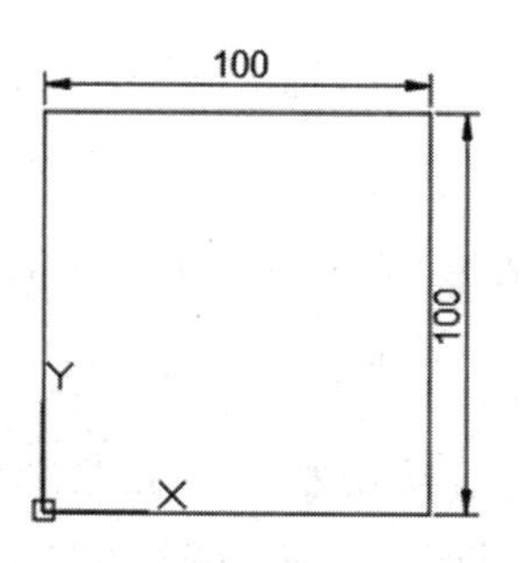

图 2-38 绘制的正方形

2.3.4 输入相对极坐标

相对极坐标是相对于参照点的极长距离和偏移角度来表示的，其表达式为（@L< α ），其中，“@”表示相对的意思，“L”表示极长，“α”表示角度。

在如图 2-39 所示的坐标系中，如果以 *D* 点作为参照点，使用相对极坐标表示 *B* 点，那么表达式为（@5<90），其中，“5”表示 *D* 点和 *B* 点的极长距离为 5 个图形单位，“90”表示 *D* 点和 *B* 点的连线与 *X* 轴的角度为 90° 。

下面使用相对极坐标输入法和“直线”命令绘制边长为 100mm 的等边三角形。

【课堂实训】使用相对极坐标输入法和“直线”命令绘制边长为 100mm 的等边三角形。

（1）输入“L”，按 Enter 键激活“直线”命令，输入“0,0”，按 Enter 键，确定线段的起点为坐标系原点。

（2）输入“@100<60”，按 Enter 键，绘制三角形的第一条边，输入“@100<300”，按 Enter 键，绘制三角形的第二条边。

（3）输入“@100<180”，按两次 Enter 键，绘制三角形的第三条边并结束操作，如图 2-40 所示。

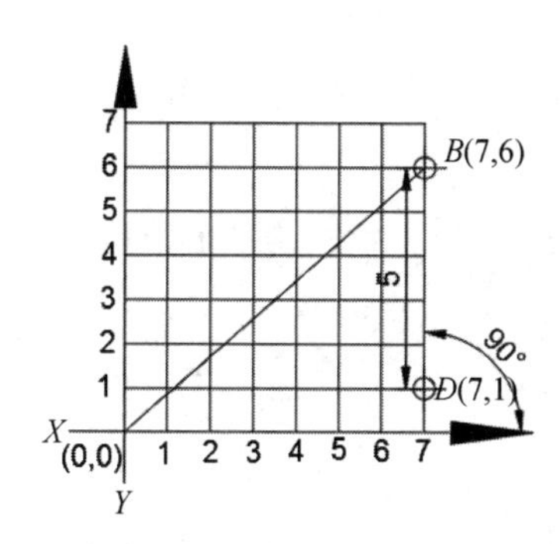

图 2-39 相对极坐标

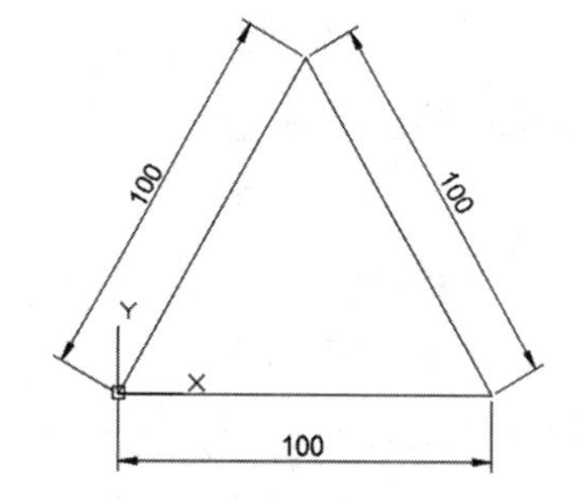

图 2-40 绘制的等边三角形

2.3.5 动态输入

动态输入是坐标输入的另一种方式。当启用该功能后，输入的坐标被看作相对坐标点，用户只需输入点的坐标值即可，不需要输入相对符号“@”，系统会自动在坐标值前添加此符号。

按 F12 键，激活“动态输入”命令，在鼠标指针的下方会出现坐标输入框，如图 2-41 所示。此时用户只需输入坐标值即可，若绘制长度为 100mm 的水平线和垂直线，则输入“100,0”，系统会将其看作相对直角坐标（如果输入“100<90”，那么系统会将其看作相对极坐标）。

下面启用动态输入功能，分别使用直角坐标和极坐标绘制边长为 100mm 的正方形。

【课堂实训】使用动态输入功能绘制边长为 100mm 的正方形。

（1）按 F12 键，激活“动态输入”命令，输入“L”，按 Enter 键激活“直线”命令，输入“0,0”，按 Enter 键，确定线段的起点为坐标系原点。

（2）输入“100,0”，按 Enter 键，确定线段的另一个端点：输入“100<90”，按 Enter 键，确定正方形右垂直边的上端点。

（3）输入“-100,0”，按 Enter 键，确定正方形上水平边的左端点；输入“100<270”，按 Enter 键，确定正方形左垂直边的下端点，按 Enter 键结束操作。绘制的正方形如图 2-42 所示。

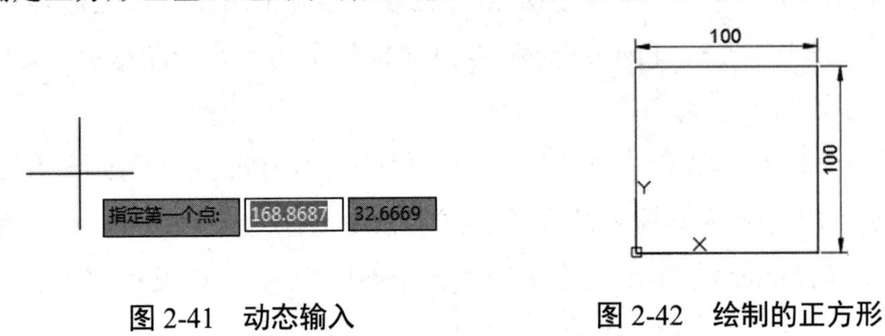

图 2-41　动态输入　　　　图 2-42　绘制的正方形

知识巩固与能力拓展

一、单选题

1. 在默认设置下，AutoCAD 是以_____为基准角度的。

A. 东　　B. 北　　C. 南　　D. 西

2. 启用捕捉功能的快捷键是_____。

A. F3　　B. F4　　C. F5　　D. F8

3. 启用正交功能的快捷键是_____。

A. F3　　B. F4　　C. F5　　D. F8

4. 启用极轴追踪功能的快捷键是_____。

A. F3　　B. F4　　C. F10　　D. F8

5. 启用对象捕捉追踪功能的快捷键是_____。

A. F3　　B. F11　　C. F10　　D. F8

二、多选题

1. 在 AutoCAD 图形单位的设置中，“长度”类型有_____。

A. 小数　　B. 分数　　C. 工程

D. 建筑　　E. 科学

2．在 AutoCAD 角度类型的设置中，除了“十进制度数”类型，还有_____。

A．百分度　B．度/分/秒　C．弧度　D．勘测单位

3．AutoCAD 的绘图单位有_____。

A．毫米　B．厘米　C．米　D．英寸

4．当启用自功能时，需要按住_____键。

A．Shift　B．Alt　D．Ctrl　D．Tab

5．坐标输入包括_____。

A．绝对坐标输入　B．相对坐标输入

C．相对极坐标输入　D．绝对极坐标输入

三、简答题

简单描述绝对坐标输入与相对坐标输入的区别。

第3章

AutoCAD 绘图入门（一）——绘制与编辑点、线图元

工作任务分析

本章介绍 AutoCAD 的点、线图元的绘制与编辑，主要包括设置点样式，绘制单点和多点，绘制直线、构造线、多段线，以及编辑线图元等内容。

知识学习目标

- 掌握点样式的设置技能。
- 掌握绘制点图元的技能。
- 掌握绘制线图元的技能。
- 掌握编辑线图元的技能。

技能实践目标

- 能够绘制不同类型的点图元。
- 能够绘制和编辑各种线图元。
- 能够使用点、线图元绘制各种图形。

3.1 点图元

在 AutoCAD 中，点图元具有不可替代的特殊用途。

3.1.1 单点

单点其实就是一个点。执行一次“单点”命令只能绘制一个点。如果需要绘制多个点，就需要多次执行“单点”命令。

可以通过如下几种方式执行“单点”命令。

- 在菜单栏中选择“绘图”→“点”→“单点”命令。
- 在命令行输入“POINT”，按 Enter 键。
- 使用命令简写 PO。

【课堂实训】绘制单点。

（1）在菜单栏中选择“绘图”→“点”→“单点”命令。

（2）在绘图区单击，绘制一个点并结束命令。

（3）再次在菜单栏中选择“绘图”→“点”→“单点”命令，在绘图区单击，绘制另一个点并结束命令。

小贴士：

在默认情况下，单点使用默认的点样式来表现。默认点样式是一个小点，在绘图区一般看不见，只有重新设置点样式后才能看到绘制的单点。

3.1.2 点样式

点样式就是点的显示样式，用户可以通过设置不同的点样式来满足绘图需要。

【课堂实训】设置点样式。

（1）继续 3.1.1 节的操作。选择 3.1.1 节绘制的单点，执行“格式”→“点样式”命令，打开“点样式”对话框，选择一种点样式，如图 3-1 所示。

（2）单击“确定”按钮，关闭“点样式”对话框，此时的绘图区显示 3.1.1 节绘制的单点的样式，如图 3-2 所示。

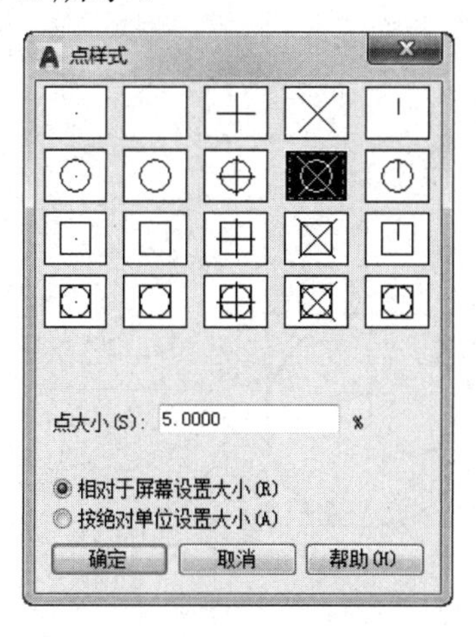

图 3-1 选择一种点样式

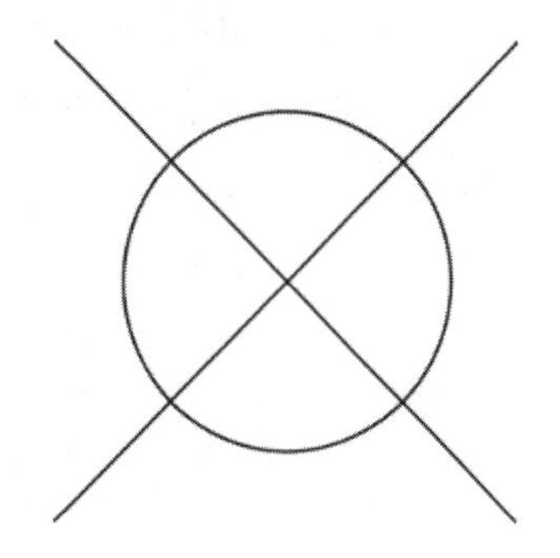

图 3-2 单点的样式

小贴士：

在“点样式”对话框中，除了可以设置点的样式，还可以在“点大小”文本框中输入点的大小，并根据具体情况选中相应的单选按钮。如果选中“相对于屏幕设置大小”单选按钮，那么可以使点根据屏幕大小的改变而改变，一般用于在屏幕上表现点时使用；如果选中“按绝对单位设置大小”单选按钮，那么点按照实际尺寸来显示。无论屏幕如何变化，点的实际尺寸是不会发生变化的，因此这种点适合在图纸上表现点时使用。

【课堂练习】绘制单点并设置点样式。

先使用“单点”命令绘制单点，再分别设置其点样式，如图 3-3 所示。

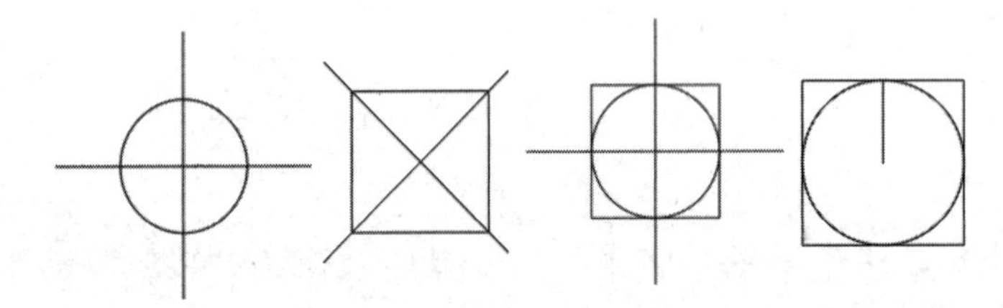

图 3-3　绘制单点并设置点样式

3.1.3　多点

多点即多个单点，执行一次“多点”命令，可以连续绘制多个单点，从而形成多点，直到用户结束操作。

可以通过如下几种方式执行“多点”命令。

- 在菜单栏中选择“绘图”→“点”→“多点”命令。
- 单击“默认”选项卡的“绘图”工具列表中的“多点”按钮。

【课堂实训】绘制多点。

（1）在菜单栏中选择“绘图”→“点”→“多点”命令。

（2）在绘图区单击，采用默认的点样式绘制一个点。

（3）继续在绘图区单击，绘制另一个点。

（4）采用这种方式绘制多个点，如图 3-4 所示。

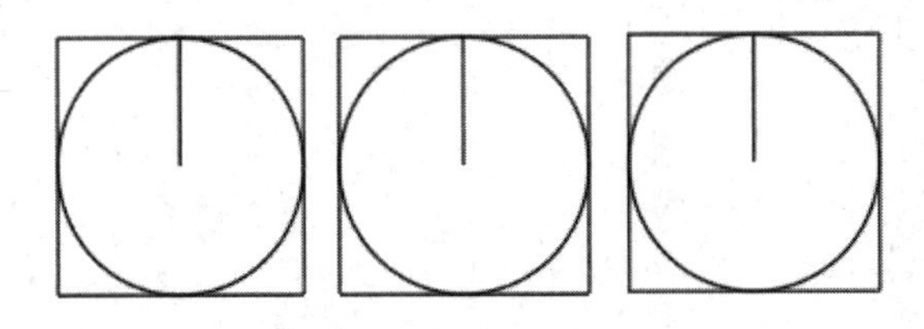

图 3-4　绘制的多个点

（5）按 Esc 键结束命令。

3.1.4　定数等分

定数等分是指使用点将目标对象等分为相同的分段，各分段之间的距离都相等。

可以通过如下几种方式执行“定数等分”命令。

- 在菜单栏中选择“绘图”→“点”→“定数等分”命令。
- 在命令行输入“DIVIDE”，按 Enter 键。
- 使用命令简写 DIV。

● 单击“默认”选项卡的“绘图”工具列表中的“定数等分”按钮。

【课堂实训】将长度为 100 个绘图单位的线段等分为 5 段。

（1）输入“L”，按 Enter 键激活“直线”命令，拾取一点定位起点。

（2）输入“@100,0”，按两次 Enter 键，绘制长度为 100 个绘图单位的线段。

（3）执行“格式”→“点样式”命令，打开“点样式”对话框，选择的点样式为，单击“确定”按钮关闭该对话框。

（4）输入“DIV”，按 Enter 键激活“定数等分”命令，选择线段，输入“5”，按 Enter 键进行等分，效果如图 3-5 所示。

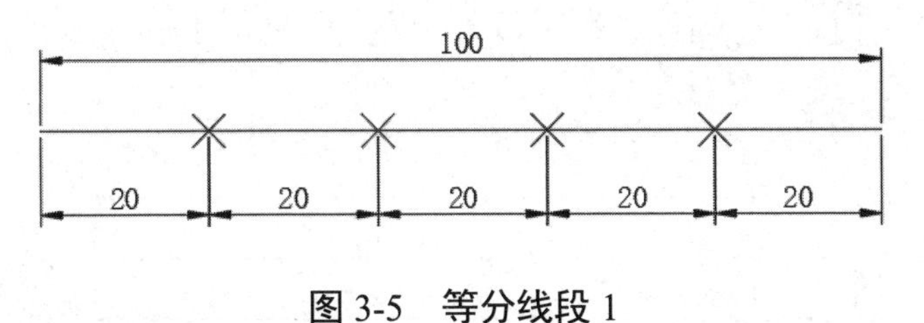

图 3-5　等分线段 1

【课堂练习】等分长度为 50 个绘图单位的线段。

将长度为 50 个绘图单位的线段进行等分，使每段的长度均为 5 个绘图单位，效果如图 3-6 所示。

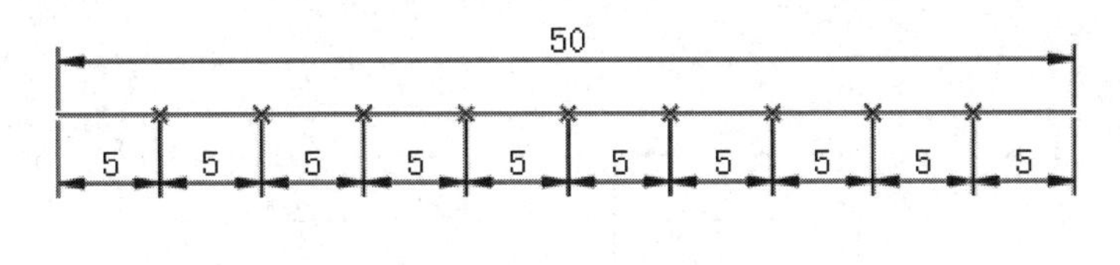

图 3-6　等分线段 2

3.1.5　定距等分

与“定数等分”命令不同，使用“定距等分”命令可以按照设计要求设定尺寸进行等分。可以通过如下几种方式执行“定距等分”命令。

● 在菜单栏中选择“绘图”→“点”→“定距等分”命令。

● 在命令行输入“MEASURE”，按 Enter 键。

● 使用命令简写 ME。

● 单击“默认”选项卡的“绘图”工具列表中的“定距等分”按钮。

【课堂实训】将长度为 100 个绘图单位的线段按照每段 30 个绘图单位进行等分。

（1）绘制长度为 100 个绘图单位的线段。

（2）输入“ME”，按 Enter 键激活“定距等分”命令，在线段左端单击拾取线段，输入“30”，按 Enter 键，效果如图 3-7 所示。

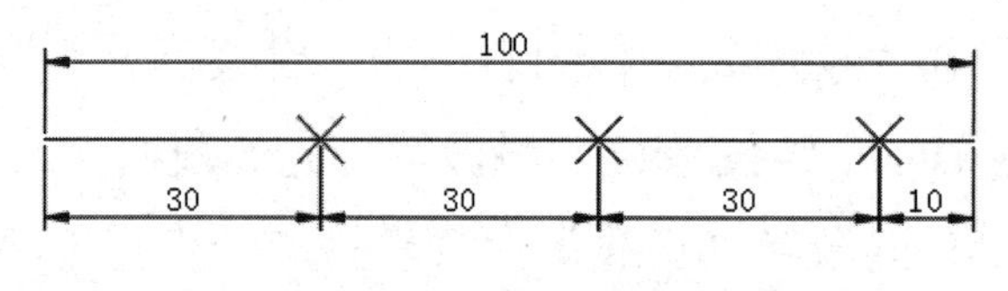

图 3-7　定距等分 1

小贴士：

定距等分是按照设定的等分值来等分对象的，不足等分值的部分予以保留。另外，如果采用定距等分，那么先从单击拾取线段的一端开始等分对象。因此，单击的位置不同，等分的方式和结果就不同。从线段左端开始等分的结果如图 3-7 所示，从线段右端开始等分的结果如图 3-8 所示。

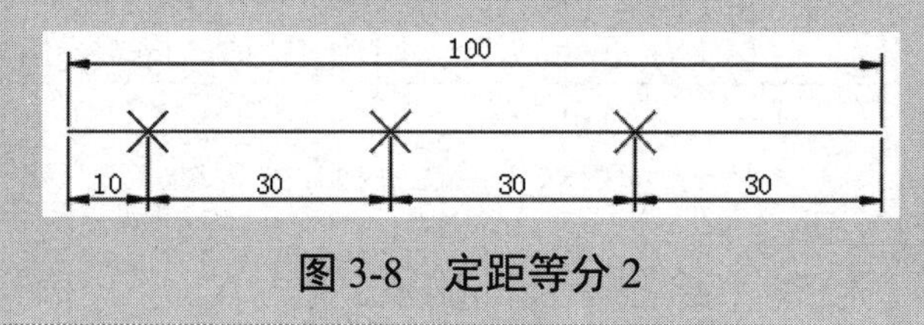

图 3-8　定距等分 2

【课堂练习】等分长度为 50 个绘图单位的线段。

将长度为 50 个绘图单位的线段分别从左端和右端按照每段 20 个绘图单位进行等分，效果如图 3-9 所示。

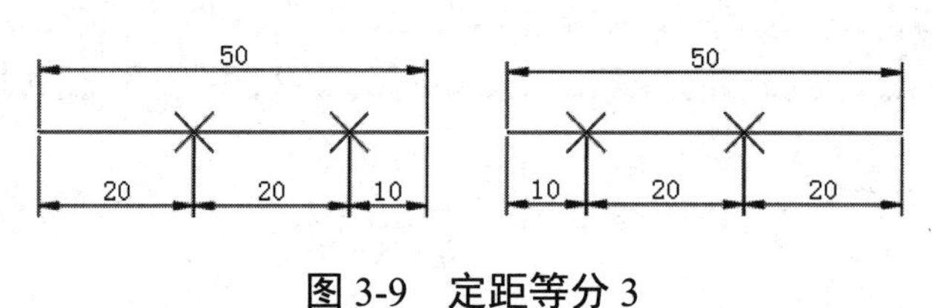

图 3-9　定距等分 3

综合练习——快速布置吊顶辅助灯具

在 AutoCAD 室内装饰设计中，吊顶灯具图是灯具布置的重要依据。下面通过“单点”命令、“多点”命令和“定数等分”命令，快速在吊顶灯具图中创建辅助灯具，从而对吊顶灯具图进行完善，效果如图 3-10 所示。

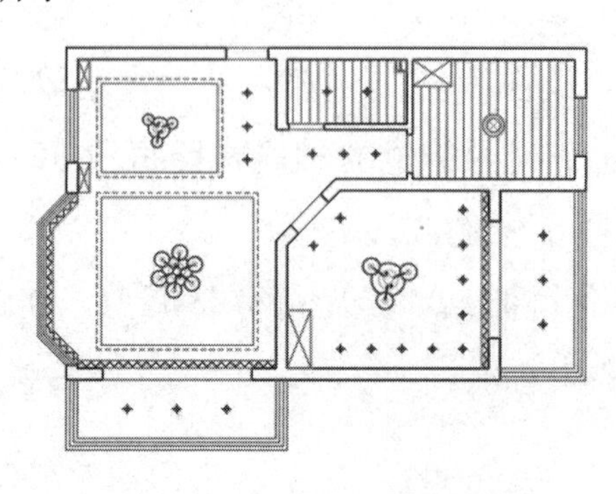

图 3-10　创建辅助灯具

详细的操作过程请参考配套教学资源的视频讲解。

快速布置吊顶辅助灯具的练习评价表如表 3-1 所示。

表 3-1 快速布置吊顶辅助灯具的练习评价表

练习项目	检查点	完成情况	出现的问题及解决措施
快速布置吊顶辅助灯具	单点、多点	□完成 □未完成	
	定数等分	□完成 □未完成	

3.2 线图元

在 AutoCAD 中，线图元包括直线、射线、样条线、构造线、多段线及多线，是绘图的基本图元。

3.2.1 直线

直线既可以作为图形的轮廓线，又可以作为绘图辅助线。

可以通过如下几种方式执行“直线”命令。

- 在菜单栏中选择“绘图”→“直线”命令。
- 单击“默认”选项卡的“绘图”工具列表中的“直线”按钮。
- 在命令行输入“LINE”，按 Enter 键。
- 使用命令简写 L。

【课堂实训】绘制长度为 100mm 的直线。

（1）按 F12 键启用动态输入功能。

（2）输入“L”，按 Enter 键激活“直线”命令，拾取一点确定直线的起点。

（3）输入“100,0”，按两次 Enter 键，确定直线的另一个端点并结束操作，效果如图 3-11 所示。

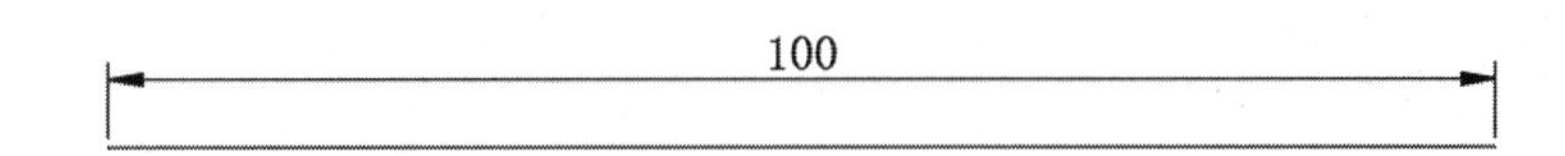

图 3-11 绘制的直线

小贴士：

按 F8 键启用正交功能，拾取线的起点，水平引导鼠标指针并输入线的长度值，按 Enter 键确认绘制水平线，垂直引导鼠标指针并输入线的长度值，按 Enter 键确认绘制垂直线。

【知识拓展】绘制倾斜直线与闭合图形（请参考资料包中的“知识拓展”→“第 3 章”→“绘制倾斜直线与闭合图形”）。

【课堂练习】绘制等边三角形。

使用“直线”命令绘制边长为 100 个绘图单位的等边三角形，效果如图 3-12 所示。

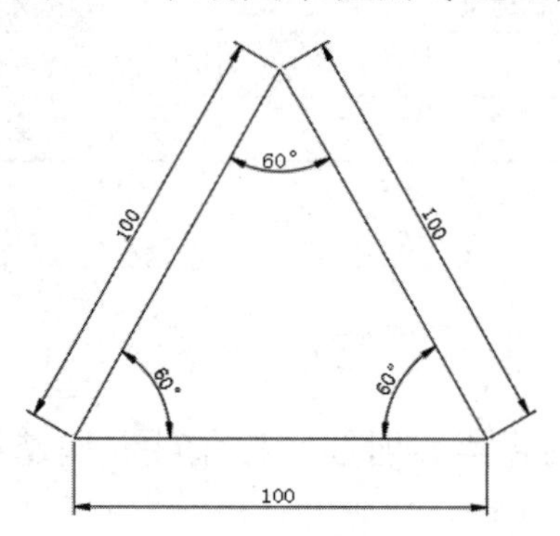

图 3-12　等边三角形

3.2.2　构造线

构造线是一种无限延伸的特殊直线，一般用作绘图的辅助线。例如，在 AutoCAD 建筑设计中，通常使用构造线绘制墙体定位线。

可以通过如下几种方式执行“构造线”命令。

- 在菜单栏中选择“绘图”→“构造线”命令。
- 单击“默认”选项卡的“绘图”工具列表或“绘图”工具栏中的“构造线”按钮。
- 在命令行输入“XLINE”，按 Enter 键。
- 使用命令简写 XL。

由于构造线是无限延伸的特殊直线，因此在绘制构造线时，只需拾取两点即可绘制构造线。先拾取第一个点的坐标确定构造线的位置，再输入第二个点的坐标确定构造线的方向。如果输入“1,0”，按 Enter 键确认，那么绘制的是水平构造线；如果输入“0,1”，按 Enter 键确认，那么绘制的是垂直构造线；如果输入“0<60”，按 Enter 键确认，那么绘制的是倾斜角度为 60°的构造线。

小贴士：

“0,1”是绝对直角坐标。“0”表示 *X* 轴的绝对值；“1”表示 *Y* 轴的绝对值；“,”表示绝对的意思，起分隔 *X* 轴和 *Y* 轴的值的作用，并且必须是在英文状态下输入的。“0<60”是相对坐标。“0”表示长度，“<”表示相对的意思，“60”表示倾斜角度。具体内容请参考 2.3 节的讲解。

另外，激活“构造线”命令后，输入“H”，按 Enter 键激活“水平”选项，先拾取一点绘制水平构造线，输入“V”，按 Enter 激活“垂直”选项，再拾取一点绘制垂直构造线。“水平”选项和“垂直”选项的功能与正交功能相同。读者可以自行尝试绘制水平构造线和垂直构造线，此处不再详述。

【课堂实训】绘制水平构造线和垂直构造线。

（1）输入“XL”，按 Enter 键激活“构造线”命令，输入“H”，按 Enter 键激活“水平”选项，拾取一点绘制水平构造线。

（2）按 Enter 键重复执行“构造线”命令，输入“V”，按 Enter 键激活“垂直”选项，拾取一点绘制垂直构造线。

（3）按 Enter 键结束操作，效果如图 3-13 所示。

除了水平构造线和垂直构造线，用户还可以绘制任意角度的构造线。

【课堂实训】绘制倾斜角度的 60° 的构造线。

（1）输入“XL”，按 Enter 键激活“构造线”命令，输入“A”，按 Enter 键激活“角度”选项。

（2）输入“60”，按 Enter 键设置倾斜角度，拾取一点绘制倾斜角度为 60° 的构造线。

（3）按 Enter 键结束操作，效果如图 3-14 所示。

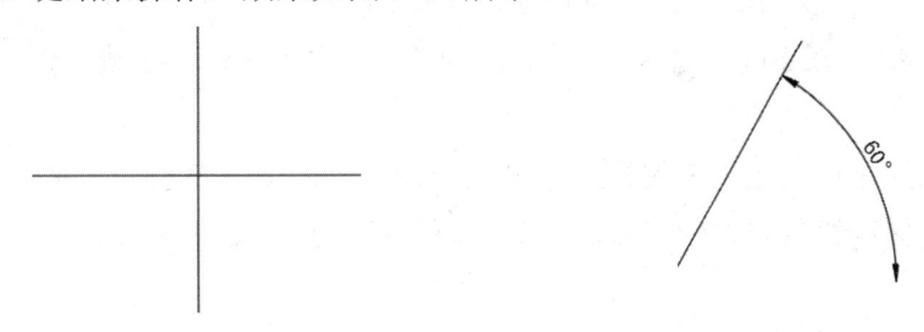

图 3-13　水平构造线和垂直构造线　　图 3-14　倾斜为 60° 的构造线

【知识拓展】偏移构造线与二等分线（请参考资料包中的“知识拓展”→“第 3 章”→“偏移构造线与二等分线”）。

3.2.3 多段线

多段线是一种较为特殊的线图元。它既可以是一条直线段，又可以是一条圆弧，还可以是一条由直线段和圆弧组成的线。无论绘制的多段线包含多少条直线或圆弧，AutoCAD 都把它们看作一个单独的对象。在实际绘图时，多段线既可以作为图形轮廓线，又可以作为绘图辅助线等。

可以通过如下几种方式执行“多段线”命令。

- 在菜单栏中选择“绘图”→“多段线”命令。
- 单击“默认”选项卡的“绘图”工具列表中的“多段线”按钮。
- 在命令行输入“PLINE”，按 Enter 键。
- 使用命令简写 PL。

【课堂实训】绘制多段线。

（1）输入“PL”，按 Enter 键激活“多段线”命令，在绘图区单击拾取一点。

（2）水平向右引导鼠标指针，输入“100”，按 Enter 键，绘制长度为 100mm 的直线。

（3）输入“A”，按 Enter 键转入“圆弧”模式，垂直向上引导鼠标指针，输入“20”，按 Enter 键，绘制直径为 20mm 的圆弧。

（4）输入“L”，按 Enter 键转入“直线”模式，向左引导鼠标指针，输入“50”，按两次 Enter 键，绘制长度为 50mm 的直线并结束操作，效果如图 3-15 所示。

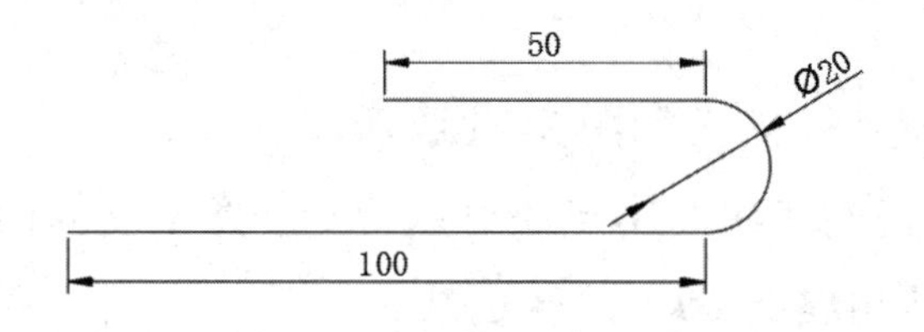

图 3-15　绘制的多段线

【课堂练习】使用“多段线”命令绘制 100mm×50mm 且半径为 10mm 的圆角矩形。

（1）输入“PL”，按 Enter 键激活“多段线”命令，在绘图区单击拾取一点。

（2）输入“80”，按 Enter 键，绘制圆角矩形的水平边。

（3）输入“A”，按 Enter 键转入“圆弧”模式，输入“CE”，按 Enter 键激活“圆心”选项。

（4）由直线的端点向上引出矢量线，输入“10”，按 Enter 键确定圆心，并由圆心向右引出矢量线，捕捉矢量线与圆弧的交点，以确定圆弧的端点，如图 3-16 所示。

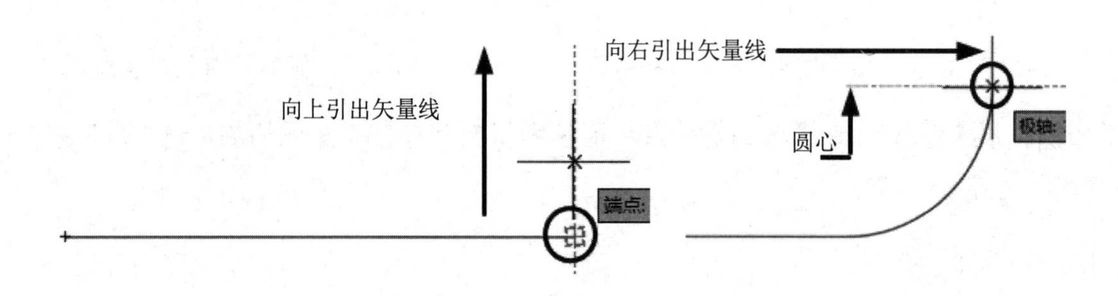

图 3-16　绘制圆弧 1

（5）输入“L”，按 Enter 键转入“直线”模式，向上引出矢量线，输入“30”，按 Enter 键。

（6）输入“A”，按 Enter 键转入“圆弧”模式，输入“CE”，按 Enter 键激活“圆心”选项。

（7）由直线的端点向左引出矢量线，输入“10”，按 Enter 键确定圆心，并由圆心向上引出矢量线，捕捉矢量线与圆弧的交点，以确定圆弧的端点，如图 3-17 所示。

（8）输入“L”，按 Enter 键转入“直线”模式，向左引出矢量线，输入“80”，按 Enter 键。

（9）输入“A”，按 Enter 键转入“圆弧”模式，输入“CE”，按 Enter 键激活“圆心”选项。

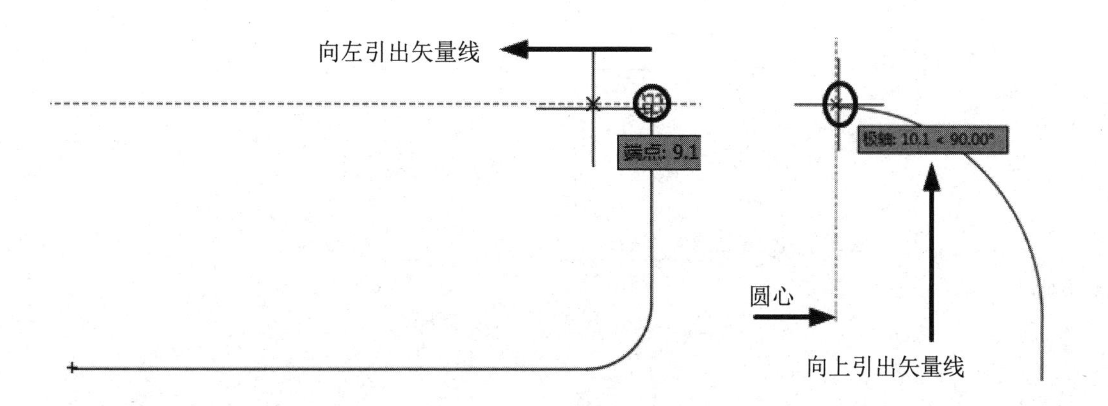

图 3-17 绘制圆弧 2

（10）由直线的端点向下引出矢量线，输入“10”，按 Enter 键确定圆心，并由圆心向左引出矢量线，捕捉矢量线与圆弧的交点以确定圆弧的端点，如图 3-18 所示。

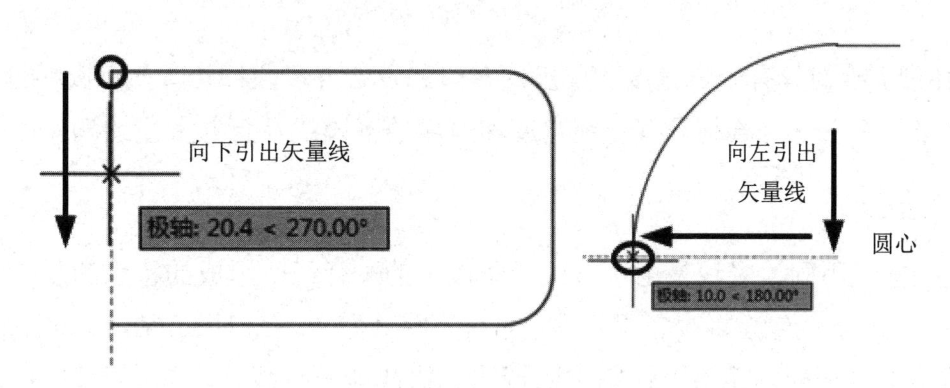

图 3-18 绘制圆弧 3

（11）输入“L”，按 Enter 键转入“直线”模式，向下引出矢量线，输入“30”，按 Enter 键。

（12）输入“A”，按 Enter 键转入“圆弧”模式，输入“CE”，按 Enter 键激活“圆心”选项。

（13）由直线的端点向右引出矢量线，输入“10”，按 Enter 键确定圆心，并由圆心向下引出矢量线，捕捉下方直线的端点，如图 3-19 所示。

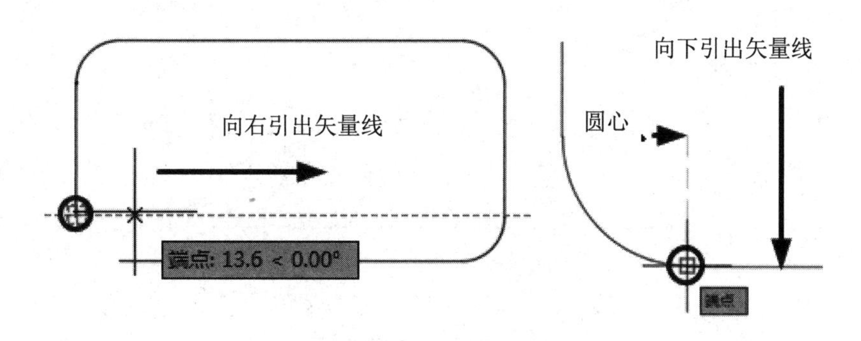

图 3-19 绘制圆弧 4

（14）按 Enter 键结束操作，完成该圆角矩形的绘制，效果如图 3-20 所示。

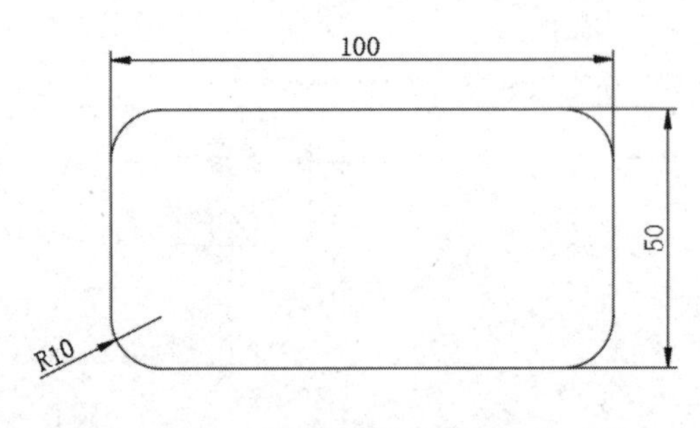

图 3-20　绘制的圆角矩形

小贴士：

在该案例中，输入圆角矩形的水平边和垂直边的值时，一定要将圆角半径从总尺寸中减去，由此得出的值才是正确的输入值。例如，矩形长度为 100mm，圆角半径为 10mm，长度值减去两个圆角半径值，就是正确的输入值。

【知识拓展】绘制具有一定宽度和厚度的多段线及合并多段线（请参考资料包中的“知识拓展”→“第 3 章”→“绘制具有一定宽度和厚度的多段线及合并多段线”）。

3.2.4　多线

与其他线图元不同，多线是由两条或两条以上的平行线所组成的特殊的复合线对象。与多段线相同，无论多线包含多少条平行线，系统都将其看成一个对象。在 AutoCAD 建筑设计中，通常使用多线来创建建筑设计图中的墙线、窗线和阳台线等，如图 3-21 所示。

图 3-21　多线

可以通过如下几种方式执行“多线”命令。

- 在菜单栏中选择“绘图”→“多线”命令。
- 在命令行输入“MLINE”，按 Enter 键。
- 使用命令简写 ML。

【课堂实训】绘制多线。

（1）输入“ML”，按 Enter 键激活“多线”命令，拾取一点，确定多线的起点。

（2）水平引导鼠标指针，拾取一点，按 Enter 键，绘制水平多线，效果如图 3-22 所示。

图 3-22　水平多线

在默认情况下，多线是由两条平行线组成的，其比例为 20 个绘图单位，用户也可以根据绘图需要来设置比例。例如，当激活“多线”命令后，输入“S”，按 Enter 键激活“比例”选项，同时输入多线比例即可。

除了设置多线比例，用户还可以根据绘图需要设置多线样式，包括组成多线的直线数量、线型、颜色和封口形式等。下面以设置建筑设计中的墙线样式为例介绍设置多线样式的相关内容。

【课堂实训】设置墙线多线样式。

（1）执行“格式”→“多线样式”命令，打开“多线样式”对话框。

（2）单击“新建”按钮，打开“创建新的多线样式”对话框，在“新样式名”文本框中输入“墙线样式”，如图 3-23 所示。

（3）单击“继续”按钮，打开“新建多线样式：墙线样式”对话框，单击“添加”按钮，在“图元”选项组中添加一个 0 号元素。

（4）先将“偏移”设置为“0.250”，再单击“颜色”下拉按钮，设置图元颜色为红色，如图 3-24 所示。

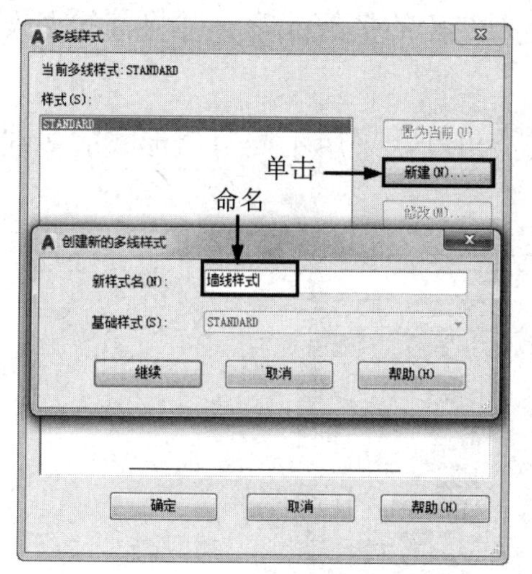

图 3-23 新建多线样式

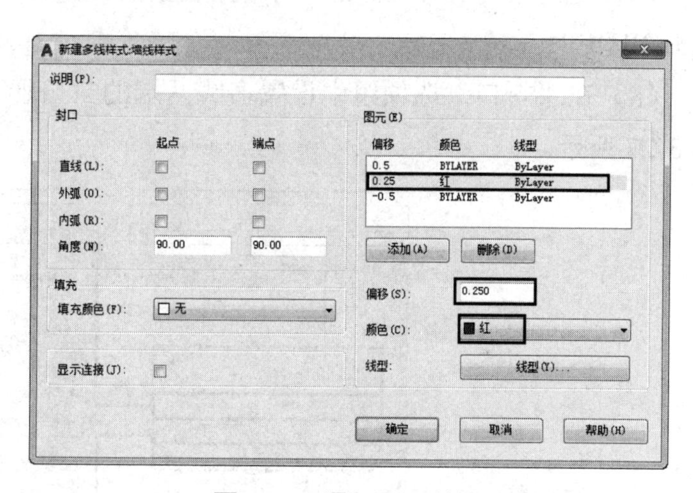

图 3-24 添加图元并设置参数

（5）单击“线型”按钮，在打开的“选择线型”对话框中单击“加载”按钮，打开“加载或重载线型”对话框，选择的线型为“BORDER2”，如图 3-25 所示。

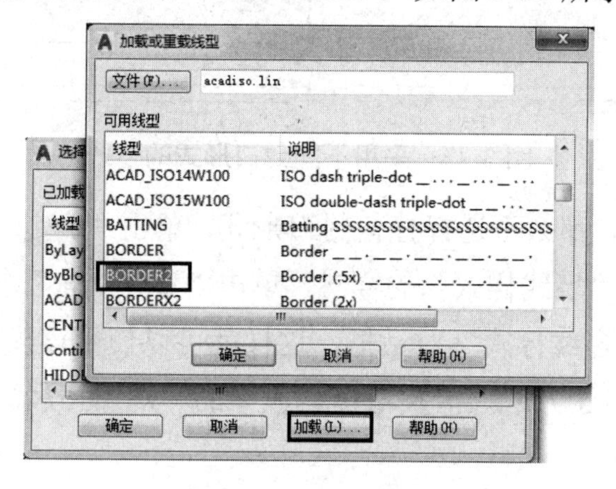

图 3-25 选择线型

（6）单击“确定”按钮返回“选择线型”对话框，选择加载的线型，单击“确定”按钮，将此线型赋给刚添加的多线元素，结果如图 3-26 所示。

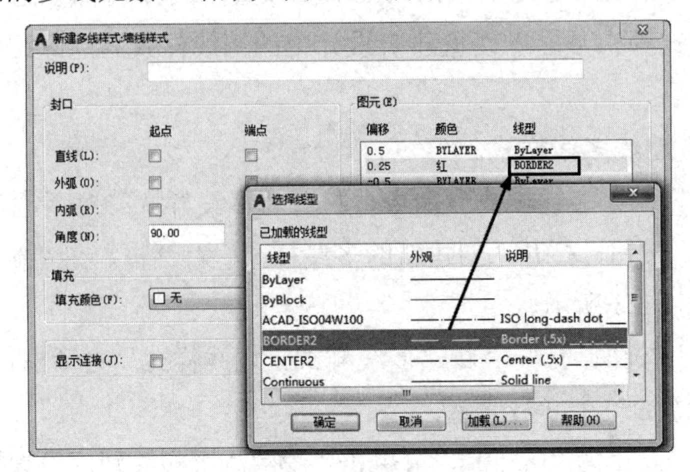

图 3-26　添加线型

（7）使用相同的方法添加一个偏移量为-0.25、颜色为红色的多线元素，并将其线型设置为 BORDER2。

（8）在“封口”选项组中设置多线两端的封口形式及角度，采用不同封口形式的多线如图 3-27 所示。

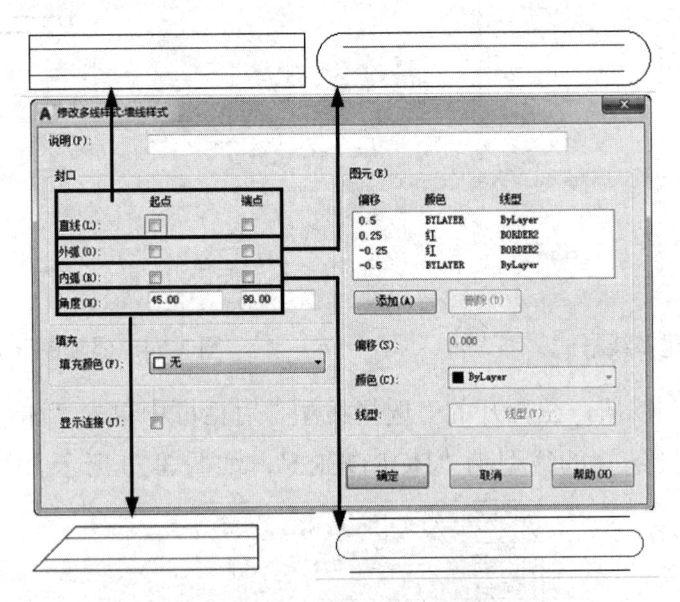

图 3-27　采用不同封口形式的多线

（9）如果是墙线样式，那么不选择任何封口形式，单击“确定”按钮返回“多线样式”对话框，选择新设置的名为“墙线样式”的样式，单击“置为当前”按钮将其设置为当前样式，单击“确定”按钮关闭“多线样式”对话框，这样就可以使用该样式来绘制多线。

【知识拓展】多线的对正方式（请参考资料包中的“知识拓展”→“第 3 章”→“多线的对正方式”）。

【知识拓展】编辑多线（请参考资料包中的“知识拓展”→“第 3 章”→“编辑多线”）。

3.3 编辑线图元

在 AutoCAD 中，编辑线图元的主要操作包括偏移、修剪、延伸、拉长、打断、圆角、倒角等，通过编辑线图元才能达到绘图的目的。

3.3.1 偏移

偏移就是将对象通过设置距离或指定通过点进行复制。有多种偏移方式，具体包括距离偏移、定点偏移、图层偏移及删除偏移。采用不同的偏移方式可以得到不同的偏移效果。

可以通过如下几种方式执行“偏移”命令。

- 在菜单栏中选择“修改”→“偏移”命令。
- 单击“默认”选项卡的“修改”工具列表中的“偏移”按钮。
- 在命令行输入“OFFSET”，按 Enter 键。
- 使用命令简写 O。

【课堂实训】距离偏移。

距离偏移就是通过设置距离来偏移对象的，这是 AutoCAD 默认的一种偏移方式。

（1）绘制一条水平线。

（2）输入“O”，按 Enter 激活“偏移”命令，输入“20”，按 Enter 键确认设置的偏移距离。

（3）单击直线，在直线的上方单击，再次单击直线，在直线的下方单击，如图 3-28 所示。

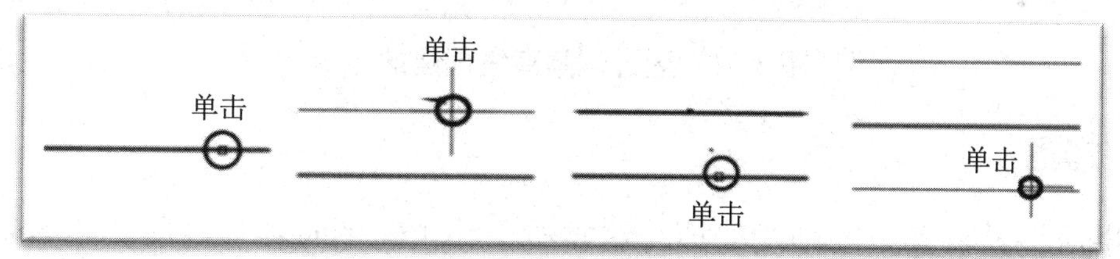

图 3-28 偏移直线

（4）按 Enter 键结束操作，效果如图 3-29 所示。

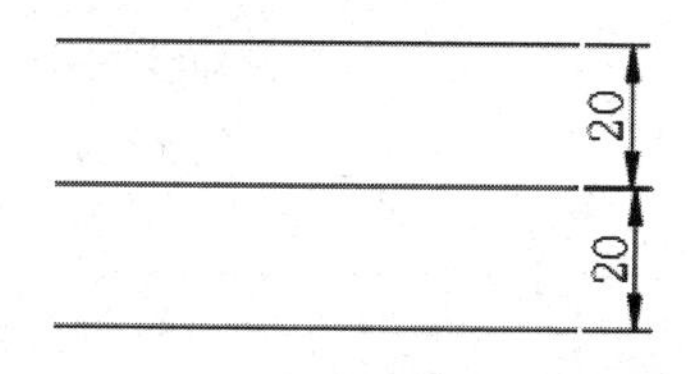

图 3-29 距离偏移

【课堂实训】通过偏移。

通过偏移是指通过某一点偏移对象，这种偏移方式与距离无关。

（1）绘制十字相交的两条直线，按 F3 键启用对象捕捉功能。

（2）输入“O”，按 Enter 键激活“偏移”命令，输入“T”，按 Enter 键激活“通过”选项。

（3）单击垂直直线，捕捉水平直线的右端点，按 Enter 键确认并结束操作，偏移效果如图 3-30 所示。

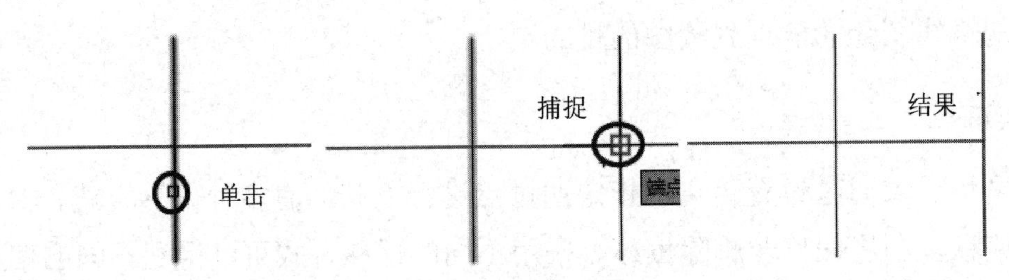

图 3-30　通过偏移

【知识拓展】偏移的其他操作（请参考资料包中的“知识拓展”→“第 3 章”→“图层偏移”与“删除偏移”）。

【课堂练习】通过偏移直线创建矩形。

先绘制长度为 100mm 的水平直线，以水平直线的一个端点为起点，再绘制长度为 20mm 的垂直直线，最后分别采用距离偏移和通过偏移两种方式，将其创建为 100mm×20mm 的矩形，效果如图 3-31 所示。

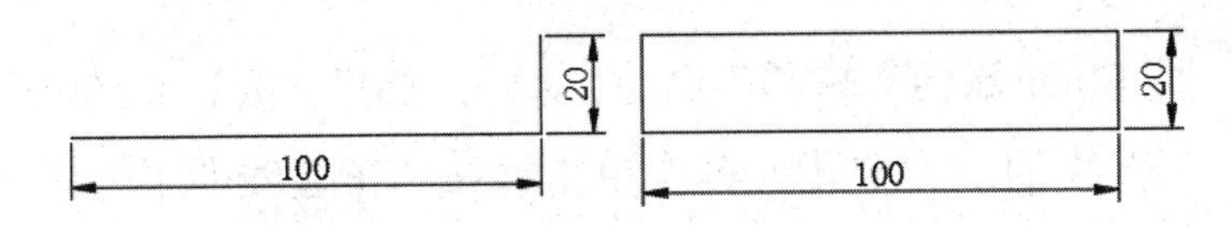

图 3-31　通过偏移直线创建的矩形

3.3.2　修剪

修剪是指沿边界将多余的图线剪掉，这类似于手工绘图时将多余的图线擦除。修剪图线时，两条图线或其延伸线必须相交，而延伸线是指图线延伸的部分，如图 3-32 所示。

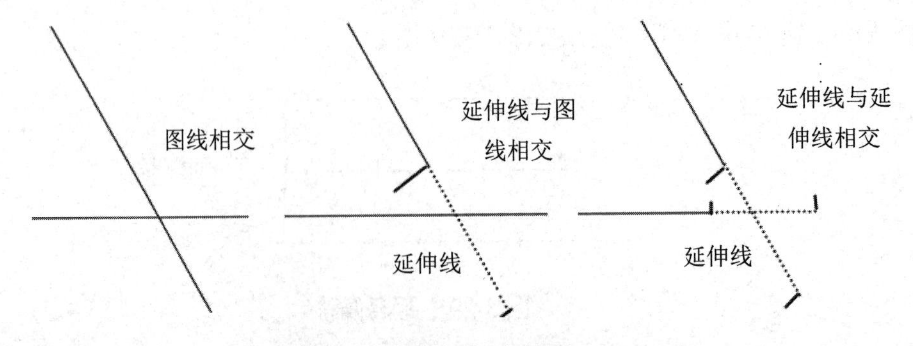

图 3-32　图线的相交效果

可以通过如下几种方式执行“修剪”命令。

- 在菜单栏中选择“修改”→“修剪”命令。

- 在命令行输入“TRIM”，按 Enter 键。
- 使用命令简写 TR。
- 单击“默认”选项卡的“修改”工具列表或“修改”工具栏中的“修剪”按钮。

【课堂实训】修剪图线。

（1）先绘制一条水平线，再绘制一条倾斜线，并且使其与水平线相交。

（2）输入“TR”，按 Enter 键激活“修剪”命令，单击水平线，按 Enter 键确认，单击水平线下方的倾斜线，倾斜线被修剪，效果如图 3-33 所示。

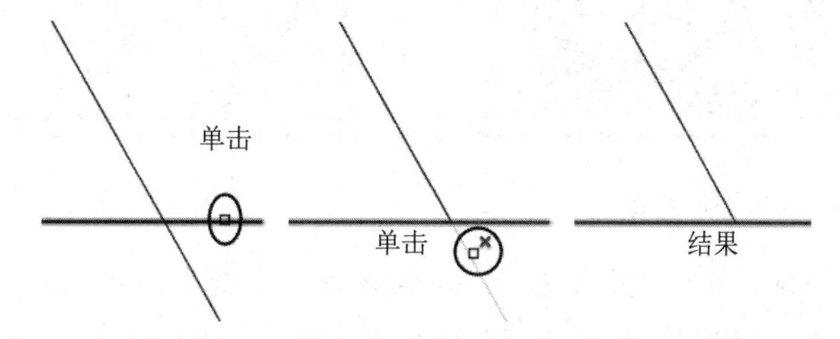

图 3-33　修剪倾斜线

（3）按两次 Enter 键结束操作。

（4）单击倾斜线，按 Enter 键确认，在水平线的右端单击，按 Enter 键结束操作，水平线被修剪，效果如图 3-34 所示。

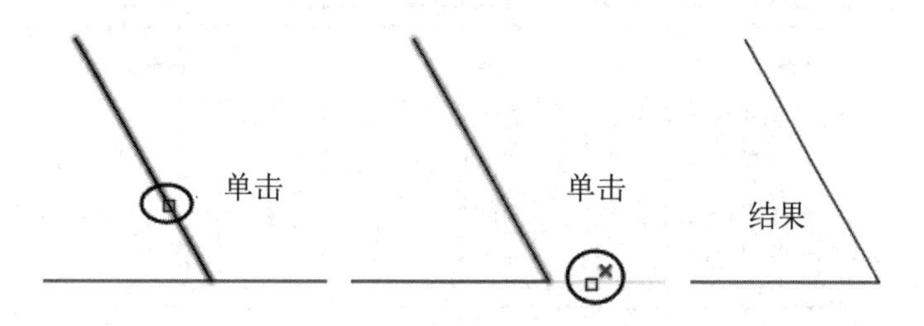

图 3-34　修剪水平线

【知识拓展】延伸修剪与其他操作（请参考资料包中的“知识拓展”→“第 3 章”→“延伸修剪与其他操作”）。

3.3.3　延伸

与“修剪”命令恰好相反，“延伸”命令用于将图线延长，使其与另一条图线相交，或者与另一条图线的延长线相交。

可以通过如下几种方式执行“延伸”命令。

- 在菜单栏中选择“修改”→“延伸”命令。
- 在命令行输入“EXTEND”，按 Enter 键。
- 使用命令简写 EX。
- 单击“默认”选项卡的“修改”工具列表中的“延伸”按钮。

【课堂实训】修改栏杆平面图。

（1）打开“素材”目录下的“栏杆.dwg”文件，在没有任何命令发出的情况下单击栏杆右侧的圆弧形图形及下方的砖墙图形，使其夹点显示，如图 3-35 所示。

（2）按 Delete 键将选择的图形对象删除，输入“EX”，按 Enter 键激活“延伸”命令，单击下方的水平线作为边界，如图 3-36 所示。

图 3-35　选择图形对象

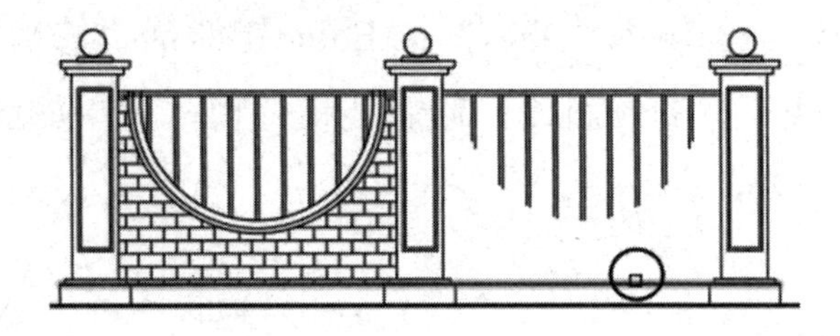

图 3-36　单击下方的水平线

（3）按 Enter 键确认，输入“C”，按 Enter 键激活“窗交”选项，并以窗交方式选择右侧的所有栏杆，按两次 Enter 键确认并结束操作，栏杆被延伸到下方的水平线上，如图 3-37 所示。

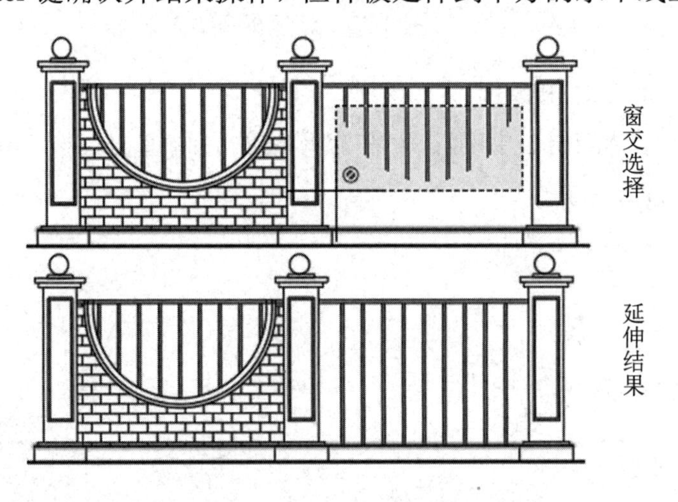

图 3-37　延伸栏杆的效果

【知识拓展】延伸的其他操作方法（请参考资料包中的“知识拓展”→“第 3 章”→“延伸的其他操作方法”）。

3.3.4　拉长

“拉长”命令与“延伸”命令有些相似，但“拉长”命令用于将图线按照设定的长度进行拉长。具体有增量、百分数、全部及动态 4 种拉长方式。

可以通过如下几种方式执行“拉长”命令。

- 单击“默认”选项卡的“修改”工具列表或“修改”工具栏中的“拉长”按钮。
- 在菜单栏中选择“修改”→“拉长”命令。
- 在命令行输入“LENGTHEN”，按 Enter 键。
- 使用命令简写 LEN。

【课堂实训】完善垫片零件图。

当采用增量拉长方式时，可以通过设置拉长的具体值来拉长。

（1）打开“素材”目录下的“垫片.dwg”文件。

在机械制图中，中心线通常要超出图形轮廓线一定的绘图单位，而在该垫片零件图中，螺孔及垫片零件图的中心线都需要完善，如图3-38所示。

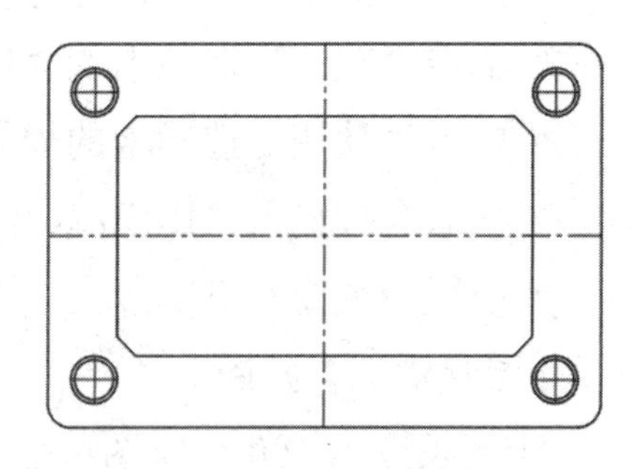

图3-38 垫片零件图

（2）输入“LEN”，按Enter键激活“拉长”命令，输入“DE”，按Enter键激活“增量”选项。

（3）输入“10”，按Enter键确认，分别在4个螺孔的两条中心线的两端单击，将其两端都拉长10个绘图单位，如图3-39所示。

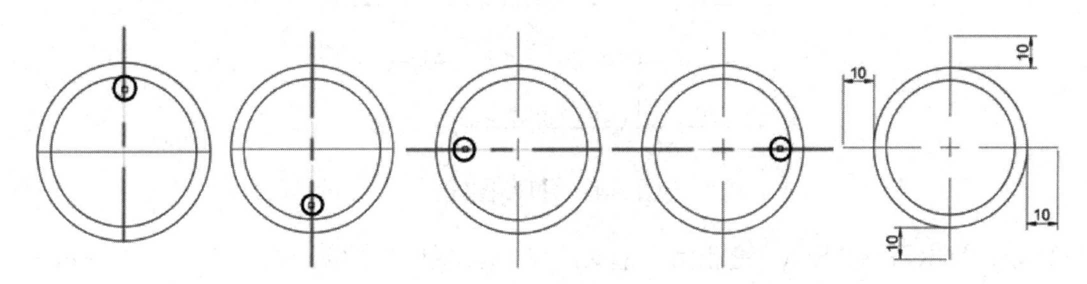

图3-39 拉长螺孔中心线

（4）使用相同的方法，将垫片零件图的水平中心线和垂直中心线的两端各拉长30个绘图单位，如图3-40所示。

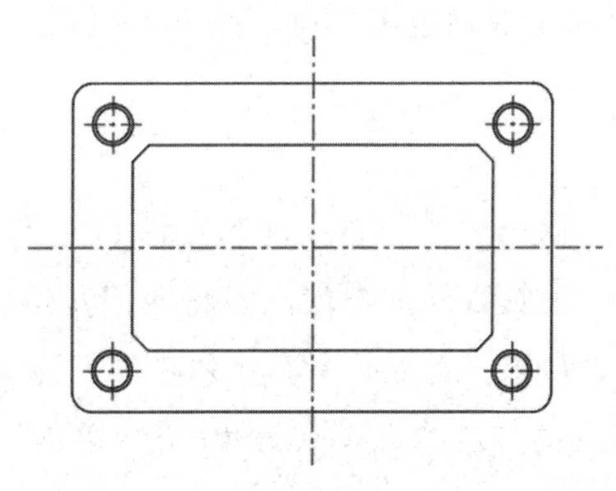

图3-40 拉长水平中心线和垂直中心线

【知识拓展】其他拉长方式（请参考资料包中的“知识拓展”→“第3章”→“其他拉长方式”）。

3.3.5 打断与打断于点

“打断”命令与“打断于点”命令都可以用来将图线在某一点打断为两条线，二者的区别在于：“打断”命令需要两个断点，将两个断点之间的线段删除，使一条线成为两条线；“打断于点”命令只需要一个断点，将一条线从该点处断开。

可以通过如下几种方式执行“打断”命令或“打断于点”命令。

- 在菜单栏中选择“修改”→“打断”命令。
- 单击“默认”选项卡的“修改”工具列表中的“打断”按钮。
- 单击“默认”选项卡的“修改”工具列表中的“打断于点”按钮。
- 在命令行输入“BREAK”，按 Enter 键。
- 使用命令简写 BR。

【课堂实训】打断。

绘制长度为 100 个绘图单位的直线，将这条直线从左端点 30 个绘图单位的位置向右删除长度为 40 个绘图单位的线段，使其成为两条线段，效果如图 3-41 所示。

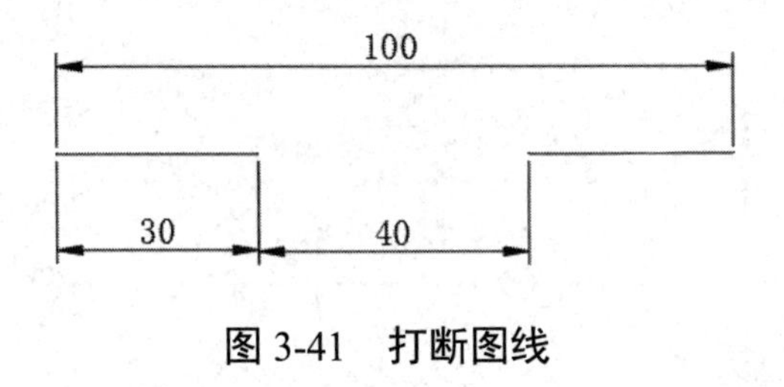

图 3-41　打断图线

（1）输入“BR”，按 Enter 键激活“打断”命令，单击直线，输入“F”，按 Enter 键激活“第一点”选项。

（2）按住 Shift 键右击，选择自功能，捕捉直线的左端点，输入“@30,0”，按 Enter 键确定第一点。

（3）输入“@40,0”，按 Enter 键确定第二点，按 Enter 键结束操作。

小贴士：

自功能是一种捕捉功能，以一点作为参考点来定位下一点。在该操作中，当激活“第一点”选项后，激活自功能，捕捉直线的左端点，输入“@30,0”，表示以直线的左端点为参照点来定位打断的第一点，即第一点是距离直线的左端点为 30 个绘图单位的位置，输入第二点的坐标“@40,0”，即距离打断的第一点为 40 个绘图单位的位置。

【知识拓展】打断于点（请参考资料包中的“知识拓展”→“第 3 章”→“打断于点”）。

3.3.6　圆角与倒角

可以对线图元生成的角进行圆角与倒角处理，以满足绘图需要。

1. 圆角

“圆角”命令通过设置圆角半径，使用光滑的曲线连接两条非平行线图线，形成圆角效果。而对于平行线，可以直接使用圆弧进行连接。

圆角模式有修剪和不修剪两种，默认采用修剪模式。

可以通过如下几种方式执行“圆角”命令。

- 在菜单栏中选择“修改”→“圆角”命令。
- 单击“默认”选项卡的“修改”工具列表中的“圆角”按钮。
- 在命令行输入“FILLET”，按 Enter 键。
- 使用命令简写 F。

【课堂实训】圆角图线。

（1）使用“直线”命令绘制任意角度的图线，输入“F”，按 Enter 键激活“圆角”命令，输入“R”，按 Enter 键激活“半径”选项。

（2）输入“10”，按 Enter 键设置半径，分别单击角的两条边绘制圆角，效果如图 3-42 所示。

（3）绘制一条水平线，将其向上偏移 50 个绘图单位，使其成为平行线。

（4）输入“F”，按 Enter 键激活“圆角”命令，分别在两条平行线的两端单击绘制圆角，效果如图 3-43 所示。

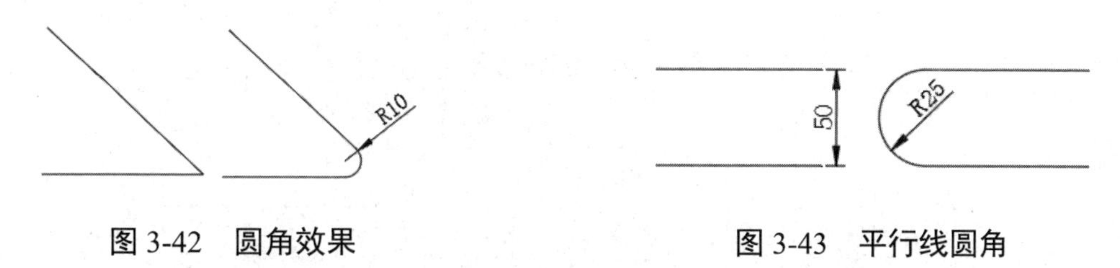

图 3-42 圆角效果　　图 3-43 平行线圆角

【知识拓展】圆角的其他操作（请参考资料包中的“知识拓展”→“第 3 章”→“不修剪”、“多段线”及“多个圆角”）。

2. 倒角

与“圆角”命令不同，使用“倒角”命令可以将一条直线和非平行的两条线连接起来，使其形成一个倒角。倒角模式有修剪和不修剪两种，倒角方式包括距离和角度两种。采用距离倒角需要设置两条直线的倒角长度，这两个长度值可以相同也可以不同；采用角度倒角只需输入第一条直线的倒角长度和倒角角度即可。

可以通过如下几种方式执行“倒角”命令。

- 在菜单栏中选择“修改”→“倒角”命令。
- 单击“默认”选项卡的“修改”工具列表中的“倒角”按钮。
- 在命令行输入“CHAMFER”，按 Enter 键。
- 使用快捷键 CHA。

【课堂实训】倒角图线。

（1）激活“直线”命令，配合正交功能绘制 100mm×50mm 的矩形。

（2）输入“CHA”，按 Enter 键激活“倒角”命令，输入“D”，按 Enter 键激活“距离”

选项。

（3）输入的第一个倒角距离值为“10”，按 Enter 键，输入的第二个倒角距离值为“10”，再次按 Enter 键确认。

（4）分别在矩形左垂直边的上端和上水平边的左端单击绘制倒角，对该角采用距离倒角。

（5）按 Enter 键重复执行“倒角”命令，输入“A”，按 Enter 键激活“角度”选项。

（6）输入“10”，按 Enter 键确认第一条直线的倒角长度，输入“30”，按 Enter 键确定第一条直线的倒角角度。

（7）分别在下水平边的右端和右垂直边的下端单击，完成矩形两个角的倒角，效果如图 3-44 所示。

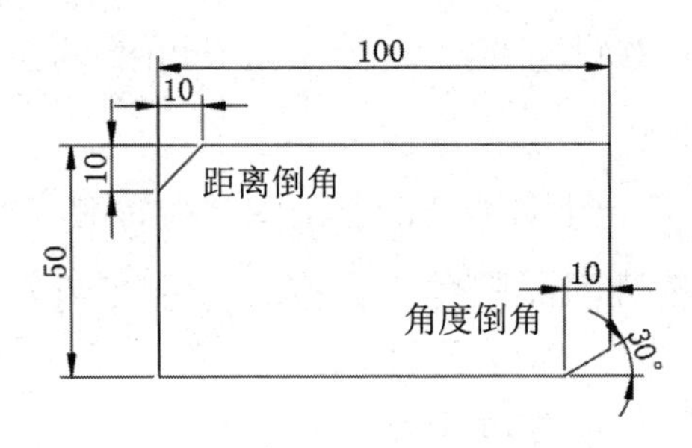

图 3-44　倒角效果

小贴士：

“倒角”命令的其他操作与“圆角”命令的其他操作相同，读者可参阅“圆角”命令的“知识拓展”的相关内容，此处不再赘述。

综合练习——绘制建筑墙体平面图

建筑墙体平面图是建筑设计中的重要图纸之一。下面介绍建筑墙体平面图的绘制，以帮助读者巩固所学内容。关闭“轴线层”后的墙线效果如图 3-45 所示。

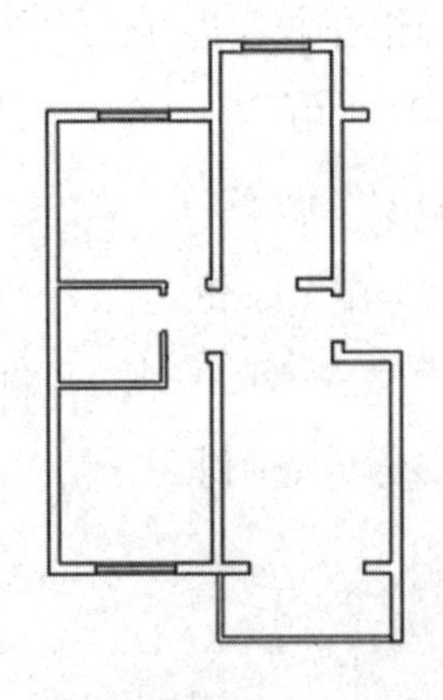

图 3-45　关闭“轴线层”后的墙线效果

（1）调用样板文件并绘制墙体定位轴线。

（2）在轴线网上创建门洞和窗洞。

（3）绘制主墙线和次墙线。

（4）编辑墙线。

详细的操作过程请参考配套教学资源的视频讲解。

绘制建筑墙体平面图的练习评价表如表 3-2 所示。

表 3-2　绘制建筑墙体平面图的练习评价表

练习项目	检查点	完成情况	出现的问题及解决措施
绘制建筑墙体平面图	直线、多线	□完成　□未完成	
	偏移、修剪和打断	□完成　□未完成	

知识巩固与能力拓展

一、单选题

1．输入_____可以启动“直线”命令。

A．L　　B．I　　C．A　　D．E

2．输入_____可以启动“多段线”命令。

A．L　　B．PL　　C．AL　　D．LI

3．将多段线由直线模式转换为圆弧模式的功能键是_____。

A．A　　B．L　　C．R　　D．C

4．输入_____可以启动“多线”命令。

A．PL　　B．ML　　C．CL　　D．LM

5．在设置多线的“对正”时，输入“B”，表示_____方式。

A．“无”对正　　B．“下”对正

C．“左”对正　　D．“上”对正

6．当以不修剪模式圆角处理图线时，需要输入_____激活修剪方式。当输入_____时，切换到不修剪模式。

A．T　　B．N　　C．J　　D．A

二、多选题

1．执行“偏移”命令的方法包括_____。

A．使用命令简写 O　　B．使用命令简写 B

C．输入“OFFSET”，按 Enter 键　　D．输入“LINE”，按 Enter 键

2．执行“修剪”命令的方法包括_____。

A．使用命令简写 O　　B．使用快捷键 TR

C．输入“TRIM”，按 Enter 键　　D．输入“OFFSET”，按 Enter 键

3．倒角图线的两种模式是_____。

A．距离　　B．百分比　　C．角度　　D．全部

4．拉长图线的 4 种方式包括_____。

A．动态　　B．百分数　　C．全部

D．增量　　E．距离

三、上机实操

根据所学知识，参照如图 3-46 所示的尺寸绘制平面窗图形。

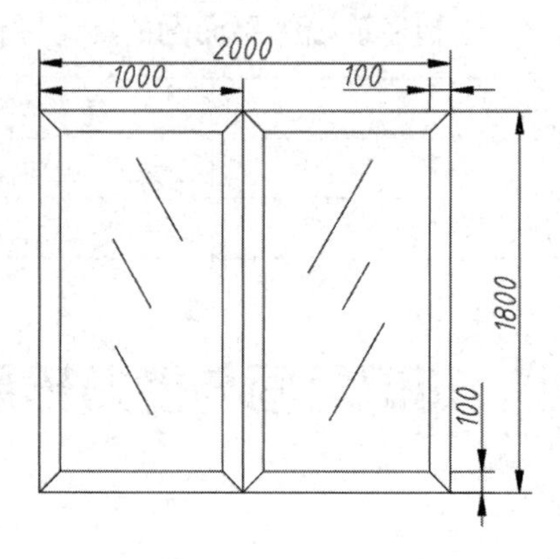

图 3-46　平面窗图形

第 4 章

AutoCAD 绘图入门（二）——绘制与编辑二维图形

工作任务分析

本章主要介绍 AutoCAD 二维图形的绘制与编辑，内容包括绘制二维图形（如矩形、多边形、圆、椭圆、圆弧）、编辑二维图形（如复制、拉伸、缩放、旋转、移动、镜像、阵列），以及夹点编辑与填充。

知识学习目标

- 掌握绘制二维图形的技能。
- 掌握编辑二维图形的技能。
- 掌握夹点编辑与填充的技能。

技能实践目标

- 能够绘制二维图形。
- 能够对图形进行相关的编辑与修改。
- 能够对图形进行填充。

4.1 绘制二维图形

在 AutoCAD 中，除了点、线图元，二维图形也是绘图必不可少的基本图元。

4.1.1 矩形

矩形是由 4 条直线合围而成的闭合图形。激活“矩形”命令后，可以采用对角点、面积、尺寸及旋转这几种方式绘制矩形。

可以通过如下几种方式执行“矩形”命令。

- 在菜单栏中选择“绘图”→“矩形”命令。
- 单击“默认”选项卡的“绘图”工具列表中的“矩形”按钮▭。
- 在命令行输入“RECTANG”，按 Enter 键。
- 使用命令简写 REC。

【课堂实训】采用对角点方式绘制 100mm×50mm 的矩形。

对角点方式是指，先确定矩形的一个端点，再输入另一个端点的坐标。对角点是系统默认且比较常用的绘制矩形的方式。

（1）输入“REC”，按 Enter 键激活“矩形”命令，在绘图区单击拾取一点，确定矩形的第一个端点。

（2）输入“@100,50”，按 Enter 键，确定矩形的另一个端点的坐标，完成矩形的绘制，效果如图 4-1 所示。

【知识拓展】矩形的其他绘制方法（请参考资料包中的“知识拓展”→“第 4 章”→“矩形的其他绘制方法”）。

另外，可以绘制具有倒角、圆角、厚度和宽度的矩形。

【课堂实训】绘制 100mm×50mm 且圆角半径为 10mm 的矩形。

绘制具有圆角效果的矩形。

（1）输入“REC”，按 Enter 键激活“矩形”命令。

（2）输入“F”，按 Enter 键激活“圆角”选项，输入半径“10”，按 Enter 键确认。

（3）在绘图区单击拾取一点确定矩形的第一个端点，输入“@100,50”，按 Enter 键，确定矩形的另一个端点的坐标，完成圆角矩形的绘制，效果如图 4-2 所示。

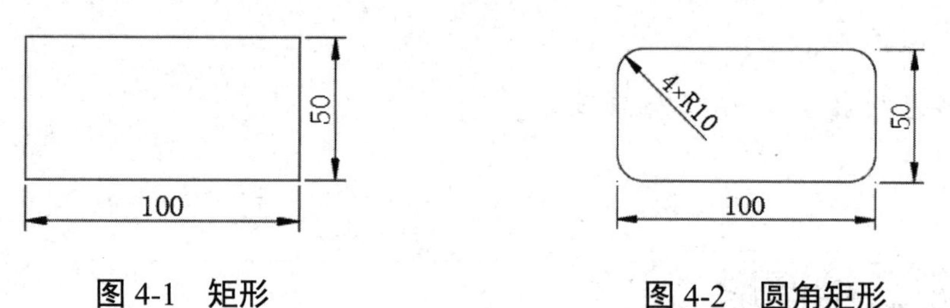

图 4-1　矩形　　　　图 4-2　圆角矩形

【知识拓展】绘制具有倒角、厚度和宽度的矩形（请参考资料包中的“知识拓展”→“第 4 章”→“绘制具有倒角、厚度和宽度的矩形”）。

【课堂练习】绘制倒角矩形。

结合前面介绍的内容，绘制面积为 1000mm，长度为 50mm，以及倒角距离为 10mm 的矩形，效果如图 4-3 所示。

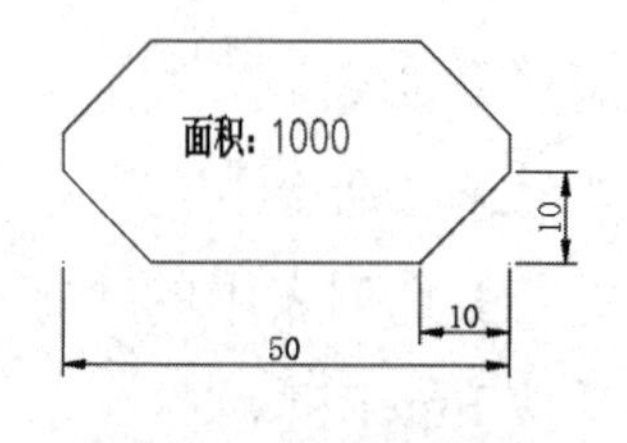

图 4-3　倒角矩形

4.1.2　多边形

多边形是由相等的边和角组成的闭合图形（可以根据需要设置不同的边数）。另外，可以采用内接于圆、外切于圆及边 3 种方式绘制多边形。

可以通过如下几种方式执行“多边形”命令。

- 在菜单栏中选择“绘图”→“多边形”命令。
- 单击“默认”选项卡的“绘图”工具列表中的“多边形”按钮。
- 在命令行输入“POLYGON”，按 Enter 键。
- 使用命令简写 POL。

【课堂实训】绘制内接于圆（半径为 50mm）的六边形。

内接于圆是指，由多边形的中心到多边形端点的距离是其内接圆的半径（这是系统默认的绘制方式）。

（1）输入“POL”，按 Enter 键激活“多边形”命令，输入“6”，按 Enter 键设置边数。

（2）拾取一点确定多边形的中心，按 Enter 键采用系统默认的内接于圆方式。

（3）输入“50”，按 Enter 键设置半径，效果如图 4-4 所示。

【课堂练习】绘制外切于圆（半径为 50mm）的六边形。

外切于圆是指，由多边形的中心到多边形一条边的垂直线是其外切圆的半径。激活“多边形”命令，输入边数且确定中心后，输入“C”激活“外切于圆”选项，输入多边形的半径即可绘制外切于圆的多边形。下面请读者自行绘制外切于圆的六边形，如图 4-5 所示。

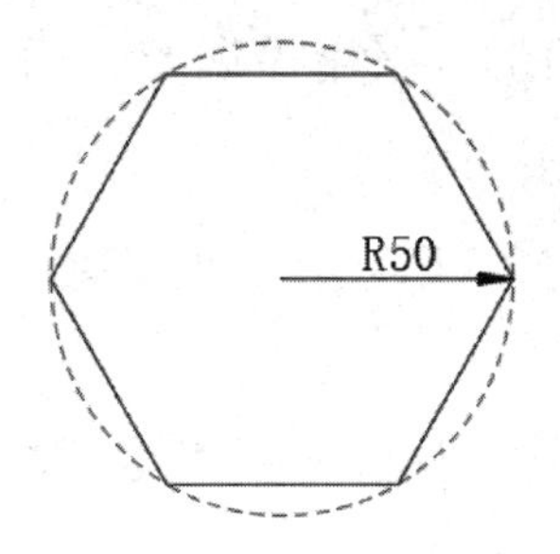

图 4-4 内接于圆的六边形

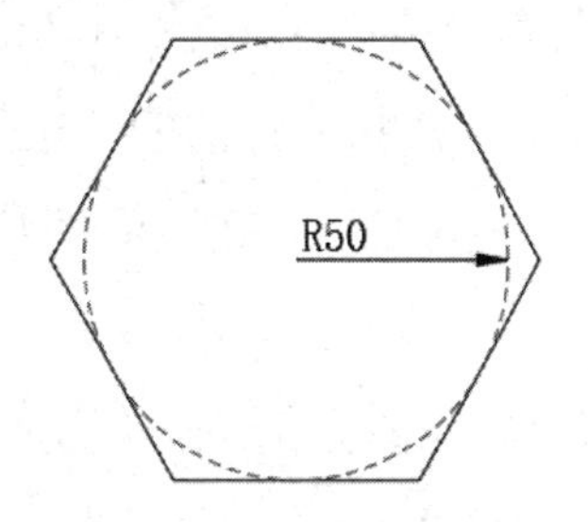

图 4-5 外切于圆的六边形

【知识拓展】采用边方式绘制多边形（请参考资料包中的“知识拓展”→“第 4 章”→“采用边方式绘制多边形”）。

4.1.3 圆

圆是最简单的二维图形。可以采用多种方式绘制圆，具体包括“半径、直径”、三点、两点及相切 4 种方式。

可以通过如下几种方式执行“圆”命令。

- 在菜单栏中选择“绘图”→“圆”级联菜单中的各命令。
- 在命令行输入“CIRCLE”，按 Enter 键。
- 单击“默认”选项卡的“绘图”工具列表中的“圆”按钮。
- 使用命令简写 C。

【课堂实训】采用“半径、直径”方式绘制圆。

“半径、直径”是系统默认的绘制圆的方式，采用这种方式只需输入圆的半径或直径即可绘制圆。下面绘制半径为 50mm 的圆。

（1）输入“C”，按 Enter 键激活“圆”命令。

（2）在绘图区单击拾取一点取得圆心，输入“50”，按 Enter 键确定半径并绘制圆，如图 4-6 所示。

【课堂练习】采用直径方式绘制半径为 50mm 的圆。

当采用直径方式绘制圆时，在确定圆心后，输入“D”，按 Enter 键激活“直径”选项，输入直径即可绘制圆。请读者自行尝试采用直径方式绘制半径为 50mm 的圆。

【知识拓展】分别采用两点、三点方式绘制圆（请参考资料包中的“知识拓展”→“第 4 章”→“两点、三点绘制圆”）。

【课堂实训】绘制相切圆。

相切圆是指圆与其他对象相切，其绘制方式包括“切点、切点、半径”和“相切、相切、相切”。当采用“切点、切点、半径”方式绘制圆时，先拾取两个切点，再输入半径即可；当采用“相切、相切、相切”方式绘制圆时，无须考虑半径与直径，只需拾取 3 个切点即可绘制圆。

使用“直线”命令绘制边长为 100mm 的等边三角形，采用“切点、切点、半径”方式在三角形内部绘制半径为 20mm，并且与三角形两条边相切的圆。

（1）输入“C”，按 Enter 键激活“圆”命令，输入“T”，按 Enter 键激活“相切、相切、半径”选项。

（2）在三角形水平边上拾取一个切点，在左侧边上拾取另一个切点，输入“20”，按 Enter 键确认，绘制半径为 20mm 的相切圆，如图 4-7 所示。

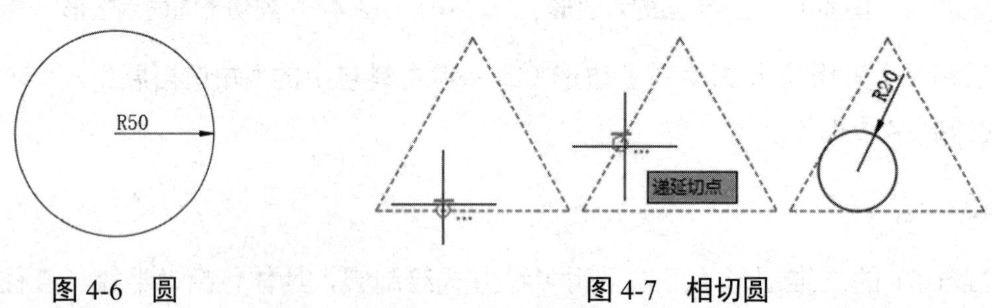

图 4-6　圆　　　　图 4-7　相切圆

【知识拓展】采用“相切、相切、相切”方式绘制圆（请参考资料包中的“知识拓展”→“第 4 章”→“采用‘相切、相切、相切’方式绘制圆”）。

【课堂练习】采用“相切、相切、相切”方式绘制圆。

在图 4-7 中以“相切、相切、相切”方式绘制与半径为 20mm 的圆和三角形两条边都相切的圆，效果如图 4-8 所示。

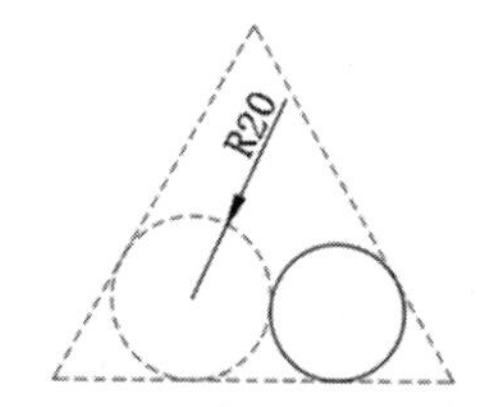

图 4-8 以“相切、相切、相切”方式绘制的圆

4.1.4 椭圆

椭圆是由两条不相等的椭圆轴所控制的闭合曲线，包含圆心和两条轴的几何特征。如果椭圆的长轴与短轴相等，那么它就是一个圆。

可以通过如下几种方式执行“椭圆”命令。

- 在菜单栏中选择“绘图”→“椭圆”命令。
- 在命令行输入“ELLIPSE”，按 Enter 键。
- 单击“默认”选项卡的“绘图”工具列表中的“椭圆”按钮。
- 使用命令简写 EL。

有两种绘制椭圆的方式，一种是圆心方式，另一种是“轴、端点”方式。

【课堂实训】采用圆心方式绘制椭圆。

当采用圆心方式绘制椭圆时，先确定椭圆的圆心，再分别输入椭圆的长轴和短轴的半长即可绘制椭圆。下面以圆心方式绘制长轴为 60mm 且短轴为 30mm 的椭圆。

（1）输入“EL”，按 Enter 键激活“椭圆”命令，输入“C”，按 Enter 键激活“中心点”选项。

（2）拾取一点确定椭圆的圆心，输入“@30,0”，按 Enter 键确定长轴的端点。

（3）输入“15”，按 Enter 键确定椭圆短轴的半长，绘制椭圆，效果如图 4-9 所示。

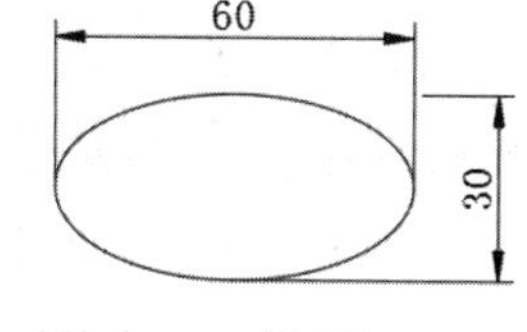

图 4-9 椭圆

小贴士：

当采用圆心方式绘制椭圆时，确定圆心后，输入长度方向的半径值即可确定长轴，输入短轴的半长即可绘制椭圆。在上面的操作中，椭圆的长轴为 60mm，短轴为 30mm，因此，确定圆心后，先输入“@30,0”确定长轴的另一个端点，再输入短轴的半长即可。当采用“轴、端点”方式绘制椭圆时，只需分别拾取长轴的两个端点，并输入短轴的半长即可，该操作比较简单，此处不再赘述，读者可以自己尝试操作。

【知识拓展】绘制椭圆弧（请参考资料包中的“知识拓展”→“第 4 章”→“绘制椭圆弧”）。

4.1.5 圆弧

圆弧是一种非封闭的椭圆。AutoCAD 中提供了 5 类共 11 种绘制圆弧的方式。在菜单栏中选择“绘图”→“圆弧”命令，或者单击“默认”选项卡的“绘图”工具列表中的“圆弧”按钮都可以启动“圆弧”命令。

【课堂实训】采用三点方式绘制圆弧。

采用三点方式绘制圆弧与采用三点方式绘制圆的操作有些相似，先拾取圆弧的两个端点，再拾取圆弧上的一点即可绘制圆弧，这是系统默认的绘制圆弧的方式。

（1）单击“默认”选项卡的“绘图”工具列表中的“三点”按钮，在绘图区单击拾取一点确定圆弧的起点。

（2）先拾取圆弧上的一点，再拾取一点确定圆弧的端点，完成圆弧的绘制，效果如图 4-10 所示。

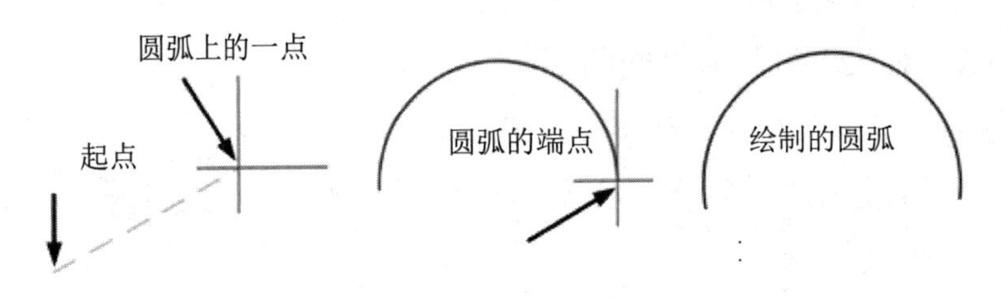

图 4-10　采用三点方式绘制的圆弧

【课堂实训】采用“起点、圆心”方式绘制圆弧。

当采用“起点、圆心”方式绘制圆弧时，先确定圆弧的起点和圆心，再指定圆弧的端点或角度，或者弧长来绘制圆弧。“起点、圆心”方式又可分为“起点、圆心、端点”、“起点、圆心、角度”和“起点、圆心、长度”3 种。

绘制边长为 50mm 的等边三角形，采用“起点、圆心、端点”方式，以三角形左下端点为起点，以左侧边的中点为圆心，以上端点为终点绘制圆弧。

（1）启用端点和中点捕捉功能，执行“绘图”→“圆弧”→“起点、圆心、端点”命令。

（2）分别捕捉三角形左下端点、左侧边的中点及上端点绘制圆弧，效果如图 4-11 所示。

【课堂练习】采用“起点、圆心、角度”和“起点、圆心、长度”两种方式绘制圆弧。

当采用“起点、圆心、角度”和“起点、圆心、长度”两种方式绘制圆弧时，先确定圆弧的起点和圆心，再输入圆弧的角度和长度即可绘制圆弧。请读者自己尝试先以三角形右下端点为起点，以下水平边的中点为圆心，绘制角度为 60° 的圆弧，再以三角形下水平边的中点为起点，以左下端点为圆心，绘制长度为 50mm 的圆弧，如图 4-12 所示。

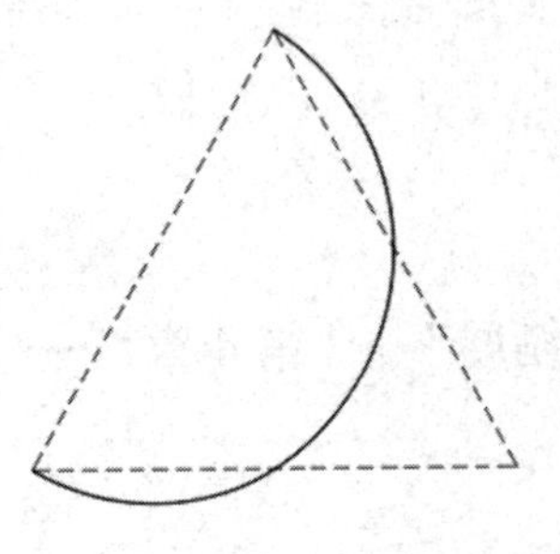

图 4-11　采用“起点、圆心、端点”方式绘制的圆弧

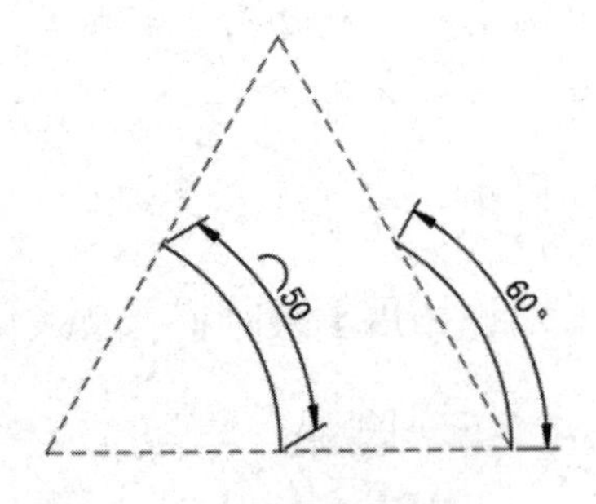

图 4-12　绘制的圆弧

【课堂实训】采用“起点、端点”方式绘制圆弧。

“起点、端点”方式包括“起点、端点、角度”、“起点、端点、方向”和“起点、端点、半径”3 种。当确定圆弧的起点和端点后，输入圆弧的角度、半径或方向即可绘制圆弧。下面采用“起点、端点、角度”方式，以三角形水平边的两个端点为起点和端点，绘制 60° 的圆弧。

（1）设置端点捕捉模式，执行“绘图”→“圆弧”→“起点、端点、角度”命令。

（2）分别捕捉三角形水平边的两个端点作为圆弧的起点和端点，输入“60”，按 Enter 键确认，效果如图 4-13 所示。

【课堂练习】采用“起点、端点、方向”和“起点、端点、半径”两种方式绘制圆弧。

当采用“起点、端点、方向”方式绘制圆弧时，先确定圆弧的起点和端点，再引导鼠标指针确定圆弧的方向并拾取一点即可绘制圆弧；当采用“起点、端点、半径”方式绘制圆弧时，先确定圆弧的起点和端点，再输入圆弧的半径即可绘制圆弧。请读者自己尝试以三角形左侧边的两个端点为圆弧的起点和端点，捕捉三角形右侧边的中点确定方向绘制圆弧，并以三角形右侧边的两个端点为圆弧的起点和端点，绘制半径为 50mm 的圆弧，如图 4-14 所示。

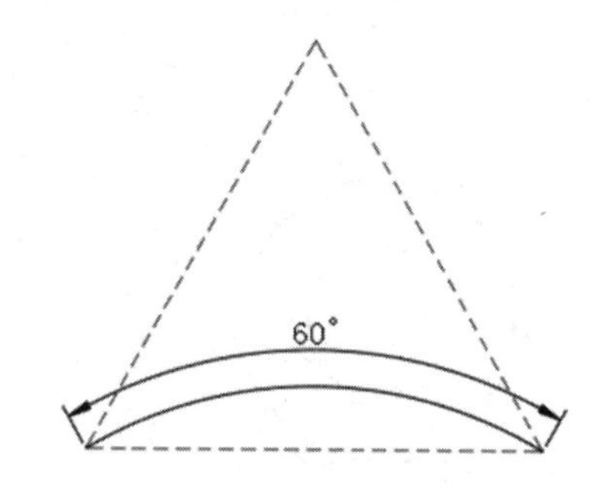

图 4-13　采用“起点、端点、角度”方式绘制的圆弧

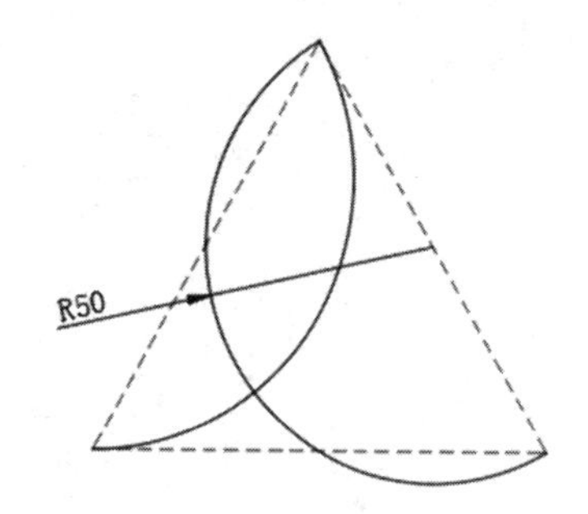

图 4-14　采用“起点、端点、方向”和“起点、端点、半径”方式绘制的圆弧

【课堂实训】采用“圆心、起点”方式绘制圆弧。

“圆心、起点”方式分为“圆心、起点、端点”、“圆心、起点、角度”和“圆心、起点、长度”3 种。当确定了圆弧的圆心和起点后，再给出圆弧的端点、角度或弧长即可绘制圆弧。下面采用“圆心、起点、端点”方式，以三角形水平边的中点为圆心，以两个端点为圆弧的起点和端点绘制圆弧。

（1）设置端点和中点捕捉模式，执行“绘图”→“圆弧”→“圆心、起点、端点”命令。

（2）捕捉三角形水平边的中点作为圆弧的圆心，捕捉三角形水平边的右端点作为圆弧的起点，捕捉三角形水平边的左端点作为圆弧的端点绘制圆弧，效果如图 4-15 所示。

【课堂练习】采用“圆心、起点、角度”和“圆心、起点、长度”两种方式绘制圆弧。

当采用“圆心、起点、角度”方式绘制圆弧时，先确定圆弧的圆心和起点，再输入圆弧的角度即可绘制圆弧；当采用“圆心、起点、长度”方式绘制圆弧时，先确定圆弧的圆心和起点，再输入圆弧的长度即可绘制圆弧。请读者自己尝试以三角形左侧边的上端点为圆心，以左侧边的中点为圆弧的起点，绘制角度为60° 的圆弧，再以三角形右侧边的中点为圆心，以右侧边的下端点为起点，绘制长度为60mm的圆弧，如图4-16所示。

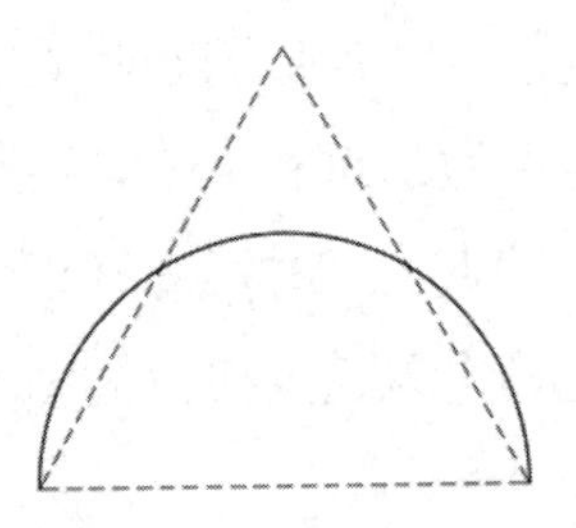

图4-15　采用“圆心、起点、端点”方式绘制的圆弧

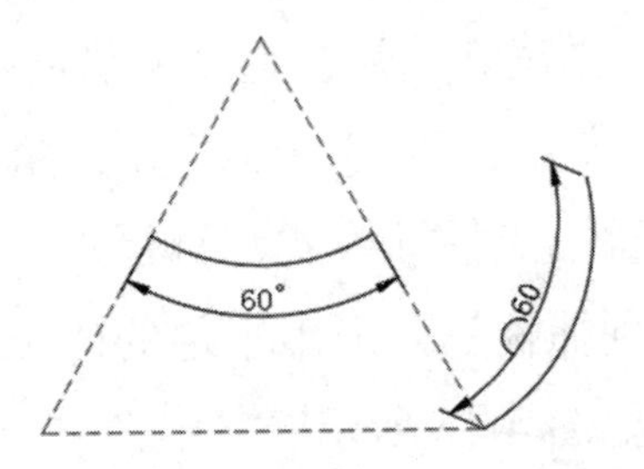

图4-16　采用“圆心、起点、角度”与“圆心、起点、长度”方式绘制的圆弧

综合练习——绘制垫片与螺母零件图

垫片作为密封件，是机械中的重要零部件，而螺母是常用的标准件。

垫片与螺母零件图如图4-17所示。

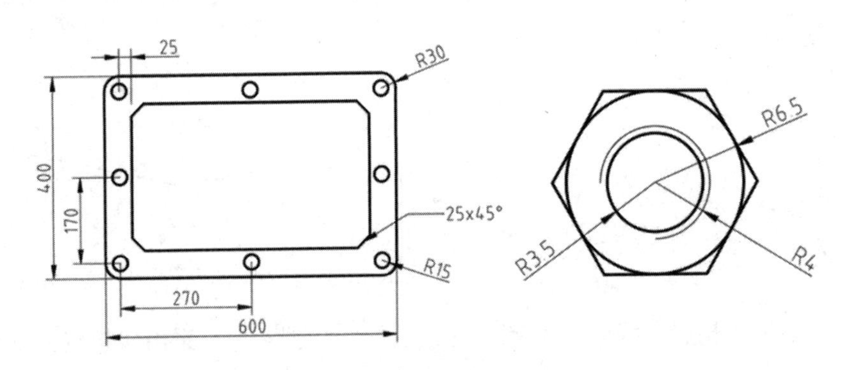

图4-17　垫片与螺母零件图

详细的操作步骤请参考配套教学资源的视频讲解。

绘制垫片与螺母零件图的练习评价表如表4-1所示。

表4-1　绘制垫片和螺母零件图的练习评价表

练习项目	检查点	完成情况	出现的问题及解决措施
绘制垫片与螺母零件图	矩形、多边形、圆	□完成　□未完成	
	打断	□完成　□未完成	

4.2 编辑二维图形

4.2.1　复制

使用“复制”命令可以创建多个尺寸、形状完全相同的对象。在复制过程中，拾取基点后，可以单击拾取目标点，也可以输入目标点的坐标。需要注意的是，在输入目标点的坐标时，需要从基点开始计算目标点的坐标。

可以通过如下几种方式执行“复制”命令。

- 在菜单栏中选择“修改”→“复制”命令。
- 单击“默认”选项卡的“修改”工具列表中的“复制”按钮。
- 在命令行输入“COPY”，按 Enter 键。
- 使用命令简写 CO。

【课堂实训】完善洗涤池图例。

打开“素材”目录下的“洗涤池图例.dwg”文件，这是一个未完成的洗涤池图例，如图 4-18 所示。下面先使用“复制”命令将左侧的圆角矩形和内部的圆复制到右侧，再对洗涤池图例进行完善。

（1）输入“CO”，按 Enter 键激活“复制”命令，单击左侧的圆角矩形和内部的圆，如图 4-19 所示。

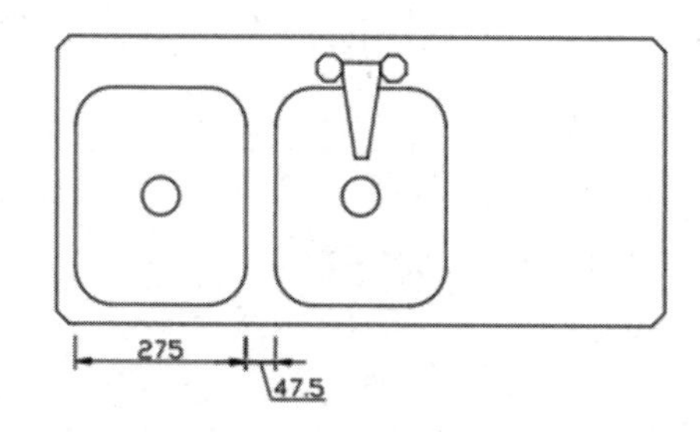

图 4-18 洗涤池图例

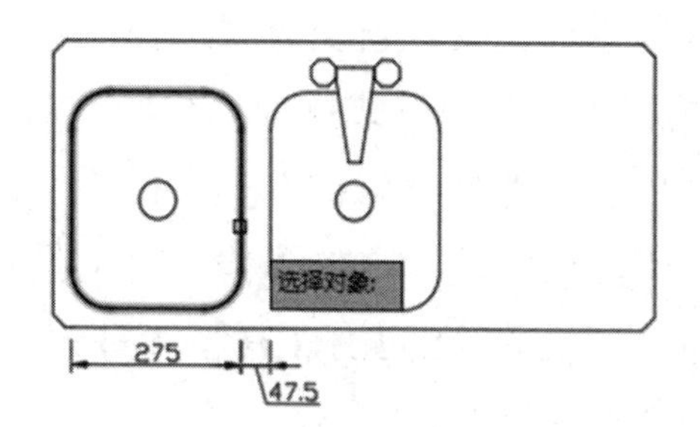

图 4-19 选择圆角矩形和内部的圆

（2）按 Enter 键确认，捕捉圆角矩形的左下端点作为基点，如图 4-20 所示。

（3）输入“@645,0”，按两次 Enter 键确认并结束操作，复制结果如图 4-21 所示。

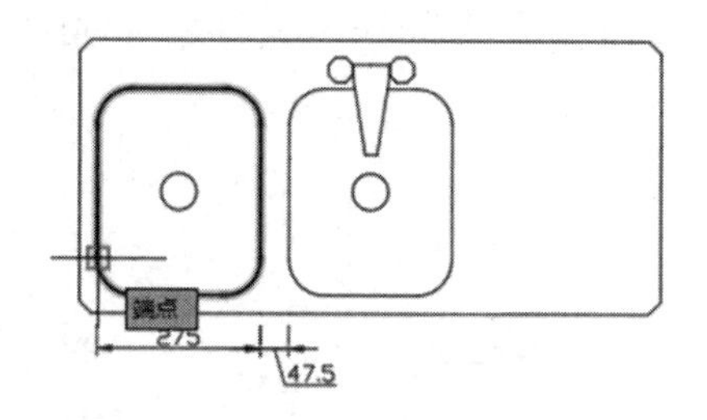

图 4-20 捕捉基点

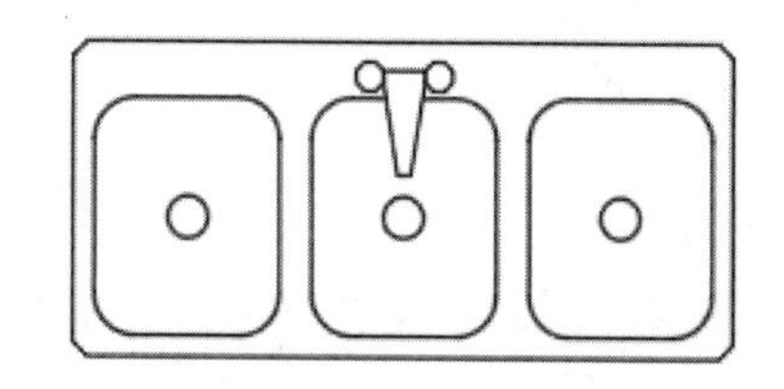

图 4-21 复制结果

小贴士：

前面提过，在复制过程中，每个复制对象的目标点的坐标都要从基点开始计算，在上述操作中，对象的目标点的坐标值主要包括圆角矩形的长度值+该圆角矩形与中间圆角矩形之间的距离值+中间圆角矩形的长度值+中间圆角矩形与右侧圆角矩形之间的距离值，因此，该目标点的坐标就是“@645,0”。

【课堂练习】复制正方形。

创建边长为50mm的正方形，以正方形左下端点为基点，将其沿*X*轴复制两个，并且正方形之间的距离为10mm，效果如图4-22所示。

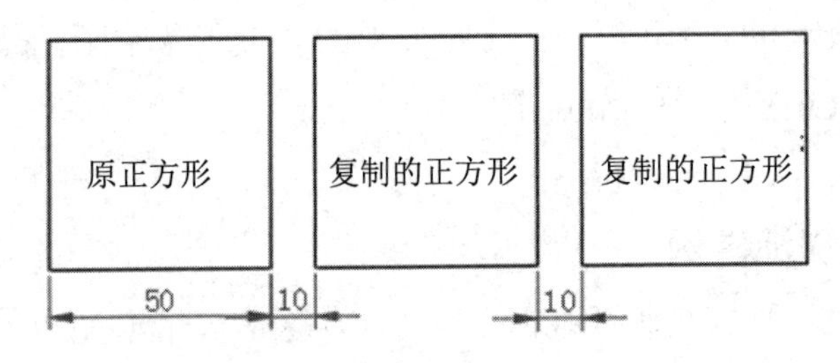

图4-22 复制正方形

4.2.2 拉伸

使用“拉伸”命令不仅可以改变二维图形的尺寸，还可以改变二维图形的形状。需要注意的是，在拉伸时，要以窗交方式选择对象。另外，目标点的坐标同样是从基点开始计算的。

可以通过如下几种方式执行“拉伸”命令。

- 在菜单栏中选择“修改”→“拉伸”命令。
- 单击“默认”选项卡的“修改”工具列表中的“拉伸”按钮。
- 在命令行输入“STRETCH”，按Enter键。
- 使用命令简写S。

【课堂实训】创建双人沙发。

打开“素材”目录下的“单人沙发.dwg”文件，这是一个宽为600mm的单人沙发，如图4-23所示。下面通过拉伸将其创建为宽为1200mm的双人沙发。

（1）输入“S”，按Enter键激活“拉伸”命令，以窗交方式选择单人沙发，如图4-24所示。

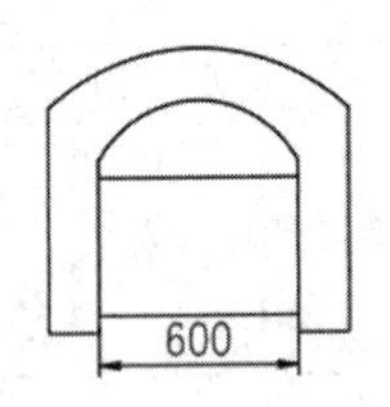

图4-23 单人沙发

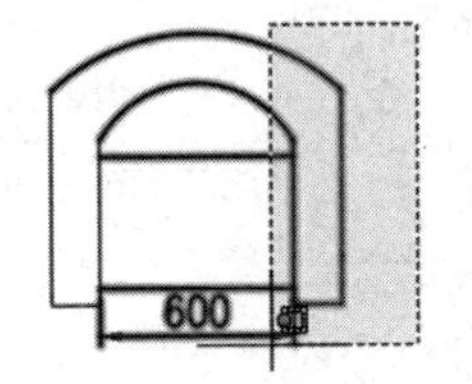

图4-24 窗交选择

（2）按Enter键确认，捕捉单人沙发右侧的内端点作为基点，输入“@600,0”，按Enter键，效果如图4-25所示。

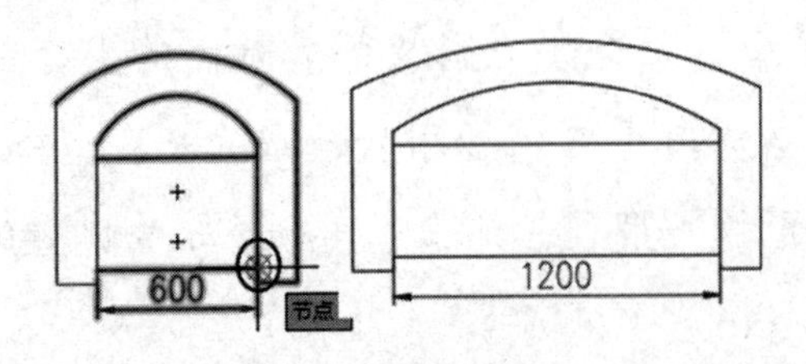

图4-25 拉伸效果1

【课堂练习】拉伸矩形。

使用“拉伸”命令可以增加对象的长度和宽度。如果拉伸值为负数，就表示缩短对象的长度和宽度。请读者自己尝试将长度为 100mm 的矩形拉伸为长度为 80mm 的矩形，效果如图 4-26 所示。

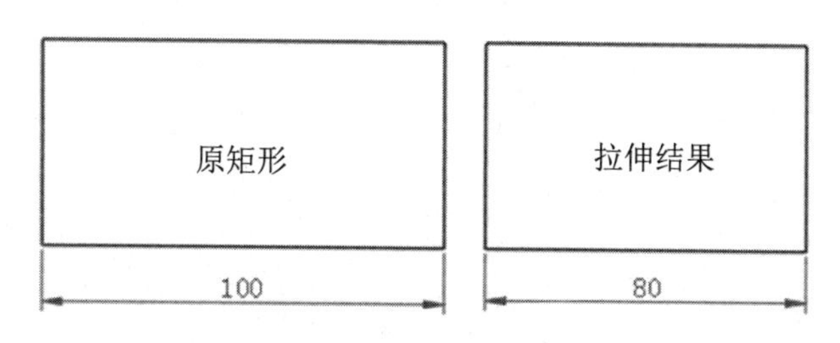

图 4-26 拉伸效果 2

4.2.3 缩放

与“拉伸”命令相似，使用“缩放”命令也可以改变对象的尺寸。可以采用比例和参照两种方式缩放对象，系统默认采用比例方式。若比例值大于 1，则放大对象，反之则缩小对象。

可以通过如下几种方式执行“缩放”命令。

- 在菜单栏中选择“修改”→“缩放”命令。
- 单击“默认”选项卡的“修改”工具列表中的“缩放”按钮。
- 在命令行输入“SCALE”，按 Enter 键。
- 使用命令简写 SC。

【课堂实训】缩放对象。

创建半径为 50mm 的圆，先将其缩小为半径为 30mm 的圆，再将半径为 30mm 的圆放大为半径为 60mm 的圆。

（1）输入“SC”，按 Enter 键激活“缩放”命令，选择半径为 50mm 的圆，按 Enter 键确认，捕捉圆心作为基点，输入“0.6”，按 Enter 键确认，效果如图 4-27 所示。

（2）按 Enter 键，重复执行“缩放”命令。

（3）选择半径为 30mm 的圆，按 Enter 键确认，捕捉圆心作为基点，输入“2”，按 Enter 键确认，效果如图 4-28 所示。

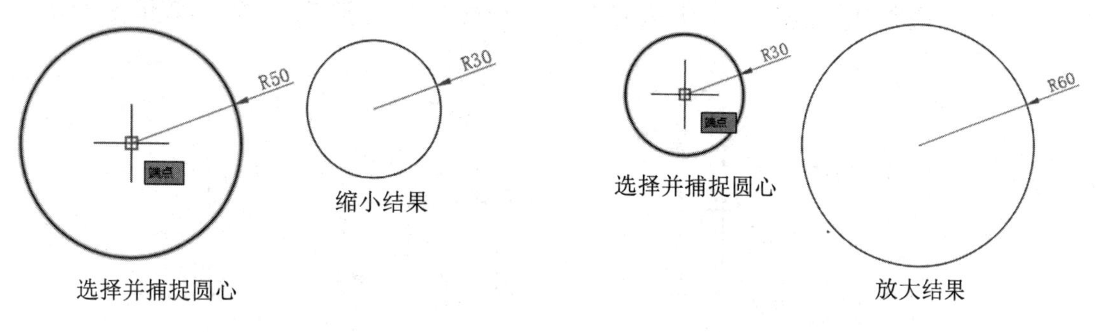

图 4-27 缩小圆

图 4-28 放大圆

【课堂练习】创建同心圆。

在缩放对象的同时还可以复制对象。激活“缩放”命令，先选择对象并确定基点，再输入“C”，按 Enter 键激活“复制”命令，输入缩放比例并按 Enter 键确认，这样即可缩放并复制对象。下面将半径为 30mm 的圆通过缩放和复制，创建半径为 18mm 和 45mm 的同心圆，效果如图 4-29 所示。

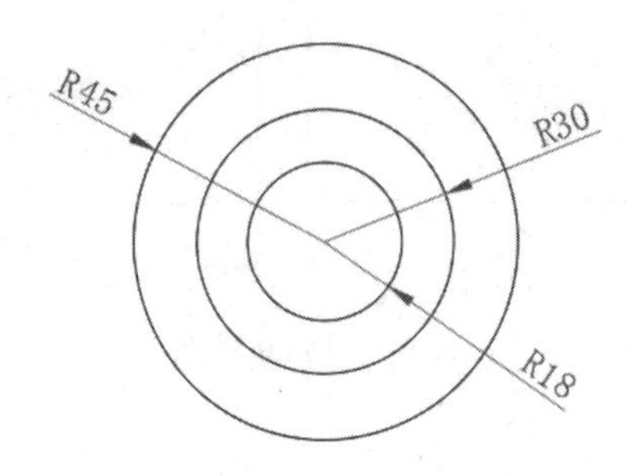

图 4-29　同心圆

【知识拓展】参照缩放（请参考资料包中的“知识拓展”→“第 4 章”→“参照缩放”）。

4.2.4　旋转

通过旋转可以改变对象的角度与方向。旋转方式有两种，分别是角度旋转与参照旋转。另外，还可以在旋转的同时复制对象。

可以通过如下几种方式执行“旋转”命令。

- 在菜单栏中选择“修改”→“旋转”命令。
- 单击“默认”选项卡的“修改”工具列表中的“旋转”按钮。
- 在命令行输入“ROTATE”，按 Enter 键。
- 使用命令简写 RO。

【课堂实训】旋转单人沙发。

打开“素材”目录下的“单人沙发.dwg”文件，将其逆时针旋转 90°。

（1）输入“RO”，按 Enter 键激活“旋转”命令，以窗口方式选择单人沙发，如图 4-30 所示。

（2）按 Enter 键确认，捕捉下水平边的中点，输入“90”，按 Enter 键，效果如图 4-31 所示。

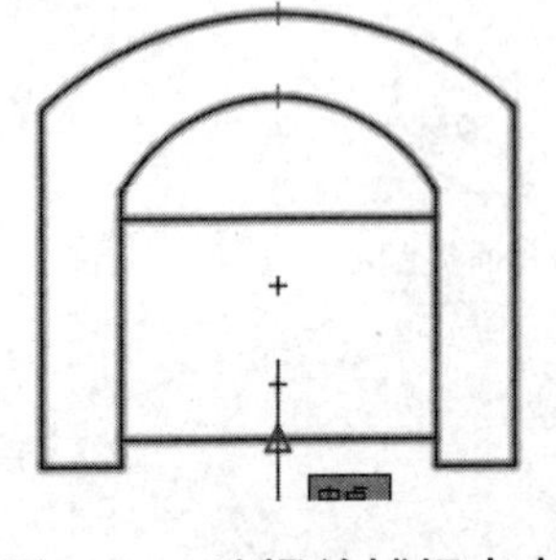

图 4-30　选择并捕捉中点

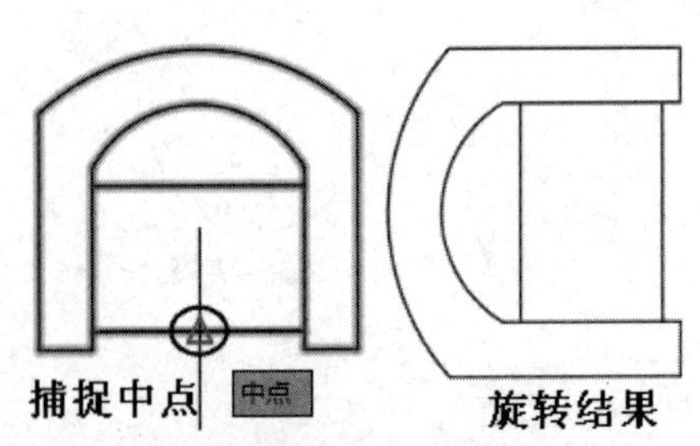

图 4-31　旋转效果

【知识拓展】参照旋转（请参考资料包中的“知识拓展”→“第 4 章”→“参照旋转”）。

【课堂练习】旋转复制。

在旋转对象的同时也可以复制对象。激活“旋转”命令，选择对象并捕捉基点，输入“C”，按 Enter 键激活“复制”命令，输入旋转角度并按 Enter 键确认，这样即可旋转并复制对象。创建一个矩形，将其左下端点作为基点，旋转 30° 并复制另一个矩形，效果如图 4-32 所示。

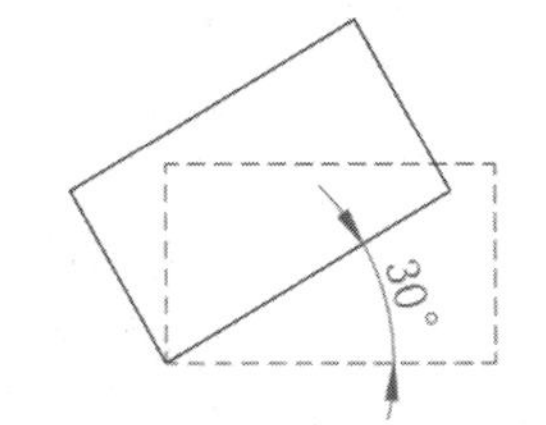

图 4-32 旋转并复制对象

4.2.5 移动

通过移动可以改变对象的位置。当移动对象时，先拾取基点，再拾取目标点，或者输入目标点的坐标，这样即可完成对象的移动。

可以通过如下几种方式执行“移动”命令。

- 在菜单栏中选择“修改”→“移动”命令。
- 在命令行输入“MOVE”，按 Enter 键。
- 单击“默认”选项卡的“修改”工具列表中的“移动”按钮。
- 使用命令简写 M。

【课堂实训】移动圆。

绘制长度为 100mm 的直线，以直线左端点为圆心绘制半径为 20mm 的圆，以圆心为基点，将该圆移到直线的右端。

（1）输入“M”，激活“移动”命令，单击圆并捕捉圆心作为基点，如图 4-33 所示。

（2）捕捉直线的右端点，或者输入“@100,0”，按 Enter 键结束操作，效果如图 4-34 所示。

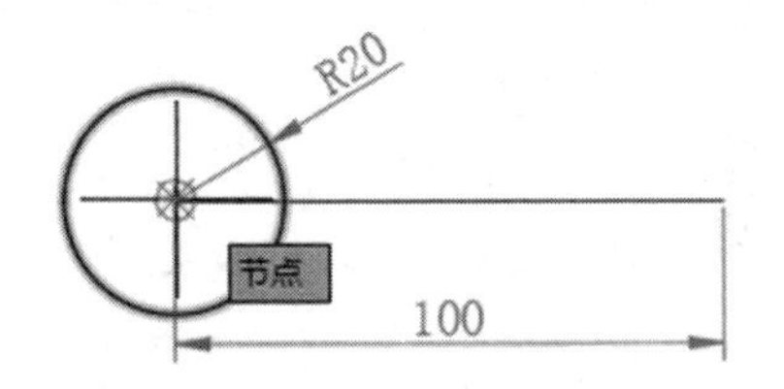

图 4-33 单击圆并捕捉圆心

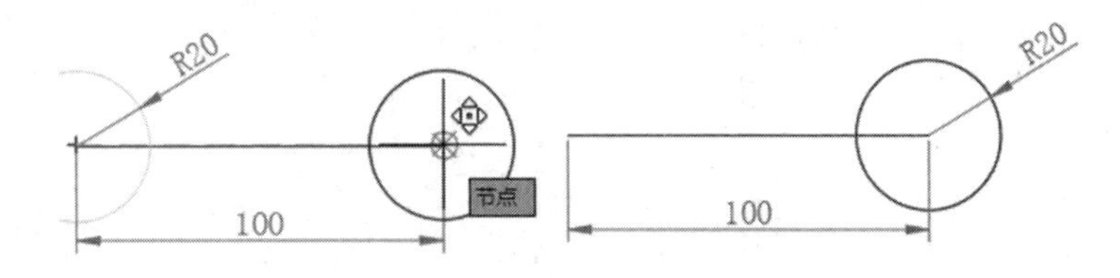

图 4-34 移动圆

4.2.6 镜像

使用“镜像”命令可以将原对象沿指定的轴进行对称复制，创建结构对称的图形。在镜像时，原对象可以保留，也可以删除。

可以通过如下几种方式执行“镜像”命令。

- 在菜单栏中选择“修改”→“镜像”命令。
- 单击“默认”选项卡的“修改”工具列表中的“镜像”按钮。
- 在命令行输入“MIRROR”，按 Enter 键。

● 使用命令简写 MI。

【课堂实训】完善建筑墙体平面图。

打开“效果文件”→“第 3 章”→“建筑墙体平面图.dwg”文件，将建筑墙体平面图以中间墙体定位线为镜像轴镜像到右侧位置，并对建筑墙体平面图进行完善。

（1）设置中点捕捉模式，输入“X”，按 Enter 键激活“分解”命令，单击右侧下方墙体，按 Enter 键将其分解，如图 4-35 所示。

小贴士：

在 AutoCAD 中，矩形、多边形、多段线、多线等对象虽然是由多个线图元组成的，但实际上是一个整体，在对这些对象进行编辑时需要将其分解。所谓的分解就是将这些对象拆分为多条线段。分解操作非常简单，先输入“X”，按 Enter 键激活“分解”命令，再选择要分解的对象并确认即可将对象分解，该操作比较简单，此处不再赘述。

（2）输入“MI”，按 Enter 键激活“镜像”命令，以窗交方式选择除右下方墙线之外的其他所有墙线，如图 4-36 所示。

（3）按 Enter 键确认，分别捕捉右下方墙线定位线的两个端点作为镜像轴的第一个端点和第二个端点，如图 4-37 所示。

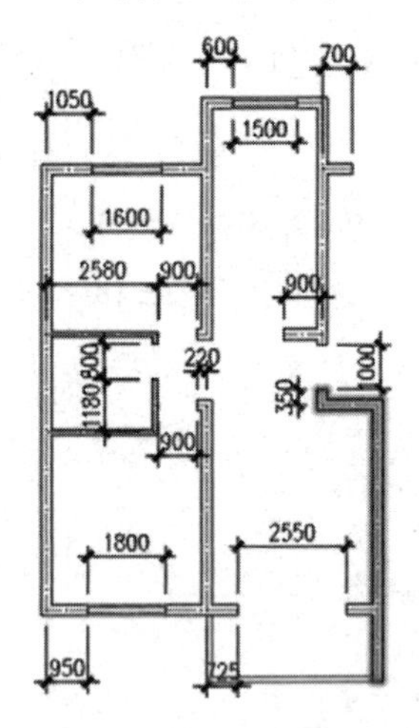

图 4-35 分解墙体

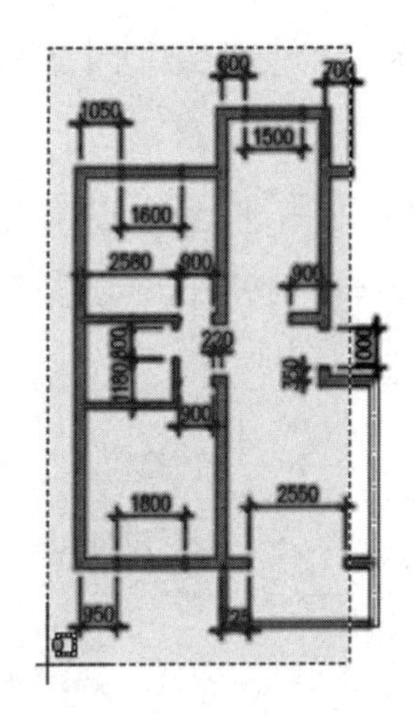

图 4-36 选择墙线

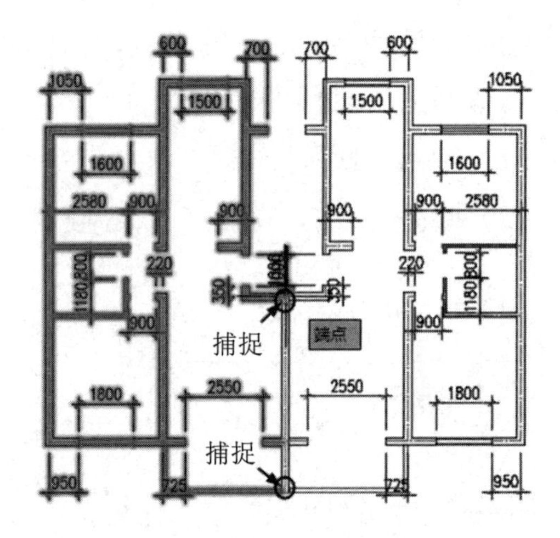

图 4-37 捕捉镜像轴的两个端点

（4）按 Enter 键确认，完成墙线的镜像。

【课堂练习】镜像沙发图形。

在默认情况下，镜像时会保留原对象，这其实就是一种镜像复制。如果不需要保留原对象，那么在确定镜像轴后，输入“Y”，按 Enter 键选择“不保留”选项，原对象将被删除。

打开“素材”目录下的“沙发茶几组合.dwg”文件，以茶几两条水平边的中点作为镜像轴，将左侧的单人沙发镜像到茶几右侧位置，效果如图 4-38 所示。

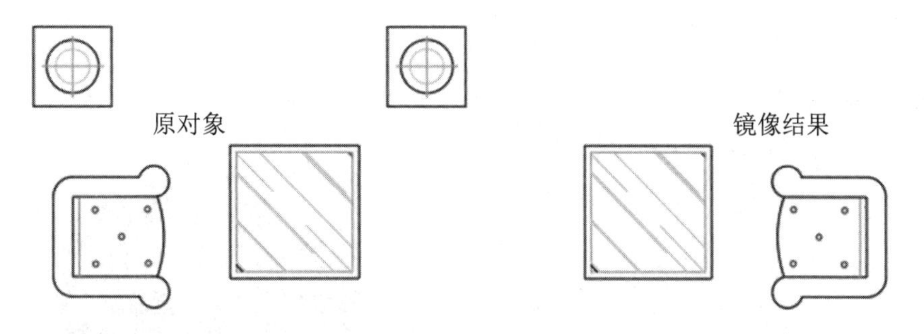

图 4-38　镜像茶几

4.2.7　阵列

使用“阵列”命令可以将对象进行规则的排列复制。阵列方式包括矩形、路径和环形 3 种。

【课堂实训】矩形阵列。

使用“矩形阵列”命令可以将图形按照指定的行数、列数、行间距和列间距呈矩形排列方式进行大规模复制，以创建均匀分布结构的图形。

可以通过如下几种方式执行“矩形阵列”命令。

- 在菜单栏中选择“修改”→“阵列”→“矩形阵列”命令。
- 单击“默认”选项卡的“修改”工具列表中的“矩形阵列”按钮。
- 在命令行输入“ARRAYRECT”，按 Enter 键。
- 使用命令简写 AR。

创建边长为 10mm 的正方形，并将其通过矩形阵列排列为 3 行 3 列，正方形之间的距离为 5mm。

（1）输入“AR”，按 Enter 键激活“矩形阵列”命令，选择正方形并按 Enter 键确认。

（2）输入“R”，按 Enter 键激活“矩形”选项，输入“B”，按 Enter 键激活“基点”选项，捕捉正方形的左下端点为基点。

（3）输入“COU”，按 Enter 键激活“计数”选项，输入“3”，按两次 Enter 键设置行数和列数均为 3。

（4）输入“S”，按 Enter 键激活“间距”选项，输入“15”，按 3 次 Enter 键设置行距和列距均为 5mm，结束操作，效果如图 4-39 所示。

【课堂练习】矩形 3D 阵列

在阵列时，将只有行数和列数的阵列看作 2D 阵列，如果再设置层数及层高，那么阵列效果就具有与 3ds Max 中的“阵列”相同的 3D 阵列效果。

激活“阵列”命令，选择对象、指定基点、设置计数和间距后，输入“L”，按 Enter 键激活“层数”选项，设置层数及层高，由此可以创建出 3D 阵列效果，将视图切换到等轴测视图即可查看 3D 阵列效果。

执行“绘图”→“建模”→“球体”命令，创建半径为5mm的球体。请读者自行尝试将其以矩形阵列方式阵列4行、5列、3层，行距、列距与层高均为4mm，效果如图4-40所示。

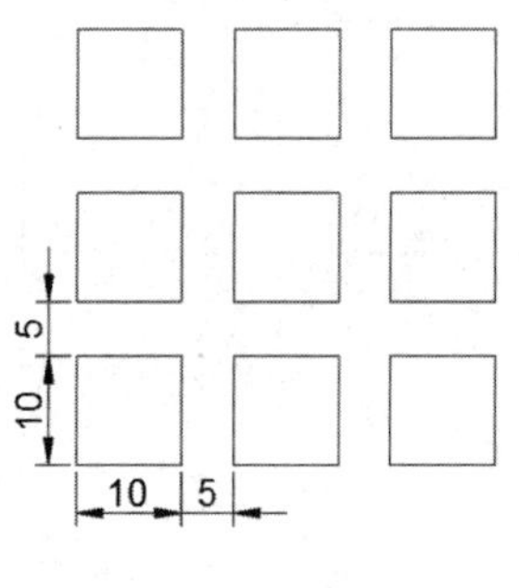

图4-39 矩形阵列

图4-40 矩形3D阵列

【课堂实训】环形阵列。

环形阵列也叫极轴阵列，以某个点或某条轴为阵列中心，将对象以环形阵列复制，这种阵列方式常用于创建聚心结构的图形。

可以通过如下几种方式执行“环形阵列”命令。

- 在菜单栏中选择“修改”→“阵列”→“环形阵列”命令。
- 单击“默认”选项卡的“修改”工具列表中的“环形阵列”按钮。
- 在命令行输入“ARRAYPOLA”，按Enter键。
- 使用命令简写AR。

先绘制半径为10mm的圆，再以该圆的左象限点为圆心绘制半径为2mm的另一个圆，并以半径为10mm的圆的圆心为阵列中心，使用“环形阵列”命令将半径为2mm的圆阵列复制7个。

（1）启用圆心捕捉功能，输入“AR”，按Enter键激活“环形阵列”命令，单击半径为2mm的圆，按Enter键确认。

（2）输入“PO”，按Enter键激活“极轴”选项，捕捉半径为10mm的圆的圆心。

（3）输入“I”，按Enter键激活“项目”选项，输入“8”，按两次Enter键结束操作，效果如图4-41所示。

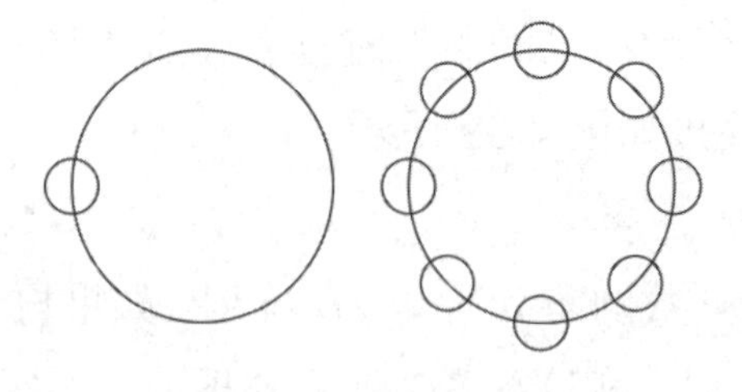
图4-41 环形阵列

小贴士：

在进行环形阵列时也可以创建3D阵列效果，其操作方法与矩形3D阵列的相同，此处不再赘述。另外，输入“F”，按 Enter 键激活“填充角度”选项，设置阵列的范围，系统默认为 360°。填充角度为 90° 和 180° 时的环形阵列如图 4-42 所示。

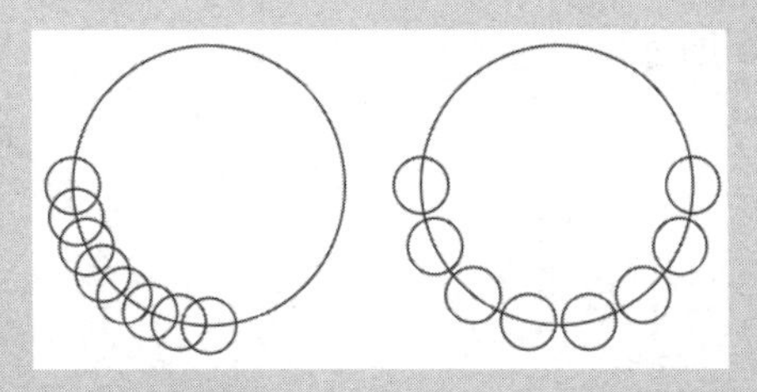

图 4-42 填充角度为 90° 与 180° 时的环形阵列

另外，输入“A”激活“项目间角度”选项，设置环形阵列时对象围绕中心点的旋转角度，在默认情况下，该角度与填充角度及项目呈关联关系。如果填充角度为 360°，项目为 6，那么项目间角度为 60°；如果填充角度为 180°，项目为 6，那么项目间角度为 36°，若将项目间角度修改为 30°，则填充角度发生变化。

【知识拓展】路径阵列（请参考资料包中的“知识拓展”→“第 4 章”→“路径阵列”）。

4.3 夹点编辑与填充

除了上面介绍的编辑二维图形的相关内容，“夹点编辑”与“填充”也是编辑二维图形必不可少的命令。

4.3.1 夹点编辑

夹点是指在没有命令执行的前提下选择对象，对象就会以蓝色实心的小方框显示其特征点，如直线的端点和中点、矩形的端点，以及圆和圆弧的圆心、象限点等。不同图形的夹点个数及位置也有所不同，如图 4-43 所示。

夹点编辑就是在夹点模式下右击，在弹出的菜单中选择相关命令，实现对对象的拉伸、旋转、缩放、移动和镜像等一系列编辑操作，如图 4-44 所示。

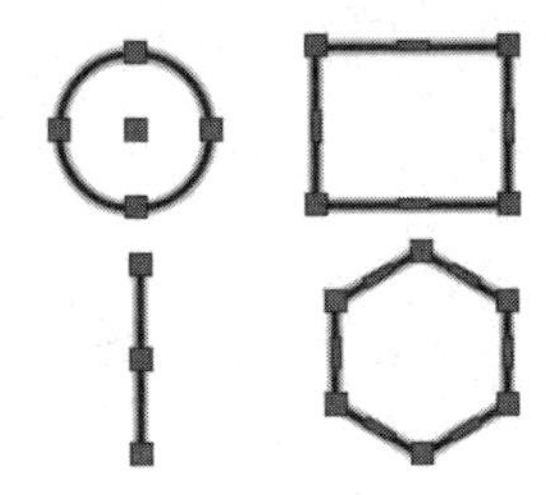

图 4-43 不同图形的夹点显示

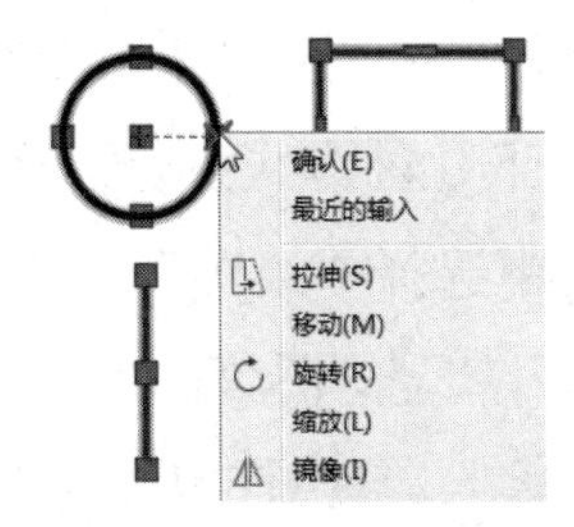

图 4-44 夹点编辑菜单

【课堂实训】夹点拉伸

可以通过夹点编辑来拉伸对象，这与使用“拉伸”命令拉伸图形的效果相同。

（1）绘制六边形对象并进入夹点编辑模式，单击右垂直边中点位置的夹点进入夹基点模式，右击并选择“拉伸”命令，如图 4-45 所示。

（2）引出 0° 方向矢量，输入“5”，按 Enter 键，按 Esc 键取消夹点显示，发现六边形被拉宽 5 个绘图单位，如图 4-46 所示。

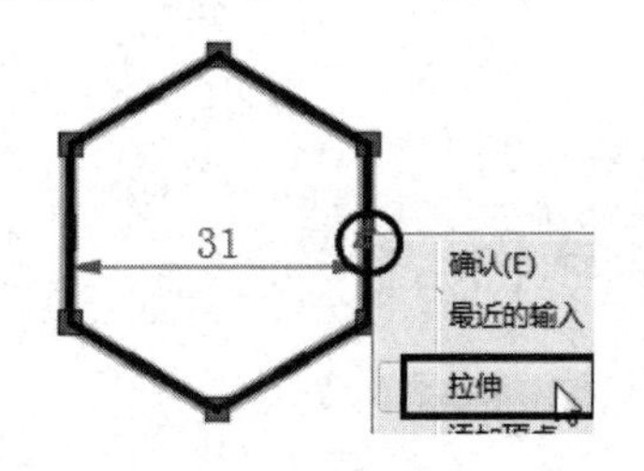

图 4-45　选择“拉伸”命令

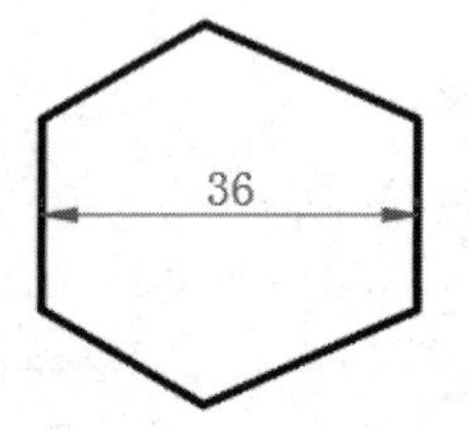

图 4-46　拉伸结果

小贴士：

选择多边形的一个顶点并右击，选择“拉伸顶点”命令，此时可以对该顶点进行拉伸而不影响其他顶点，如图 4-47 所示。

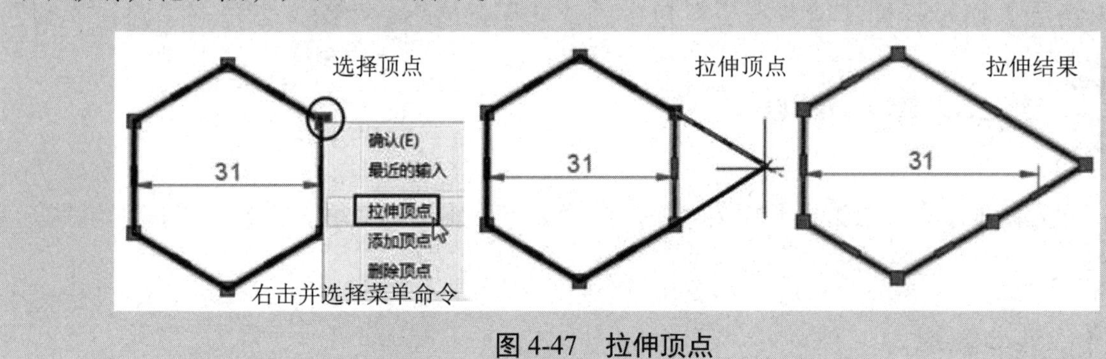

图 4-47　拉伸顶点

【知识拓展】夹点编辑的其他操作（请参考资料包中的“知识拓展”→“第 4 章”→“夹点编辑的其他操作”）。

4.3.2　图案填充

图案填充是指使用颜色或图案对闭合图形进行填充，以表达图形的相关信息。在 AutoCAD 机械设计中，通常使用图案填充来表达机械零件的剖面结构特征。

可以通过如下几种方式执行“图案填充”命令。

- 在菜单栏中选择“绘图”→“图案填充”命令。
- 单击“默认”选项卡的“绘图”工具列表中的“图案填充”按钮。
- 在命令行输入“HATCH”，按 Enter 键。
- 使用命令简写 H。

激活“图案填充”命令，切换至“图案填充创建”选项卡，如图 4-48 所示。

在“图案填充创建”选项卡中，用户可以先选择实体、图案、渐变色或用户自定义 4 种填充类型中的任意一种，再设置相关参数，最后选择填充区域进行填充。

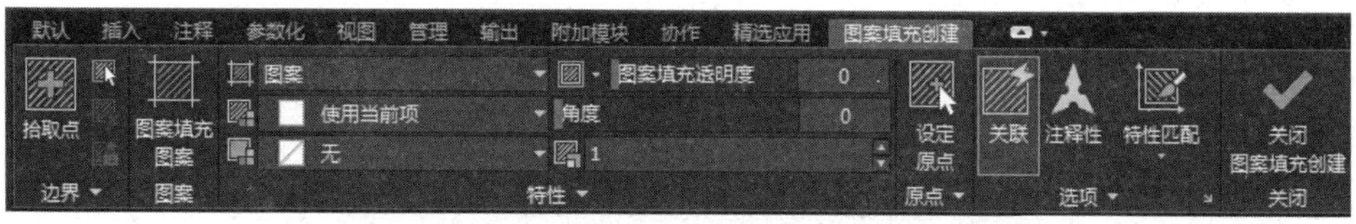

图 4-48 “图案填充创建”选项卡

【课堂实训】使用“图案填充”命令创建传动轴键槽断面图。

“图案”是系统预设的一些由各种图线交织形成的，这些图案是一些行业标准中包括的区分部件的图案及表现对象材质的图案等。另外，图案一般是一个整体。

在 AutoCAD 机械设计中，轴类零件一般需要绘制一个平面图和多个断面图。断面图一般用于表现轴上的键槽的深度，因此需要根据键槽的数量来确定断面图的数目。

打开“素材”目录下的“传动轴零件图.dwg”文件，如图 4-49 所示。

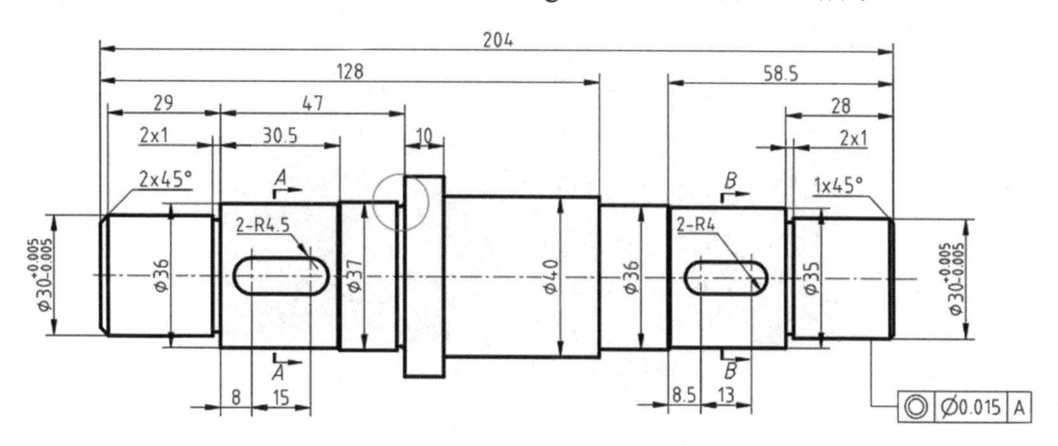

图 4-49 传动轴零件图

下面根据传动轴零件图上的图示尺寸绘制键槽断面图，并对键槽断面图进行图案填充。

（1）在图层控制列表中将“中心线”层设置为当前图层，在传动轴零件图下方合适的位置绘制水平、垂直相交的线作为断面图的定位线。

（2）在图层控制列表中将“轮廓线”层设置为当前图层，以定位线的交点为圆心，绘制直径为 36mm 的圆，如图 4-50 所示。

（3）输入“O”，按 Enter 键激活“偏移”命令，将水平定位线对称偏移 4.5mm，效果如图 4-51 所示。

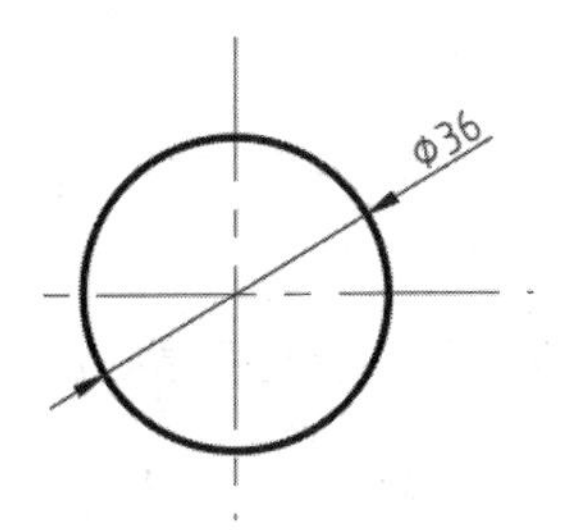

图 4-50 绘制的圆

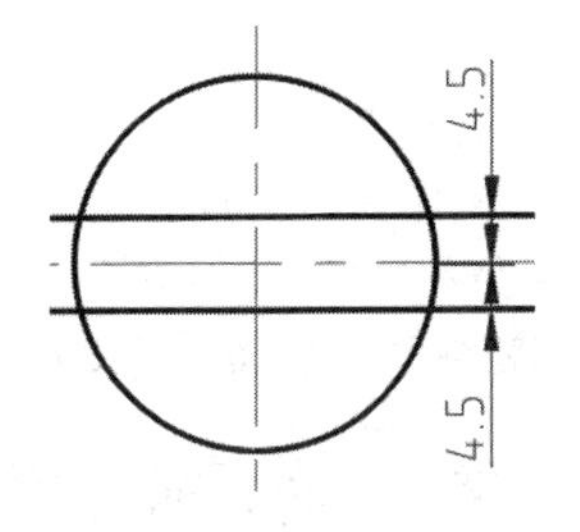

图 4-51 偏移水平定位线

（4）按 Enter 键重复执行“偏移”命令，计算键槽的深度值，将垂直定位线向右偏移 14mm，效果如图 4-52 所示。

（5）输入“TR”，按 Enter 键激活“修剪”命令，对轮廓线进行修剪，创建键槽的深度效果，如图 4-53 所示。

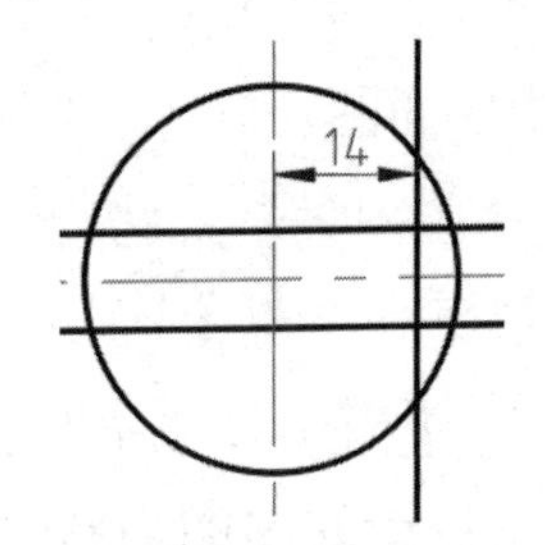

图 4-52　偏移垂直定位线

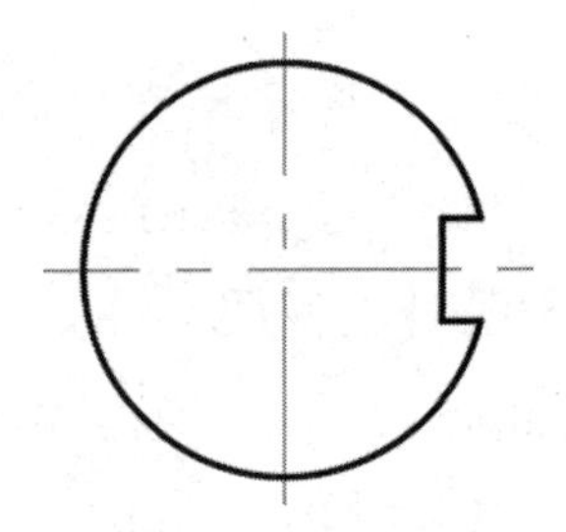

图 4-53　修剪轮廓线

（6）在图层控制列表中将“剖面线”设置为当前图层，输入“H”，按 Enter 键激活“图案填充”命令，选择的类型为“图案”，单击“图案填充” 按钮，选择名为“ANS131”的图案，并设置“比例”为“0.5”，其他设置采用默认值，如图 4-54 所示。

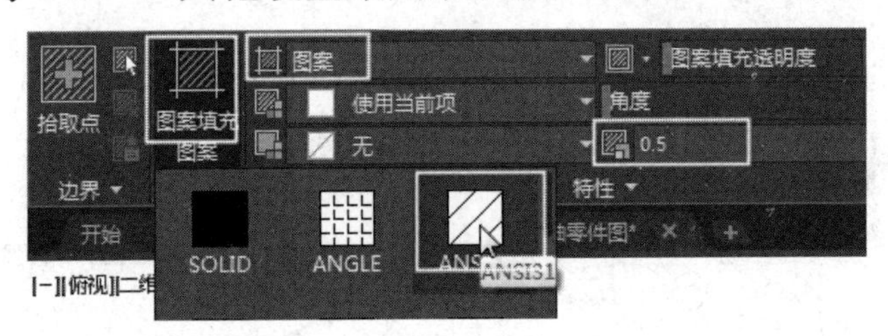

图 4-54　设置图案填充参数

（7）在绘图区的断面图内部单击拾取填充区域，按 Enter 键确认并填充，完成键槽断面图的绘制，效果如图 4-55 所示。

【课堂练习】绘制另一端的键槽断面图。

请读者根据图示尺寸尝试绘制传动轴另一端的键槽断面图，并且进行填充，效果如图 4-56 所示。

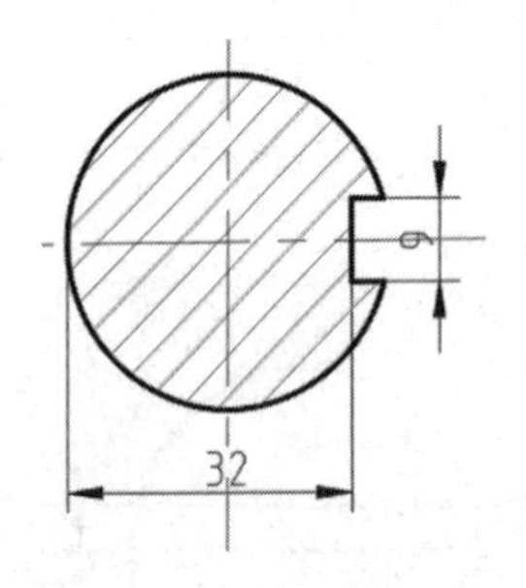

图 4-55　键槽断面图

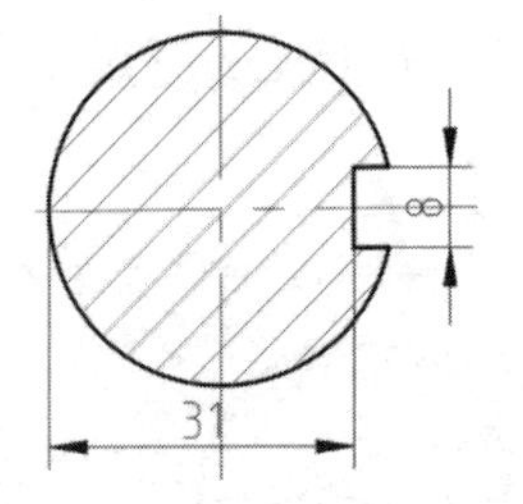

图 4-56　另一端的键槽断面图

【知识拓展】图案填充的其他操作（请参考资料包中的“知识拓展”→“第 4 章”→“图案填充的其他操作”）。

综合练习——绘制直齿轮零件左视图

在机械设计中，零件三视图是重要的图纸之一，三视图包括主视图、左视图与俯视图。这 3 个视图是对正关系，即上对正、高平齐、宽相等。可以根据这种对正关系，参照一个视图来绘制另一个视图。下面参照直齿轮零件主视图来绘制其左视图，效果如图 4-57 所示。

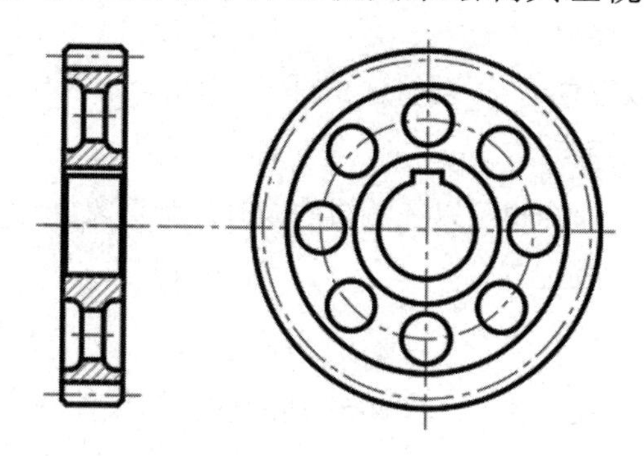

图 4-57 直齿轮零件左视图

详细的操作步骤请参考配套教学资源的视频讲解。

绘制直齿轮零件左视图的练习评价表如表 4-2 所示。

表 4-2 绘制直齿轮零件左视图的练习评价表

练习项目	检查点	完成情况	出现的问题及解决措施
绘制直齿轮零件左视图	圆、构造线	□完成 □未完成	
	环形阵列、偏移、修剪	□完成 □未完成	

知识巩固与能力拓展

一、单选题

1. 输入_____可以启动“矩形”命令。

A. REC　　B. C　　C. CL　　D. EL

2. 输入_____可以启动“多边形”命令。

A. POL　　B. PL　　C. AL　　D. LI

3. 激活“多边形”命令，输入_____可以绘制内接于圆的多边形。

A. C　　B. L　　C. R　　D. I

4. 启动“圆”命令，输入_____可以通过两点绘制圆。

A. 2P　　B. 2　　C. 2L　　D. P2

5. 输入_____可以启动“复制”命令。

A. C　　B. CO　　C. BO　　D. CB

6. 当使用“拉伸”命令拉伸对象时，选择对象的正确的操作方法是_____。

A. 窗交　　B. 窗口　　C. 单击　　D. 几种方法都行

二、多选题

1．执行“缩放”命令的方法有_____。

A．使用命令简写 CO　　B．使用命令简写 C

C．输入“COPY”，按 Enter 键　　D．使用命令简写 B

2．“阵列”命令包括_____阵列方式。

A．矩形　　B．环形　　C．路径　　D．层高

3．当采用矩形阵列时，可以设置_____以创建 3D 阵列效果。

A．行距　　B．列距　　C．层高　　D．层数

4．除了“复制”命令，_____命令也可以在编辑的同时复制对象。

A．移动　　B．缩放　　C．旋转　　D．拉伸

三、上机实操

请根据所学知识，并参照图示尺寸绘制如图 4-58 所示的飞轮零件图。

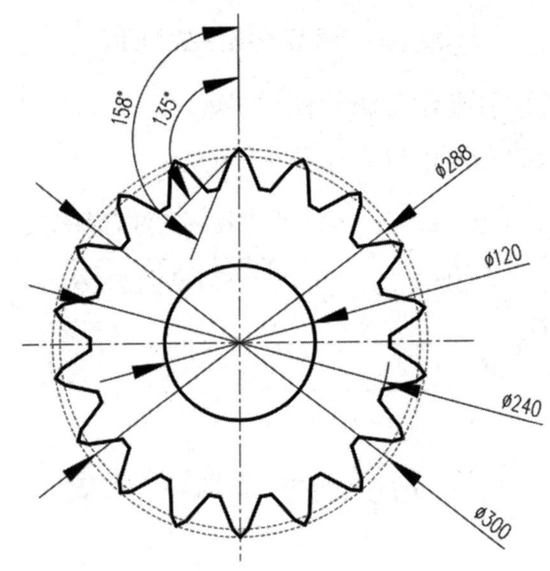

图 4-58　飞轮零件图

AutoCAD 绘图进阶（一）——图层、块与属性

第 5 章

工作任务分析

本章主要介绍图层、块与属性的相关内容，包括新建图层、应用图层、创建内部块和外部块、设置对象属性、创建属性块等。

知识学习目标

- 掌握新建图层与应用图层的技能。
- 掌握通过图层管理图形的技能。
- 掌握创建与应用块的技能。
- 掌握设置对象属性的技能。

技能实践目标

- 能够使用图层功能绘制图形。
- 能够通过图层管理图形对象。
- 能够在绘图过程中正确应用内部块与外部块。
- 能够根据绘图要求设置对象属性。

5.1 图层

在 AutoCAD 中，图层是一个综合的绘图辅助工具，可以用于管理图形，方便用户对图形进行编辑与修改。

5.1.1 图层的基本操作

在 AutoCAD 中，图层是由“图层”工具栏和“图层特性管理器”面板共同管理的，单击“图层”工具栏中的“图层特性管理器”按钮，或者单击“默认”选项卡中的“图层”工具列表中的“图层特性”按钮，就可以打开“图层特性管理器”面板，如图 5-1 所示。

在“图层特性管理器”面板中，用户可以实现对图层的基本操作，包括新建图层、命名图层、切换图层及删除图层等。

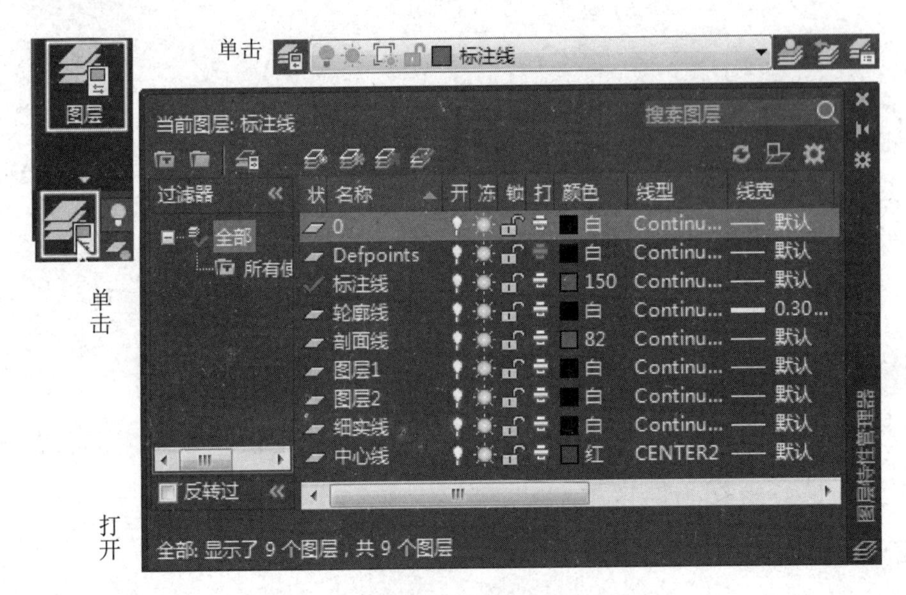

图 5-1　“图层特性管理器”面板

【课堂实训】新建图层、命名图层与删除图层。

当使用 AutoCAD 绘图时，一幅完整的工程图不仅包括图形，还包括文字、尺寸标注、文字注释和符号等众多元素，由于这些元素的属性不同，因此要将它们放在不同的图层中，以便对图形进行管理。系统默认只有一个名称为“0”的图层，这时就需要新建多个图层。下面新建 3 个图层，并以此为例介绍新建图层的相关方法。

（1）单击“新建图层”按钮即可新建一个名为“图层 1”的新图层。若连续单击“新建图层”按钮 3 次，就可以新建名称为“图层 1”、“图层 2”和“图层 3”的新图层，如图 5-2 所示。

小贴士：

在新建一个图层后，若连续按 Enter 键，可以新建多个图层；按快捷键 Alt+N 也可以新建多个图层；在“图层特性管理器”面板中右击，在弹出的菜单中选择“新建图层”命令，也可以新建图层。

新建的图层系统默认命名为“图层 1”和“图层 2”等，用户可以根据绘图需要为新建的图层重新命名。例如，在建筑设计中可以将图层命名为“墙线层”、“定位线”和“门窗层”等，在机械设计中可以将其命名为“轮廓线”、“中心线”和“填充层”等，并将相关图线绘制在对应的图层，以便对图形进行管理。下面以建筑设计为例展开介绍，并将 3 个图层分别命名为“轴线层”、“墙线层”和“门窗层”。

（2）单击“图层 1”，使其反白显示，或者在图层名称上右击，选择“重命名图层”命令，输入新名称“轴线层”，按 Enter 键确认。

（3）使用相同的方法将其他两个图层命名为“墙线层”和“门窗层”，效果如图 5-3 所示。

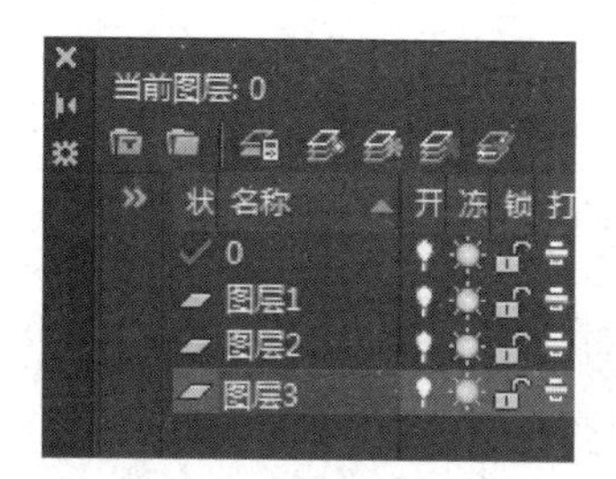

图 5-2　新建图层

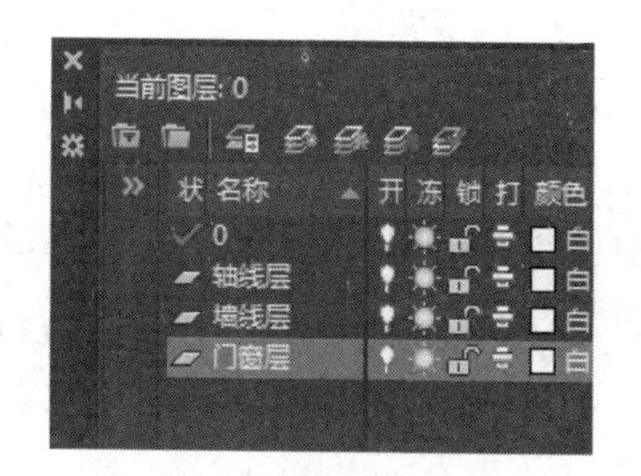

图 5-3　重命名图层

小贴士：

在为图层重命名时，图层名称最多可以包含 255 个字符（可以是数字、字母或其他字符），但图层名称中不允许使用大于号（>）、小于号（<）、斜杠（/）、反斜杠（\）及标点等符号。另外，为图层命名或更改名称时，必须确保当前文件中图层名称的唯一性。

过多无用的图层会占用系统资源，影响操作速度，因此，用户可以将无用的图层删除。删除图层的方法也非常简单，选择要删除的图层，单击“图层特性管理器”面板中的“删除图层”按钮即可。

小贴士：

除此之外，选择图层并右击，选择“删除图层”命令，也可以将图层删除。需要注意的是，系统预设的“0”图层及当前图层无法删除。所谓的当前图层就是指当前操作的图层，在“图层特性管理器”面板中，“0”图层前面有一个图标，表示该层为当前操作的图层，如图 5-4 所示。

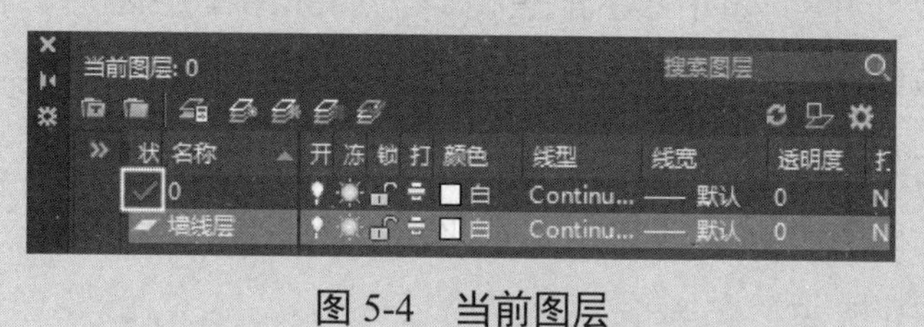

图 5-4　当前图层

【课堂实训】打开、关闭、冻结、解冻、锁定与解锁图层。

可以设置当前图层、打开与关闭图层、冻结与解冻图层，以及锁定与解锁图层等，以便对图形进行编辑。

1. 设置当前图层

用户可以将任意图层设置为当前图层，并在当前图层绘制图形。当图层被设置为当前图层后，在图层名称的前面会出现图标，如图 5-4 所示。

设置当前图层的操作比较简单，选择要设置为当前图层的图层，单击“置为当前”按钮，图层名称的前面就会出现图标，表示该图层是当前图层。

小贴士：

除此之外，在图层上右击，选择“置为当前”命令，或者按快捷键 Alt+C，也可以将图层设置为当前图层。另外，在图层控制列表中选择图层，也可以将其设置为当前图层。

2. 打开与关闭图层

系统默认所有图层都处于打开状态，图层中的所有对象都是可见的，用户可以随时关闭图层，以使该图层中的图形元素被隐藏。

打开“素材”目录下的“传动轴零件图.dwg”文件，单击图层控制列表中“标注线”图层前面的图标，使其显示为，此时图形中的尺寸标注被隐藏，如图 5-5 所示。

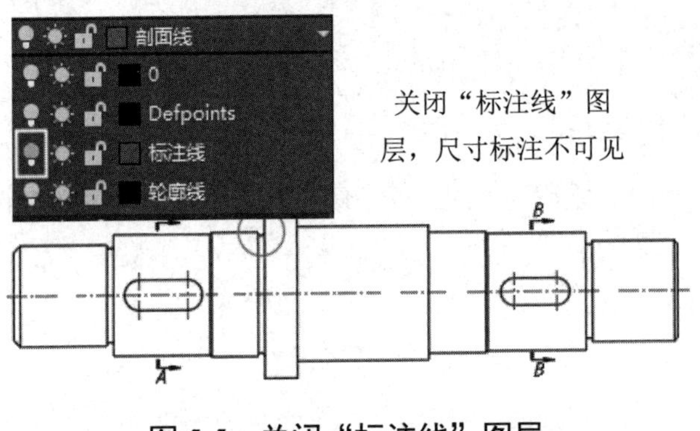

图 5-5　关闭“标注线”图层

再次单击图标，使其显示为，这样就可以打开图层，图层中的对象也会取消隐藏。

3. 冻结与解冻图层

冻结与解冻图层和打开与关闭图层有些相似。在冻结图层之后，图层上的对象也处于隐藏状态，只是图形被冻结后，图形不但不能在屏幕上显示，而且不能由绘图仪输出，不能执行重生成、消隐、渲染和打印等操作。

单击图层控制列表中的“标注线”图层前面的图标，使其显示为，此时图形中的尺寸标注不可见，如图 5-6 所示。

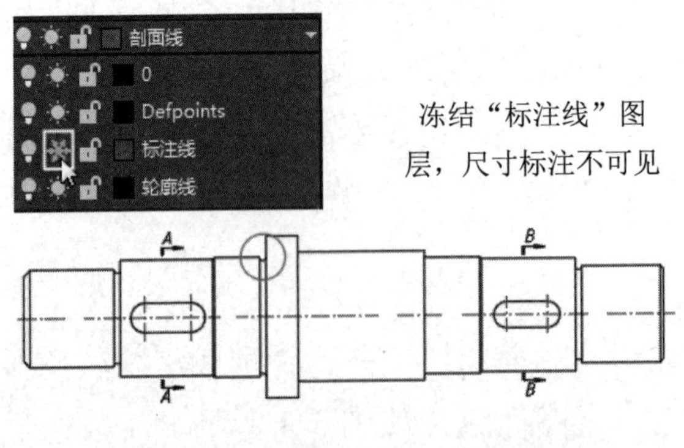

图 5-6　冻结“标注线”图层

单击图标，使其显示为，这样图层就会被解冻，图层中的对象也会再次显示。

4. 锁定与解锁图层

图层可以被锁定。当图层被锁定后，图层中的对象不能执行任何操作，这样可以避免绘图时的误操作，如误删除图形等。

锁定与解锁图层的操作也非常简单。例如，单击“标注线”图层前面的图标，使其显示为，此时尺寸标注的颜色变暗，如图 5-7 所示。

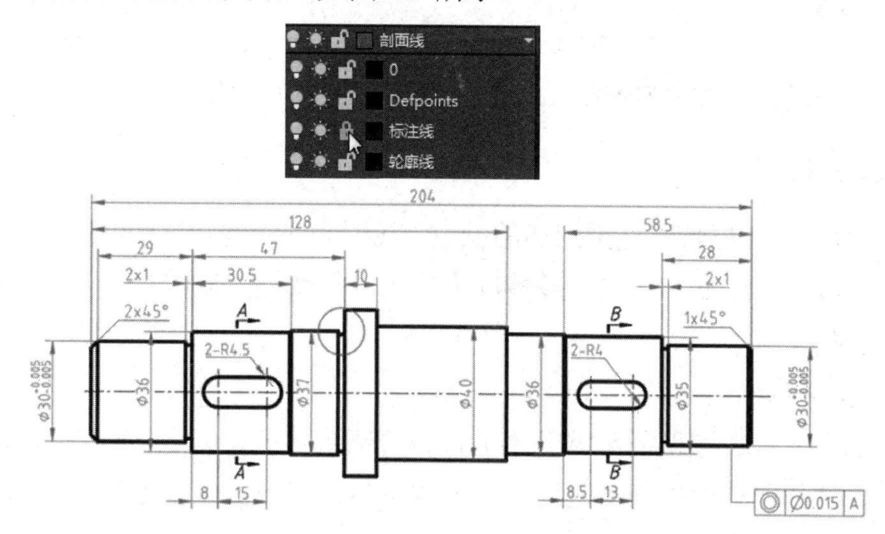

图 5-7 锁定“标注线”图层

再次单击图标，使其显示为，此时图层被解锁，图形中的对象的颜色变亮，表示可以对对象进行编辑。

以上是有关操作图层的相关内容，除此之外，在“图层 2”工具栏及图层控制列表中，均包含关闭图层、冻结与解冻图层、锁定与解锁图层等相关图标，激活相关图标，单击要关闭、冻结或锁定的图形，按 Enter 键即可实现相关操作，如图 5-8 所示。

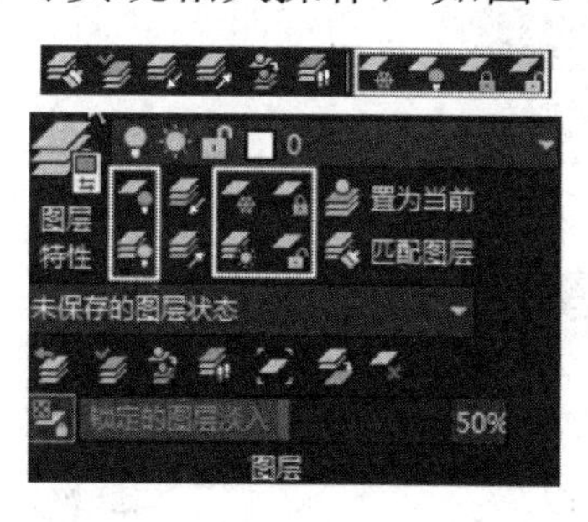

图 5-8 “图层 2”工具栏

5. 调整图层

可以根据绘图需要调整对象所在的图层，以达到管理与编辑图形的目的。

打开“素材”目录下的“垫片.dwg”文件，发现垫片的矩形轮廓线都在“中心线”图层，这是错误的，如图 5-9 所示。

在无任何命令发出的情况下，选择两个矩形轮廓线使其夹点显示，在图层控制列表中选择“轮廓线”图层，将其放入该图层中，按 Esc 键取消夹点显示，效果如图 5-10 所示。

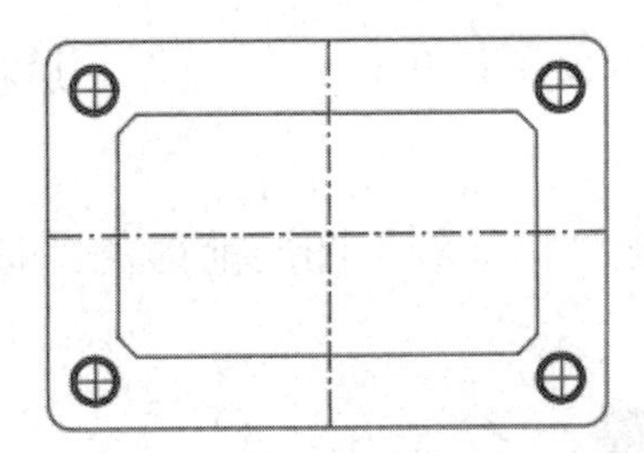

图 5-9 垫片零件图

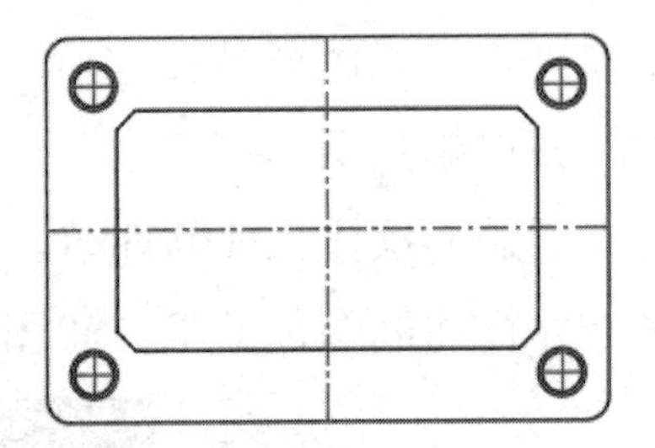

图 5-10 调整“轮廓线”图层

5.1.2 图层特性

在 AutoCAD 中，图层特性是指图层的颜色、线型和线宽等，这些特性会影响位于该图层的图形的颜色、线型和线宽等。在一般情况下，当图层特性发生变化后，位于该图层的图形特性也会发生变化。

【课堂实训】颜色特性。

颜色对于 AutoCAD 绘图的影响并不大，设置颜色主要是为了区分不同的图形元素。在默认设置下，新建的所有图层的颜色均为白色或黑色，用户可以根据实际需求或个人喜好设置不同的颜色。

（1）继续 5.1.1 节的操作，在图层控制列表中单击“轮廓线”图层的颜色按钮，打开“选择颜色”对话框，选择蓝色，如图 5-11 所示。

（2）单击“确定”按钮关闭“选择颜色”对话框，此时垫片轮廓线的颜色变为蓝色，如图 5-12 所示。

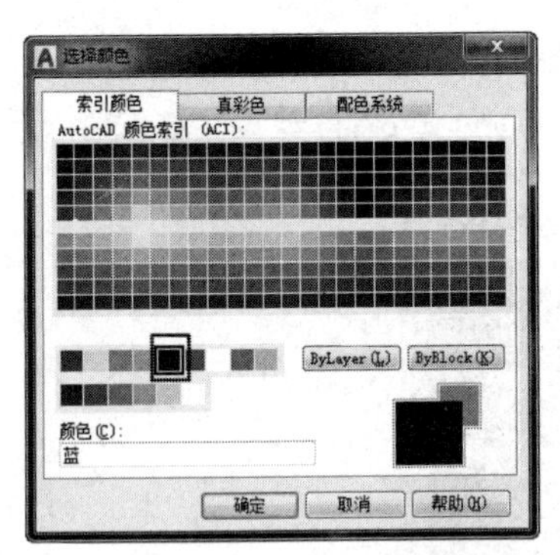

图 5-11 选择蓝色

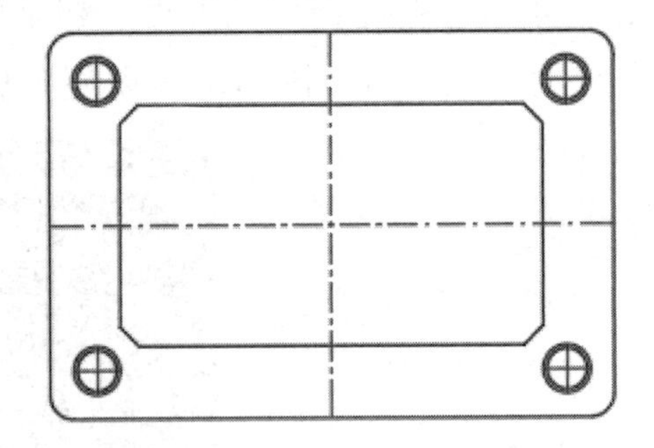

图 5-12 轮廓线显示蓝色

小贴士：

系统默认采用的颜色是“索引颜色”，用户还可以使用“真彩色”或“配色系统”两种方法设置颜色，其操作非常简单，此处不再赘述。另外，用户也可以在“选择颜色”对话框下方的“颜色”文本框中直接输入颜色的色值以调配颜色。

【课堂实训】线型特性。

线型在 AutoCAD 绘图中非常重要，不同的图形元素在不同行业中所使用的线型是有严格规定的，如图形中心线一般使用名称为“CENTER”的线型来绘制。

继续 5.1.1 节的操作。打开“图层特性管理器”面板，在“中心线”图层的线型“Continuous”上单击，打开“选择线型”对话框，如图 5-13 所示。

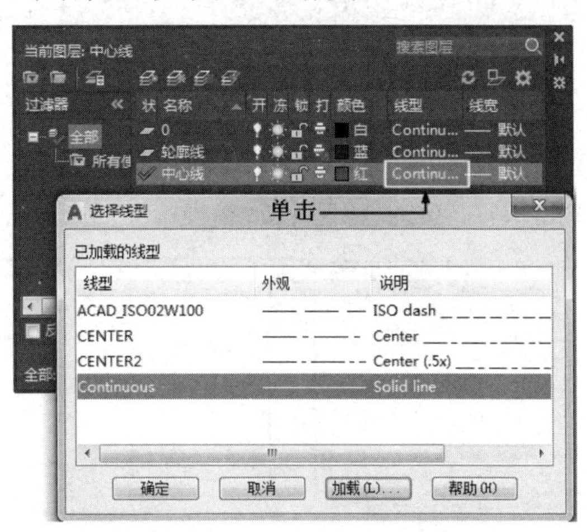

图 5-13 “选择线型”对话框

选择名称为“CENTER”的线型，单击“确定”按钮，将其指定给“中心线”图层，此时垫片零件图的中心线的线型发生变化，如图 5-14 所示。

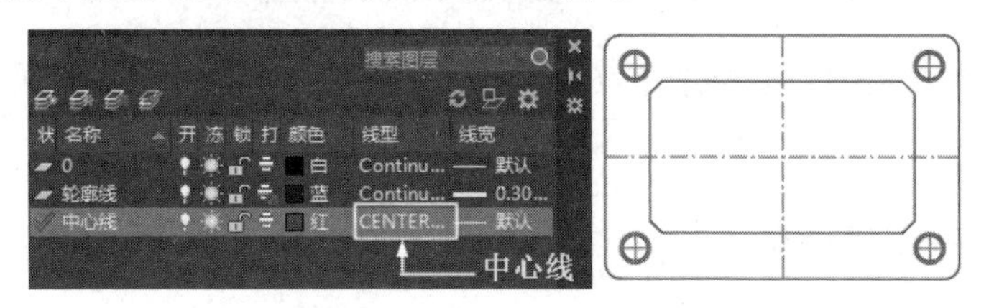

图 5-14 “中心线”图层的线型

小贴士：

如果没有所需的线型，那么可以单击“加载”按钮，打开“加载或重载线型”对话框，选择合适的线型后，单击“确定”按钮将其加载到“选择线型”对话框中，并且将其指定给图层即可。

【课堂实训】线宽特性。

线宽是指线的宽度。在默认设置下，所有图层的线宽为系统默认的线宽，但在 AutoCAD 绘图中，由于各图形元素的线型不同，因此其线宽要求也不同。例如，图形轮廓线的线宽有时要求为 0.3mm，这时用户就需要重新设置线宽。

继续 5.1.1 节的操作，在“轮廓线”图层的线宽位置单击，打开“线宽”对话框，如图 5-15 所示。

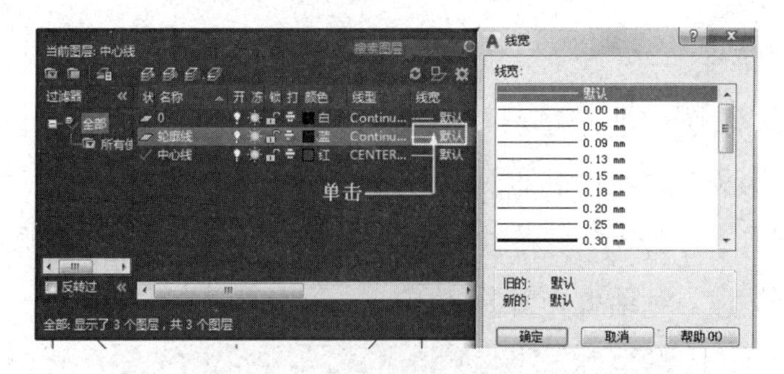

图 5-15　“线宽”对话框

选择 0.3mm 的线宽，单击“确定”按钮，将其指定给“轮廓线”图层，单击状态栏中的“线宽”按钮显示线宽，此时垫片零件图的轮廓线变宽，如同 5-16 所示。

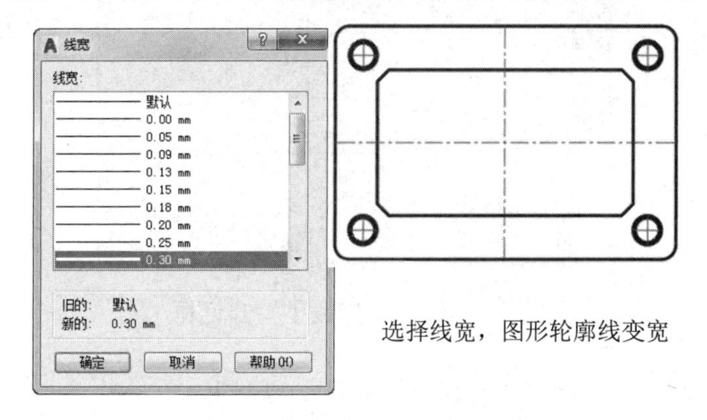

图 5-16　设置轮廓线的宽度

【知识拓展】图层的过滤与其他功能（请参考资料包中的“知识拓展”→“第 5 章”→“图层的过滤与其他功能”）。

【知识拓展】特性与特性匹配（请参考资料包中的“知识拓展”→“第 5 章”→“特性与特性匹配”）。

综合练习——新建建筑设计中的常用图层

在 AutoCAD 建筑设计中，不同的元素需要放置在不同的图层中，以便对设计图进行管理和编辑，这就需要新建多个图层，并根据建筑元素的特性设置各图层的属性。下面新建建筑设计中的常用图层，并设置各图层的属性，效果如图 5-17 所示。

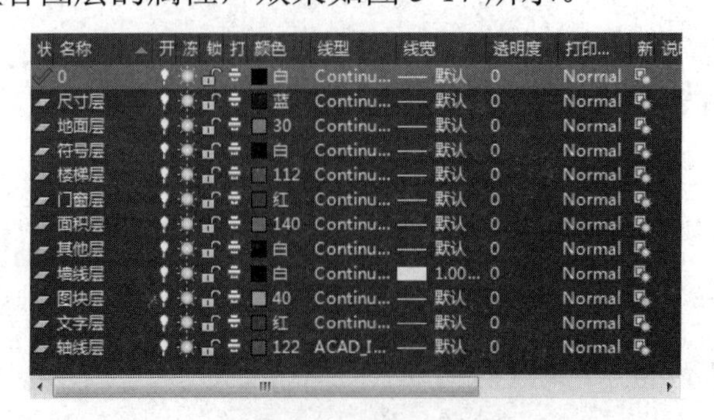

名称	颜色	线型	线宽	透明度	打印...
0	白	Continu...	默认	0	Normal
尺寸层	蓝	Continu...	默认	0	Normal
地面层	30	Continu...	默认	0	Normal
符号层	白	Continu...	默认	0	Normal
楼梯层	112	Continu...	默认	0	Normal
门窗层	红	Continu...	默认	0	Normal
面积层	140	Continu...	默认	0	Normal
其他层	白	Continu...	默认	0	Normal
墙线层	白	Continu...	1.00...	0	Normal
图块层	40	Continu...	默认	0	Normal
文字层	红	Continu...	默认	0	Normal
轴线层	122	ACAD_I...	默认	0	Normal

图 5-17　新建建筑设计中的常用图层

详细的操作步骤请参考配套教学资源的视频讲解。

新建建筑设计中的常用图层的练习评价表如表 5-1 所示。

表 5-1 新建建筑设计中的常用图层的练习评价表

练习项目	检查点	完成情况	出现的问题及解决措施
新建建筑设计中的常用图层	新建图层	□完成 □未完成	
	设置图层特性	□完成 □未完成	

5.2 块

在 AutoCAD 中，有一种特殊的图形对象，它不可以直接绘制，但是可以通过其他方法来创建，我们将其称为块。块分为内部块与外部块两种。

5.2.1 定义块与写块

定义块与写块是创建块文件的两种方式，定义块需要在“块定义”对话框中进行，而写块需要在“写块”对话框中进行。

【课堂实训】定义块。

定义块是在“块定义”对话框中进行的，这种块被称为内部块。内部块只能在当前文件中多次重复使用。

可以通过如下几种方式打开“块定义”对话框。

- 单击“默认”选项卡的“块”工具列表中的“创建”按钮。
- 输入“BLOCK”或“BMAKE”，按 Enter 键。
- 输入“B”，按 Enter 键。

打开“素材”目录下的“壁灯立面图.dwg”文件，将该图形定义为块。

（1）输入“B”，按 Enter 键，打开“块定义”对话框，在“名称”文本框中输入“壁灯立面图”，单击“拾取点”图标返回绘图区，捕捉壁灯底盘底部的中点作为基点，如图 5-18 所示。

小贴士：

基点是在图形中插入块时的定位点。基点一般选择图形的特征点，即中点、象限点和端点等。若勾选“在屏幕上指定”复选框，则返回绘图区，在屏幕上拾取一点作为块的基点。

（2）返回“块定义”对话框，单击“选择对象”图标返回绘图区，窗口方式选择壁灯所有对象，如图 5-19 所示。

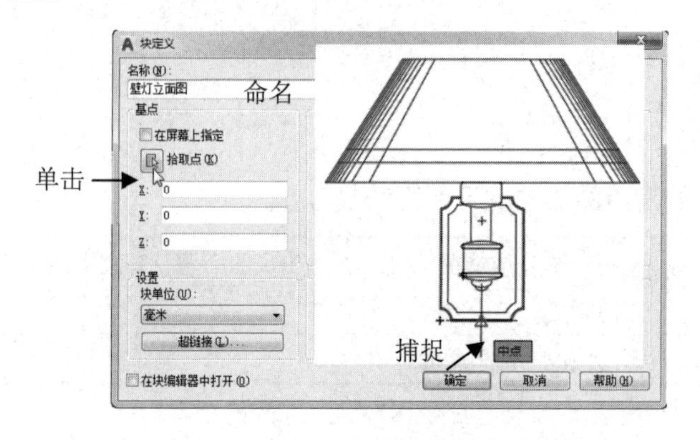

图 5-18　捕捉中点

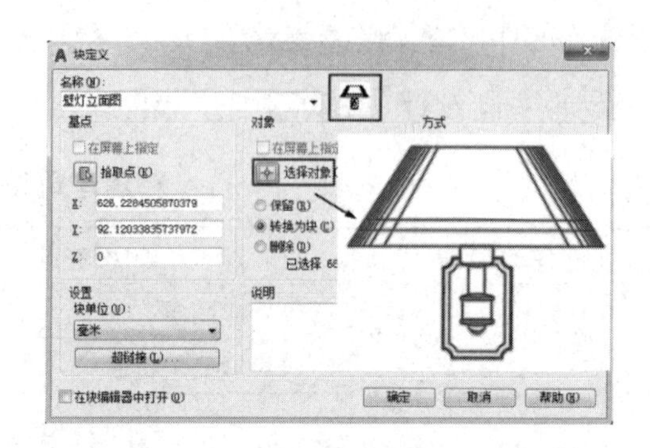

图 5-19　选择壁灯所有对象

小贴士：

系统默认直接将原图形转换为块文件。如果选中“保留”单选按钮，那么定义块后将保留原图形，否则不保留原图形；如果选中“删除”单选按钮，那么在定义块后，将从当前文件中删除选定的图形。如果勾选“按照统一比例缩放”复选框，那么在插入块时，仅可以对块进行等比缩放。如果勾选“允许分解”复选框，那么插入的块允许被分解。如果勾选“在块编辑器中打开”复选框，那么在定义完块后自动进入块编辑器窗口，以便对块进行编辑与管理。有关块的编辑，在后面章节会进行详细讲解。

（3）按 Enter 键，返回“块定义”对话框，在该对话框中显示定义的块的缩览图，单击“确定”按钮，完成块的定义。

【课堂练习】将“单人沙发.dwg”文件定义为内部块。

打开“素材”目录下的“单人沙发.dwg”文件，将其定义为“单人沙发 01”内部块。

【课堂实训】写块。

通过“写块”对话框创建的块被称为外部块，这种块可以保存为素材，不仅可以被当前文件重复使用，还可以供其他文件重复使用。

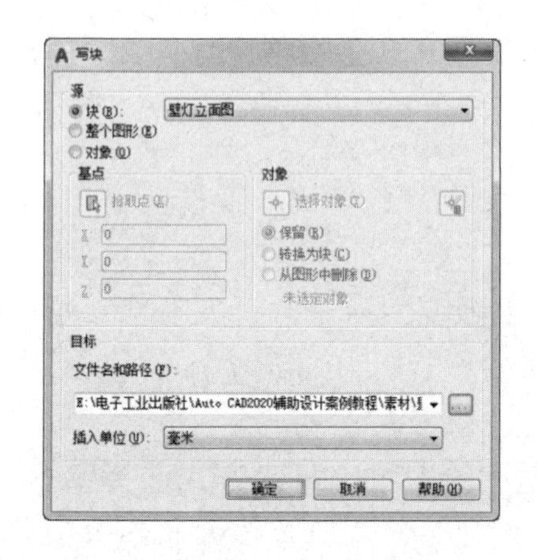

图 5-20　命名并存储外部块

将定义的“壁灯立面图”的内部块通过“写块”对话框创建为外部块。

（1）输入“W”，按 Enter 键，打开“写块”对话框，选中“块”单选按钮。

（2）单击“块”下拉按钮，选择“壁灯立面图”选项，单击“文件名或路径”文本列表框右侧的按钮□打开“浏览图形文件”对话框。

（3）选择块的存储路径并将其命名为“壁灯立面图 01”，单击“保存”按钮，返回“写块”对话框，如图 5-20 所示。

（4）单击“确定”按钮，“壁灯立面图”的内部块被转换为外部块，并以独立文件的形式保存。

小贴士：

在定义外部块时，选中“对象”单选按钮后，相关的选项被激活，确定图形的基点并选择对象，可以将选择的图形对象直接创建为外部块；若选中“整个图形”单选按钮，则可以将视图中的所有对象创建为一个外部块。这两种方法与创建内部块的方法相同，此处不再赘述。

【课堂练习】将“单人沙发.dwg”文件定义为外部块。

将“素材”目录下的“单人沙发.dwg”文件定义为“单人沙发 01”外部块。

5.2.2　应用块

不管是定义的内部块还是写块的外部块，都可以通过“插入”将其应用到图形中，插入块时需要在“块”面板中进行。可以通过如下几种方式打开“块”面板。

- 单击“默认”选项卡的“块”工具列表中的“插入”按钮，在弹出的菜单中选择“最近使用的块”命令。
- 在命令行输入“INSERT”，按 Enter 键。
- 使用命令简写 I。

【课堂实训】插入内部块与外部块。

（1）继续 5.2.1 节的操作。在“壁灯立面图.dwg”文件中输入“I”，按 Enter 键激活“插入”命令，打开“块”面板，切换至“最近使用”选项卡，显示最近定义的块对象。

（2）单击“壁灯立面图”块，在绘图区单击拾取一点确定插入基点，按 Enter 键将其插入，如图 5-21 所示。

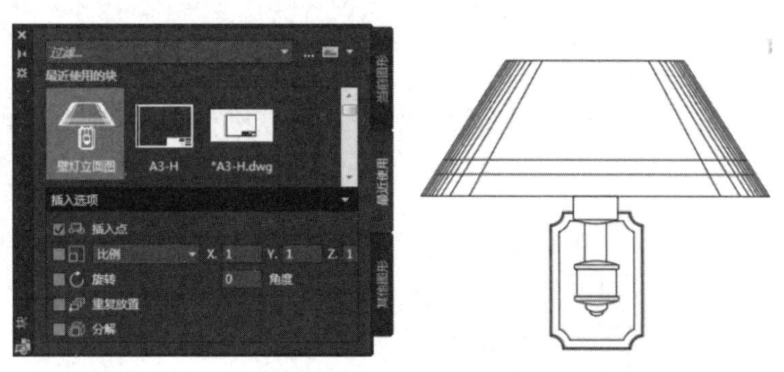

图 5-21　插入内部块

（3）打开“素材”目录下的“单人沙发.dwg”文件，输入“I”，按 Enter 键激活“插入”命令，打开“块”面板。

（4）单击按钮…，打开“选择图形文件”对话框，选择通过写块创建的名称为“壁灯立面图 01”的外部块，在绘图区单击将其插入，如图 5-22 所示。

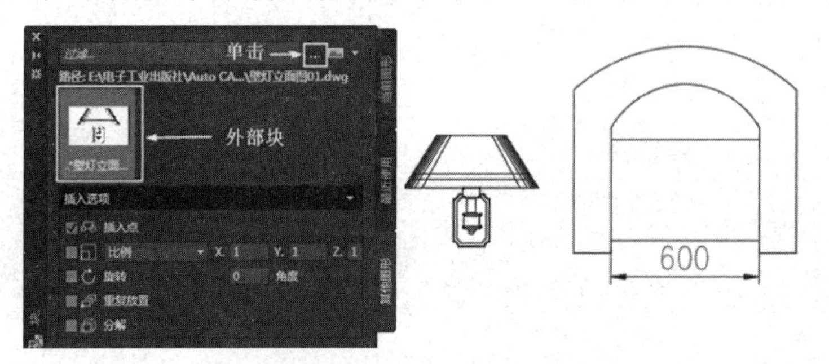

图 5-22　插入外部块

小贴士：

当插入块时，可以在“插入选项”列表中设置相关选项。

若勾选“插入点”复选框，则在视图中捕捉一点进行插入；若取消勾选“插入点”复选框，则可以设置插入的 *X* 轴、*Y* 轴和 *Z* 轴的坐标。

若勾选“比例”复选框，则不设置比例；若取消勾选“比例”复选框，则可以设置插入的 *X* 轴、*Y* 轴和 *Z* 轴的缩放比例。

若勾选“旋转”复选框，则不旋转；若取消勾选“旋转”复选框，则可以设置旋转角度。

若勾选“重复放置”复选框，则只能插入一个对象；若取消勾选“重复放置”复选框，则可以连续插入多个对象。

若勾选“分解”复选框，则插入的块对象被分解；若取消勾选“分解”复选框，则插入的对象不被分解。

若切换至“当前图形”选项卡，则显示在当前图形中定义的块对象；若切换至“其他图形”选项卡，则可以选择写块的块对象。

【课堂练习】插入单人沙发外部块。

将定义的“单人沙发 01”外部块以 60° 和 0.2 的比例插入“壁灯立面图.dwg”文件中，效果如图 5-23 所示。

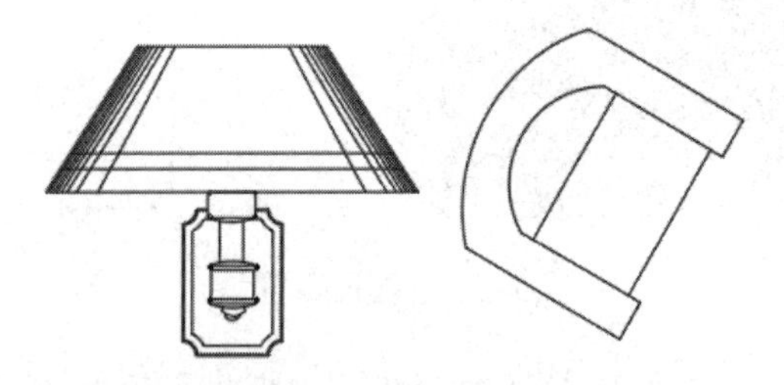

图 5-23　插入“单人沙发 01”外部块

【知识拓展】编辑块（请参考资料包中的“知识拓展”→“第 5 章”→“编辑块”）。

综合练习——绘制套二户型平面布置图

在 AutoCAD 室内装饰设计中，平面布置图体现了室内装饰的家具布置和地面装修材质，是室内装饰施工中不可缺少的重要的图纸之一。

打开“素材”目录下的“套二户型图.dwg”文件，这是某套二户型的建筑墙体图，在该图中已经设置了平面布置图所需的各图层及图层特性。下面在该墙体图的基础上绘制套二户型平面布置图，效果如图 5-24 所示。

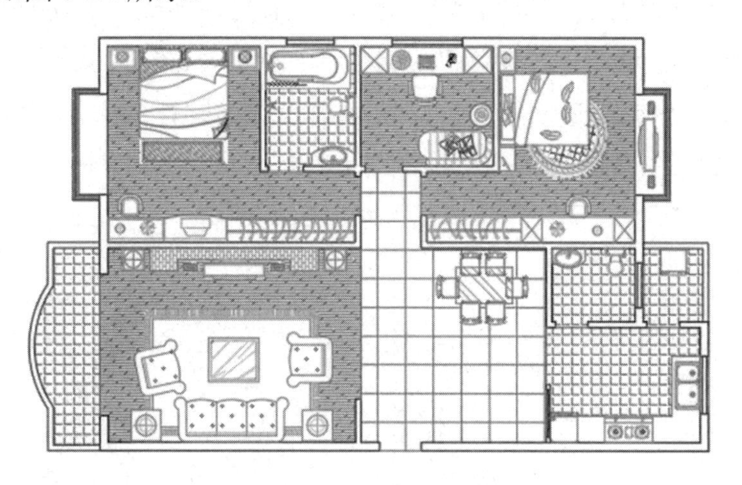

图 5-24　套二户型平面布置图

详细的操作步骤请参考配套教学资源的视频讲解。

绘制套二户型平面布置图的练习评价表如表 5-2 所示。

表 5-2　绘制套二户型平面布置图的练习评价表

练习项目	检查点	完成情况	出现的问题及解决措施
绘制套二户型平面布置图	插入	□完成　□未完成	
	图案填充	□完成　□未完成	

5.3 属性

属性实际上是附属于块的一种非图形信息，用于对块进行文字说明。

5.3.1 文字属性

文字属性一般用于几何图形，以表达几何图形无法表达的一些内容。例如，在建筑设计中，建筑设计图中的轴标号其实就是一种文字属性块。

定义属性是在“属性定义”对话框中完成的。可以通过如下几种方式打开“属性定义”对话框。

- 单击“默认”选项卡的“块”工具列表中的“定义属性”按钮。

- 输入“ATTDEF”，按 Enter 键。
- 使用命令简写 ATT。

【课堂实训】定义标记为 X 的文字属性。

（1）设置圆心捕捉模式，绘制半径为 4mm 的圆。

（2）输入“ATT”，按 Enter 键，打开“属性定义”对话框，在“标记”文本框中输入“X”，在“提示”文本框中输入“输入编号”，在“默认”文本框中输入“C”。

（3）在“对正”下拉列表中选择“正中”选项，在“文字样式”下拉列表中选择“Standard”选项，设置“文字高度”为“5”，设置“旋转”为“0”，如图 5-25 所示。

（4）单击“确定”按钮，返回绘图区，捕捉圆心作为属性插入点，结果如图 5-26 所示。

图 5-25　属性设置

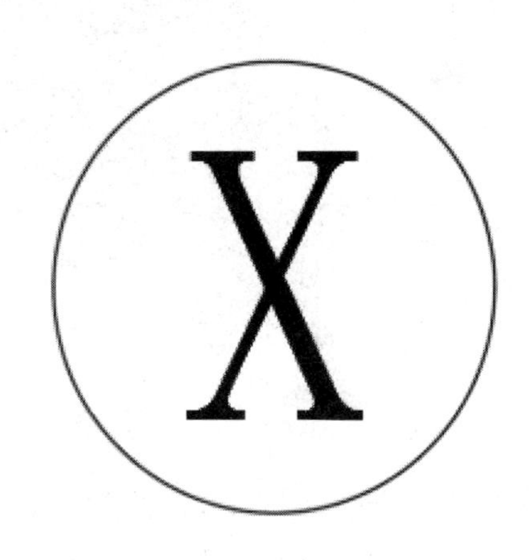

图 5-26　定义的文字属性

小贴士：

“属性定义”对话框中的“模式”选项组用于设置属性的显示模式，具体如下。

“不可见”复选项用于设置插入属性块后是否显示属性值，“固定”复选项用于设置属性是否为固定值。“验证”复选项用于设置在插入块时提示确认属性值是否正确，“预置”复选项用于将属性值设置为默认值，“锁定位置”复选项用于将属性位置进行固定，“多行”复选项用于设置多行的属性文本。

5.3.2　修改属性

在定义文字属性后，可以更改属性的标记、提示及默认值等。下面将 5.3.1 节定义的标记为 X 的属性值修改为 A，修改默认值为 B。

【课堂实训】修改属性值为 A，默认值为 B。

（1）执行“修改”→“对象”→“文字”→“编辑”命令，单击定义的属性值“X”，打开“编辑属性定义”对话框。

（2）在“标记”文本框中输入“A”，在“默认”文本框中输入“B”，单击“确定”按钮，修改属性值，如图 5-27 所示。

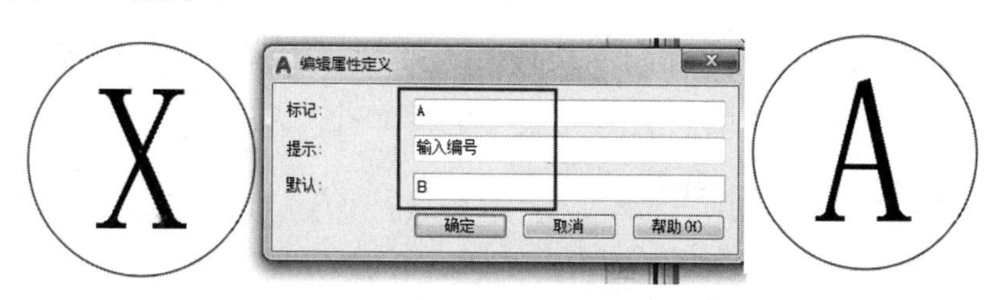

图 5-27　修改文字属性

5.3.3　定义与编辑属性块

可以将定义的属性创建为属性块，以便对属性块进行实时编辑，如更改属性的值、特性等。

1．定义属性块

定义属性块的操作其实与定义块的操作相同。继续 5.3.2 节的操作，将标记为 A 的属性定义为名称为“轴标号”的属性块。

【课堂实训】定义“轴标号”的属性块。

（1）输入“B”，按 Enter 键，打开“块定义”对话框，在“名称”文本框中输入“轴标号”，选中“转换为块”单选按钮。

（2）单击“拾取点”图标，返回绘图区，捕捉圆心作为块的基点，返回“块定义”对话框，单击“选择对象”图标，再次返回绘图区，以窗口方式选择属性。

（3）按 Enter 键，返回“块定义”对话框，该对话框中会出现块的预览图标，如图 5-28 所示。

（4）单击“确定”按钮，打开“编辑属性”对话框，在“输入轴标号”文本框中输入“B”，单击“确定”按钮，属性块的编号被修改为 B，如图 5-29 所示。

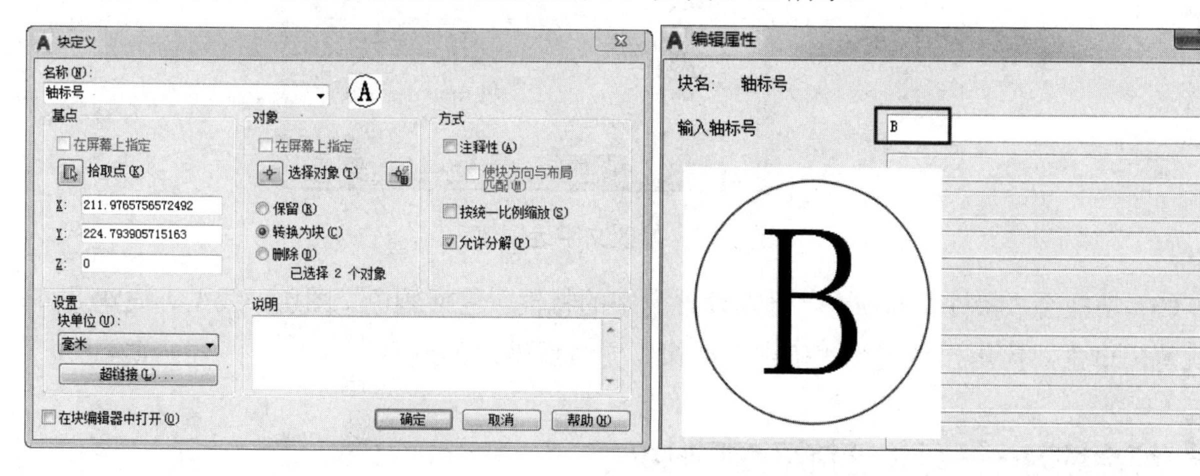

图 5-28　定义属性块的设置　　　　图 5-29　修改属性块的编号

2. 编辑属性块

可以对定义的属性块进行编辑，如更改属性的值及特性等，这些操作都是在“增强属性编辑器”对话框中完成的。可以通过如下几种方式打开“增强属性编辑器”对话框。

- 单击“默认”选项卡的“块”工具列表中的“单个”按钮。
- 输入“EATTEDIT”，按 Enter 键。
- 使用命令简写 ED。

【课堂实训】编辑属性块。

继续 5.3.2 节的操作，编辑标记为 B 的属性块，将其值修改为 A。

（1）输入“ED”，按 Enter 键，单击标记为 B 的属性块，打开“增强属性编辑器”对话框，切换至“属性”选项卡，将属性值修改为 A，此时属性块的标记被修改为 A，如图 5-30 所示。

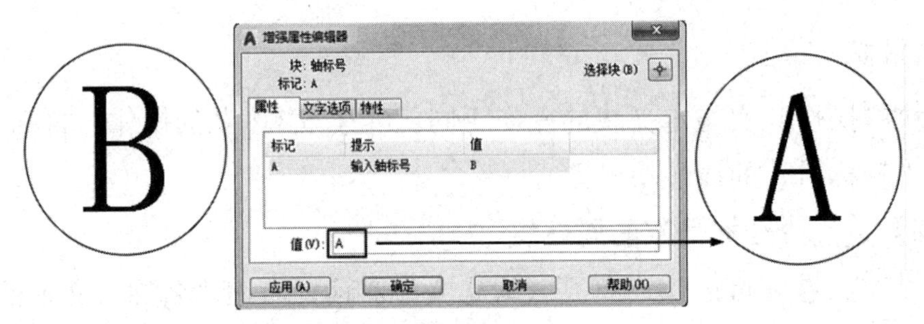

图 5-30　修改属性块的标记

（2）切换至“文字选项”选项卡，将“文字样式”设置为“仿宋”，“对正”设置为“正中”，“高度”设置为“6”，“宽度因子”设置为“1”，并设置“旋转”与“倾斜角度”等，效果如图 5-31 所示。

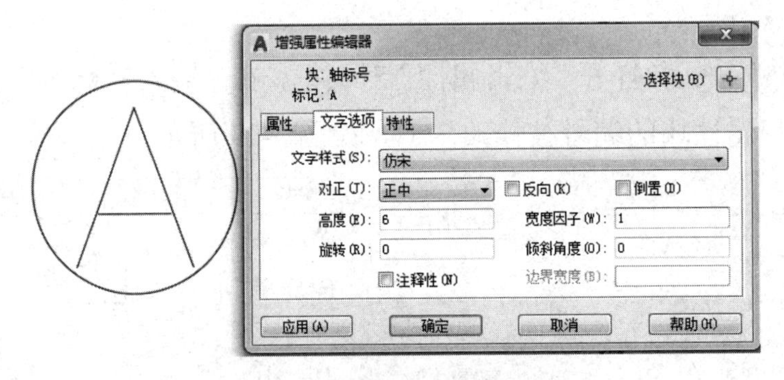

图 5-31　修改文字选项值

（3）切换至“特性”选项卡，可以设置文字的特性，包括颜色、图层、线型、线宽及打印样式等，单击“应用”按钮和“确定”按钮，完成属性块的编辑。

综合练习——标注建筑平面图轴标号

在建筑平面图中，轴标号是非常重要的标注内容。轴标号一般标注在墙体定位轴线上，而墙体定位轴线是用来控制建筑物尺寸和模数的基本手段，也是定位墙体的主要依据，能表达出建筑物纵向和横向墙体的位置关系。轴标号使用阿拉伯数字或大写拉丁字母对定位轴线标注序号，用于对定位轴线进行识别和区分。

定位轴线分为纵向定位轴线与横向定位轴线。纵向定位轴线自下而上用大写拉丁字母 A、B、C 等编号表示（不能使用拉丁字母 I、O、Z，这是为了避免与数字 1、0、2 混淆），横向定位轴线由左向右使用阿拉伯数字 1、2、3 等编号表示。

打开“素材”目录下的“四居室建筑平面图.dwg”文件，这是一梯两户中其中一户的户型建筑平面图，如图 5-32 所示。

下面为该平面图标注轴标号。在标注轴标号之前，需要先定义轴标号的属性块，再修改轴线尺寸，以便在轴线上插入轴标号，效果如图 5-33 所示。

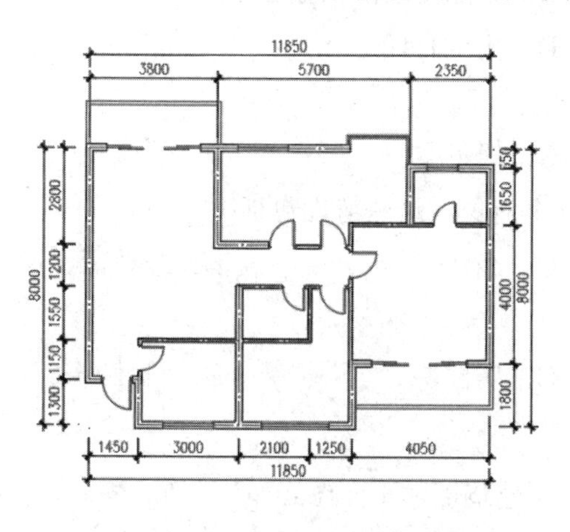

图 5-32　四居室建筑平面图

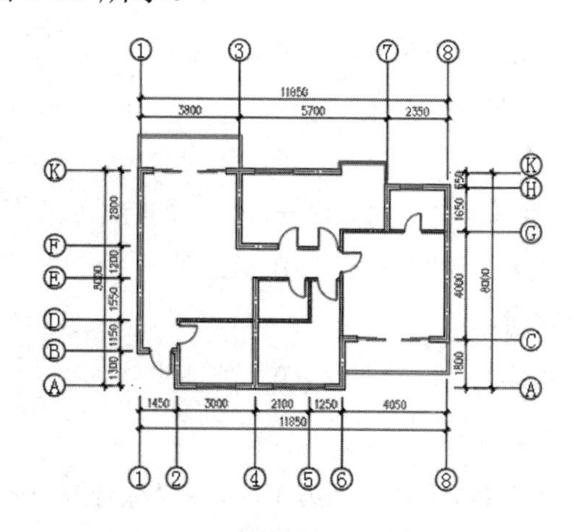

图 5-33　调整轴标号的位置

详细的操作步骤请参考配套教学资源的视频讲解。

标注建筑平面图轴标号的练习评价表如表 5-3 所示。

表 5-3　标注建筑平面图轴标号的练习评价表

练习项目	检查点	完成情况	出现的问题及解决措施
标注建筑平面图轴标号	定义属性块	□完成　□未完成	
	应用属性块	□完成　□未完成	

知识巩固与能力拓展

一、单选题

1．在新建一个图层之后，连续按_____键可以连续创建新图层。

A．Alt　　B．Ctrl　　C．Enter　　D．Esc

2．在为图层重命名时，图层名称最多可以包含_____个字符。

A．255　　B．256　　C．180　　D．无限制

3．建筑设计图中的轴标号要标注在_____上。

A．总尺寸　　B．细部尺寸　　C．轴线尺寸　　D．墙线尺寸

4．创建内部块的命令简写是_____。

A．A　　B．B　　C．C　　D．D

5．创建外部块的命令简写是_____。

A．C　　B．B　　C．W　　D．E

6．插入块的命令简写是_____。

A．W　　B．I　　C．B　　D．A

二、多选题

1．冻结图层后，图层上的对象_____。

A．处于隐藏状态　　B．不能由绘图仪输出

C．不能进行重生成、消隐、渲染　　D．不能打印

2．图层的特性包含_____。

A．颜色　　B．线型　　C．线宽　　D．隐藏

3．特性匹配命令可以将一个对象的特性匹配给另一个对象，这些特性包括_____。

A．颜色　　B．线型　　C．线宽　　D．当前所在层

4．块包括_____。

A．内部块　　B．外部块　　C．属性块　　D．特性

三、上机实操

打开“效果文件”→“第 3 章”→“综合练习——绘制建筑墙体平面图.dwg”文件，先向其中插入“单开门.dwg”文件，并镜像创建另一户型的墙体平面图，再插入“楼梯.dwg”文件，对该建筑墙体平面图进行完善，效果如图 5-34 所示。

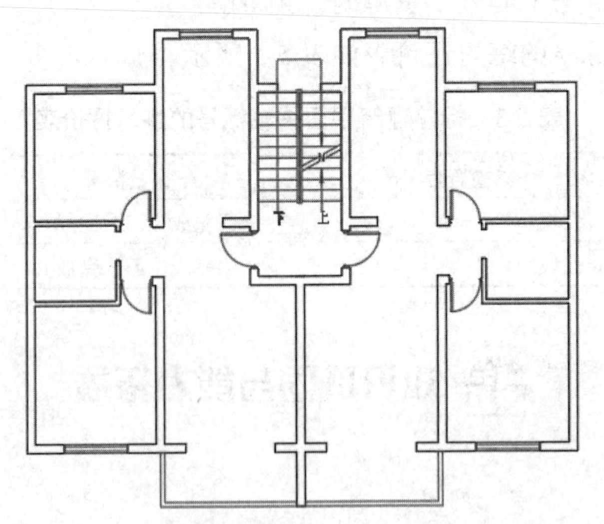

图 5-34　完善建筑墙体平面图

AutoCAD 绘图进阶（二）——资源的管理与应用

第6章

工作任务分析

本章主要介绍绘图资源的管理与共享、图形信息查询，以及边界、面域与参数化绘图等内容，包括“DESIGNCENTER”面板、“工具选项板”面板的应用，查询距离、半径、面积、和角度信息，以及转换面域、几何约束与标注约束等。

知识学习目标

- 掌握管理与共享绘图资源的技能。
- 掌握查询图形信息的技能。
- 掌握定义边界与转换面域的技能。
- 掌握参数化绘图的技能。

技能实践目标

- 能够管理图形资源并应用各种资源进行绘图。
- 能够查询图形的各种信息并精确绘图。
- 能够定义边界并转换面域进行绘图。
- 能够进行参数化绘图。

6.1 绘图资源的管理与共享

在 AutoCAD 绘图中，有效管理和共享图形资源是提高绘图效率与精确绘图的有效手段。AutoCAD 中提供的“DESIGNCENTER”面板和“工具选项板”面板可以用来查看、管理与共享图形资源。

6.1.1 通过“DESIGNCENTER”面板查看与共享绘图资源

在 AutoCAD 中，“DESIGNCENTER”面板与 Windows 的资源管理器的功能相似。通过“DESIGNCENTER”面板可以非常方便地管理、查看和共享绘图资源。

可以通过如下几种方式打开“DESIGNCENTER”面板。

- 在菜单栏中选择“工具”→“选项板”→“设计中心”命令。
- 单击“视图”选项卡的“选项板”工具列表中的“设计中心”按钮。

- 在命令行输入“ADCENTER”，按 Enter 键。
- 使用命令简写 ADC。
- 使用快捷键 Ctrl+2。

【课堂实训】查看与共享绘图资源。

“DESIGNCENTER”面板分为三部分，分别是工具栏、树状管理视窗和控制视窗。工具栏位于“DESIGNCENTER”面板的上方，放置了用于操作面板的相关工具，这些工具不常用；树状管理视窗位于“DESIGNCENTER”面板的左侧，用于显示计算机或网络驱动器中文件和文件夹的层次关系；控制视窗位于“DESIGNCENTER”面板的右侧，用于显示在左侧树状管理视窗中选择的文件的内容。

1. 查看图形资源

切换至“文件夹”选项卡，左侧的树状管理视窗显示的是计算机或网络驱动器中文件和文件夹的层次关系，若选择一个文件或文件夹，则右侧的控制视窗显示的是选择的文件的内容，如图 6-1 所示。

切换至“打开的图形”选项卡，左侧的树状管理视窗显示的是当前任务文件及其相关信息，右侧的控制视窗显示的是任务的所有打开的图形，包括最小化的图形，如图 6-2 所示。

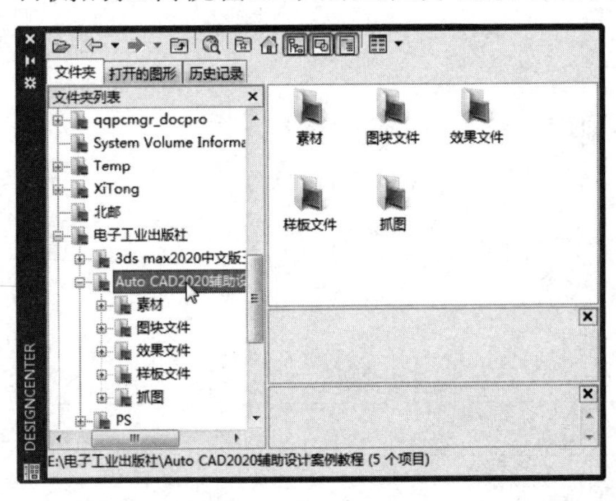

图 6-1 “文件夹”选项卡

图 6-2 “打开的图形”选项卡

2. 打开和应用绘图资源

切换至“文件夹”选项卡，在左侧的树状管理视窗中选择“素材”文件夹，在右侧的控制视窗中选择“壁灯立面图.dwg”文件并右击，选择“在应用程序窗口中打开”命令，如图 6-3 所示，将该文件打开。

在右侧的控制视窗中选择“壁灯立面图.dwg”文件并右击，选择“插入为块”命令，如图 6-4 所示。

打开“插入”对话框，根据绘图要求设置插入参数，单击“确定”按钮，将该文件以块的形式插入当前文件中，如图 6-5 所示。

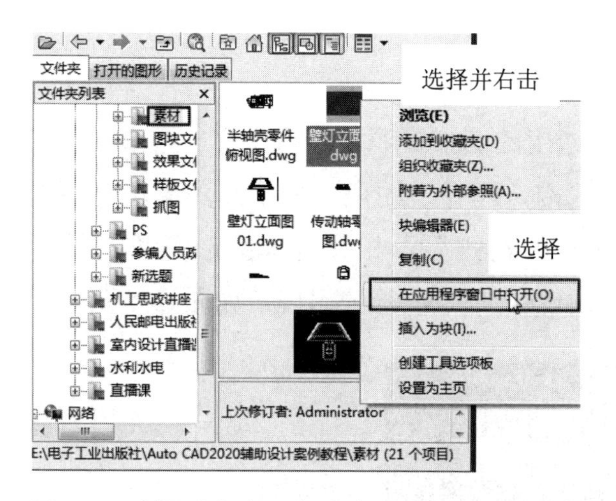

图 6-3　选择“在应用程序窗口中打开”命令

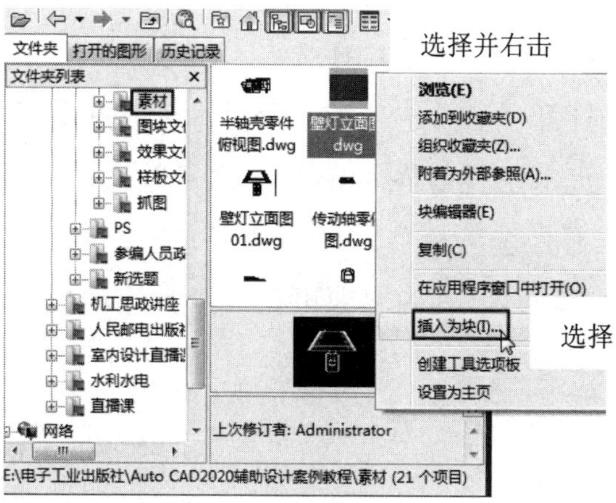

图 6-4　选择“插入为块”命令

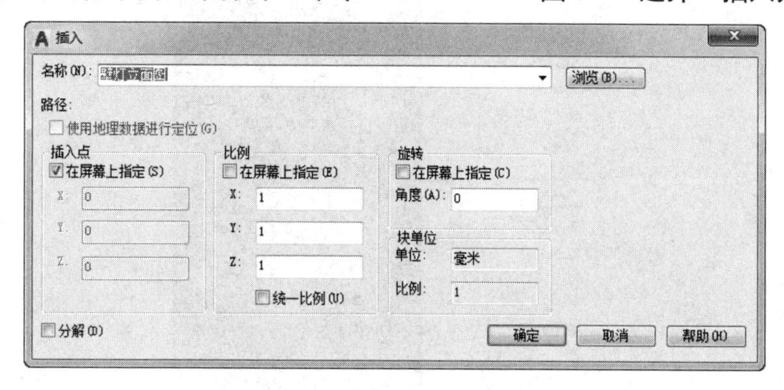

图 6-5　设置插入参数

3. 应用内部资源

内部资源是指文件中的文字样式、尺寸样式、图层及线型等其他图形资源，这些资源是可以共享的。

单击左侧的树状管理视窗中的“素材”文件夹前面的“+”将其展开，单击“单人沙发.dwg”文件名称前面的“+”将其展开，选择列表中的“块”选项。

选择并右击右侧的控制视窗中的“方形茶几”内部资源文件，选择“插入块”命令，如图 6-6 所示，打开“插入”对话框，设置参数或采用默认设置，单击“确认”按钮即可将该内部资源插入当前文件中。

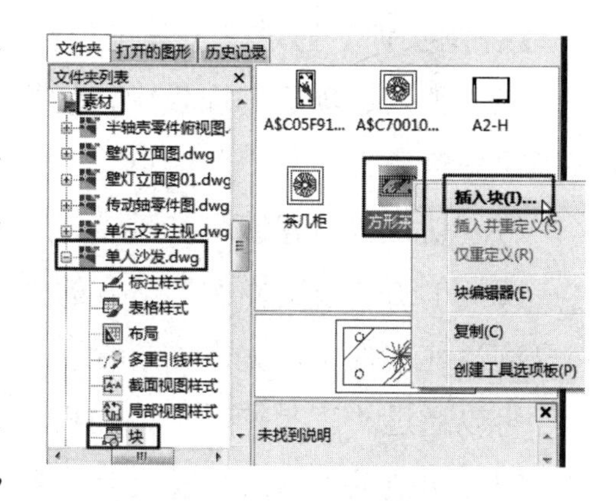

图 6-6　插入内部资源

6.1.2　通过“工具选项板”面板查看与共享绘图资源

“工具选项板”面板在 AutoCAD 中用于组织、共享图形资源及高效执行命令。可以通过如下几种方式打开“工具选项板”面板。

- 在菜单栏中选择“工具”→“选项板”→“工具选项板”命令。
- 单击“视图”选项卡的“选项板”工具列表中的“工具选项板”按钮。

- 在命令行输入“TOOLPALETTES”，按 Enter 键。
- 使用快捷键 Ctrl+3。

打开“工具选项板”面板，系统提供了一些通用的图形资源，包括建筑、机械、建模、电力、土木工程等图形资源，以及绘图、修改、结构、注释、约束、表格和图案填充等命令。在“工具选项板”面板的左下方单击，在该面板的左侧显示相关内部图形资源的项目，选择相关项目，其内容即可在“工具选项板”面板中以选项卡的形式出现，如图 6-7 所示。

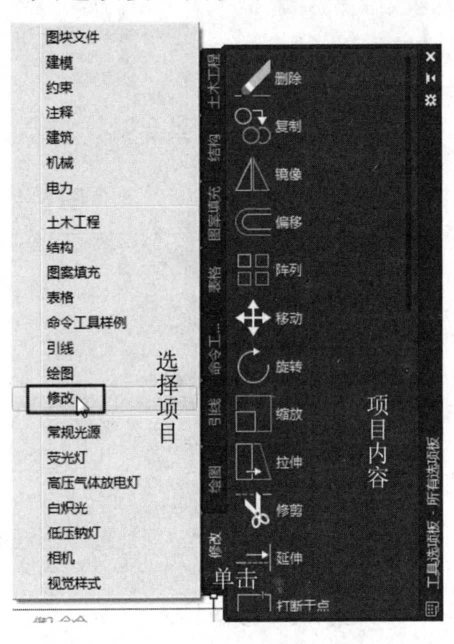

图 6-7 “工具选项板”面板

【课堂实训】通过“工具选项板”面板查看、共享与修改绘图资源。

在“工具选项板”面板中，切换至各选项卡即可在右侧显示相关内容的样例，以查看与共享绘图资源。

（1）切换至“建筑”选项卡，在右侧显示与建筑工程相关的通用样例。

（2）单击“公制样例”下方的“铝窗（立面图）-公制”样例，在绘图区单击，将该样例共享到当前文件中，如图 6-8 所示。

可以通过“工具选项板”面板对共享的图形资源进行相关的编辑和修改。

（3）切换至“修改”选项卡，激活“分解”按钮，选择铝窗的样例文件，按 Enter 键将其分解，激活“拉伸”按钮，将该铝窗图例的宽度拉伸为 1500mm，效果如图 6-9 所示。

图 6-8 共享绘图资源　　图 6-9 修改图形资源

【知识拓展】自定义“工具选项板”面板（请参考资料包中的“知识拓展”→“第 6 章”→“自定义‘工具选项板’面板”）。

综合练习——绘制四居室平面布置图

在 AutoCAD 中，绘图资源其实就是事先绘制或整理好的一些图形文件，这些图形文件在以后的绘图中可以通过“插入”命令，或者“DESIGNCENTER”面板和“工具选项板”面板将其直接插入当前图形中加以应用，以提高绘图效率。在建筑设计和室内装饰设计中，调用绘图资料的操作比较多。

打开“效果文件”→“第 5 章”→“综合练习——标注建筑平面图轴标号.dwg”文件，这是四居室的建筑墙体平面图。下面通过“DESIGNCENTER”面板和“工具选项板”面板来调用绘图资源，快速绘制四居室平面布置图，效果如图 6-10 所示。

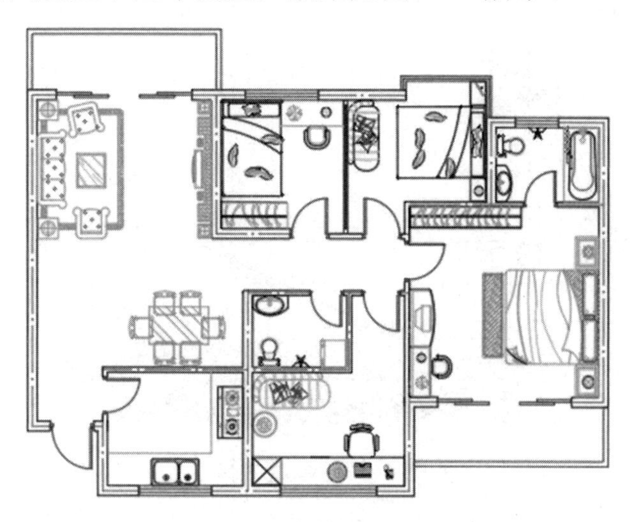

图 6-10 四居室平面布置图

详细的操作步骤请参考配套教学资源的视频讲解。

绘制四居室平面布置图的练习评价表如表 6-1 所示。

表 6-1 绘制四居室平面布置图的练习评价表

练习项目	检查点	完成情况	出现的问题及解决措施
绘制四居室平面布置图	“DESIGNCENTER”面板	□完成 □未完成	
	“工具选项板”面板	□完成 □未完成	

6.2 查询图形信息

图形信息包括距离、面积、半径、角度和体积等，这些信息对于绘图来说非常重要。AutoCAD 提供了查询图形信息的相关命令和工具，用户通过执行“工具”→“查询”子菜单命令，或者激活“查询”工具列表中的相关按钮，就可以实现对图形信息的查询。本节主要介绍查询图形信息的相关内容。

6.2.1 查询距离、半径、面积和角度信息

下面先介绍查询图形的距离、半径、面积和角度信息的方法，这些信息查询完毕，相关信息就会显示在命令行中。

【课堂实训】查询距离。

距离其实就是图形两点之间的距离，或者两个对象之间的距离。使用“距离”命令即可查询距离信息。打开“素材”目录下的“垫片.dwg”文件，查询垫片上各螺孔之间的距离。

（1）设置圆心捕捉模式，输入“MEA”，按 Enter 键激活“查询”命令，输入“D”，按 Enter 键激活“距离”选项。

（2）分别捕捉左下角螺孔和左上角螺孔的圆心，此时在命令行显示这两个点之间的距离为“300.0000”，如图 6-11 所示。

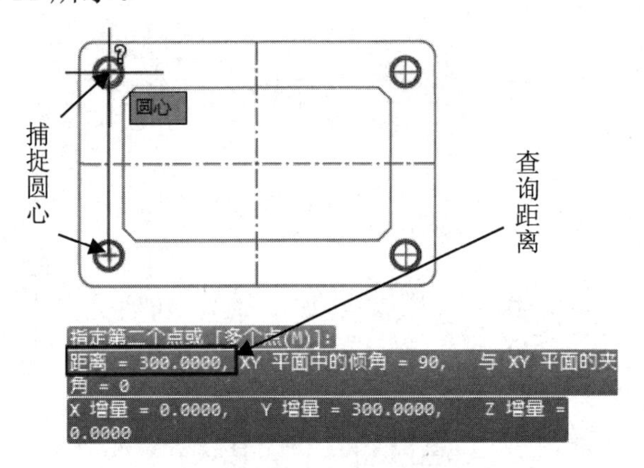

图 6-11 查询距离

【课堂练习】查询垫片水平螺孔与对角点螺孔之间的距离。

请读者自行尝试查询垫片水平螺孔与对角点螺孔之间的距离。

【课堂实训】查询半径。

半径其实就是图形中圆或圆弧的半径，继续查询垫片圆角半径。

（1）输入“MEA”，按 Enter 键激活“查询”命令，输入“R”，按 Enter 键激活“半径”选项。

（2）单击垫片的圆角，此时在命令行显示该圆角的半径为“25.0000”，直径为“50.0000”，如图 6-12 所示。

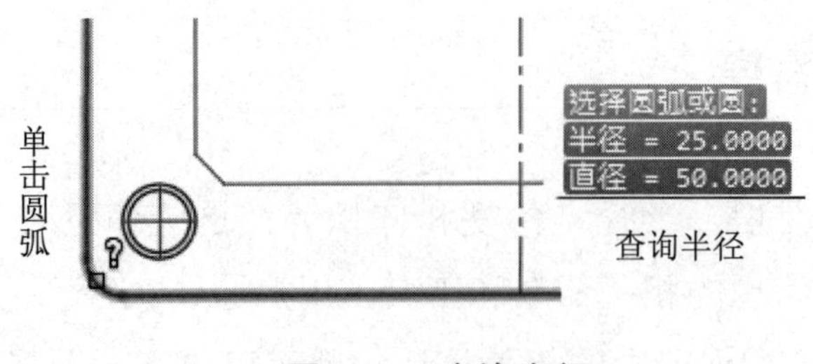

图 6-12 查询半径

【课堂练习】查询垫片螺孔的半径与直径。

请读者自行尝试查询垫片螺孔的半径与直径。

【课堂实训】查询面积。

面积就是物体的平面大小。在建筑设计及室内装饰设计中，需要查询各房间的面积并进行标注，这是建筑设计图和室内装饰设计图中不可缺少的内容。

打开“素材”目录下的“套二户型图.dwg”文件，查询该户型图中的客厅的面积。

（1）设置端点捕捉功能，输入“MEA”，按 Enter 键激活“查询”命令，输入“AR”，按 Enter 键激活“面积”选项。

（2）分别捕捉客厅内部的 4 个内角点，使其形成合围效果，按 Enter 键确认，此时在命令行显示该区域的值为“21627000”，该值就是其面积，如图 6-13 所示。

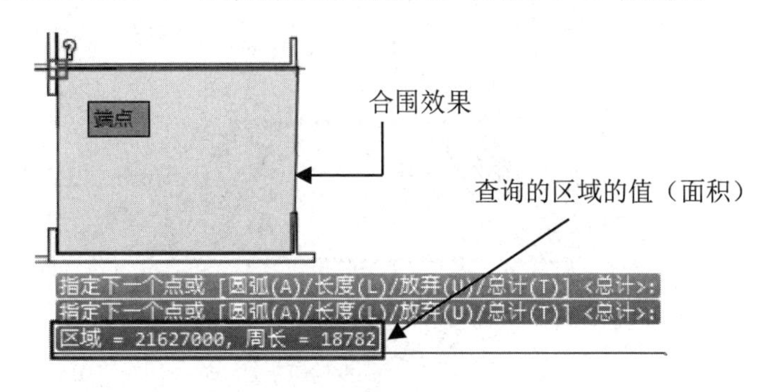

图 6-13 查询面积

【课堂练习】查询其他房间的面积。

请读者自行尝试查询其他房间的面积。

【课堂实训】查询角度。

角度其实就是线的角度。打开“素材”目录下的“壁灯立面图.dwg”文件，下面查询该壁灯灯罩下方的外轮廓线的角度。

（1）设置端点捕捉功能，输入“MEA”，按 Enter 键激活“查询”命令，输入“A”，按 Enter 键激活“角度”选项。

（2）分别单击灯罩下方的水平线和外轮廓线，此时在命令行显示这两条线形成的角度为“57° ”，如图 6-14 所示。

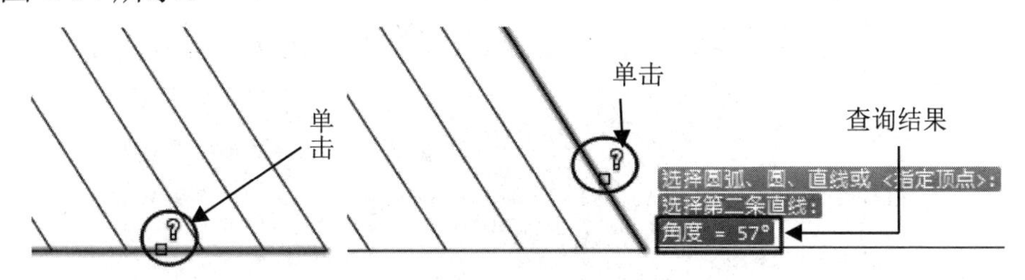

图 6-14 查询角度

【课堂练习】查询灯罩上方外轮廓线的角度。

请读者自行尝试查询壁灯灯罩上方外轮廓线的角度。

6.2.2 快速查询与列表查询

AutoCAD 提供了快速查询功能，可以快速查询出对象的距离和角度。另外，可以通过“列表”命令查询对象的信息，这样可以省略许多操作。

1. 快速查询

快速查询是 AutoCAD 为“查询”命令增加的查询功能，用户执行“查询”命令后，只需将鼠标指针移到对象上，系统就会自动查询出与鼠标指针相交的图线的距离和角度，并将查询结果显示在对象上。

继续 6.2.1 节的操作。输入“MEA”，按 Enter 键激活“查询”命令，将鼠标指针移到壁灯灯罩图形上即可查询出灯罩与鼠标指针相交的图线的距离和角度，如图 6-15 所示。

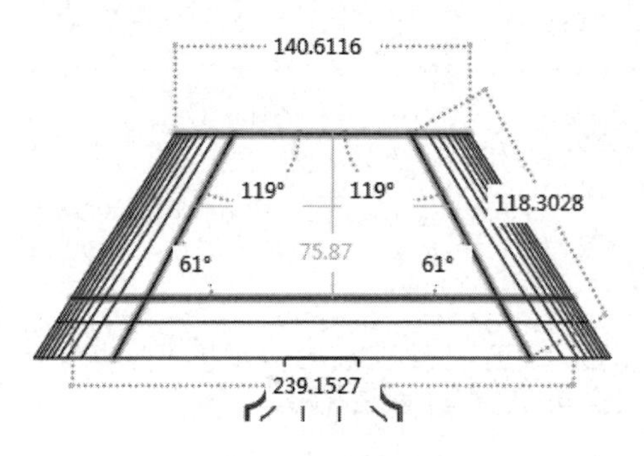

图 6-15 快速查询

小贴士：

如果想关闭快速查询功能，就可以在激活“查询”命令后输入“M”，按 Enter 键激活“模式”选项，输入“N”，按 Enter 键即可。

2. “列表”命令

“列表”其实是综合性的查询命令，可以用来查询对象的许多信息，并将查询结果以列表的形式显示。

继续 6.2.1 节的操作。执行“工具”→“查询”→“列表”命令，以窗交方式选择壁灯灯座的外轮廓线，按 Enter 键弹出查询列表，显示查询结果，如图 6-16 所示。

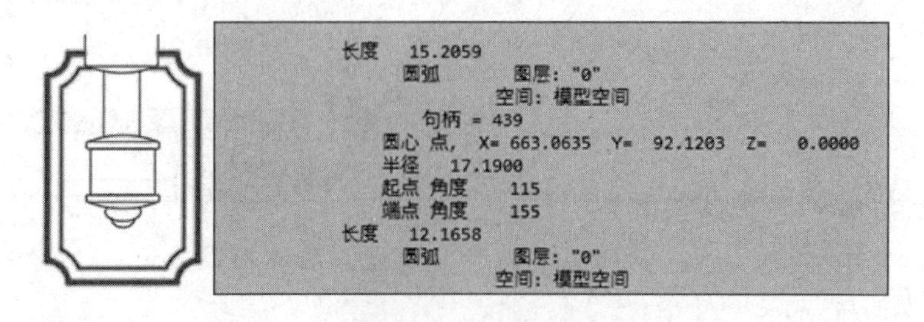

图 6-16 列表

【知识拓展】查询其他信息（请参考资料包中的“知识拓展”→“第 6 章”→“查询其他信息”）。

6.3 边界、面域与参数化绘图

在 AutoCAD 中，边界与面域是两种特殊的图形，这两种图形不能绘制，只能定义和转换。另外，AutoCAD 提供了一种参数化绘图功能，使用该功能绘图会变得更加轻松、高效和精确。

6.3.1 边界

边界实际上是一条闭合的多段线，可以从多个相交的闭合图形对象中来定义，以获取特殊的图形对象。

【课堂实训】在机械零件图中定义边界。

打开“素材”目录下的“直齿轮零件主视图.dwg”文件，在该机械零件图中定义边界。

（1）在图层控制列表中将“尺寸层”图层与“剖面线”图层隐藏，将“轮廓线”图层设置为当前图层。

（2）执行“绘图”→“边界”命令，打开“边界创建”对话框，在“对象类型”下拉列表中选择“多段线”选项，单击“拾取点”图标返回绘图区，在机械零件图两端的空位置上单击确定边界区域，如图 6-17 所示。

（3）按 Enter 键，完成边界的定义。在定义边界之后，由于定义的边界与原图形轮廓线重合，因此需要将边界从原图形中移出来。

（4）输入“M”，按 Enter 键激活“移动”命令，单击定义的边界，拾取一点，将其从原图形中移出来，结果如图 6-18 所示。

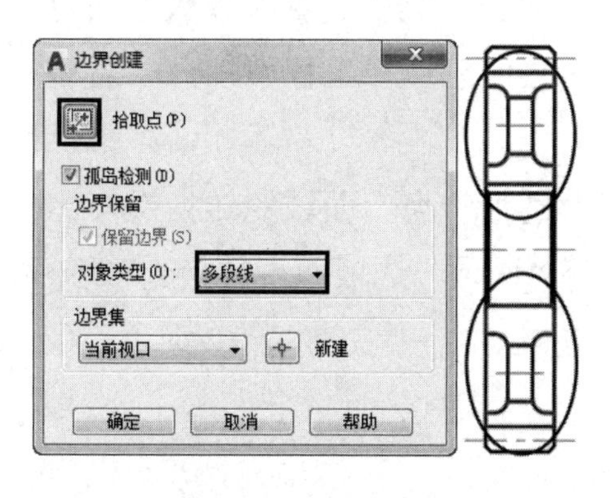

图 6-17　定义边界

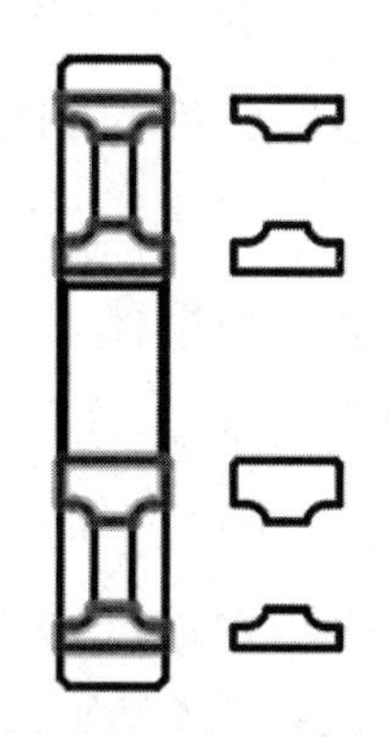

图 6-18　边界效果

小贴士：

“边界创建”对话框的“对象类型”下拉列表中有“多段线”和“面域”两个选项。当选择“面域”选项时，会转换为一个面域，在二维线框视觉样式下，面域看起来与边界没有什么区别，但面域实际上是一个没有厚度的三维实体对象，具备三维实体模型的特征，在“概念”视觉样式下可显示其实体特征，如图 6-19 所示。

图 6-19 面域效果显示

【课堂练习】在机械零件图中定义边界。

打开“素材”目录下的“半轴壳零件俯视图.dwg”文件，先将“剖面线”图层隐藏，再从该机械零件图的上、下两个闭合区域中定义边界，效果如图 6-20 所示。

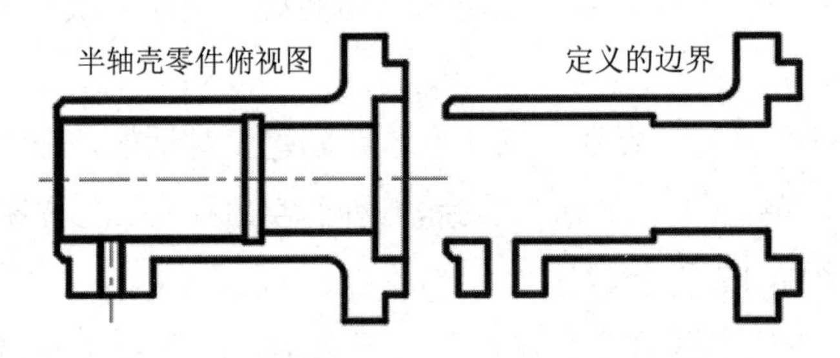

图 6-20 定义的边界

6.3.2 面域

6.3.1 节提到，面域是一个没有厚度的三维实体对象，具备三维实体模型的特征，不但包含边的信息，而且包含边界内的信息，可以利用这些信息计算工程属性，如面积、重心和惯性矩等。

面域同样不能绘制和创建，而是使用其他图形进行转换。面域的转换操作比较简单，在“边界创建”对话框的“对象类型”下拉列表中选择“面域”选项即可转换为一个面域。另外，用户也可以直接执行“面域”命令进行转换。

可以通过如下几种方式执行“面域”命令。

- 在菜单栏中选择“绘图”→“面域”命令。
- 单击“默认”选项卡的“绘图”工具列表中的“面域”按钮。
- 在命令行输入“REGION”，按 Enter 键。
- 使用命令简写 REG。

【课堂实训】在机械零件图中转换面域。

（1）输入“REG”，按 Enter 键激活“面域”命令，单击 6.3.1 节【课堂练习】中定义的 3 个边界对象，选择边界。

（2）按 Enter 键，将这 3 个边界转换为 3 个面域，设置当前视图的视觉样式为“概念”，转换的面域效果如图 6-21 所示。

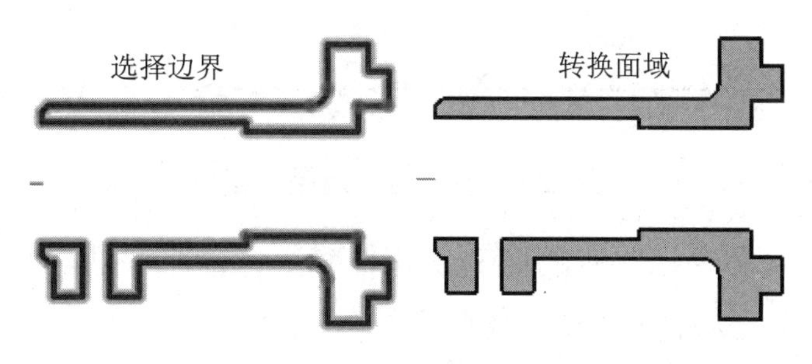

图 6-21 转换面域

6.3.3 参数化绘图

AutoCAD 新增加的参数化功能可以用来对几何绘图添加相关约束，使绘图更简单、方便。“参数化”选项卡包括“几何”工具列表、“标注”工具列表及“管理”工具列表，如图 6-22 所示。

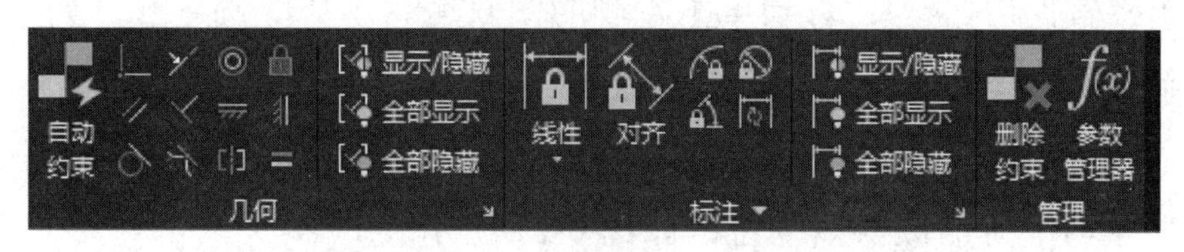

图 6-22 “参数化”选项卡

1.“几何”工具列表

“几何”工具列表可以为几何对象添加各种约束，以实现平行、垂直、相切、相等和对称等效果，是快速、精确绘图的好帮手。

【课堂实训】“平行”命令。

“平行”命令可以约束两条直线，使其保持相同的角度，简单来说就是相互平行。下面通过“平行”命令快速绘制平行四边形。

（1）绘制 4 条相交且互不平行的直线，激活“平行”按钮，先单击下方的水平线为其添加平行约束，再单击上方的倾斜线为其添加平行约束，结果这两条线相互平行，如图 6-23 所示。

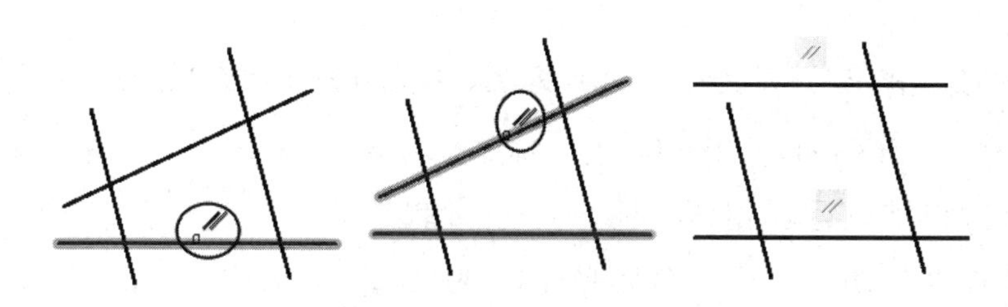

图 6-23 创建第一组平行线

（2）激活“平行”按钮，先单击左侧的倾斜线为其添加平行约束，再单击右侧的倾斜线为其添加平行约束，结果这两条线相互平行，如图 6-24 所示。

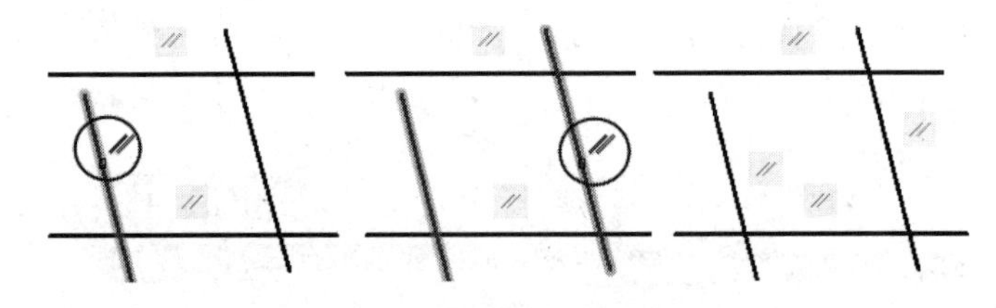

图 6-24　创建第二组平行线

（3）先使用“延伸”命令将左侧的倾斜线延伸到上方的水平边，再使用“修剪”命令对其他各边进行修剪，完成平行四边形的绘制。

【课堂实训】“垂直”命令。

“垂直”命令可以约束两条直线或多段线，使其夹角始终保持 90°，简单来说就是相互垂直。下面通过“垂直”命令快速绘制矩形。

（1）绘制 4 条相交且不平行也不垂直的直线，激活“垂直”按钮，分别单击左侧的倾斜线与上方的倾斜线，为其添加垂直约束，并使这两条线相互垂直，如图 6-25 所示。

（2）激活“垂直”按钮，分别单击左侧的倾斜线与下方的倾斜线，为下方的倾斜线添加垂直约束，使其与左侧的倾斜线垂直，如图 6-26 所示。

（3）激活“垂直”按钮，分别单击下方的倾斜线与右侧的倾斜线，为右侧的倾斜线添加垂直约束，使其与下方的倾斜线垂直，如图 6-27 所示。

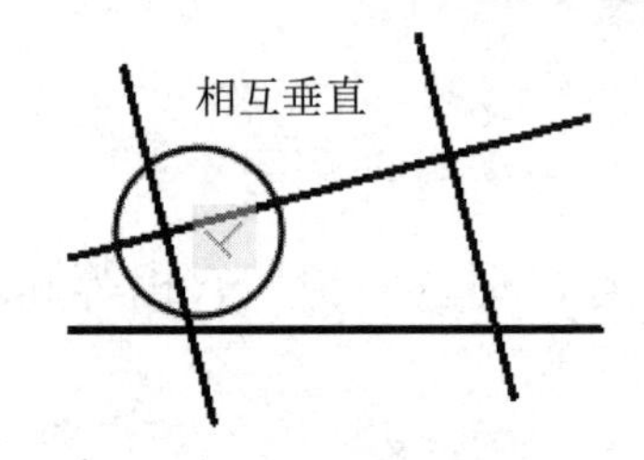

图 6-25　垂直约束 1

图 6-26　垂直约束 2

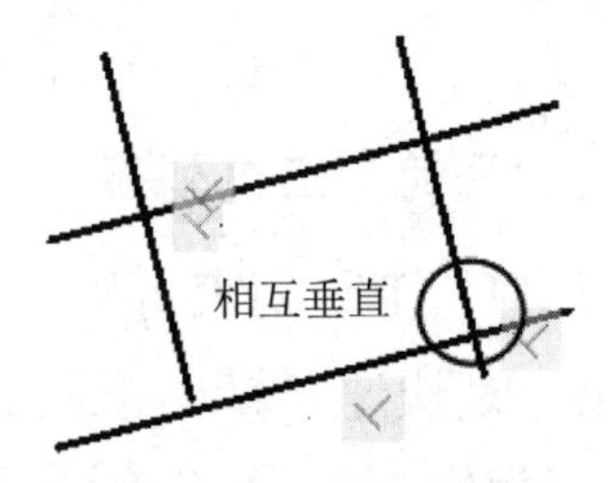

图 6-27　垂直约束 3

（4）使用“延伸”命令和“修剪”命令对图形进行延伸和修剪，完成矩形的绘制。

【课堂实训】“相切”命令。

“相切”命令可以约束两条曲线，使其彼此相切或其延长线彼此相切。下面创建 3 个相切圆。

（1）绘制随意放置的 3 个圆，分别命名为 A、B 和 C，激活“相切”按钮，分别单击圆 A 和圆 B，结果这两个圆相切，如图 6-28 所示。

（2）按 Enter 键再次执行“相切”命令，分别单击圆 B 和圆 C，结果圆 B 与圆 C 相切，按 Enter 键再次执行“相切”命令，分别单击圆 A 和圆 C，结果圆 A 与圆 C 也相切，效果如图 6-29 所示。

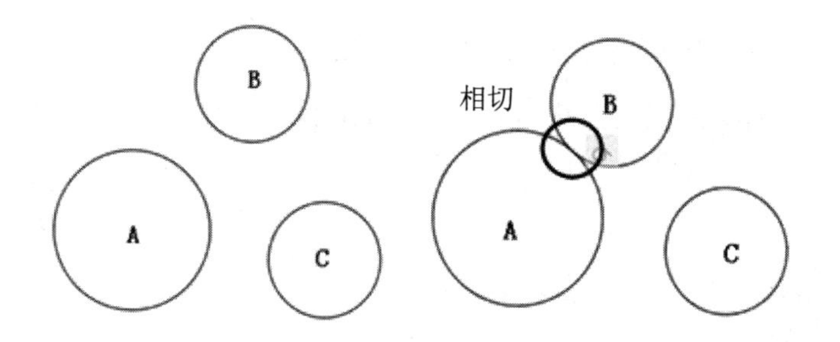

图 6-28 圆 A 和圆 B 相切

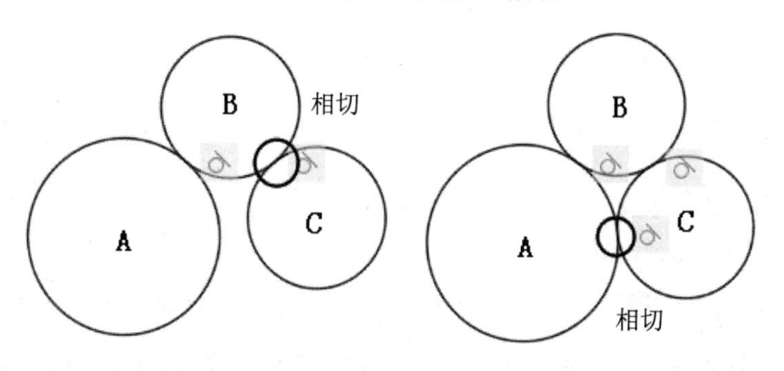

图 6-29 圆 A、圆 B 和圆 C 都相切

【课堂实训】“同心”命令。

“同心”命令可以约束选定的圆、圆弧和椭圆，使其具有相同的圆心。下面创建 3 个同心圆。

（1）撤销在图 6-29 中创建的相切圆效果，使其恢复为 3 个不相切的圆，激活“同心”按钮◎，分别单击圆 A 和圆 B，结果这两个圆成为同心圆，如图 6-30 所示。

（2）按 Enter 键再次执行“同心”命令，分别单击圆 B 和圆 C，结果圆 B 与圆 C 成为同心圆，效果如图 6-31 所示。

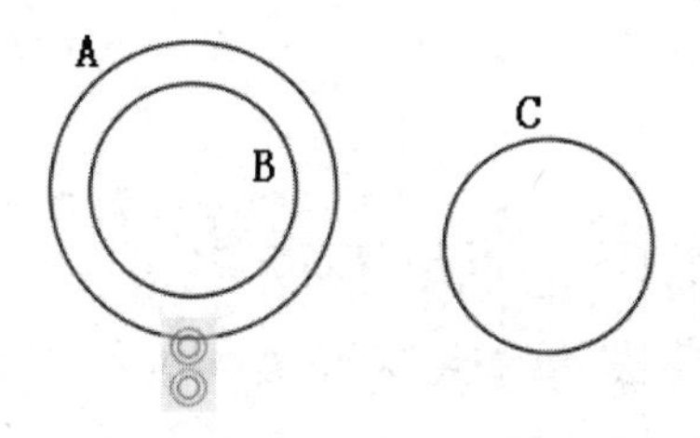

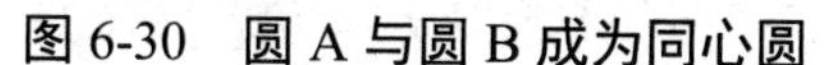
图 6-30 圆 A 与圆 B 成为同心圆

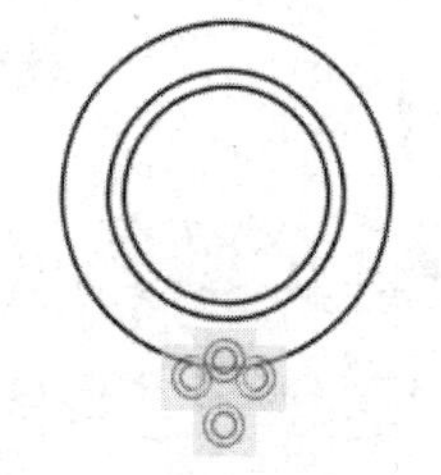

图 6-31 圆 A、圆 B 与圆 C 成为同心圆

【课堂实训】“水平”命令与“竖直”命令。

“水平”命令可以约束一条直线或一对点，使其与当前 UCS 的 *X* 轴平行，简单来说就是创建当前 UCS 的水平线；而“竖直”命令可以约束一条直线或一对点，使其与当前 UCS 的 *Y* 轴平行，简单来说就是创建当前 UCS 的垂直线。下面通过“水平”命令和“竖直”命令快速创建水平放置的正方形。

（1）绘制长度相等且角度任意的 4 条直线，激活“水平”按钮，分别单击上、下两条直线，使其与当前 UCS 的 X 轴平行，效果如图 6-32 所示。

（2）激活“竖直”按钮，分别单击左、右两条直线，使其与当前 UCS 的 Y 轴平行，效果如图 6-33 所示。

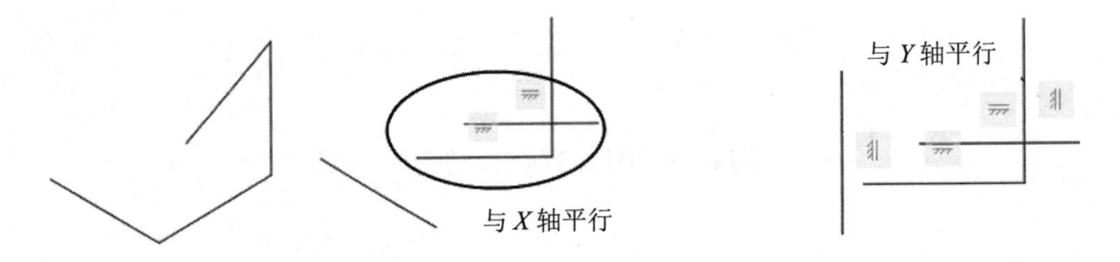

图 6-32　与 X 轴平行　　　　图 6-33　与 Y 轴平行

（3）激活“重合”按钮，分别单击左侧的垂直线的下端点和下方的水平线的左端点，使这两个端点重合，如图 6-34 所示。

（4）激活“重合”按钮，分别单击左侧的垂直线的上端点和上方的水平线的左端点，使这两个端点重合；分别单击上方的水平线的右端点与右侧的垂直线的上端点，使这两个端点重合，这样水平放置的正方形绘制完毕，效果如图 6-35 所示。

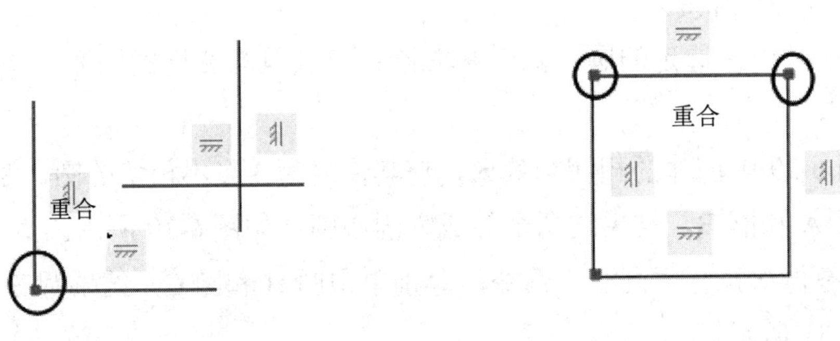

图 6-34　端点重合 1　　　　图 6-35　端点重合 2

小贴士：

使用“重合”命令可以使选择的直线的端点、中点及圆的圆心重合。创建首尾相连的线段或同心圆，激活“重合”按钮，分别捕捉两条线的端点即可使其首尾相连，分别捕捉两个圆的圆心可以创建同心圆，其操作非常简单，此处不再赘述，读者可以自行尝试操作。

【课堂实训】“相等”命令。

“相等”命令可以约束两条直线使其具有相同的长度，或者约束两个圆使其具有相同的半径。下面使用“相等”命令快速将 100mm×50mm 的长方形修改为边长为 100mm 的正方形。

（1）绘制 100mm×50mm 的长方形，激活“相等”按钮，分别单击下方的水平边和左侧的垂直边，使左侧的垂直边与下方的水平边相等，效果如图 6-36 所示。

（2）按 Enter 键重复执行“相等”命令，分别单击下方的水平边和右侧的垂直边，使右侧的垂直边与下方的水平边也相等，这样就将长方形修改成正方形，效果如图 6-37 所示。

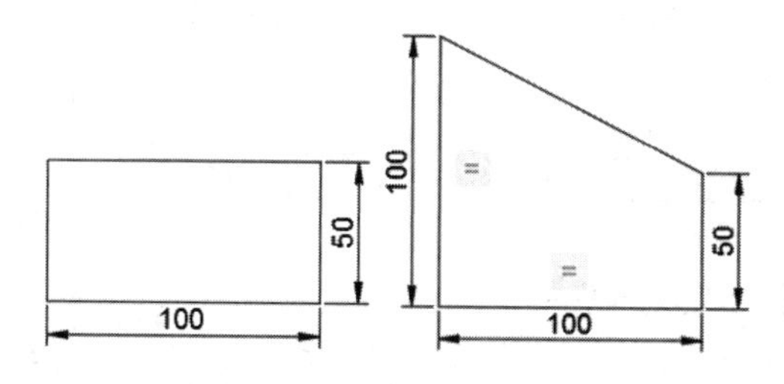

图 6-36　左侧的垂直边与下方的水平边相等

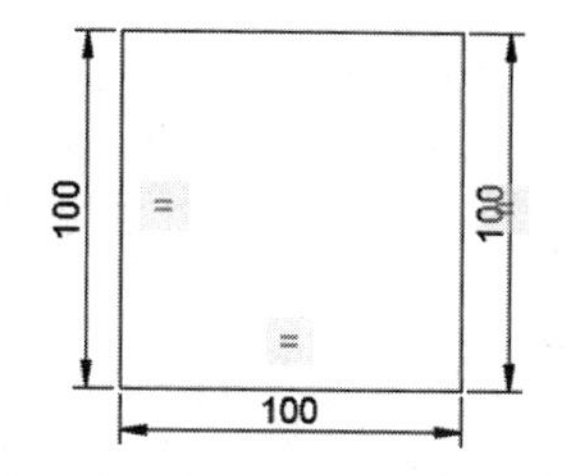

图 6-37　右侧的垂直边与下方的水平边相等

【课堂练习】其他“几何”命令。

除了上面介绍的约束，还有对称、共线、平滑与锁定约束，这些约束的操作非常简单，读者可以自行尝试通过这些约束来快速创建图形。

2. “标注”工具列表

“标注”约束包括线性、水平、垂直、对齐、半径、直径和角度，简单来说就是在对象的尺寸标注上添加约束，当添加约束后，可以随时改变对象的尺寸，如长度、角度、半径和直径等，使修改对象变得非常简单且高效。

下面将上面创建的边长为 100mm 的正方形通过“标注”约束快速修改为 150mm× 50mm 的长方形。

【课堂实训】将正方形修改为长方形。

（1）激活“线性”按钮，分别捕捉正方形上方的水平边的两个端点，为该水平边添加一个线性约束，分别捕捉左侧的垂直边的两个端点，为该垂直边也添加一个线性约束，效果如图 6-38 所示。

（2）双击上方的水平边的线性约束进入编辑模式，将其尺寸修改为 150mm，双击左侧的垂直边的线性约束，将其尺寸修改为 50mm，效果如图 6-39 所示。

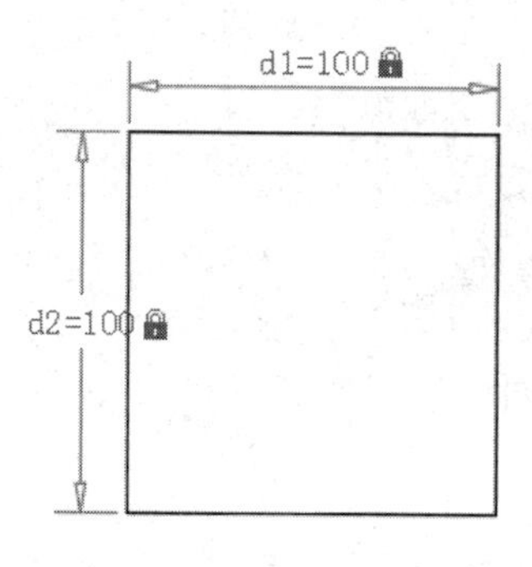

图 6-38　添加线性约束

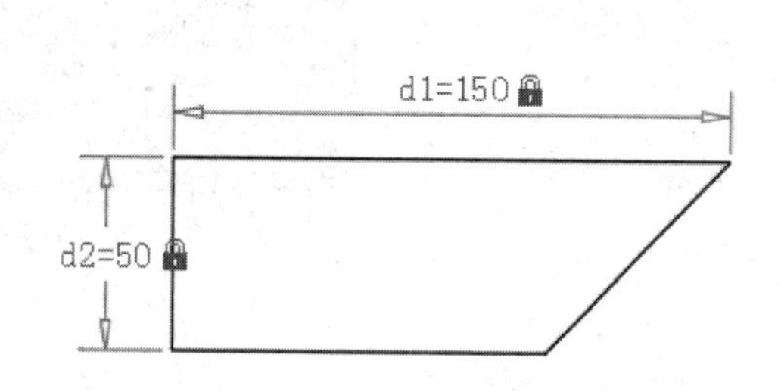

图 6-39　修改线性约束

（3）激活“相等”按钮，分别单击上方的水平边和下方的水平边，使下方的水平边的长度与上方的水平边的长度相等，完成 150mm×50mm 的长方形的创建，效果如图 6-40 所示。

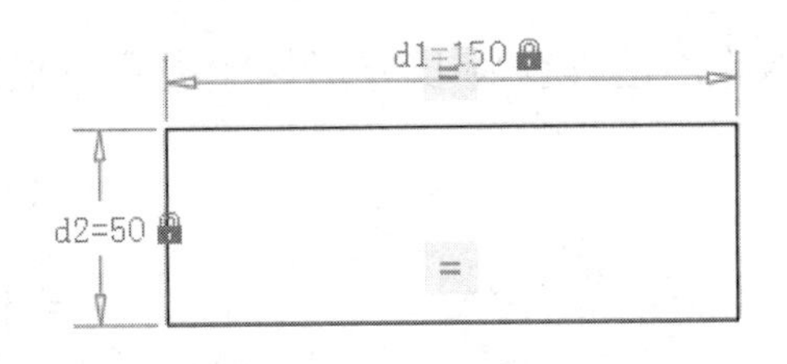

图 6-40　“相等”约束的效果

【课堂练习】其他“标注”约束。

在“标注”约束中，“水平”标注和“垂直”标注是针对水平线和垂直线进行标注的，其操作方法与效果和“线性”标注的相同，而“对齐”标注则是针对非水平线和非垂直线的标注。这几种标注的操作方法都相同，捕捉直线的两个端点即可完成“标注”约束。另外，“半径”标注、“直径”标注及“角度”标注则可以用来标注圆和圆弧的半径、直径及直线的角度，这些标注的操作都比较简单，标注完成后就可以随时通过“标注”约束修改对象的半径、直径及角度。下面请读者自行尝试通过这几种“标注”约束修改对象的相关尺寸。

小贴士：

在“标注”约束中，激活“转换”按钮，单击图形的尺寸标注，可以将其转换为“标注”约束，以便修改几何对象的尺寸。另外，当为对象添加约束后，可以对这些约束进行管理，如隐藏约束、显示约束和删除约束等。单击“参数管理器”按钮，打开“参数管理器”面板，以便对约束进行统一管理。“参数管理器”面板的操作比较简单，此处不再赘述，读者可以自行尝试操作，效果如图 6-41 所示。

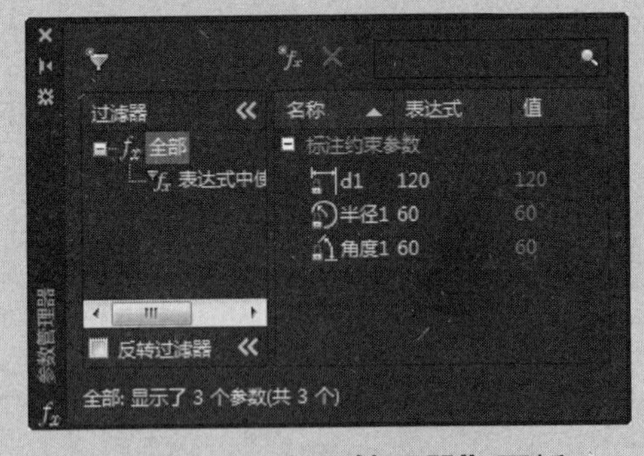

图 6-41　“参数管理器”面板

综合练习——绘制圆形把手平面图与三维模型

圆形把手是一种比较特殊的机械零件，这类零件看似简单，其实绘制有一定的难度。下面绘制圆形把手平面图与三维模型，如图 6-42 所示，帮助读者巩固前面所学的内容。

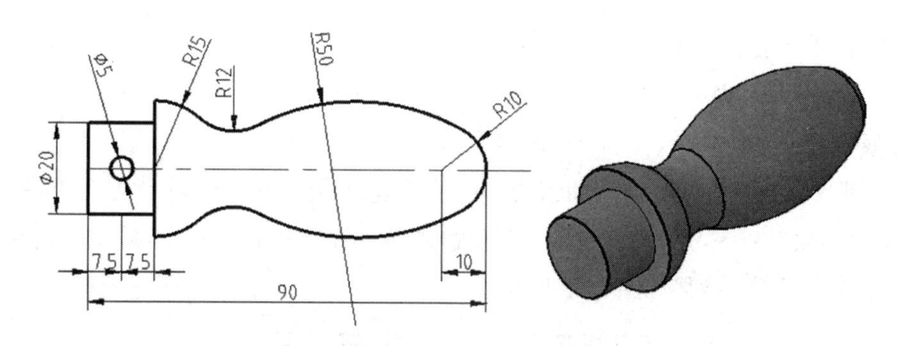

图 6-42 圆形把手平面图与三维模型

详细的操作步骤请参考配套教学资源的视频讲解。

绘制圆形把手平面图与三维模型的练习评价表如表 6-2 所示。

表 6-2 绘制圆形把手平面图与三维模型的练习评价表

练习项目	检查点	完成情况	出现的问题及解决措施
绘制圆形把手平面图与三维模型	二维图形的绘制与编辑	□完成 □未完成	
	定义边界	□完成 □未完成	

知识巩固与能力拓展

一、单选题

1. 打开“DESIGNCENTER”面板的简写命令是_____。

A．ADC　　B．ACD　　C．AED　　D．ADD

2. 打开“DESIGNCENTER”面板的快捷键是_____。

A．Ctrl+2　　B．Ctrl+1　　C．Alt+2　　D．Alt+1

3. 打开“工具选项板”面板的快捷键是_____。

A．Ctrl+2　　B．Ctrl+3　　C．Ctrl+1　　D．Alt+3

4. 输入“MEA”，激活“查询”命令，输入_____可以查询距离。

A．A　　B．B　　C．C　　D．D

5. 可以启动“面域”命令的是_____。

A．RED　　B．REG　　C．REA　　D．RES

二、多选题

1. 通过“边界创建”对话框，可以实现_____的创建。

A．边界　　B．多段线　　C．三维模型　　D．面域

2. “参数化”功能包括_____约束。

A．几何　　B．相等　　C．相切　　D．标注

3. 使用“几何”工具列表可以为几何对象添加各种约束，以实现_____等效果。

A．平行　　B．相等　　C．垂直　　D．相切

4．“标注”约束包括_____等约束。

A．线性　　B．水平　　C．垂直　　D．角度

三、上机实操

打开“效果文件”→“第 5 章”→“上机实操——完善建筑墙体平面图.dwg”文件，选择“设计中心”→“工具选项板”→“镜像”命令，向建筑墙体平面图中共享“图块文件”目录下的室内装饰设计绘图资源，绘制套二厅室内平面布置图，效果如图 6-43 所示。

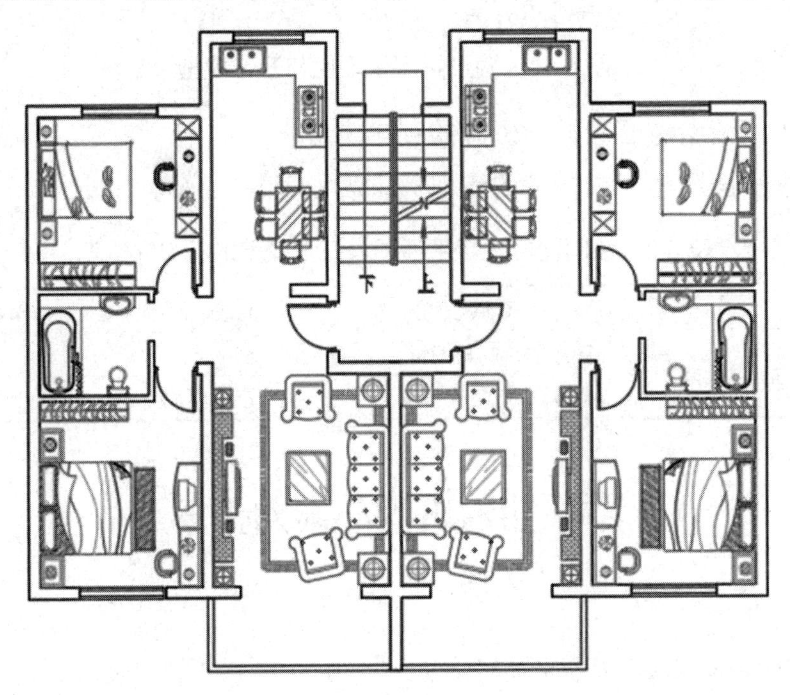

图 6-43　套二厅室内平面布置图

AutoCAD 绘图进阶（三）——标注图形尺寸

第 7 章

工作任务分析

本章主要介绍标注图形尺寸与编辑尺寸标注的相关内容，包括设置标注样式、标注图形尺寸及编辑尺寸标注等。

知识学习目标

- 掌握设置标注样式的技能。
- 掌握标注各种尺寸的技能。
- 掌握编辑尺寸标注的技能。

技能实践目标

- 能够根据绘图要求设置不同的标注样式。
- 能够标注图形的不同尺寸。
- 能够编辑图形的尺寸标注。

7.1 尺寸标注与标注样式

在 AutoCAD 中，标注图形尺寸是绘图不可缺少的重要内容。

7.1.1 关于尺寸标注

在 AutoCAD 中，通过为图形标注尺寸，不仅可以表达图形的相关信息，如长度、宽度、半径和角度等，还可以表达图形之间的位置关系。如图 7-1 所示，垫片零件图的尺寸标注不仅表达了该零件的长度、宽度、圆角半径、螺孔直径、倒角角度等尺寸信息，还表达了螺孔在垫片上的位置，以及内部倒角矩形与外部圆角矩形之间的位置关系等信息。

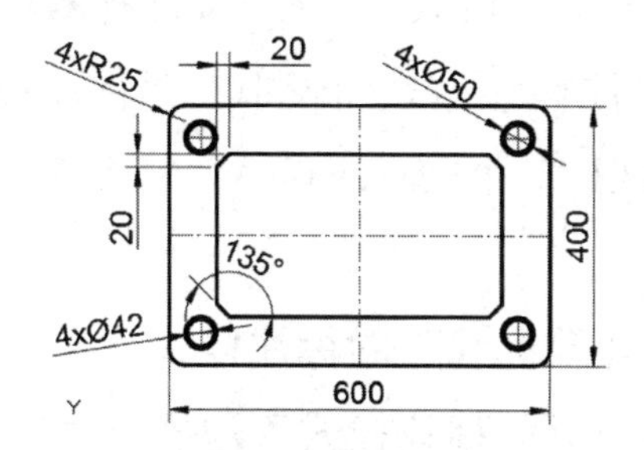

图 7-1 垫片零件图的尺寸标注

在一般情况下，一个尺寸标注包括尺寸线、尺寸界线、尺寸起止符号和标注文字 4 部分，如图 7-2 所示。

图 7-2　尺寸标注的各组成部分

- 尺寸线：用于表明标注的方向和范围，一般使用直线表示。
- 尺寸界线：从被标注的对象延伸到尺寸线的短线。
- 尺寸起止符号：用于指出测量的开始位置和结束位置。需要注意的是，不同类型的图纸使用不同的尺寸起止符号，如建筑设计图中的尺寸起止符号为斜线，机械设计图中的尺寸起止符号为箭头，如图 7-3 所示。

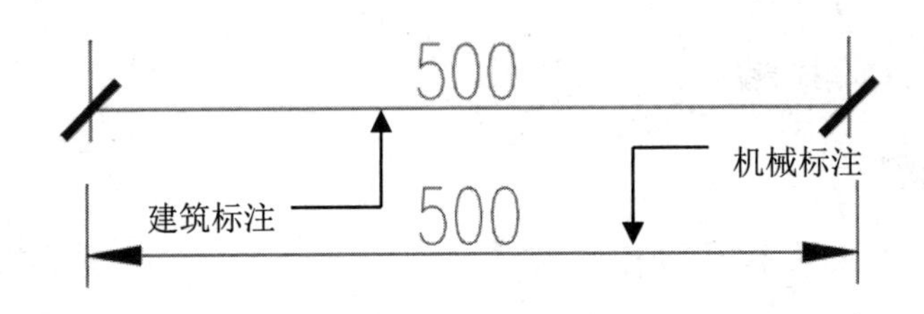

图 7-3　尺寸起止符号

- 标注文字：用于表明对象的实际测量值，一般用阿拉伯数字与相关符号表示。

7.1.2　新建标注样式

标注样式就是在标注尺寸时所使用的尺寸线和尺寸界线的线型、线宽、颜色，起止符号的样式，标注文字的字体、颜色、高度、标注单位、精度，以及公差等相关样式和设置，这对于尺寸标注非常重要。因此，用户在标注尺寸前，需要先根据标注要求新建标注样式并进行相关设置，以满足标注需求。

标注样式是在“标注样式管理器”对话框中新建并设置的。可以通过如下几种方式打开“标注样式管理器”对话框。

- 在菜单栏中选择“标注”（或“格式”）→“标注样式”命令。
- 单击“默认”选项卡的“注释”工具列表中的“标注样式”按钮。
- 在命令行输入“DIMSTYLE”，按 Enter 键。
- 使用命令简写 D。

【课堂实训】新建名称为“建筑标注”的标注样式。

（1）输入“D”，按 Enter 键打开“标注样式管理器”对话框，单击“新建”按钮打开“创建新标注样式”对话框，在“新样式名”文本框中输入“建筑标注”，如图 7-4 所示。

小贴士：

“新样式名”文本框：用来为新样式命名。在一般情况下，可以根据标注的对象进行命名，如标注建筑设计图纸的样式可以命名为“建筑标注”，标注机械设计图纸的样式可以命名为“机械标注”等。

“基础样式”下拉列表框：用于设置新样式的基础样式，在选择基础样式之后，对于新建的样式，只需更改与基础样式特性不同的特性即可。

“注释性”复选框：用于为新样式添加注释。

“用于”下拉列表框：用于设置新样式的适用范围。在一般情况下，选择“所有标注”选项即可，表示对所有对象进行标注。

（2）单击“创建新标注样式”对话框中的“继续”按钮，打开“新建标注样式：建筑标注”对话框，单击“确定”按钮关闭该对话框，返回“标注样式管理器”对话框，这样就可以新建一个名称为“建筑标注”的标注样式，如图 7-5 所示。

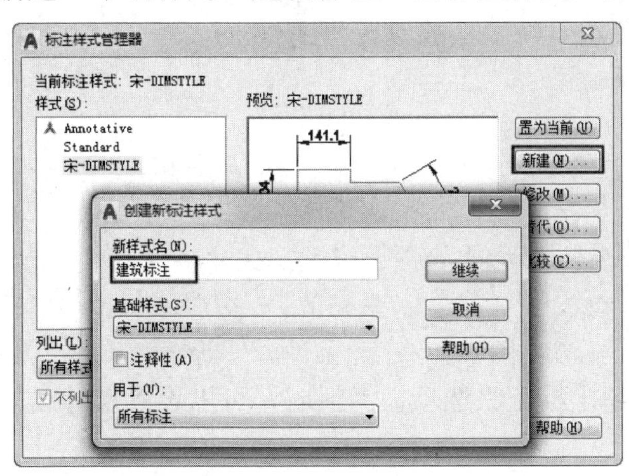

图 7-4　新建“建筑标注”的标注样式

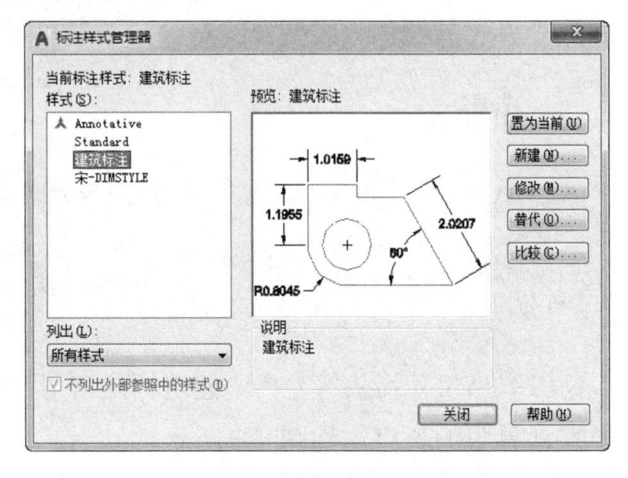

图 7-5　新建的“建筑标注”的标注样式

7.1.3　设置标注样式

新建的标注样式采用系统默认的线型、颜色和字体等，这些设置并不符合绘图的标注要求，因此需要对新建的标注样式进行修改。

在“标注样式管理器”对话框中选择“建筑标注”的样式，单击“修改”按钮，打开“修改标注样式：建筑标注”对话框，在该对话框中可以对新样式进行一系列的设置，如图 7-6 所示。

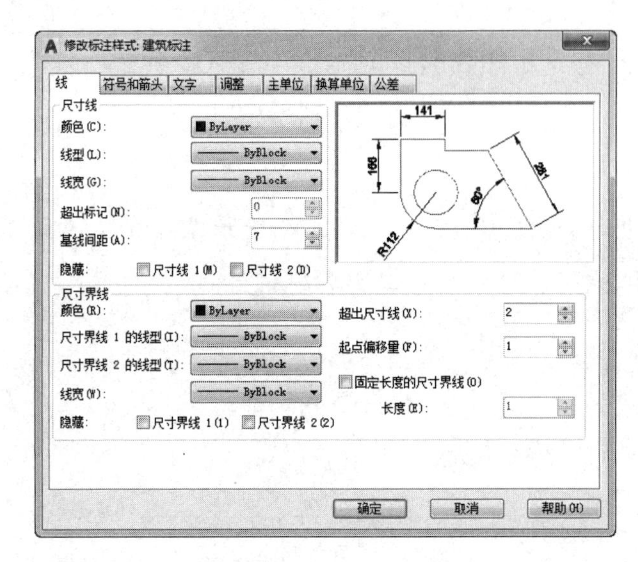

图 7-6　“修改标注样式：建筑标注”对话框

1. **线**

在“线”选项卡中可以设置尺寸线和尺寸界线的线型、颜色及线宽等。

【课堂实训】设置尺寸线和尺寸界线。

（1）切换至“线”选项卡，在“尺寸线”选项组和“尺寸界线”选项组中分别设置尺寸线和尺寸界线的颜色、线型及线宽等，一般可以采用系统默认的设置“ByBlock”。

小贴士：

“ByBlock”是系统默认的设置，表示其颜色、线型及线宽将沿用块的颜色、线型及线宽，在其列表中还有“ByLayer”选项，表示将使用图层的颜色、线型及线宽，在一般情况下可以选择“ByLayer”选项。

（2）当尺寸箭头符号为“建筑标注”，且“超出标记”选项被激活时，可以设置尺寸线超出尺寸界限的长度，如图 7-7 所示。

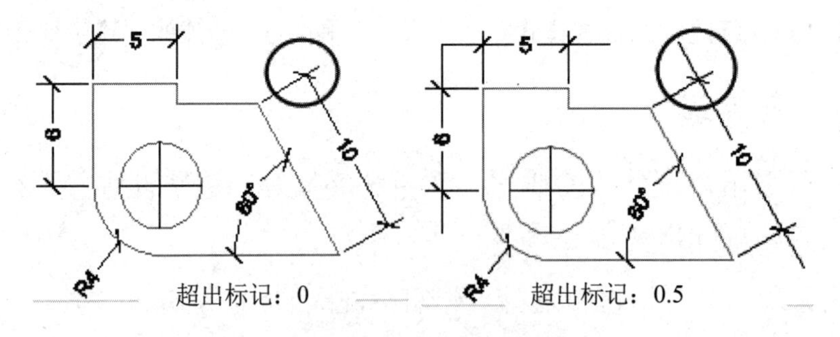

图 7-7　尺寸线超出尺寸界线的效果比较

（3）单击“基线间距”微调按钮设置在标注基线时两条尺寸线之间的距离。

（4）若勾选“尺寸线”选项组的“隐藏”选项中的“尺寸线 1”复选框和“尺寸线 2”复

选框，则隐藏尺寸线；若勾选“尺寸界线”选项组的“隐藏”选项中的“尺寸界线 1”复选框和“尺寸界线 2”复选框，则隐藏尺寸界线，如图 7-8 所示。

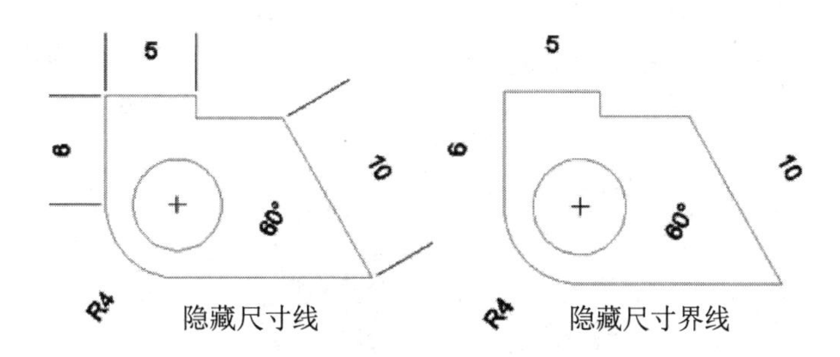

图 7-8　隐藏尺寸线与尺寸界线

（5）在“超出尺寸线”数值框中设置尺寸界线超出尺寸线的距离，效果如图 7-9 所示。

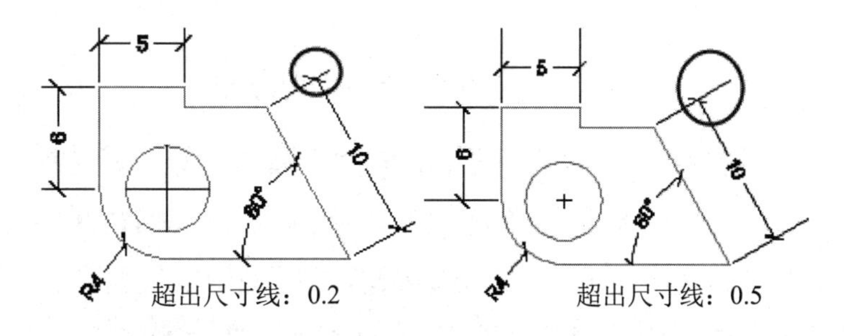

图 7-9　尺寸界线超出尺寸线的距离

（6）在“起点偏移量”数值框中设置尺寸界线起点与被标注对象之间的距离，效果如图 7-10 所示。

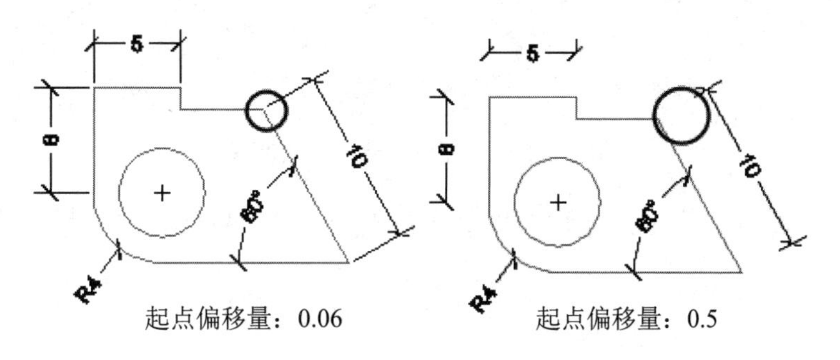

图 7-10　起点偏移量

（7）若勾选“固定长度的尺寸界线”复选框，则可以设置一个固定长度的尺寸界线值。

2. 符号和箭头

符号和箭头主要是指尺寸起止符号的类型及大小。

【课堂实训】设置符号和箭头。

（1）切换至“符号和箭头”选项卡，设置箭头、圆心标记、弧长符号和半径折弯标注等参数，如图 7-11 所示。

（2）在“箭头”选项组的“第一个”下拉列表、“第二个”下拉列表和“引线”下拉列表中选择尺寸起止符号的类型，在“箭头大小”数值框中设置箭头大小。

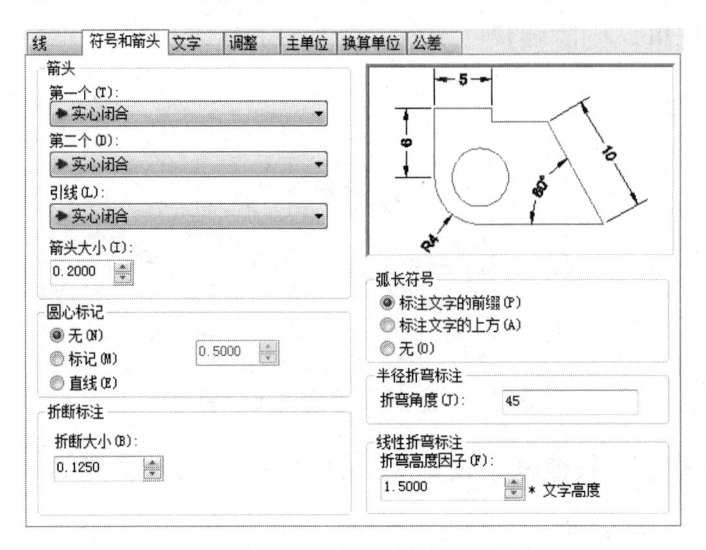

图 7-11 “符号和箭头”选项卡

（3）在“圆心标记”选项组中设置圆和圆弧是否有圆心标记。若选中“无”单选按钮，则表示不添加圆心标记；若选中“标记”单选按钮，则为圆和圆弧添加十字形标记，可以通过微调按钮设置标记大小；若选中“直线”单选按钮，则为圆和圆弧添加直线形标记。

（4）在“折断标注”选项组中设置折断标注的大小，在“弧长符号”选项组中设置在标注弧长时是否添加弧长符号，效果如图 7-12 所示。

图 7-12 “弧长符号”的效果

（5）在“半径折弯标注”选项组与“线性折弯标注”选项组中分别设置半径折弯的角度和线性折弯高度因子。

3. 文字

文字是指标注中的尺寸文字，用于表明对象的实际测量值，一般用阿拉伯数字与相关符号表示。

【课堂实训】设置文字。

（1）切换至“文字”选项卡，设置文字的外观和位置，如图 7-13 所示。

（2）在“文字外观”选项组中设置文字样式、文字颜色、填充颜色和文字高度等。其中，文字样式是指所使用的文字字体样式，在下拉列表中选择一种文字样式，或者单击右侧的按钮打开“文字样式”对话框，在该对话框中设置一种文字样式，如图 7-14 所示。

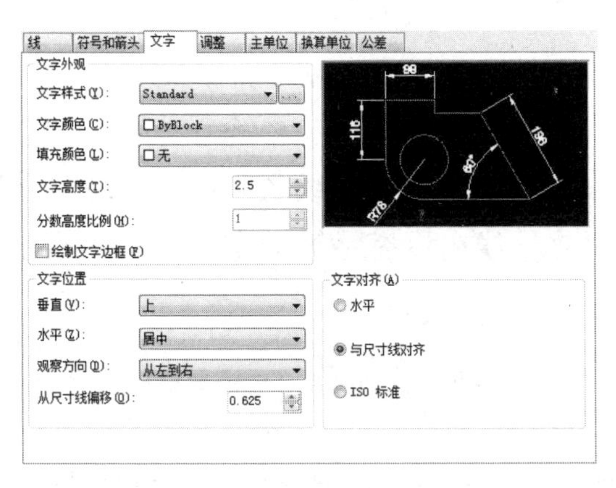

图 7-13 “文字”选项卡

图 7-14 “文字样式”对话框

有关文字样式的设置请参考 8.1.2 节。

（3）在“文字位置”选项组中可以设置文字相对于尺寸线的水平位置、垂直位置，以及文字的观察方向和文字与尺寸线之间的距离。

（4）在“文字对齐”选项组中可以设置标注文字水平放置或与尺寸线对齐放置，如图 7-15 所示。

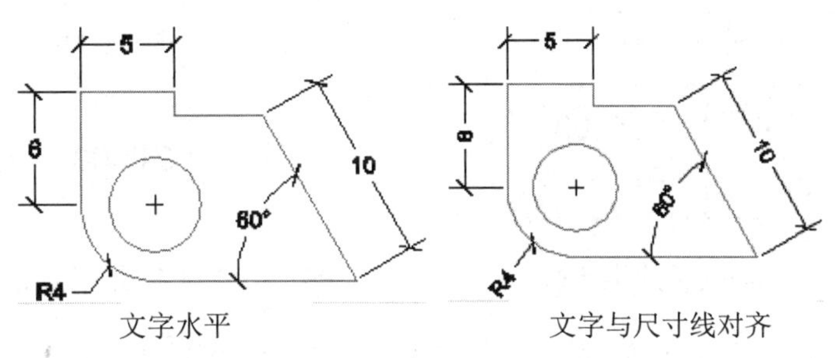

图 7-15 文字对齐方式

小贴士：

选中“ISO 标准”单选按钮，当文字在尺寸界线内时，文字与尺寸线对齐，当文字在尺寸界线外时，文字水平排列。

4. 调整

切换至“调整”选项卡，如图 7-16 所示。“调整”选项卡用于设置标注文字与尺寸线、尺寸界线等之间的位置关系。

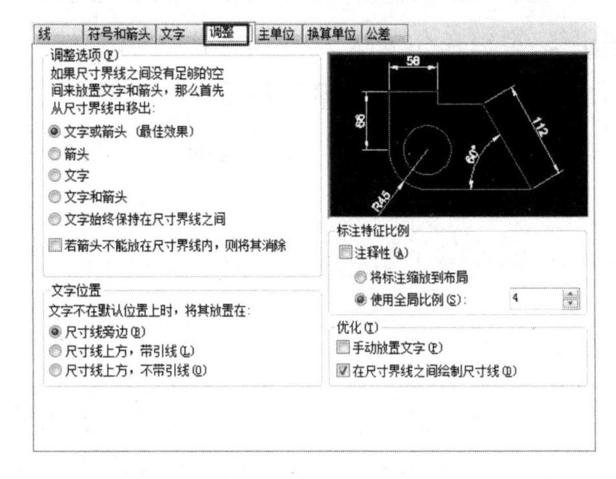

图 7-16 “调整”选项卡

【课堂实训】“调整”设置。

（1）若选中“文字或箭头（最佳效果）”单选按钮，则系统自动调整文字与箭头的位置，使二者达到最佳效果；若选中“箭头”单选按钮，则将箭头移到尺寸界线外；若选中“文字”

单选按钮，则将文字移到尺寸界线外，如图 7-17 所示。

（2）若选中“文字和箭头”单选按钮，则将文字与箭头都移到尺寸界线外；若选中“文字始终保持在尺寸界线之间”单选按钮，则将文字始终放置在尺寸界线之间；若选中“若箭头不能放在尺寸界线内，则将其消除”单选按钮，尺寸界线内没有足够的空间，则不显示箭头，如图 7-18 所示。

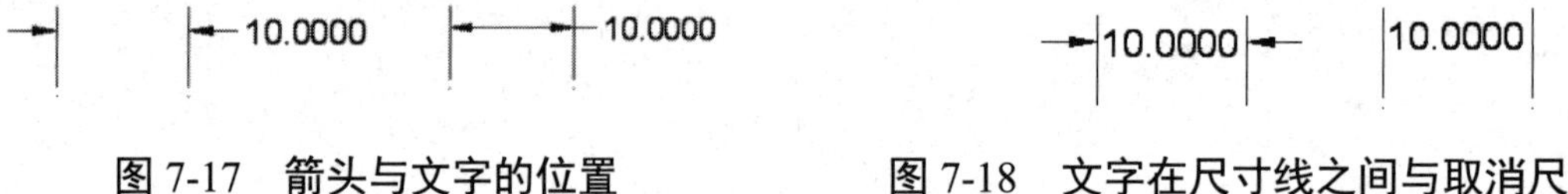

图 7-17　箭头与文字的位置　　图 7-18　文字在尺寸线之间与取消尺寸界线

（3）若选中“尺寸线旁边”单选按钮，则将文字放置在尺寸线旁边；若选中“尺寸线上方，带引线”单选按钮，则将文字放置在尺寸线上方，并加引线：若选中“尺寸线上方，不带引线”单选按钮，则将文字放置在尺寸线上方，但不加引线引导，如图 7-19 所示。

（4）若勾选“注释性”复选框，则设置标注为注释性标注。若选中“使用全局比例”单选按钮，则设置标注的比例因子，比例因子为 5 和 10 时的效果如图 7-20 所示。

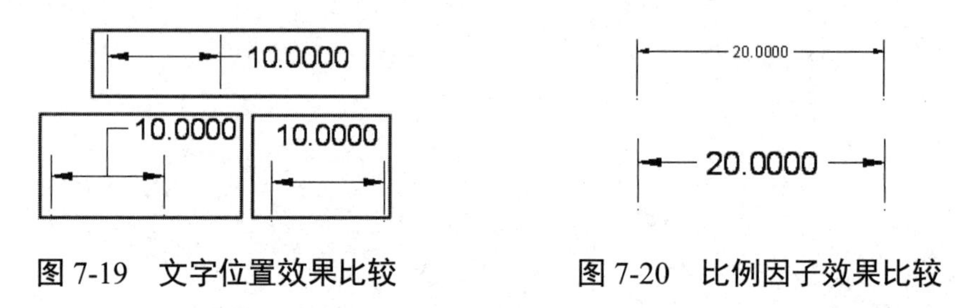

图 7-19　文字位置效果比较　　图 7-20　比例因子效果比较

（5）若选中“将标注缩放到布局”单选按钮，则系统根据当前模型空间的视口与布局空间的大小来确定比例因子。

（6）若勾选“手动放置文字”复选框，则手动放置标注文字；若勾选“在尺寸界线之间绘制尺寸线”复选框，则在标注圆弧或圆时，尺寸线始终在尺寸界线之间。

5. “主单位”选项卡、“换算单位”选项卡与“公差”选项卡

“主单位”选项卡、“换算单位”选项卡与“公差”选项卡用于设置标注的主单位格式、精度、换算单位及公差格式等。

【课堂实训】“调整”设置

（1）切换至“主单位”选项卡，设置标注的单位精度及格式，如图 7-21 所示。

（2）勾选“消零”选项组中的“前导”复选框，消除小数点前面的零；若勾选“后续”复选框，则消除小数点后面的零。

小贴士：

若勾选“0 英尺”复选框，则消除零英尺前的零。只有将“单位格式”设置为“工程”或“建筑”，才可以激活“0 英寸”复选框。若勾选“0 英寸”复选框，则消除零英寸后的零。

（3）切换至“换算单位”选项卡，设置标注文字的换算单位、精度等，如图 7-22 所示。

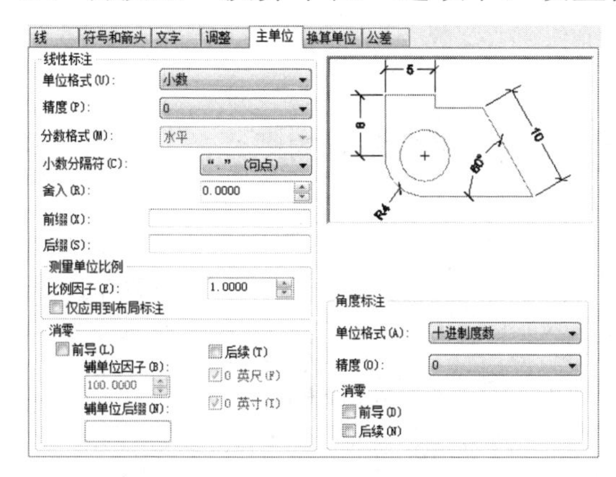

图 7-21 “主单位”选项卡

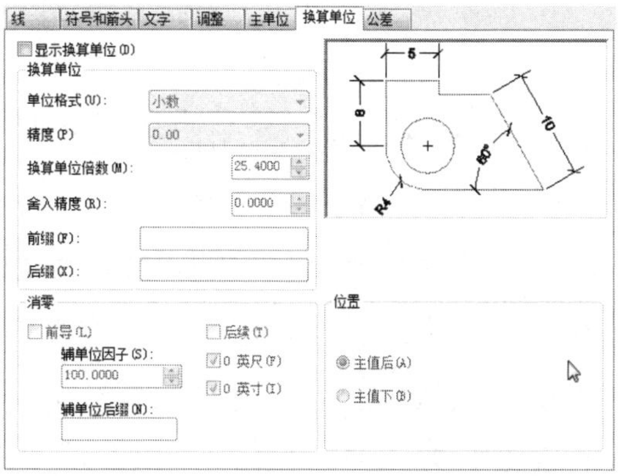

图 7-22 “换算单位”选项卡

（4）切换至“公差”选项卡，设置尺寸的公差的格式和换算单位，如图 7-23 所示。

（5）当所有设置完成后，单击“确定”按钮返回“标注样式管理器”对话框，选择新建的标注样式，单击“置为当前”按钮，将新建的标注样式设置为当前样式，这样才能在当前文件中使用设置的标注样式，如图 7-24 所示。

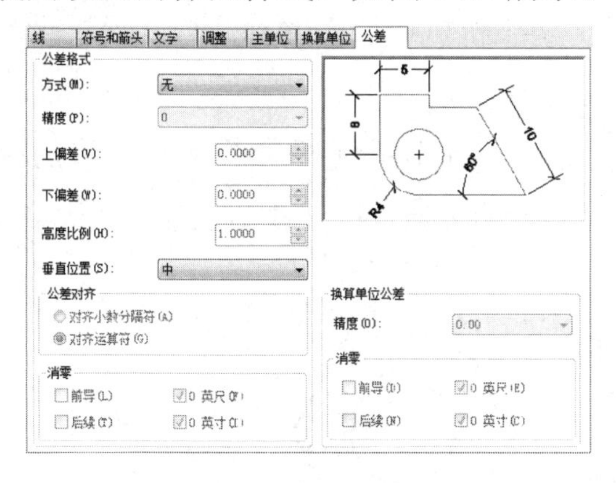

图 7-23 “公差”选项卡

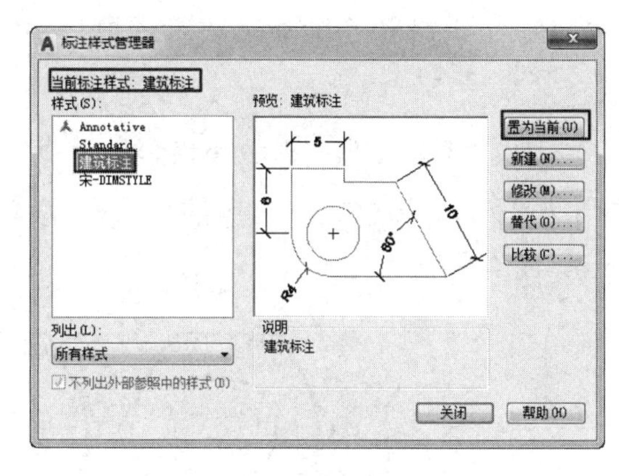

图 7-24 设置当前样式

小贴士：

选择新建的标注样式，单击“替代”按钮，可以创建一个当前样式的临时替代样式。临时替代值是指临时修改当前标注样式的某些值，但不会影响原标注样式的其他设置，临时替代样式与修改标注样式不同。通过修改标注样式的临时替代值，可以使用一种标注样式对不同的图形文件进行标注。

7.2 标注图形尺寸

当设置好标注样式后，就可以对图形进行尺寸标注。AutoCAD 提供了多种标注尺寸的方法，具体包括线性、连续、对齐、快速、角度、半径和直径等。在标注图形尺寸时，可以根据

不同情况选择不同的标注方法。

7.2.1 线性

“线性”标注是一种比较常用的标注方法，用于标注水平或垂直的图线的长度。可以通过如下几种方式激活“线性”命令。

- 单击“标注”工具栏中的“线性”按钮。
- 在菜单栏中选择“标注”→“线性”命令。
- 单击“默认”选项卡的“注释”工具列表中的“线性”按钮。
- 在命令行输入“DIMLINEAR”或“DIMLIN”，按 Enter 键。
- 使用命令简写 DIML。

打开“效果文件”→“第 4 章”→“综合练习——绘制垫片与螺母零件图.dwg”文件，下面标注该零件的水平边的长度。

【课堂实训】标注螺母零件的水平边的长度。

（1）设置交点和端点捕捉模式，在图层控制列表中将“尺寸层”设置为当前图层，输入“D”，按 Enter 键打开“标注样式管理器”对话框，将“机械标注”的标注样式设置为当前标注样式。

（2）输入“DIML”，按 Enter 键激活“线性”命令，分别捕捉螺母的下水平边的两个端点，向下引导鼠标指针，在合适的位置单击确定尺寸线的位置，标注螺母的下水平边的长度，如图 7-25 所示。

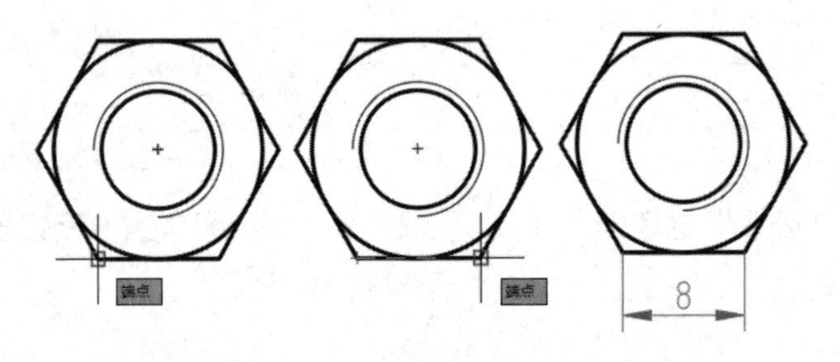

图 7-25 标注螺母的下水平边的长度

小贴士：

激活“线性”命令后，当分别指定尺寸界线的第一个端点和第二个端点后，命令行会出现相关命令提示，如图 7-26 所示。

DIMLINEAR [多行文字(M) 文字(T) 角度(A) 水平(H) 垂直(V) 旋转(R)]:

图 7-26 命令提示

输入“M”，按 Enter 键激活“多行文字”选项，切换至“文字编辑器”选项卡，为标注的尺寸添加符号或更改尺寸内容；输入“T”，按 Enter 键激活“文字”选项，输入标注文字，输入“A”，按 Enter 键激活“角度”选项，设置标注文字的旋转角度；输入“R”，按 Enter 键激活“旋转”选项，设置标注尺寸的旋转角度，如图 7-27 所示。

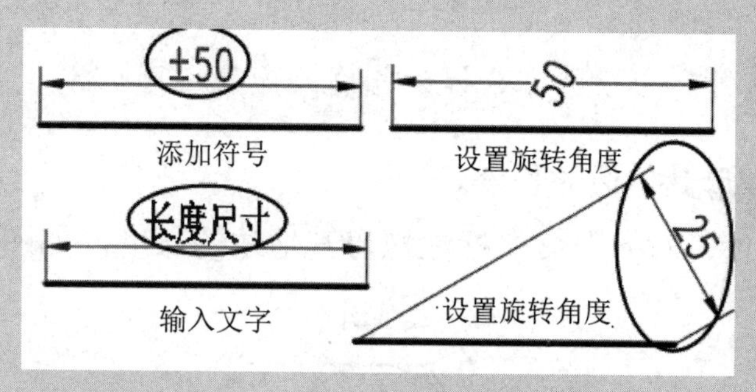

图 7-27 线性标注的相关效果

【课堂练习】标注螺母的宽度。

请读者自行尝试通过“线性”命令标注螺母的总宽度，效果如图 7-28 所示。

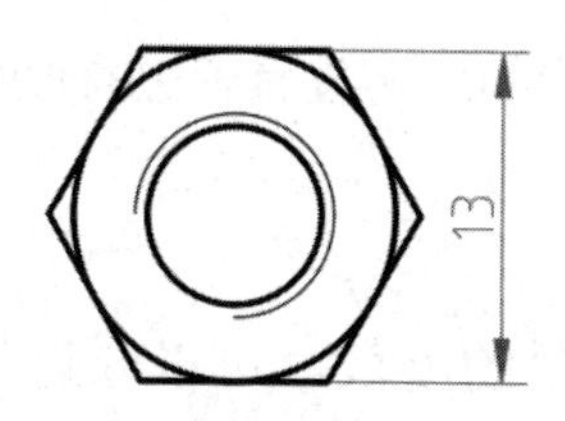

图 7-28 标注螺母的总宽度

7.2.2 对齐

“对齐”命令用于标注非水平或非垂直的线段的长度，该命令会使尺寸线与所标注的对象平行。可以通过如下几种方式执行“对齐”命令。

- 单击“标注”工具栏中的“对齐”按钮。
- 在菜单栏中选择“标注”→“对齐”命令。
- 单击“默认”选项卡的“注释”工具列表中的“对齐”按钮。
- 在命令行输入“DIMALIGNED”或“DIMALI”，按 Enter 键。
- 使用命令简写 DIMA。

【课堂实训】标注螺母倾斜边的长度。

（1）继续 7.2.1 节的操作，输入“DIMA”，按 Enter 键激活“对齐”命令。

（2）分别捕捉螺母左下方倾斜边的两个端点，向左下引导鼠标指针，在合适的位置单击确定尺寸线的位置，标注该倾斜边的长度，如图 7-29 所示。

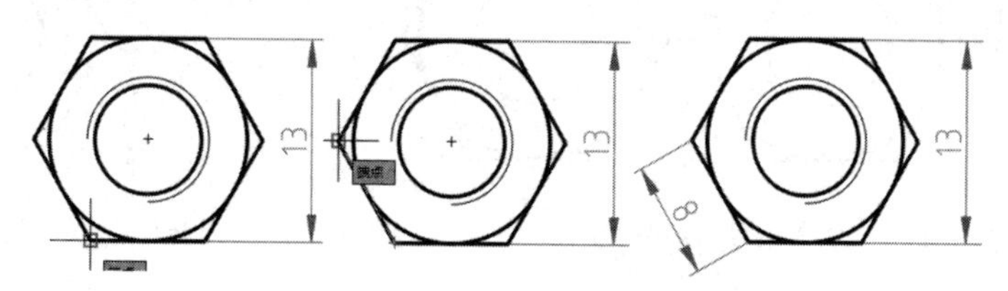

图 7-29 标注倾斜边的长度

小贴士：

激活“对齐”命令，当分别指定了尺寸界线的两个端点后，命令行会出现相关命令提示，其命令提示与“线性”命令的命令提示相同，此处不再赘述。

【课堂练习】标注螺母其他边的长度。

请读者自行尝试通过“对齐”命令标注螺母其他边的长度，如图 7-30 所示。

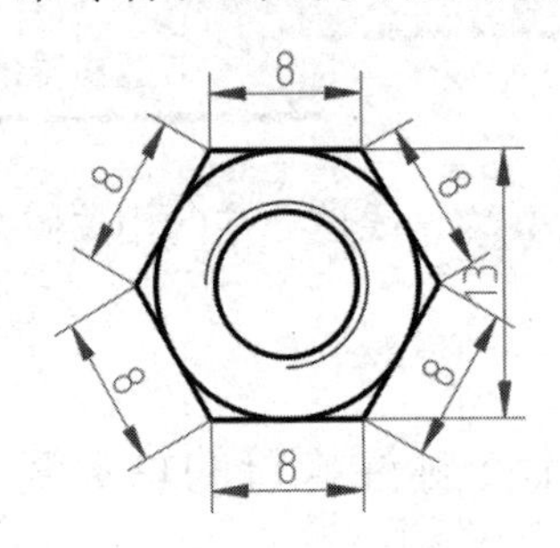

图 7-30　标注其他边的长度

7.2.3　角度

“角度”命令用于标注图形中的角的度数。可以通过如下几种方式执行“角度”命令。

- 单击“标注”工具栏中的“角度”按钮。
- 在菜单栏中选择“标注”→“角度”命令。
- 单击“默认”选项卡的“注释”工具列表中的“角度”按钮。
- 在命令行输入“DIMANGULAR”或“ANGULAR”，按 Enter 键。
- 使用命令简写 DIMAN。

【课堂实训】标注螺母外角的角度。

（1）将螺母中标注的所有尺寸全部删除。

（2）输入“DIMAN”，按 Enter 键激活“角度”命令，分别单击螺母的上水平边和右倾斜边，向右下引导鼠标指针，在合适位置单击确定尺寸线的位置，标注这两条边形成的外角的角度，效果如图 7-31 所示。

【课堂练习】标注螺母内角的角度。

请读者自行尝试通过“角度”命令标注螺母左下角内角的角度，如图 7-32 所示。

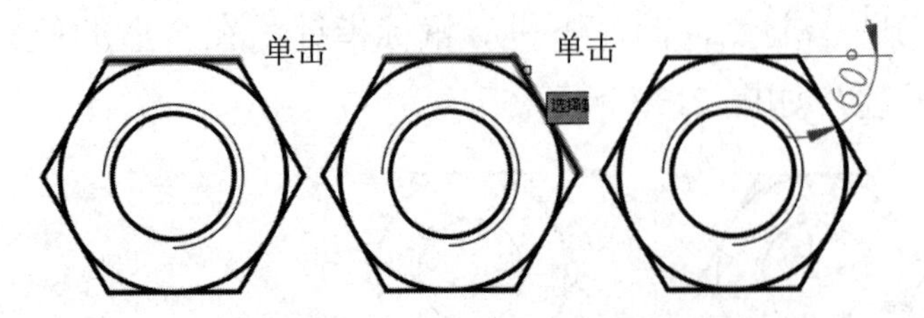

图 7-31　标注外角的角度

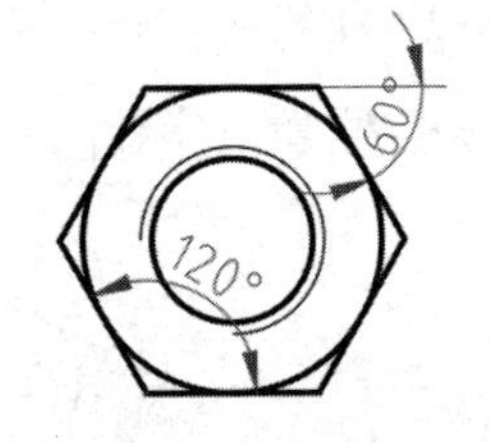

图 7-32　标注内角的角度

7.2.4 半径与直径

“半径”命令和“直径”命令分别用于标注圆或圆弧的半径和直径。可以通过如下几种方式执行“半径”命令和“直径”命令。

- 单击“标注”工具栏中的“半径”按钮或“直径”按钮。
- 在菜单栏中选择“标注”→“半径”或“直径”命令。
- 单击“默认”选项卡的“注释”工具列表中的“半径”按钮或“直径”按钮。
- 在命令行输入“DIMRADIUS”或“DIMRAD”，或者“DIMDIAMETER”或“DIMDIA”，按 Enter 键。
- 使用命令简写 DIMD 或 DIMR。

【课堂实训】标注螺母内部小圆的半径和直径。

（1）输入“DIMR”，按 Enter 键激活“半径”命令，单击螺母内部的小圆，向外引导鼠标指针，在适当位置单击确定尺寸线的位置，标注该圆的半径，效果如图 7-33 所示。

（2）输入“DIMD”，按 Enter 键激活“直径”命令，单击螺母内部的小圆，向外引导鼠标指针，在适当位置单击确定尺寸线的位置，标注该圆的直径，效果如图 7-34 所示。

【课堂练习】标注螺母内部圆弧的半径和直径。

请读者自行尝试通过“半径”命令和“直径”命令标注螺母内部圆弧的半径和直径，效果如图 7-35 所示。

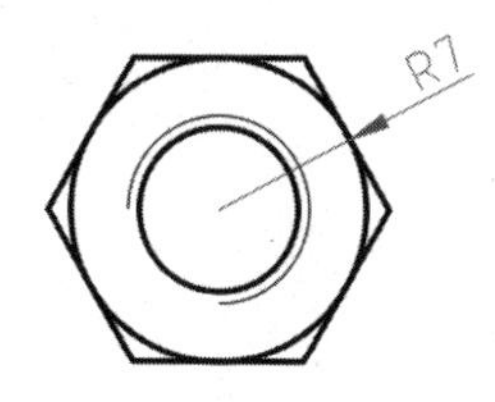

图 7-33 标注半径

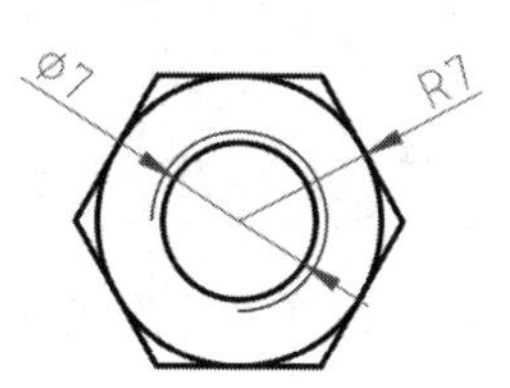

图 7-34 标注直径

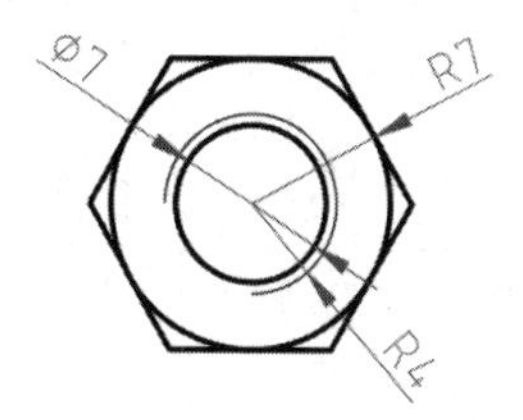

图 7-35 标注半径和直径

7.2.5 基线

“基线”命令是在现有尺寸的基础上，以现有尺寸界线为基准线，快速标注其他尺寸，一般用于标注相邻的多个尺寸。

可以通过如下几种方式执行“基线”命令。

- 单击“标注”工具栏中的“基线”按钮。
- 在菜单栏中选择“标注”→“基线”命令。
- 在命令行输入“DIMBASELINE”或“DIMBASE”，按 Enter 键。
- 使用命令简写 DIMB。

【课堂实训】基线标注。

打开“素材”目录下的“阶梯轴.dwg”文件，下面标注两个键槽两端圆弧圆心距离左端轮廓线的尺寸。

（1）在图层控制列表中将“尺寸层”设置为当前图层，输入“D”，按 Enter 键打开“标注样式管理器”对话框，将“机械标注”设置为当前标注样式。

下面标注键槽圆弧圆心到阶梯轴左端的基线尺寸，需要注意的是，基线尺寸是在现有尺寸的基础上来标注的，所以需要先标注一个线性尺寸才能标注基线尺寸。

（2）输入“DIML”，按 Enter 键激活“线性”命令，先捕捉阶梯轴水平中心线与左端垂直轮廓线的端点，再捕捉水平中心线与左端垂直中心线的交点，标注该键槽圆弧圆心到阶梯轴左端的线性尺寸作为基础尺寸，如图 7-36 所示。

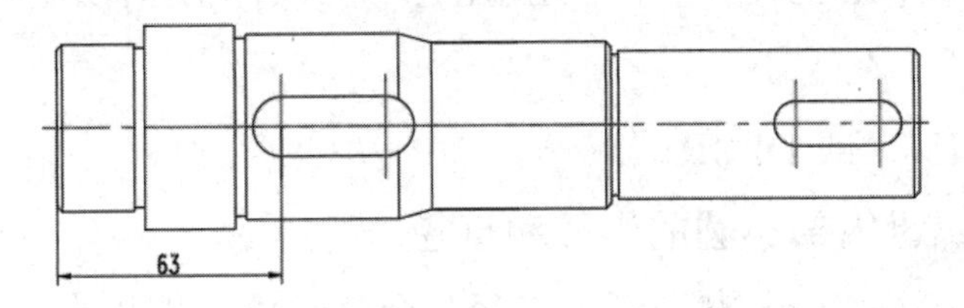

图 7-36　标注“线性”尺寸

（3）输入“DIMB”，按 Enter 键激活“基线”命令，分别捕捉左端键槽右侧圆弧的圆心，以及右端键槽左右两侧的两个圆弧的圆心，标注基线尺寸，按两次 Enter 键结束操作，标注效果如图 7-37 所示。

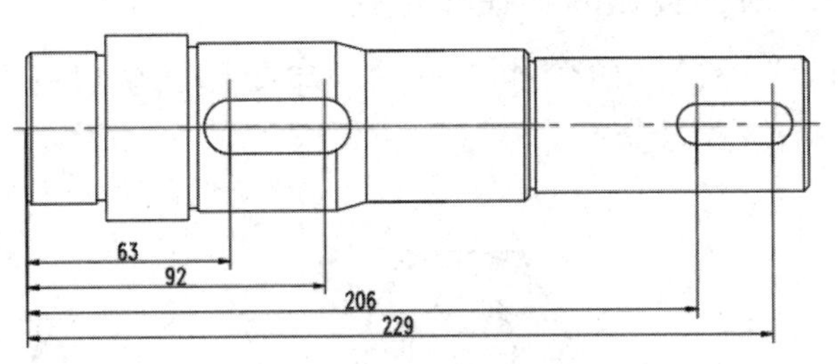

图 7-37　标注基线尺寸 1

小贴士：

当图形对象上已有尺寸标注时，激活“基线”命令，输入“S”激活“选择”选项，可以选择一个尺寸标注作为基准尺寸来标注基线尺寸。

【课堂练习】标注阶梯轴键槽两端圆弧圆心距离右端轮廓线的尺寸。

继续上面的操作，删除标注的基线尺寸，请读者自行尝试通过“基线”命令标注阶梯轴键槽两端圆弧圆心距离右端轮廓线的尺寸，效果如图 7-38 所示。

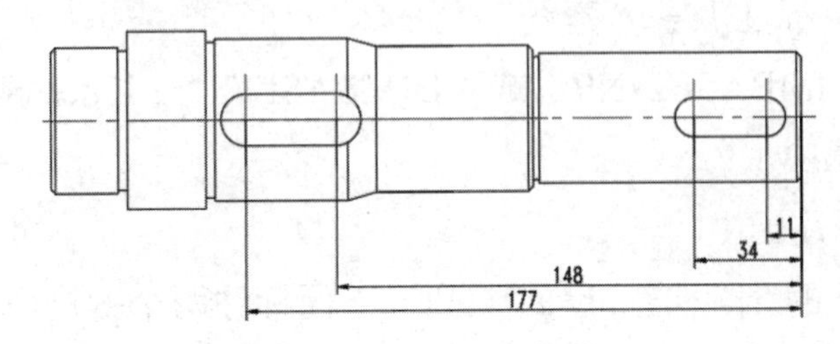

图 7-38　标注基线尺寸 2

7.2.6　连续

“连续”命令是在现有尺寸标注的基础上标注其他尺寸的，以创建连续的标注，这些连续尺寸位于同一个方向矢量上。

可以通过如下几种方式执行“连续”命令。

- 单击“标注”工具栏中的“连续”按钮。
- 在菜单栏中选择“标注”→“连续”命令。
- 在命令行输入“DIMCONTINUE”或“DIMCONT”，按 Enter 键。
- 使用命令简写 DIMC。

【课堂实训】标注阶梯轴的连续尺寸。

继续 7.2.5 节的操作，下面重新标注阶梯轴的连续尺寸。

（1）输入“DIML”，按 Enter 键激活“线性”命令，配合端点捕捉功能标注阶梯轴左端倒角的长度尺寸，效果如图 7-39 所示。

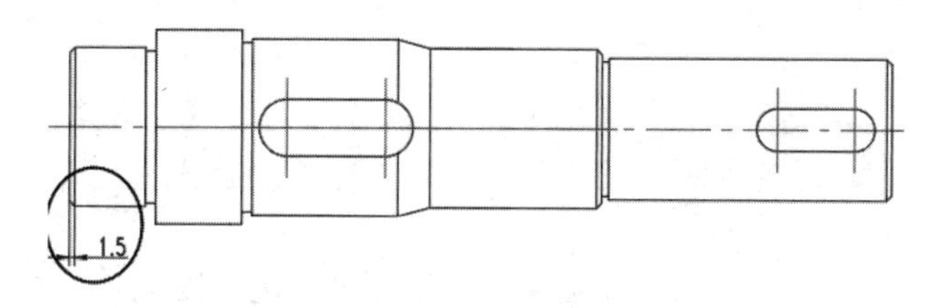

图 7-39　标注倒角的长度尺寸

（2）输入“DIMC”，按 Enter 键激活“连续”命令，配合端点捕捉功能依次捕捉阶梯轴长度方向的各端点以标注连续尺寸，按两次 Enter 键结束操作，效果如图 7-40 所示。

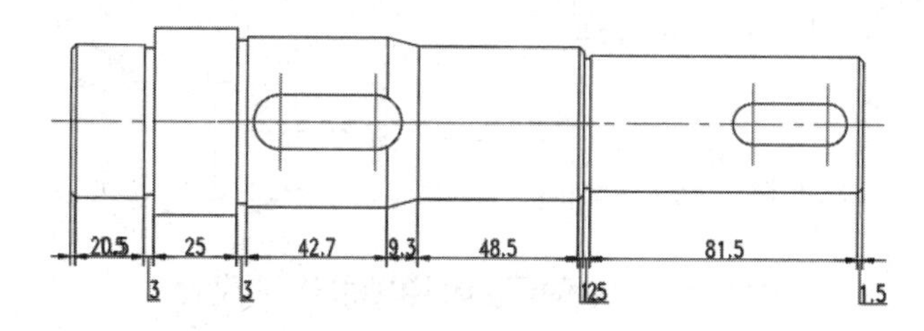

图 7-40　标注阶梯轴的连续尺寸

【课堂练习】标注连续尺寸。

继续 7.2.5 节的操作，请读者自行尝试通过“连续”命令标注阶梯轴键槽两端圆弧圆心距离阶梯轴两端的连续尺寸，效果如图 7-41 所示。

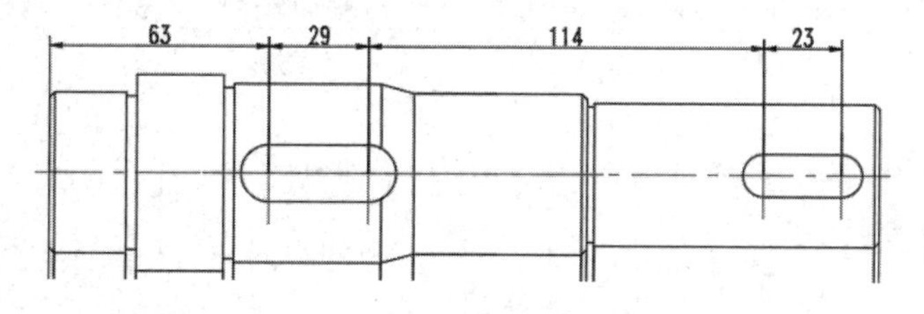

图 7-41　标注阶梯轴键槽的连续尺寸

7.2.7 快速

“快速”命令可以用于快速标注对象同一方向的连续尺寸，这是一种比较常用的复合标注工具。

可以通过如下几种方式执行“快速”命令。

- 单击“标注”工具栏中的“快速”按钮。
- 在菜单栏中选择“标注”→“快速”命令。
- 在命令行输入“QDIM”，按 Enter 键。
- 使用命令简写 QD。

【课堂实训】快速标注阶梯轴的连续尺寸。

下面使用“快速”命令快速标注阶梯轴的连续尺寸。

（1）继续 7.2.6 节的操作，删除阶梯轴上的所有尺寸标注，输入“QD”，按 Enter 键激活“快速”命令，以窗交方式选择垂直轮廓线，如图 7-42 所示。

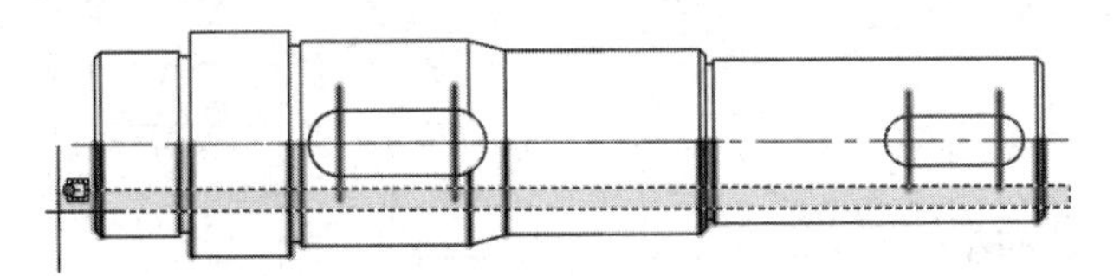

图 7-42 以窗交方式选择垂直轮廓线

（2）按 Enter 键，向下引导鼠标指针，在合适位置单击确定尺寸线的位置，快速标注阶梯轴的连续尺寸，效果如图 7-43 所示。

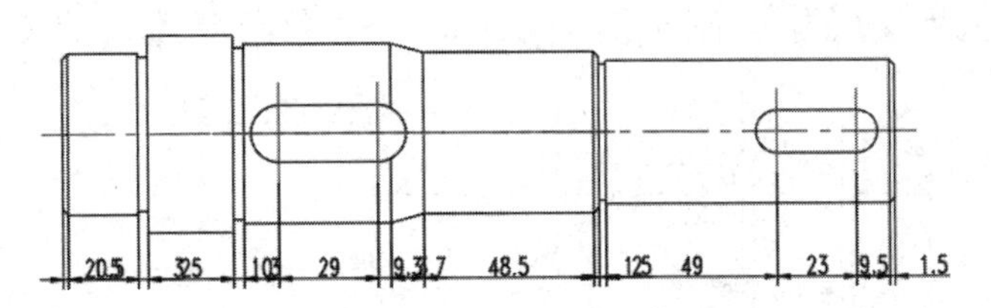

图 7-43 快速标注阶梯轴的连续尺寸

小贴士：

“快速”命令是一个综合性的标注工具。激活“快速”命令并进入快速标注模式，命令行会出现相关命令提示，如图 7-44 所示。

QDIM 指定尺寸线位置或 [连续(C) 并列(S) 基线(B) 坐标(O) 半径(R) 直径(D) 基准点(P) 编辑(E) 设置(T)] <连续>:

图 7-44 命令提示

激活相关选项即可进行其他快速标注，如快速连续、快速并列、快速半径、快捷直径等，这些操作方法与快速标注的方法相同，此处不再赘述，读者可以自行尝试操作。

【课堂练习】快速标注阶梯轴键槽圆弧的半径尺寸。

请读者自行尝试通过“快速”命令中的“快速半径”选项，快速标注阶梯轴键槽圆弧的半径尺寸，效果如图 7-45 所示。

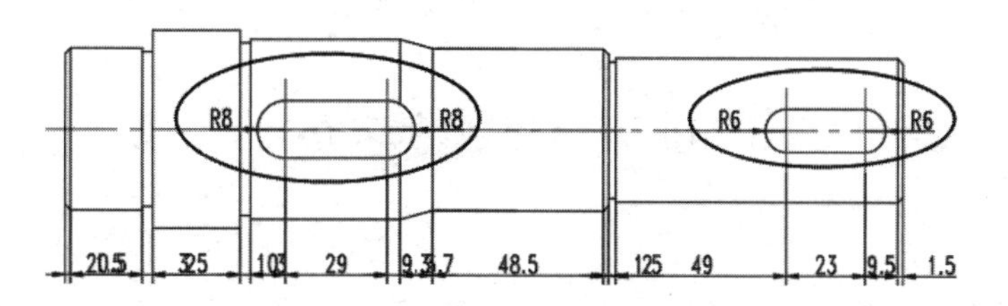

图 7-45 快速标注半径尺寸

【知识拓展】其他标注命令（请参考资料包中的“知识拓展”→“第 7 章”→“其他标注命令”）。

7.3 编辑尺寸标注

当图形尺寸标注完毕，一般还需要对标注的尺寸进行编辑，以符合绘图要求。

7.3.1 调整标注文字的位置

在标注尺寸时，标注文字经常会因为图线距离较近而相互重叠，或者与尺寸线相互重叠，这都不符合图形尺寸标注的要求，如图 7-45 所示。编辑标注文字的方法有多种，最简单的一种就是通过夹点编辑来调整。

【课堂实训】调整标注文字的位置。

（1）继续 7.2.7 节的操作。在没有任何命令发出的情况下，单击阶梯轴左端标注文字为“1.5”的尺寸标注使其夹点显示。

（2）单击中间的夹点进入夹基点模式，捕捉左端尺寸线的端点，将标注文字向左移动到尺寸线的左边位置，效果如图 7-46 所示。

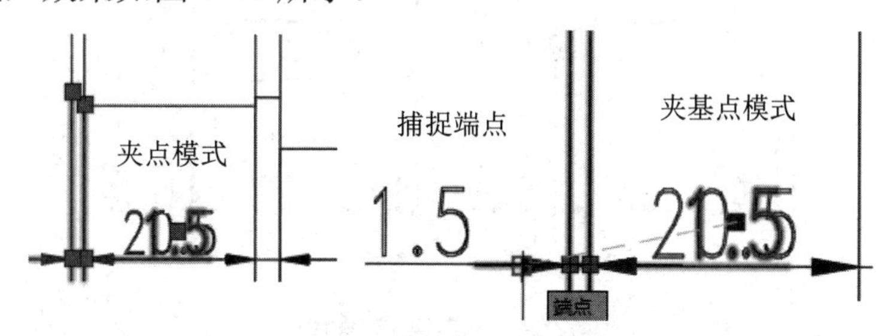

图 7-46 调整标注文字

（3）使用相同的方法将右侧的标注文字“3”、“3.7”、“1.5”和“2”调整到尺寸线的下方，按 Esc 键取消夹点显示，调整效果如图 7-47 所示。

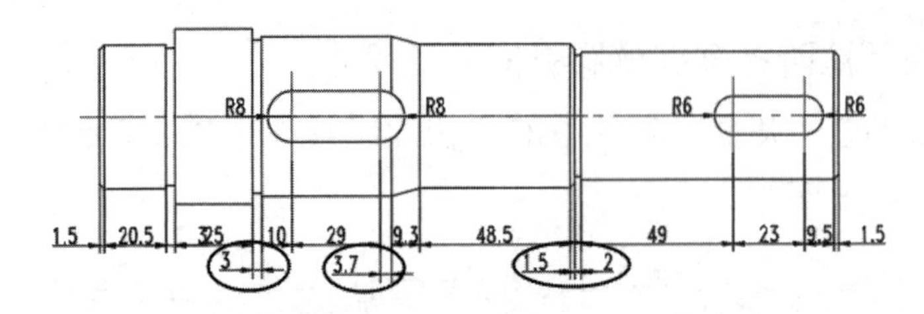

图 7-47　调整标注文字

小贴士：

除了上述调整尺寸文字的方法，还可以在菜单栏中选择“标注”→“对齐文字”命令，或者单击“标注”工具栏中的“编辑标注文字”按钮激活“编辑标注文字”命令，单击要调整的标注文字，在命令行显示命令提示，如图 7-48 所示。

DIMTEDIT 为标注文字指定新位置或 [左对齐(L) 右对齐(R) 居中(C) 默认(H) 角度(A)]:

图 7-48　命令提示

选择相关选项即可对尺寸标注的文字进行调整，且操作简单，读者可以自行尝试操作。

7.3.2　调整标注线

除了标注文字相互重叠，有时尺寸线也会与图形轮廓线相互重叠，或者与轮廓线相交，这也是绘图所不允许的。如图 7-47 所示，键槽位置的尺寸标注线与轮廓线相交。下面对图 7-47 中的标注线进行调整。

【课堂实训】调整标注线。

（1）在没有任何命令发出的情况下，单击键槽位置标注文字为“10”和“29”的尺寸标注使其夹点显示，按住 Shift 键单击图形内部的两个夹点进入夹基点模式，如图 7-49 所示。

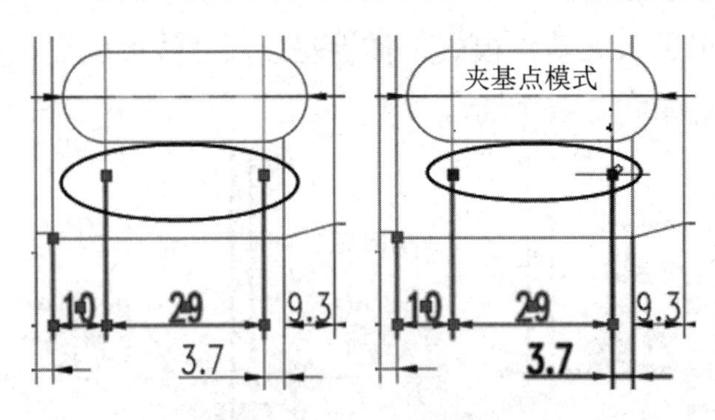

图 7-49　夹基点模式

（2）单击其中的一个夹基点，向下捕捉尺寸线与图形轮廓线的交点，将其向下移动到图形轮廓线的位置，按 Esc 键取消夹点显示，效果如图 7-50 所示。

（3）使用相同的方法调整右侧键槽位置标注文字为“23”的尺寸标注线，并按 Esc 键取消夹点显示，调整后的效果如图 7-51 所示。

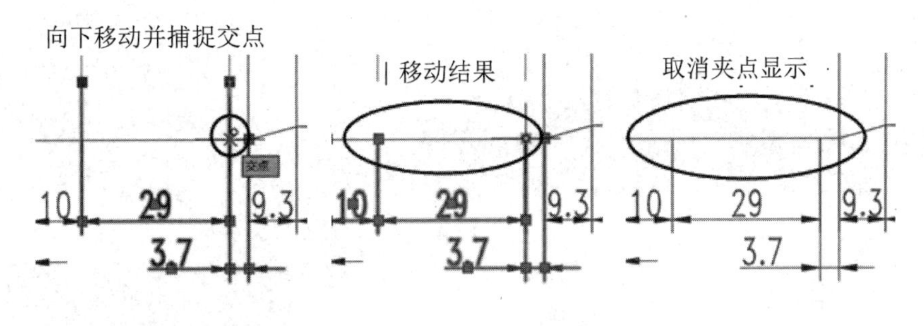

图 7-50 调整尺寸线

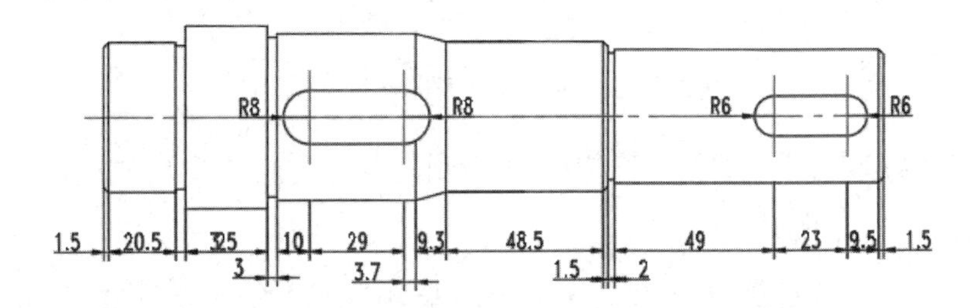

图 7-51 调整后的阶梯轴尺寸标注效果

7.3.3 修改标注文字

有时需要在标注文字前添加一些特殊符号，以表明标注的类型，如正符号、负符号、直径符号和半径符号等（这些符号一般需要通过修改标注文字来添加）。

下面使用“线性”命令为阶梯轴各段的宽度添加尺寸标注，如图 7-52 所示。

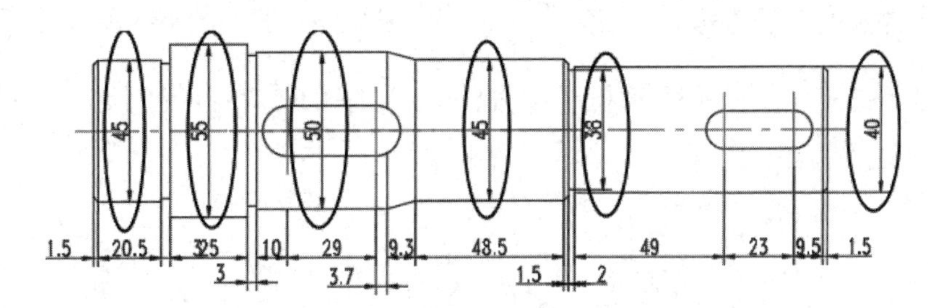

图 7-52 标注阶梯轴各段的宽度

在阶梯轴平面图中，宽度其实是阶梯轴的直径，因此，标注完成后需要通过修改标注文字在其文字前添加直径符号。

【课堂实训】修改标注文字。

（1）在无任何命令发出的情况下，双击右侧宽度为 40 的尺寸标注进入编辑模式，同时打开“文字编辑器”选项卡。

（2）将鼠标指针移到标注文字前面，先单击“文字编辑器”选项卡中的“插入”下拉按钮将其展开，再单击“符号”下拉按钮，在展开的列表中选择“直径”选项，在标注文字前面添加直径符号，如图 7-53 所示。

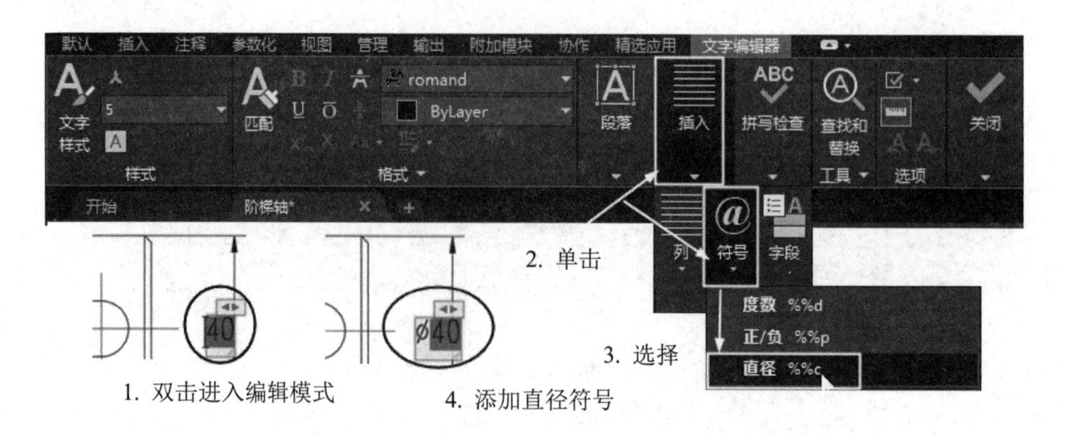
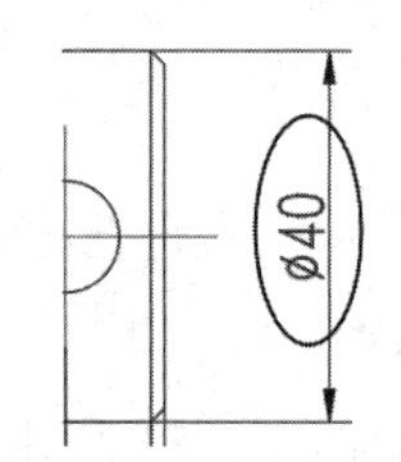

图 7-53　添加直径符号的步骤

（3）单击“文字编辑器”选项卡右侧的“关闭”按钮☑，这样就在标注文字前面添加了直径符号，效果如图 7-54 所示。

（4）执行“修改”→“对象”→“文字”→“编辑”命令，单击标注文字为“38”的尺寸标注进入编辑模式，依照图 7-53 中的步骤在标注文字前添加直径符号，效果如图 7-55 所示。

图 7-54　添加的直径符号 1

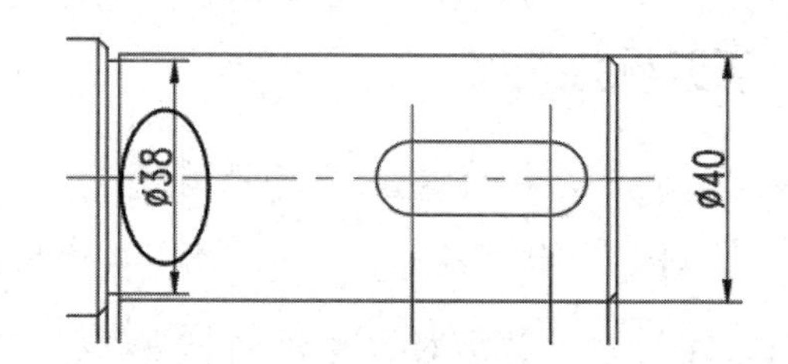

图 7-55　添加的直径符号 2

（5）使用以上两种方法继续在阶梯轴其他尺寸文字前添加直径符号，将其转换为直径尺寸标注，最终效果如图 7-56 所示。

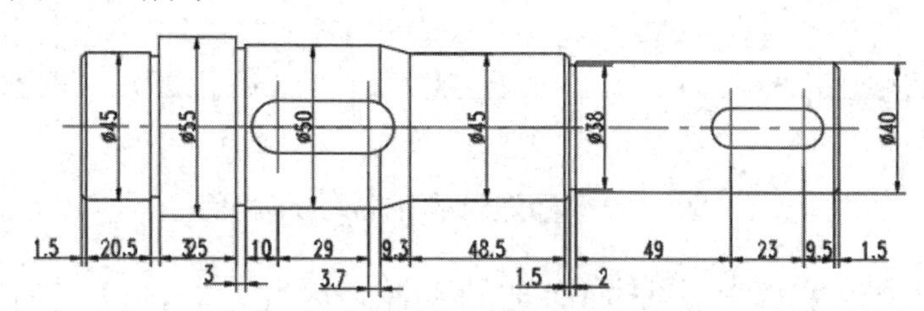

图 7-56　为其他尺寸文字添加直径符号

 综合练习——标注套二厅室内平面布置图的尺寸

在室内装饰设计中，每幅室内装饰设计图都需要标注完备的尺寸，以便计算装修材料的用量和工程量。

打开“效果文件”→“第 6 章”→“上机实操——绘制套二厅室内平面布置图.dwg”文件，下面为该平面布置图标注相关尺寸，效果如图 7-57 所示，以帮助读者巩固前面所学的内容。

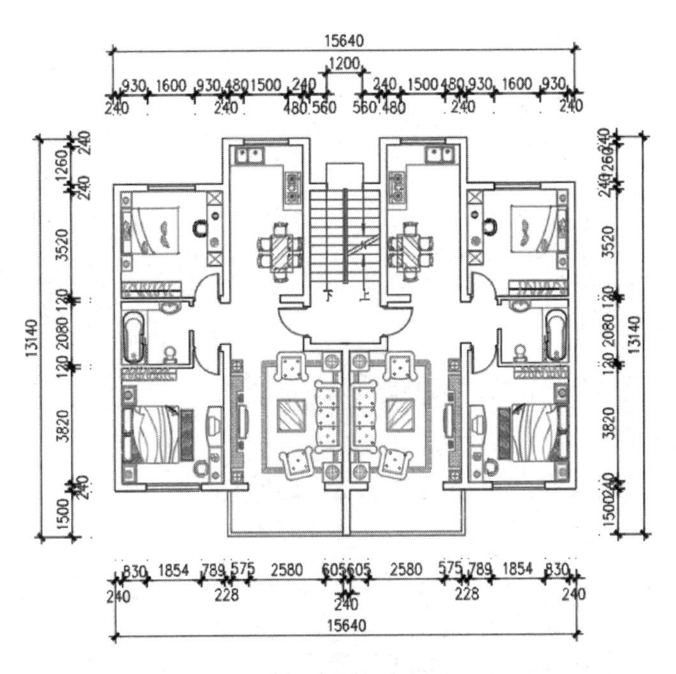

图 7-57　套二厅室内平面布置图尺寸标注效果

详细的操作步骤请参考配套教学资源的视频讲解。

标注套二厅室内平面布置图的尺寸的练习评价表如表 7-1 所示。

表 7-1　标注套二厅室内平面布置图的尺寸的练习评价表

练习项目	检查点	完成情况	出现的问题及解决措施
标注套二厅室内平面布置图的尺寸	“线性”命令、“连续”命令	□完成　□未完成	
	编辑标注	□完成　□未完成	

知识巩固与能力拓展

一、单选题

1. 打开“标注样式管理器”对话框的快捷键是_____。

A．A　　B．D　　C．E　　D．C

2.“线性”命令的简写形式是_____。

A．DIML　　B．DIMA　　C．DIMAN　　D．DIMD

3.“角度”命令的简写形式是_____。

A．DIML　　B．DIMA　　C．DIMAN　　D．DIMD

4. 用于标注倾斜线的尺寸的命令是_____。

A．线性　　B．对齐　　C．基线　　D．连续

5. 可以一次性标注多个线性尺寸的标注命令是_____。

A．对齐　　B．基线　　C．连续　　D．快速

二、多选题

1．既可以标注水平尺寸，又可以标注垂直尺寸的标注命令有_____。

A．线性　　B．连续　　C．对齐　　D．快速

2．修改标注文字内容的方法有_____。

A．双击尺寸标注进入编辑模式，修改尺寸标注的内容

B．执行“修改”→“对象”→“文字”→“编辑”命令，选择要修改的尺寸文字进行编辑，修改尺寸文字的内容

C．单击尺寸标注进入夹点编辑模式，修改尺寸标注的内容

3．在标注文字前面添加特殊符号的方法有_____。

A．双击尺寸标注进入编辑模式，在“文字编辑器”选项卡的“插入”列表或“符号”列表中选择相关符号

B．执行“修改”→“对象”→“文字”→“编辑”命令，单击要插入符号的尺寸标注打开“文字编辑器”选项卡，在“插入”列表或“符号”列表中选择相关符号

C．在执行标注命令并拾取标注的起始点后，输入“M”，按 Enter 键激活“多行文字”选项，在打开的“文字编辑器”选项卡的“插入”列表或“符号”列表中选择相关符号

D．在执行标注命令并拾取标注的起始点后，输入“T”，按 Enter 键激活“文字”选项，在命令行输入特殊符号代码与尺寸文字

三、上机实操

打开“效果文件”→“第 6 章”→“综合练习——绘制圆形把手平面图与三维模型.dwg”文件，为圆形把手平面图标注尺寸，效果如图 7-58 所示。

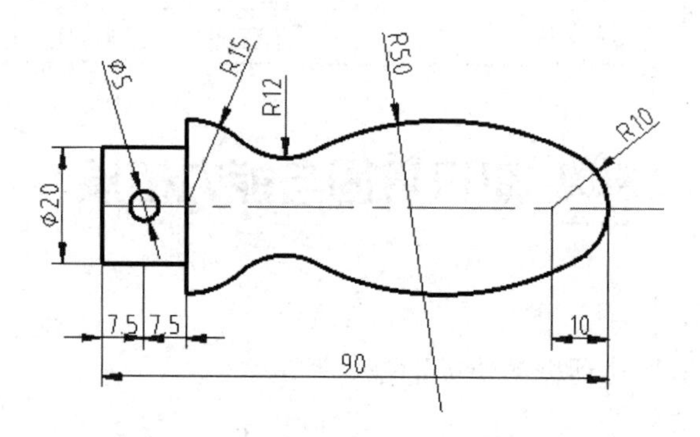

图 7-58　标注圆形把手平面图尺寸

第 8 章

AutoCAD 绘图进阶（四）——文字、引线与公差标注

工作任务分析

本章主要介绍文字注释、引线注释及公差标注的相关内容，包括设置文字样式、创建单行文字注释、创建多行文字注释、编辑文字注释、创建引线注释、公差标注与创建表格等。

知识学习目标

- 掌握设置文字样式的技能。
- 掌握创建单行文字注释与多行文字注释的技能。
- 掌握编辑文字注释的技能。
- 掌握公差标注与创建表格的技能。

技能实践目标

- 能够对图形进行单行文字注释和多行文字注释。
- 能够对文字注释进行修改和编辑。
- 能够对图形进行引线注释并编辑和修改引线注释内容。
- 能够标注机械零件图的尺寸公差和形位公差。
- 能够在图形文件中创建表格并进行表格填充。

8.1 文字注释与文字样式

在 AutoCAD 中，除了要标注图形尺寸，还需要标注文字注释。

8.1.1 文字注释的作用与类型

在 AutoCAD 中，图形的尺寸标注仅能表达图形的部分信息，而图形的其他一些信息（如建筑设计图中房间的功能、面积，机械设计图中的绘图要求，以及室内装饰设计图中的装饰材料等）需要通过文字注释来表达。

AutoCAD 有两种类型的文字注释：一种是单行文字注释，是指使用“单行文字”命令创建的文字注释，这种文字注释的每行都是一个独立的对象；另一种是多行文字注释，是指使用“多行文字”命令创建的文字注释，无论该文字注释包含多少行、多少段，系统都将其看作一个独立的对象。

单行文字注释常用于标注简短的文字内容，如建筑设计中使用单行文字注释标注房间的功能。多行文字注释常用于标注内容较多且文字中包含特殊符号的文字内容，如建筑设计中使用多行文字标注房间的面积，如图 8-1 所示。

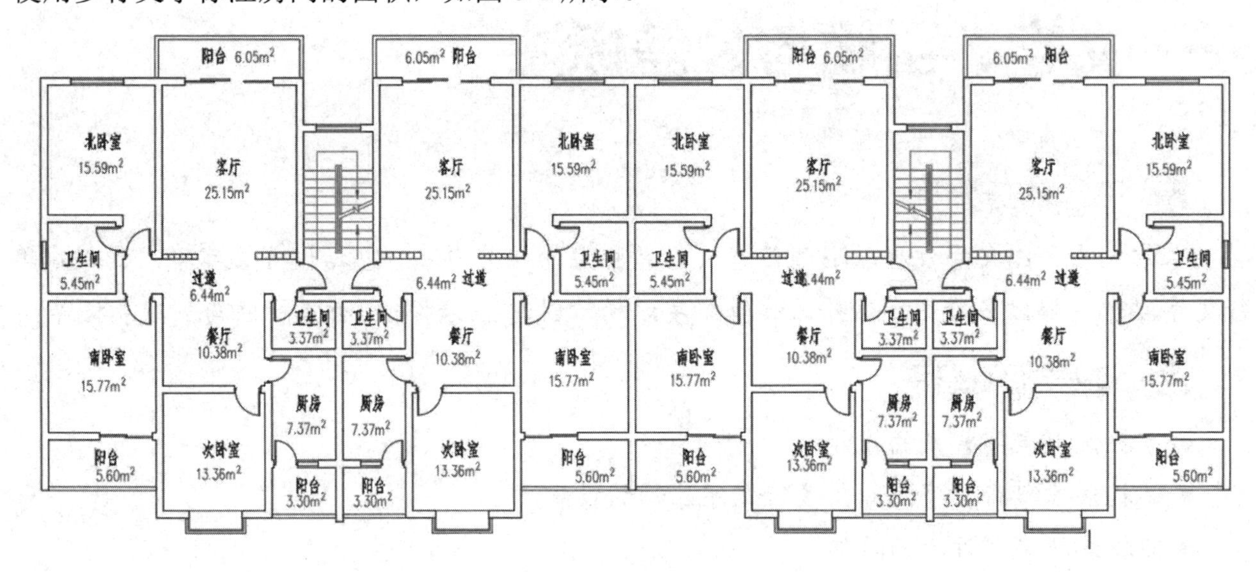

图 8-1　单行文字注释与多行文字注释

8.1.2　设置文字样式

文字样式就是在标注单行文字注释或多行文字注释时所使用的文字的字体、颜色、大小、旋转角度和外观效果等。

文字样式是使用“文字样式”对话框来设置的。可以通过如下几种方式打开“文字样式”对话框。

- 在菜单栏中选择“格式”→“文字样式”命令。
- 单击“文字”工具栏中的“文字样式”按钮 A。
- 单击“默认”选项卡的“注释”工具列表中的“文字样式”按钮 A。
- 在命令行输入“STYLE”，按 Enter 键。
- 使用命令简写 ST。

下面设置名称为“宋体”的文字样式。

【课堂实训】设置“宋体”的文字样式。

（1）输入“ST”，按 Enter 键，打开“文字样式”对话框，单击“新建”按钮，打开“新建文字样式”对话框，在“样式名”文本框中输入“宋体”，如图 8-2 所示。

（2）单击“确定”按钮返回“文字样式”对话框，在“字体名”下拉列表中选择“宋体”选项，在“高度”文本框中输入文字的高度，默认为 0，若在此不设置高度，则在输入文字时根据具体情况直接输入文字的高度即可。

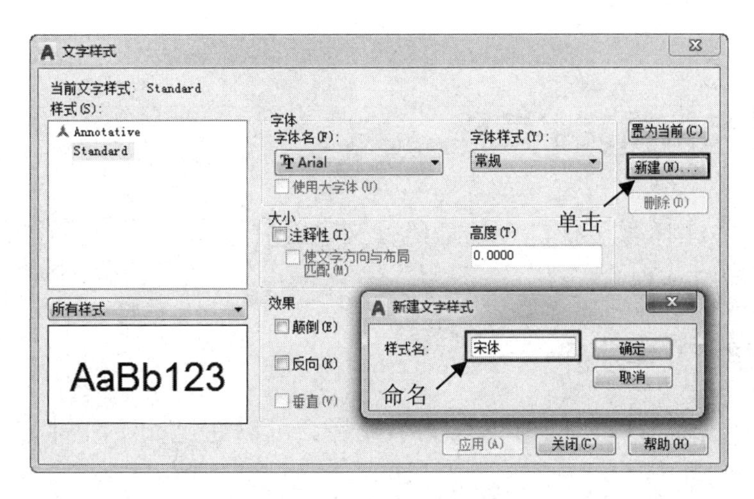

图 8-2　输入文字样式名

（3）在“宽度因子”文本框中输入文字的宽度因子，《技术制图　字体》（GB/T 14691—1993）规定工程图样中的汉字应采用长仿宋体，宽高比为 0.7，当此值大于 1 时，文字宽度放大，否则缩小。

（4）设置完成后先单击“应用”按钮应用设置，再单击“置为当前”按钮将新样式设置为当前样式，这样就可以使用设置的文字样式进行文字注释，效果如图 8-3 所示。

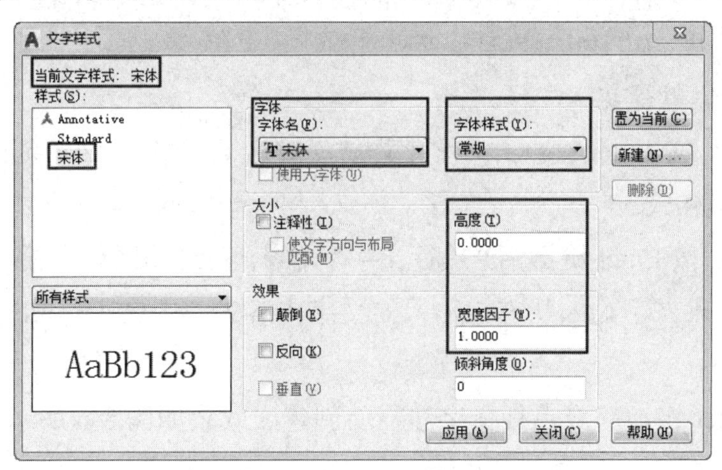

图 8-3　设置文字样式

小贴士：

若勾选“颠倒”复选框，则设置文字为倒置状态；若勾选“反向”复选框，则设置文字为反向状态；若勾选“垂直”复选框，则设置文字呈垂直排列状态。另外，在“倾斜角度”文本框中输入文字的倾斜角度可以控制文字的倾斜效果，如图 8-4 所示。

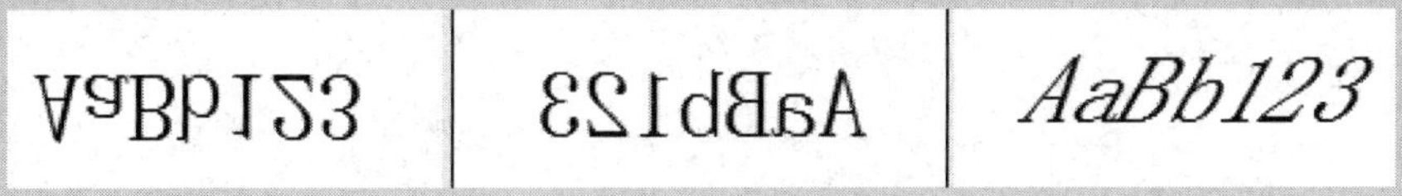

图 8-4　设置文字状态

8.2 创建与编辑文字注释

8.1 节提及，文字注释有两种，一种是单行文字注释，另一种是多行文字注释，这两种文字注释的创建方法与用途都不同。

8.2.1 创建单行文字注释

使用“单行文字”命令可以创建单行文字注释。可以通过如下几种方式执行“单行文字”命令。

- 在菜单栏中选择“绘图”→“文字”→“单行文字”命令。
- 单击“默认”选项卡的“注释”工具列表中的“单行文字”按钮A。
- 单击“文字”工具栏中的“单行文字”按钮A。
- 在命令行输入“DTEXT”，按 Enter 键。
- 使用命令简写 DT。

下面使用 8.1.2 节创建的名称为“宋体”的文字样式，创建文字内容为“中文版 AutoCAD 案例教程”且文字高度为“100”的单行文字注释。

【课堂实训】创建单行文字注释。

（1）输入“ST”，按 Enter 键打开“文字样式”对话框，将 8.1.2 节创建的“宋体”的文字样式设置为当前文字样式。

（2）输入“DT”，按 Enter 键激活“单行文字”命令，在绘图区单击拾取一点，输入“100”，按两次 Enter 键，进入文字输入状态，输入的文字内容为“中文版 AutoCAD 案例教程”，如图 8-5 所示。

（3）按两次 Enter 键，完成单行文字注释的创建，效果如图 8-6 所示。

中文版AutoCAD案例教程

图 8-5　输入文字内容

中文版AutoCAD案例教程

图 8-6　单行文字注释的效果

小贴士：

如果文字样式中已经设置了文字高度，那么在输入文字时命令行不会出现设置文字高度的提示。另外，在标注文字时，可以单击“默认”选项卡的“注释”工具列表中的“文字样式”按钮，选择一种文字样式，如图 8-7 所示。

如果“文字样式”工具栏中没有合适的文字样式，那么需要重新创建一种文字样式。

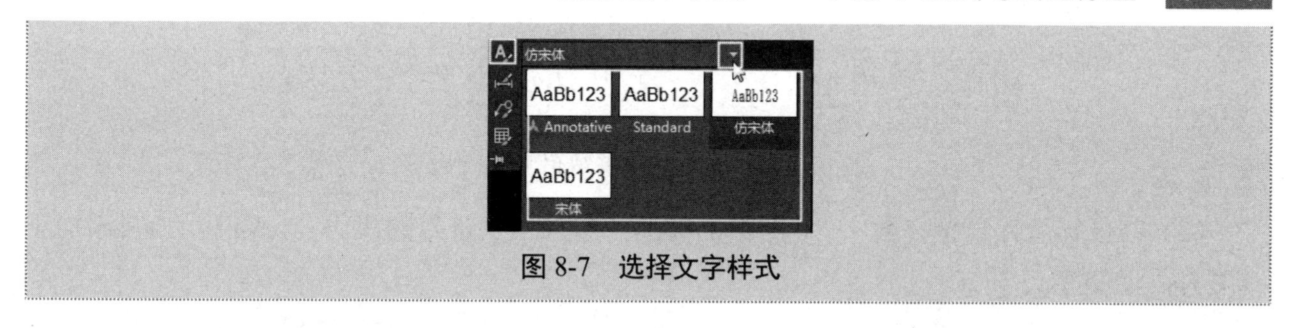

图 8-7　选择文字样式

【课堂练习】新建“仿宋体”文字样式并创建单行文字注释。

请读者新建名称为“仿宋体”的文字样式，并使用该样式创建文字内容为“AutoCAD 建筑设计”、文字高度为“50”、倾斜角度为 30° 的单行文字注释，效果如图 8-8 所示。

AutoCAD建筑设计

图 8-8　单行文字注释

【知识拓展】文字的对正方式（请参考资料包中的“知识拓展”→“第 8 章”→“文字的对正方式”）。

8.2.2　编辑与修改单行文字注释

可以对单行文字注释进行编辑与修改，如修改文字内容、为注释内容添加特殊符号等，但不能修改单行文字注释的文字样式。

使用单行文字注释创建机械零件图的技术要求的文字内容，如图 8-9 所示。

未住倒角2×45，齿轮宽度偏差为0.05

图 8-9　机械零件图的技术要求

在该技术要求中，不仅出现了文字错误，相关参数还缺少特殊符号。下面通过编辑与修改该技术要求，介绍编辑与修改单行文字注释的相关内容。

【课堂实训】编辑与修改机械零件图的技术要求。

（1）在没有任何命令发出的情况下，双击单行文字注释进入编辑模式，先在标注内容的“未住”上拖曳进行选择，再将其内容修改为“未注”，如图 8-10 所示。

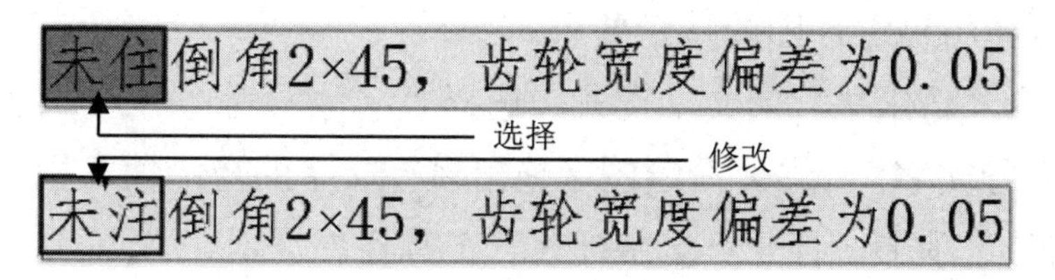

图 8-10　修改文字内容

（2）将鼠标指针定位在数字“45”的后面，输入度数符号的代码“%%D”，按 Enter 键，在“45”的后面添加度数符号，如图 8-11 所示。

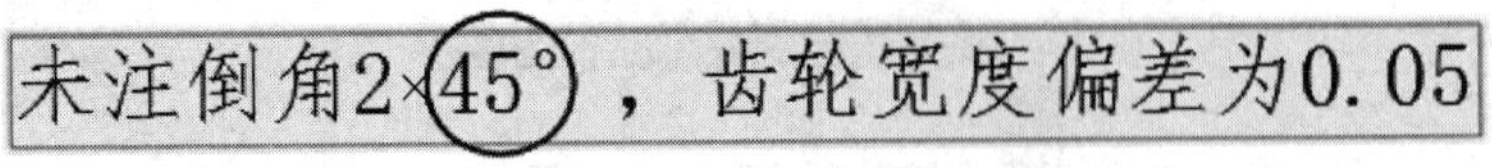

未注倒角2×45°，齿轮宽度偏差为0.05

图 8-11　添加度数符号

（3）将鼠标指针定位在数字“0.05”的前面，输入正负符号的代码“%%P”，为其添加正负符号，如图 8-12 所示。

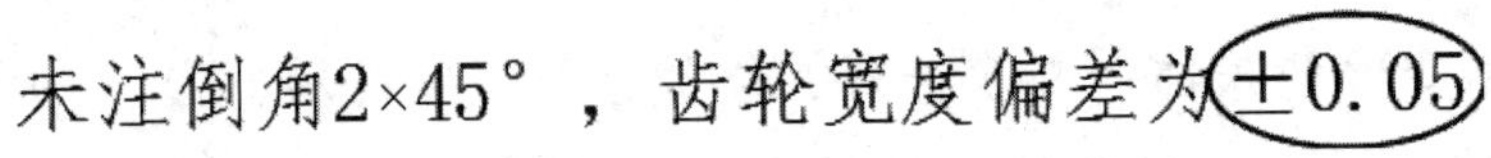

未注倒角2×45°，齿轮宽度偏差为±0.05

图 8-12　添加正负符号

小贴士：

在 AutoCAD 中，一些特殊符号都有相关的代码，用户只要输入其代码即可转换为相关的符号，如“%%P”为正负符号的代码，“%%D”为度数符号的代码，“%%C”为直径符号的代码。可以在“文字编辑器”选项卡的“插入”工具列表或“符号”工具列表中查看相关符号的代码。

8.2.3　创建与编辑多行文字注释

多行文字注释常用于标注内容较多且文字中包含特殊符号的文字内容，如机械零件图中的技术要求等。多行文字注释是使用“文字格式编辑器”命令创建的。可以通过如下几种方式执行“多行文字”命令。

- 在菜单栏中选择“绘图”→“文字”→“多行文字”命令。
- 单击“绘图”工具栏中的“多行文字”按钮A。
- 单击“默认”选项卡的“注释”工具列表中的“多行文字”按钮A。
- 在命令行输入“MTEXT”，按 Enter 键。
- 使用命令简写 T。

下面使用多行文字注释来标注文字样式为“仿宋体”、文字高度为“6”的某机械零件图的技术要求。

【课堂实训】创建机械零件图的技术要求。

（1）创建名称为“仿宋体”的文字样式，选择“字体”为“仿宋”的内容，输入“T”，按 Enter 键激活“多行文字”命令，在绘图区拖出多行文字的矩形输入框，释放鼠标按键，切换至“文字编辑器”选项卡，打开“文字样式”工具栏。

（2）单击“文字样式”工具栏左侧的“文字样式”按钮，选择新建的“仿宋体”，并设置文字高度为“6”，其他采用默认设置，按空格键将鼠标指针调整到文本框的中间位置，在文本框中输入“技术要求”，效果如图 8-13 所示。

（3）按 Enter 键换行，设置文字高度为“4”，输入第一个技术要求的内容，如图 8-14 所示。

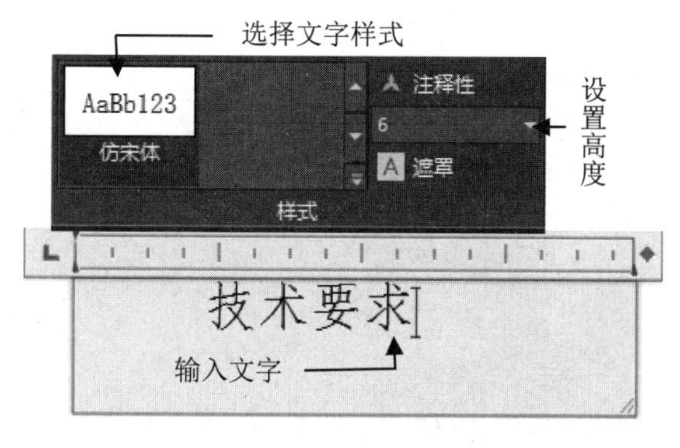

图 8-13 输入“技术要求”

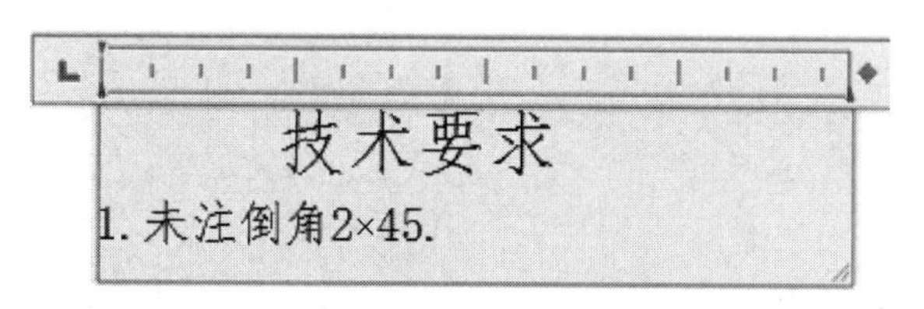

图 8-14 输入第一个技术要求

（4）按 Enter 键换行，输入其他技术要求，单击“文字样式”工具栏右侧的按钮☑，输入多行文字的效果如图 8-15 所示。

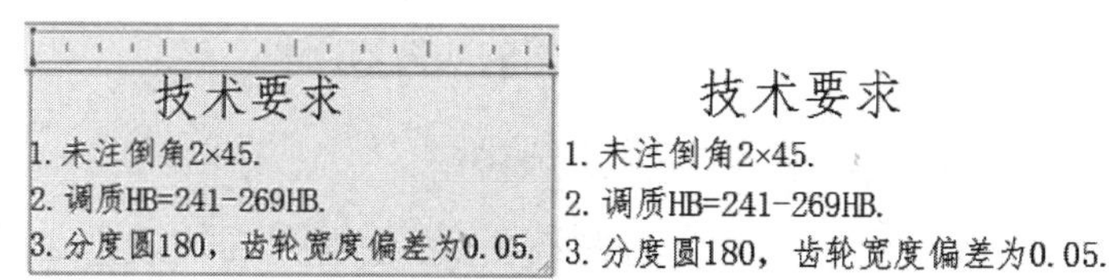

图 8-15 输入其他技术要求

下面修改多行文字注释（多行文字注释的修改也是通过“文字编辑器”选项卡进行的）。

（5）双击多行文字注释进入编辑模式，将鼠标指针定位到数字“45”的后面，在“插入”下拉列表或“符号”下拉列表中选择“度数 %%D”选项，在该数字后面添加度数符号，如图 8-16 所示。

（6）将鼠标指针定位到数字“180”的后面，为其添加度数符号；将鼠标指针定位到数字“0.05”的前面，为其添加正负符号；单击“文字样式”工具栏右侧的按钮☑，完成对多行文字注释的编辑与修改。编辑与修改后的文字注释如图 8-17 所示。

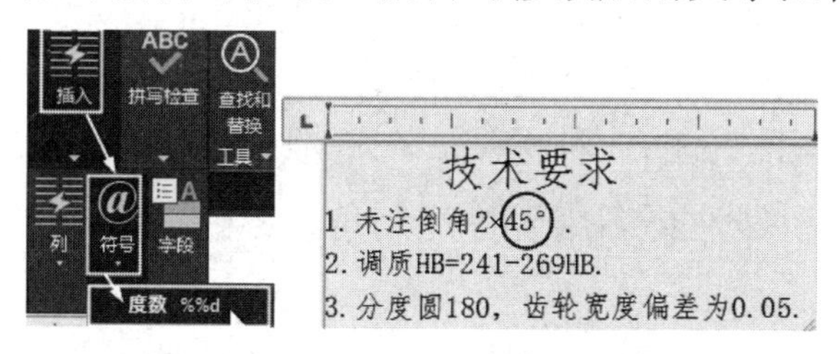

图 8-16 添加度数符号

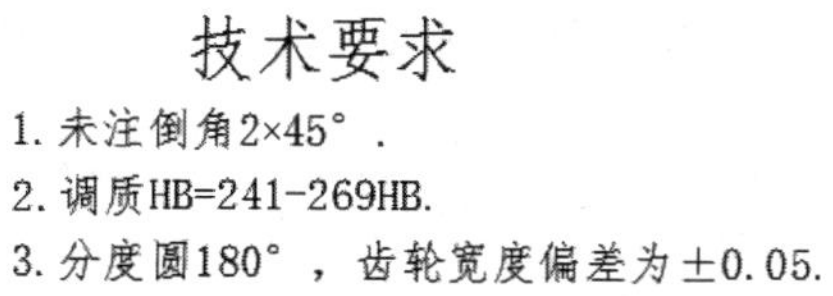

技术要求
1. 未注倒角2×45°.
2. 调质HB=241-269HB.
3. 分度圆180°，齿轮宽度偏差为±0.05.

图 8-17 编辑与修改后的文字注释

【知识拓展】文字编辑器详解（请参考资料包中的“知识拓展”→“第 8 章”→“文字编辑器详解”）。

 综合练习——标注套二户型平面布置图房间的功能与面积

在室内平面布置图中，除了需要填充地面装修材料，还需要标注各房间的功能与面积。

打开“效果文件”→“第 5 章”→“综合练习——绘制套二户型平面布置图.dwg”文件，下面标注该户型图中各房间的功能与面积，效果如图 8-18 所示。

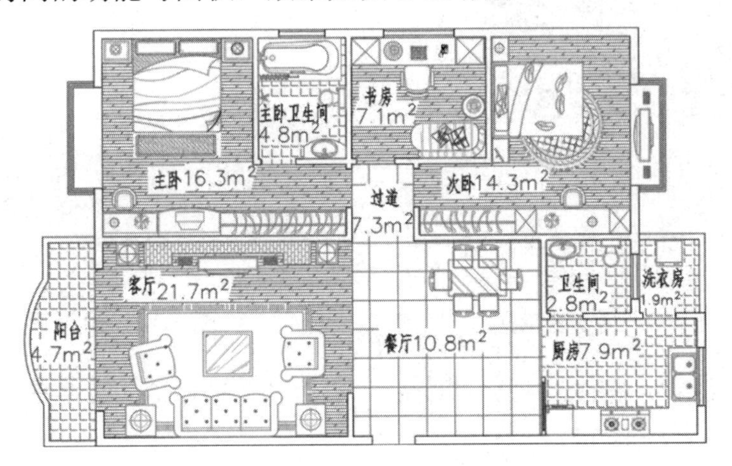

图 8-18　标注房间的功能与面积

详细的操作过程请参考配套教学资源的视频讲解。

标注套二户型平面布置图房间的功能与面积的练习评价表如表 8-1 所示。

表 8-1　标注套二户型平面布置图房间的功能与面积的练习评价表

练习项目	检查点	完成情况	出现的问题及解决措施
标注套二户型平面布置图房间的功能与面积	单行文字注释、多行文字注释	□完成　□未完成	
	文字的编辑与修改	□完成　□未完成	

8.3　引线注释与公差标注

引线注释与公差标注是 AutoCAD 机械制图中不可或缺的标注内容。

8.3.1　创建引线注释

引线注释是一端有箭头的引线和多行文字相结合的一种标注。在一般情况下，箭头指向要标注的对象，标注文字位于引线的另一端。引线注释多用于标注倒角、零件的编组序号及建筑装饰材料的名称等。

打开“效果文件”→“第 8 章”→“综合练习——标注套二户型平面布置图房间的功能与面积.dwg”文件，下面通过引线注释标注该平面布置图中的地面装饰材料。

【课堂实训】标注平面布置图中的地面装饰材料。

（1）在图层控制列表中将“其他层”设置为当前图层。

（2）输入“LE”，按 Enter 键激活“快速引线”命令，输入“S”，按 Enter 键激活“设置”选项，打开“引线设置”对话框，切换至“注释”选项卡，如图 8-19 所示。

（3）选中“多行文字”单选按钮，可以在创建引线注释时打开“文字格式”编辑器，选择文字样式，以及设置文字高度等，在引线末端创建多行文字注释，如图 8-20 所示。

图 8-19 “引线设置”对话框

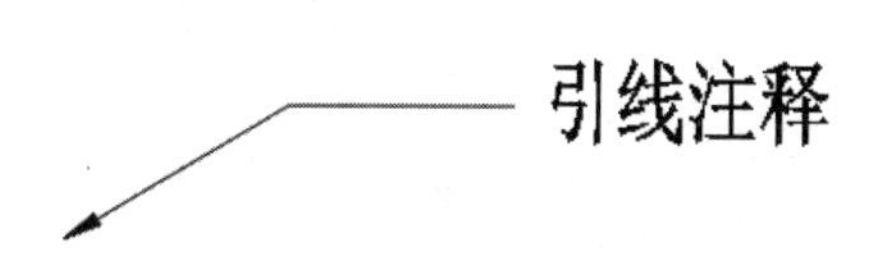

图 8-20 创建多行文字注释

小贴士：

若选中“复制对象”单选按钮，则使用已有的注释设置其他引线注释的内容；若选中“公差”单选按钮，则打开“形位公差”对话框，设置形位公差各参数，对机械零件的公差进行标注；若选中“块参照”单选按钮，则以内部块作为注释对象；若选中“无”单选按钮，则创建无注释的引线。

（4）切换至“引线和箭头”选项卡，选中“直线”单选按钮，在指定的引线点之间创建直线，在“最大值”数值框中设置引线点数为“3”，在“箭头”选项组中设置引线箭头为“点”，在“角度约束”选项组中设置第一段引线的角度约束为“90°”，第二段引线的角度约束为“水平”，如图 8-21 所示。

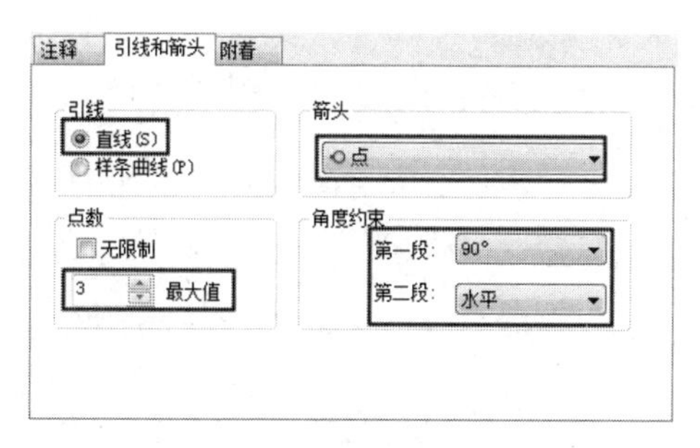

图 8-21 “引线和箭头”选项卡

小贴士：

若选中“样条曲线”单选按钮，则在引线点之间创建样条曲线，即引线为样条曲线。若勾选“无限制”复选框，则表示系统不限制引线点的数量，用户可以通过按 Enter 键，手动结束引线点的设置过程。另外，可以在“箭头”选项组中设置引线的箭头类型，在“角度约束”选项组中设置第一段引线与第二段引线的角度约束，如图 8-22 所示。

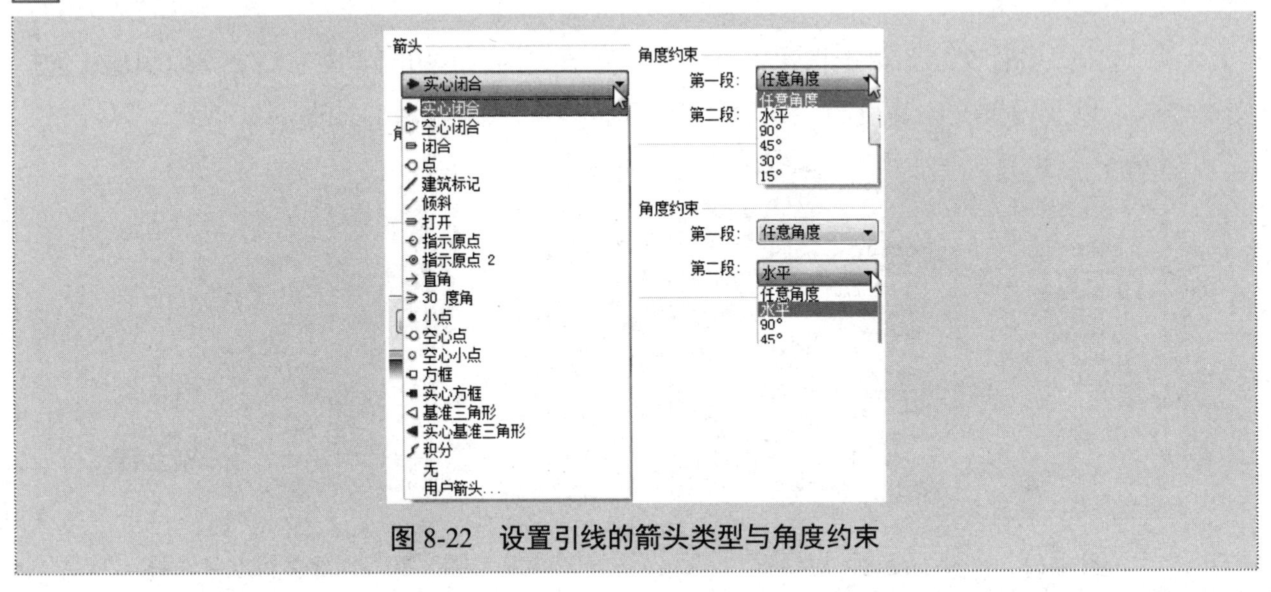

图 8-22 设置引线的箭头类型与角度约束

（5）切换至“附着”选项卡，选中“第一行顶部”单选按钮，设置引线和多行文字注释之间的附着位置，如图 8-23[①]所示。

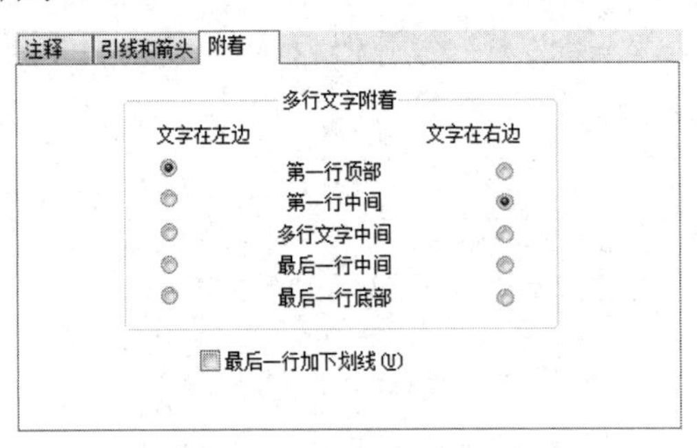

图 8-23 “附着”选项卡

小贴士：

只有在“注释”选项卡中选中“多行文字”单选按钮，“附着”选项卡才可用。“附着”选项卡的其他设置如下。

若选中“第一行顶部”单选按钮，则将引线放置在多行文字第一行的顶部；若选中“第一行中间”单选按钮，则将引线放置在多行文字第一行的中间；若选中“多行文字中间”单选按钮，则将引线放置在多行文字的中间；若选中“最后一行中间”单选按钮，则将引线放置在多行文字最后一行的中间；若选中“最后一行底部”单选按钮，则将引线放置在多行文字最后一行的底部。若勾选“最后一行加下画线”复选框，则为最后一行文字添加下画线。

（6）设置完成后，单击“确定”按钮返回绘图区，在餐厅地面上单击拾取第一点，向下引导鼠标指针到外墙位置单击拾取第二点，向右引导鼠标指针到合适位置单击拾取第三点，按两次 Enter 键进入多行文字注释模式，在“文字编辑器”选项卡中选择文字样式并设置文字

① 图中“下划线”的正确写法应为“下画线”。

高度为“300”，输入文字内容“600×600 大理石地砖”，效果如图 8-24 所示。

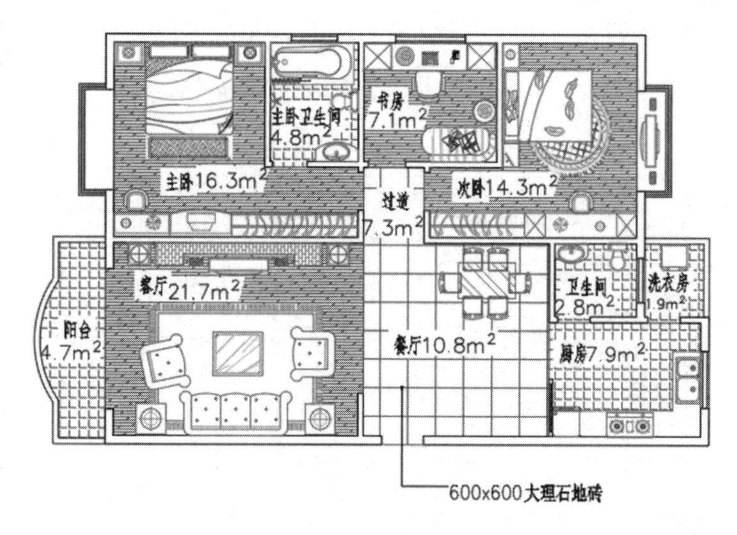

图 8-24　标注地面材质的引线注释 1

（7）按 Enter 键重复执行“快速引线”命令，使用相同的方法分别标注客厅、主卧、主卧卫生间及书房地面材质的引线注释，效果如图 8-25 所示。

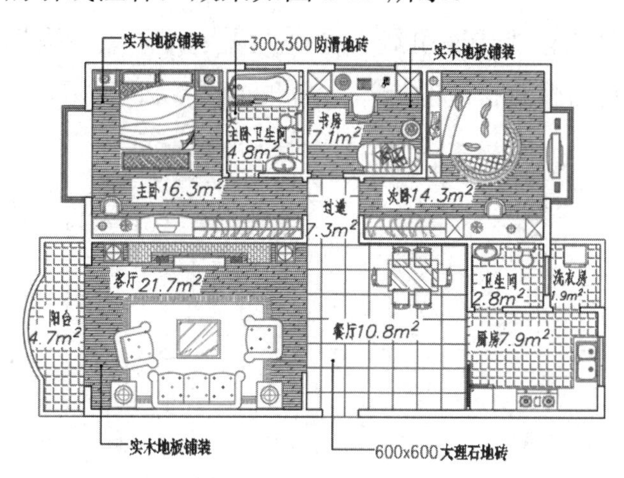

图 8-25　标注地面材质的引线注释 2

（8）按 Enter 键重复执行“快速引线”命令，输入“S”，按 Enter 键激活“设置”选项，打开“引线设置”对话框，切换至“引线和箭头”选项卡，设置“最大值”为“2”，“第一段”和“第二段”引线的角度约束均为“水平”，其他采用默认设置，如图 8-26 所示。

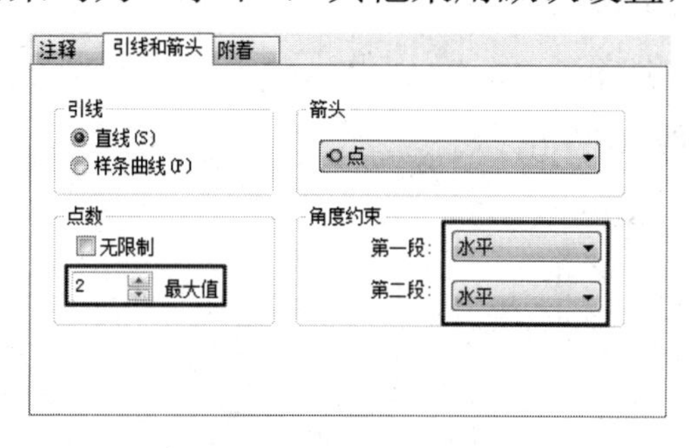

图 8-26　修改设置

（9）单击“确定”按钮关闭“引线设置”对话框，在次卧地面上单击拾取第一点，向右引导鼠标指针，在墙外合适位置单击拾取第二点，按两次 Enter 键进入多行文字注释模式，采用相同的文字设置，输入“实木地板铺装”，标注次卧的地面材质，效果如图 8-27 所示。

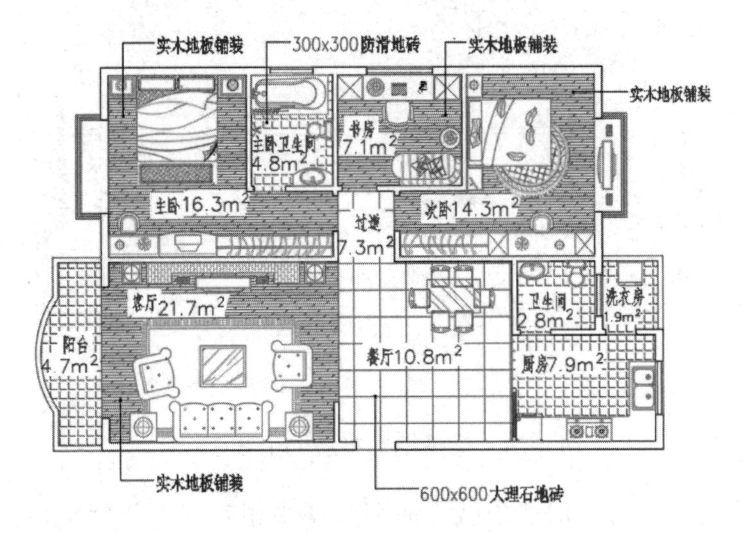

图 8-27　标注地面材质的引线注释 3

（10）按 Enter 键重复执行“快速引线”命令，采用相同的参数标注厨房及客厅左侧阳台的地面材质，完成该平面图地面材质的标注，效果如图 8-28 所示。

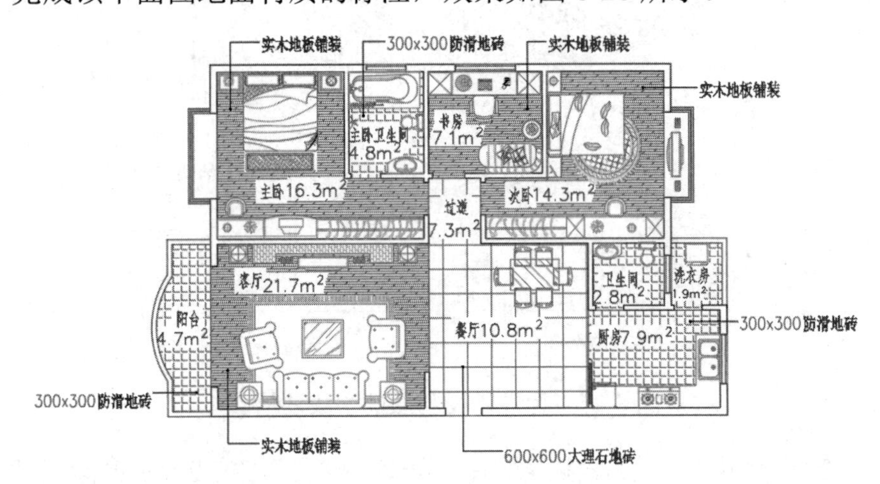

图 8-28　标注地面材质的引线注释 4

【课堂练习】标注阶梯轴零件的引线注释。

打开“素材”目录下的“阶梯轴.dwg”文件，请读者自行尝试通过引线注释标注该零件两端倒角的引线注释，效果如图 8-29 所示。

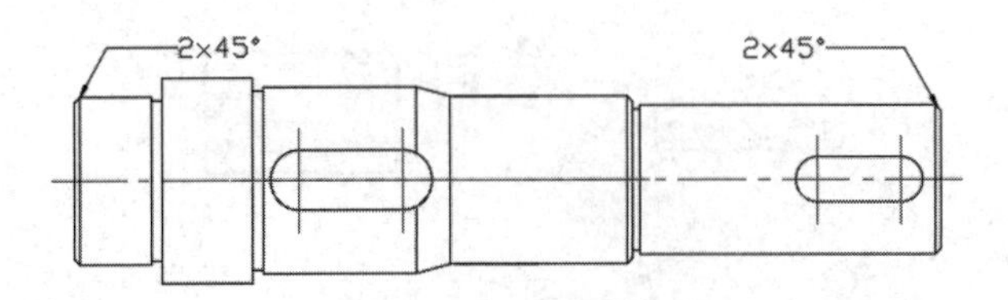

图 8-29　标注阶梯轴零件的引线注释

8.3.2 公差标注

公差是指机械零件在极限尺寸内的最大包容量、最小包容量及设置形位公差的包容条件。公差标注包括尺寸公差和形位公差两部分，是机械制图中非常重要的内容，关系到机械零件的加工和制造。

打开“素材”目录下的“半轴壳零件俯视图.dwg”文件，下面通过为该零件标注公差来介绍公差标注的相关内容。

【课堂实训】标注半轴壳零件俯视图的公差。

1. 标注尺寸公差

（1）在无任何命令发出的情况下，双击零件俯视图左侧尺寸标注为“35”的尺寸数字进入编辑状态，将鼠标指针定位到尺寸数字的后面，输入“+0.02^−0.01”，如图 8-30 所示。

小贴士：

“^”是公差值的堆叠符号。在输入“^”时要在英文状态下，按快捷键 Shift+6 即可。

（2）选择输入的“+0.02^−0.01”，单击“文字编辑器”选项卡中的“堆叠”按钮，将输入的公差值进行堆叠，如图 8-31 所示。

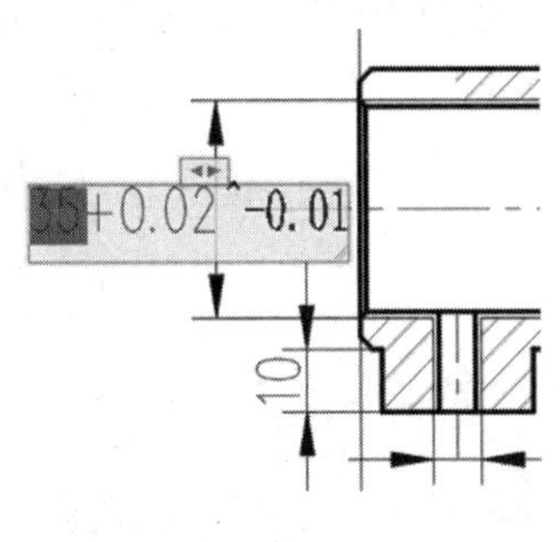

图 8-30 输入公差值

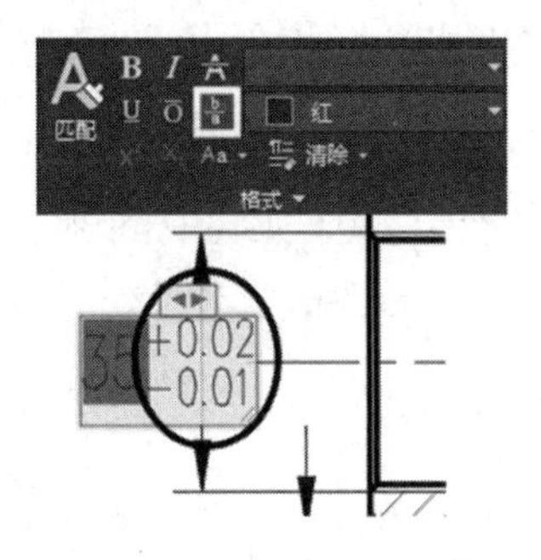

图 8-31 堆叠公差值

（3）单击“文字编辑器”选项卡右侧的按钮，完成该尺寸公差的标注。

（4）使用相同的方法标注零件俯视图右侧的两个尺寸公差，完成该零件俯视图尺寸公差的标注，效果如图 8-32 所示。

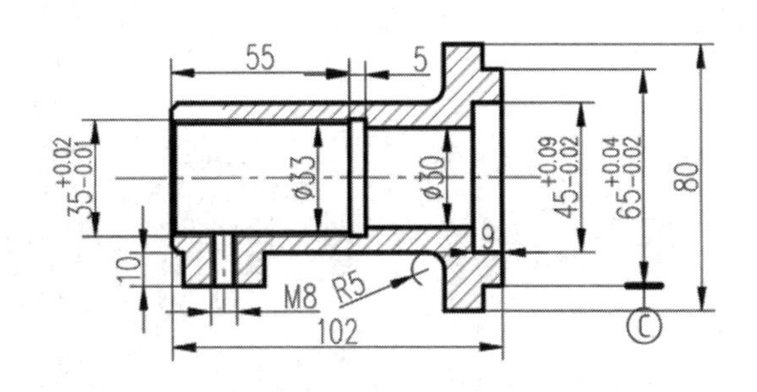

图 8-32 标注尺寸公差

2. 标注形位公差

在标注形位公差时，需要选中“引线设置”对话框的“注释”选项卡中的“公差”单选按钮，这样就可以标注公差并进行相关设置。

（1）输入“LE”，按 Enter 键激活“快速引线”命令，输入“S”，按 Enter 键打开“引线设置”对话框，选中“注释”选项卡中的“公差”单选按钮，如图 8-33 所示。

（2）切换至“引线和箭头”选项卡，设置“点数”的“最大值”为“3”，“箭头”类型为“实心闭合”，“角度约束”的“第一段”为“90° ”，“第二段”为“水平”，其他采用默认设置，如图 8-34 所示。

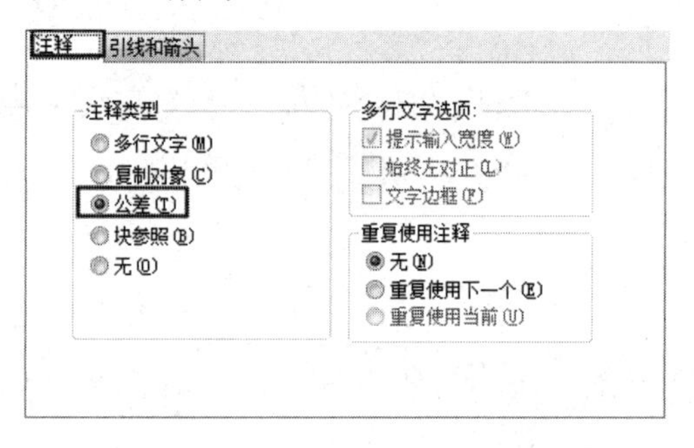

图 8-33　选中“公差”单选按钮

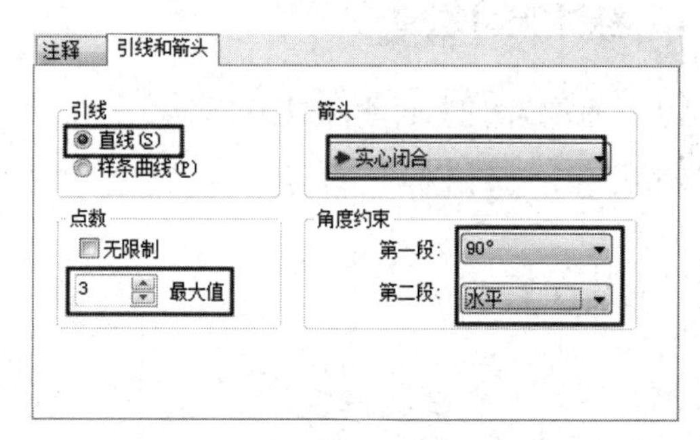

图 8-34　“引线和箭头”选项卡

（3）单击“确定”按钮返回绘图区，在左侧标注为“35”的尺寸的下方尺寸界线上单击拾取一点，向下引导鼠标指针拾取第二点，水平向右引导鼠标指针拾取第三点，此时打开“形位公差”对话框，如图 8-35 所示。

（4）单击“符号”选项组中的颜色块，打开“特征符号”提示框，单击符号按钮 ⌖，添加特征符号，如图 8-36 所示。

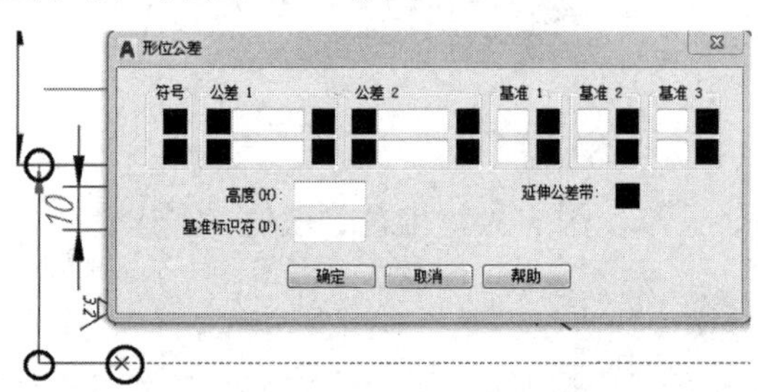

图 8-35　“形位公差”对话框

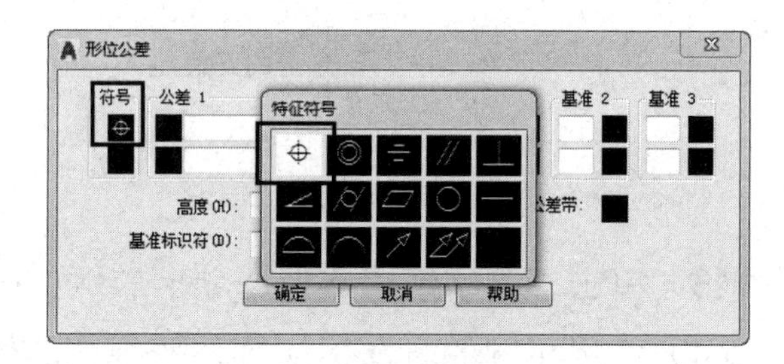

图 8-36　添加特征符号

（5）单击“公差 1”颜色块添加“直径”符号，并输入“0.25”，在“基准 1”文本框中输入“B”，如图 8-37 所示。

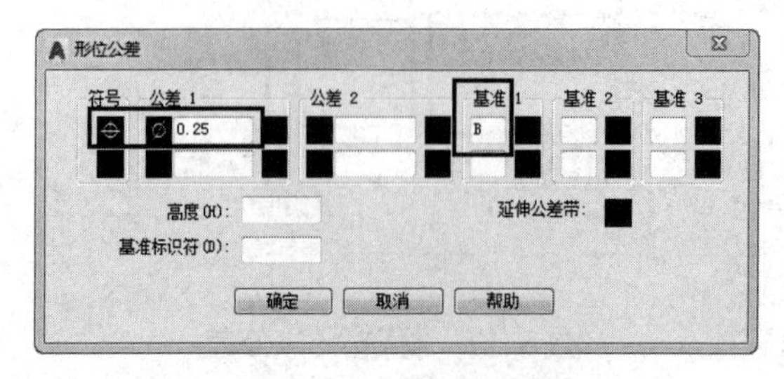

图 8-37　设置形位公差值 1

（6）单击“确定”按钮，在该位置标注形位公差，效果如图 8-38 所示。

（7）按 Enter 键重复执行“引线”命令，在右上角尺寸界线上单击拾取一点，向上引导鼠标指针拾取第二点，向右引导鼠标指针拾取第三点，打开“形位公差”对话框。

（8）单击“符号”选项组中的颜色块，打开“特征符号”提示框，单击符号按钮 ◎，添加特征符号，设置“公差 1”为“0.04”，“基准 1”为“C”，如图 8-39 所示。

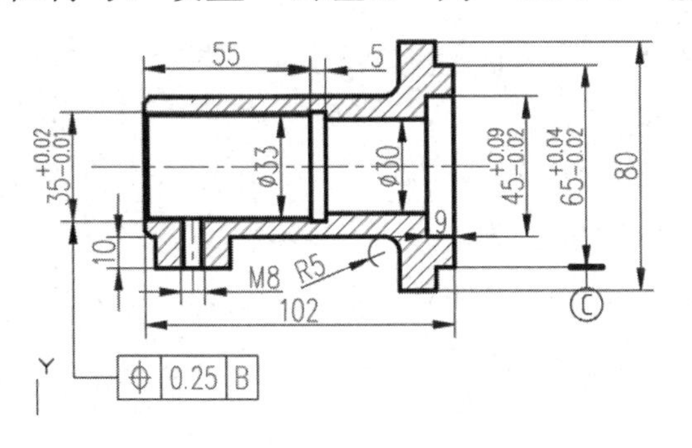

图 8-38　标注形位公差

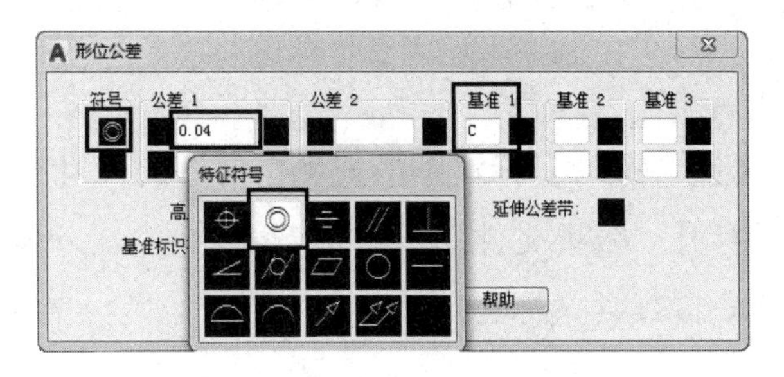

图 8-39　设置形位公差值 2

（9）单击“确定”按钮，在该位置标注另一个形位公差，效果如图 8-40 所示。

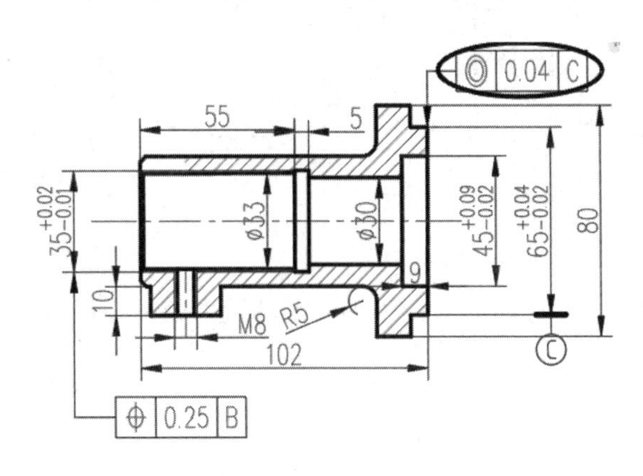

图 8-40　标注另一个形位公差

小贴士：

在标注形位公差时，单击“特征符号”提示框中的符号按钮即可添加特征符号，单击“特征符号”提示框中的无符号按钮可取消添加的特征符号。另外，单击“公差 1”选项组、“公差 2”选项组下方的颜色按钮即可添加一个直径符号，同时在文本框中输入公差值。继续单击“公差 1”选项组或“公差 2”选项组中右侧的颜色块，打开“附加符号”提示框，如图 8-41 所示，单击附加符号并输入值。

图 8-41　“附加符号”提示框

“附加符号”提示框中各符号的含义如下。

符号Ⓜ：表示最大包容条件，规定零件在极限尺寸内的最大包容量。

符号Ⓛ：表示最小包容条件，规定零件在极限尺寸内的最小包容量。

符号Ⓢ：表示不考虑特征条件，不规定零件在极限尺寸内的任意几何大小。

另外，执行“标注”→“公差”命令，打开“形位公差”对话框，也可添加符号并输入形位公差值。需要说明的是，在标注形位公差时，需要先设置引线样式，再添加形位符号与值。

【课堂练习】标注圆形把手平面图的尺寸公差与形位公差。

打开“效果文件”→“第7章”→“上机实操——标注圆形把手平面图尺寸.dwg”文件，请读者自行尝试标注尺寸公差与形位公差，效果如图8-42所示。

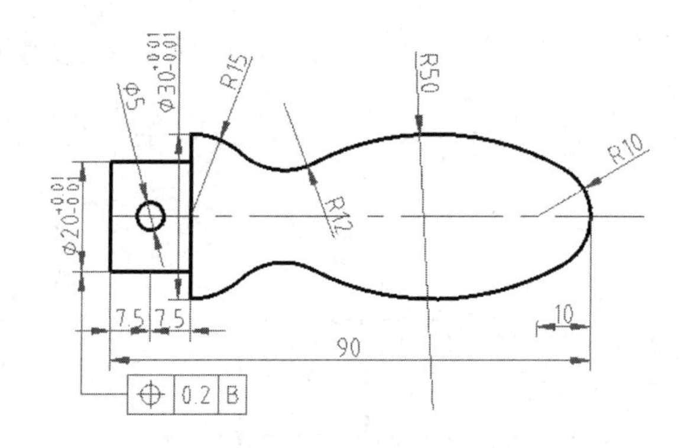

图8-42　标注圆形把手平面图的尺寸公差与形位公差

8.3.3　创建表格

在AutoCAD中，通过尺寸标注及文字注释并不能完全传递图形的所有信息，这时可以以表格的形式来传递。使用AutoCAD创建表格与使用其他办公软件创建表格的方法类似，用户可以根据需要创建任意表格，并对表格进行相关内容的填充。下面通过创建列数为“3”、列宽为“20”、数据行数为“3”的表格来介绍创建表格的相关方法。

【课堂实训】创建列数为“3”、列宽为“20”、数据行数为“3”的表格。

（1）单击“默认”选项卡的“注释”工具列表中的“表格”按钮，打开“插入表格”对话框，在“列和行设置”选项组中设置“列数”和“数据行数”均为“3”，“列宽”为“20”，“行高”为“1行”，其他采用默认设置，如图8-43所示。

小贴士：

使用默认设置创建的表格，不仅包含标题行，还包含表头行、数据行，用户可以根据实际情况进行取舍。

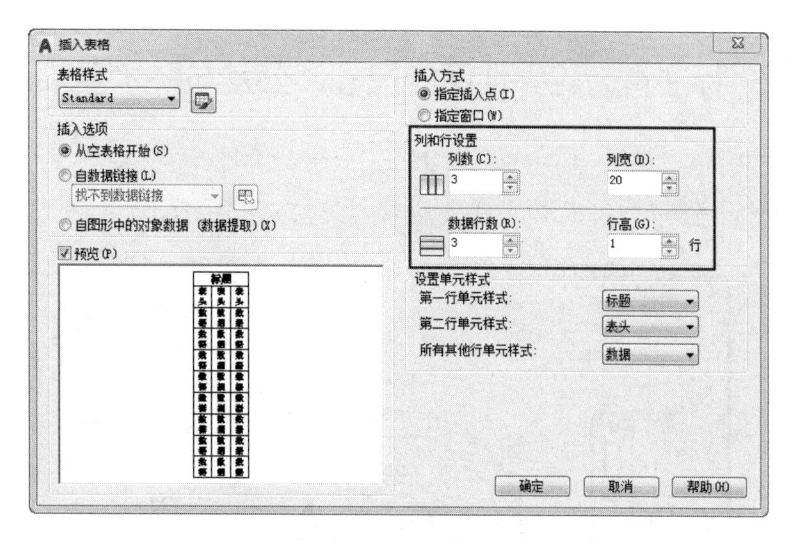

图 8-43　设置表格参数

（2）单击“确定”按钮返回绘图区，拾取一点插入表格，同时切换至“文字格式编辑器”选项卡，如图 8-44 所示。

（3）在“文字格式编辑器”选项卡中，设置“文字样式”为“standard 标准”，“文字高度”为“4.5”，“字体”为“宋体”，“对正”为“正中”，其他采用默认设置，将鼠标指针定位到表格的上方表格中，输入“标题”，如图 8-45 所示。

（4）按右方向键，将鼠标指针移到左下侧的列标题栏中，在反白显示的列标题栏中输入“表头”，继续按右方向键，分别在其他列标题栏中输入“表头”，如图 8-46 所示。

（5）单击“文字格式编辑器”选项卡中的“关闭”按钮退出，创建的表格如图 8-47 所示。

	A	B	C
1			
2			
3			
4			
5			

图 8-44　插入表格

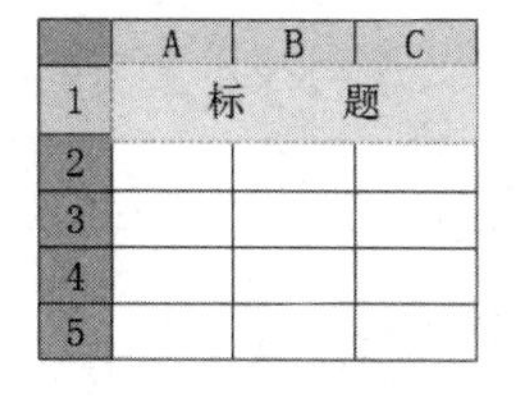

图 8-45　输入“标题”

图 8-46　填充表格

图 8-47　创建的表格

【课堂练习】创建列数为“9”、列宽为“20”、数据行数为“3”的表格。

表格的其他设置比较简单，此处不再详细讲解，下面读者可自行尝试创建列数为“9”、列宽为“20”、数据行数为“3”的表格，并为其填充内容，结果如图 8-48 所示。

标　　题								
表头	表头	表头	表头	表头	表头	表头	表头	表头

图 8-48　创建并填充表格

综合练习——标注直齿轮零件图的尺寸、公差与技术要求

打开“效果文件”→“第 4 章”→“综合练习——绘制直齿轮零件左视图.dwg”文件，下面为该零件标注尺寸、公差与技术要求等，效果如图 8-49 所示。

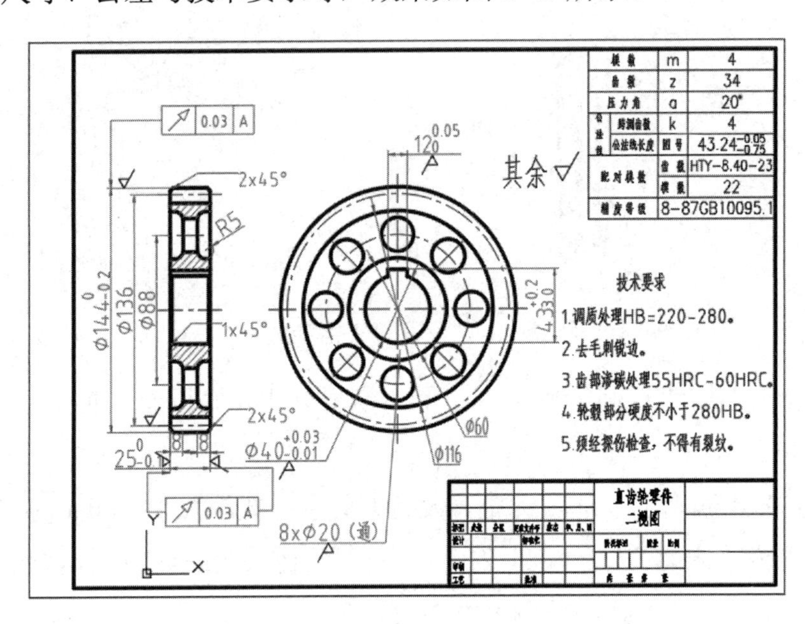

图 8-49　直齿轮零件图的最终效果

详细的操作步骤请参考配套教学资源的视频讲解。

标注直齿轮零件图的尺寸、公差与技术要求的练习评价表如表 8-2 所示。

表 8-2　标注直齿轮零件图的尺寸、公差与技术要求的练习评价表

练习项目	检查点	完成情况	出现的问题及解决措施
标注直齿轮零件图的尺寸、公差与技术要求	文字注释、引线标注	□完成　□未完成	
	公差标注、创建表格	□完成　□未完成	

知识巩固与能力拓展

一、单选题

1．打开“文字样式”对话框的命令简写是_____。

A．ST　　B．SD　　C．SE　　D．SC

2．启动“单行文字”命令可以使用命令简写_____。

A．DT　　B．DA　　C．DN　　D．D

3．启动“多行文字”命令可以使用命令简写_____。

A．D　　B．A　　C．N　　D．T

4．直径符号的代码是_____。

A．%%C　　B．%%D　　C．%%A　　D．%%L

5．度数符号的代码是_____。

A．%%C　　B．%%D　　C．%%A　　D．%%L

6．正负符号的代码是_____。

A．%%C　　B．%%D　　C．%%A　　D．%%P

7．标注引线时，引线的点数最少设置为_____。

A．1　　B．2　　C．3　　D．4

二、多选题

1．文字注释的类型包括_____。

A．单行文字注释　　B．多行文字注释　　C．引线文字注释

2．公差标注包括_____。

A．形位公差　　B．尺寸公差　　C．形状公差

3．编辑单行文字注释的方法包括_____。

A．双击单行文字注释进入编辑模式

B．执行“修改”→“对象”→“文字”→“编辑”命令，单击单行文字注释进入编辑模式

C．执行“绘图”→“文字”→“单行文字”命令

4．编辑多行文字注释的方法包括_____。

A．双击多行文字注释进入编辑模式

B．执行“修改”→“对象”→“文字”→“编辑”命令，单击多行文字注释进入编辑模式

C．输入“ST”，按 Enter 键激活“多行文字”命令

三、上机实操

打开“素材”目录下的“阀体零件图.dwg”文件，标注该零件的公差、粗糙度与技术要求，并为其插入“A3-H”的图框，对图框进行填充，效果如图 8-50 所示。

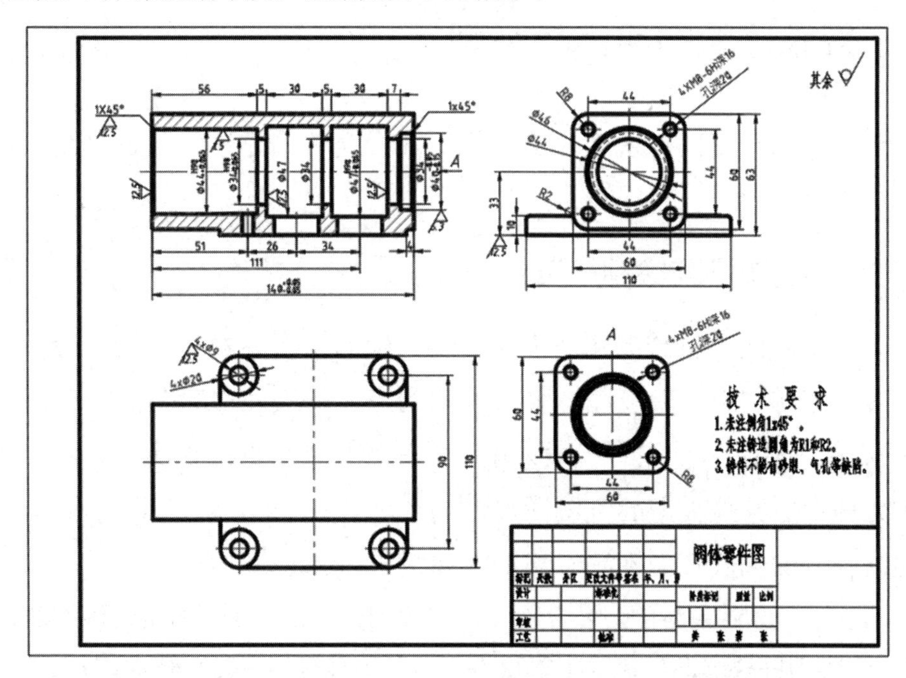

图 8-50　标注阀体零件的公差、粗糙度与技术要求并插入图框

AutoCAD 绘图提高（一）——绘制轴测图

第 9 章

工作任务分析

本章主要介绍绘制轴测图的相关内容，包括轴测图的类型与绘制方法，以及标注轴测图文本注释与尺寸等。

知识学习目标

- 掌握等轴测线的绘制技能。
- 掌握等轴测圆的绘制技能。
- 掌握输入等轴测文字的技能。
- 掌握标注等轴测尺寸的技能。

技能实践目标

- 能够绘制各类轴测图。
- 能够标注轴测图的各类尺寸。
- 能够对各类轴测图标注文字注释。

9.1 了解轴测图的用途与类型

轴测图是一种在二维空间中快速表达三维形体最简单的方法。通过轴测图可以快速获得物体的外形特征信息。

9.1.1 轴测图的类型与绘制方法

轴测图分为正轴测图和斜轴测图两大类，根据轴向变形系数又分为正等轴测图、正二等轴测图、正三等轴测图、斜等轴测图、斜二等轴测图和斜三等轴测图。《机械制图　轴测图》（GB/T 4458.3—2013）规定，轴测图一般采用正等轴测图、正二等轴测图和斜二等轴测图 3 种类型，必要时允许使用其他类型的轴测图。

轴测图的绘制方法一般有坐标法、切割法和组合法。

- 坐标法：常用于绘制完整的三维形体，一般先沿坐标轴方向测量，再按照坐标轴绘制各顶点的位置，最后连线绘图，使用坐标法绘制的直齿轮零件轴测图如图 9-1 所示。

- 切割法：常用于绘制三维形体的剖面图，一般先绘制完整的三维形体，再利用切割法绘制不完整的部分，使用切割法绘制的直齿轮零件轴测剖面图如图 9-2 所示。

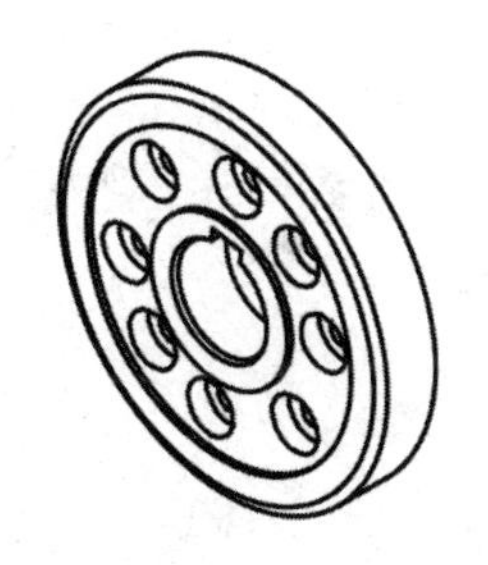

图 9-1　直齿轮零件轴测图

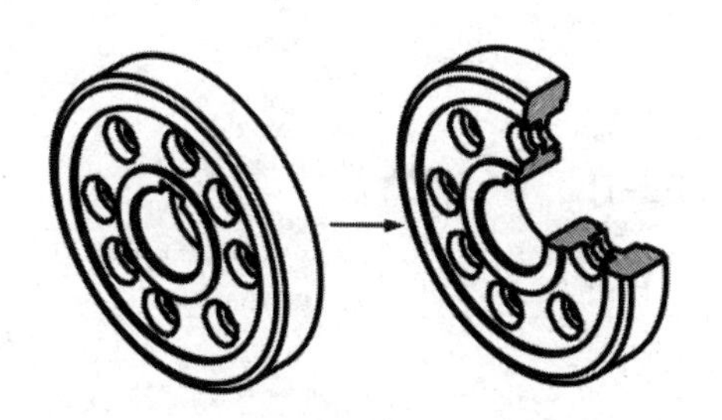

图 9-2　直齿轮零件轴测剖面图

- 组合法：常用于绘制比较复杂的三维形体的组合，一般先分成若干基本形状，在相应的位置进行绘制，再将各部分组合起来，使用组合法绘制的法兰盘零件轴测图如图 9-3 所示。

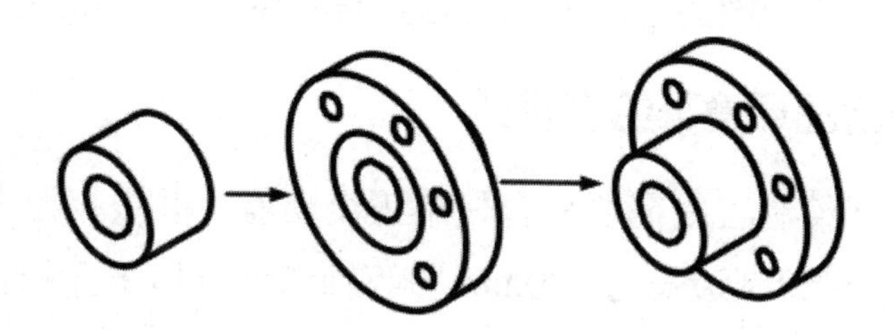

图 9-3　法兰盘零件轴测图

9.1.2　设置轴测图绘图环境并切换等轴测平面

与绘制二维图形不同，轴测图必须在专用的绘图环境下绘制。在具体绘制轴测图的过程中，可以根据需要设置轴测图绘图环境并切换不同的等轴测平面。

【课堂实训】设置轴测图绘图环境并切换等轴测平面。

轴测图绘图环境的设置比较简单，可以通过两种方法设置轴测图的绘图环境，具体如下。

（1）激活状态栏中的“等轴测草图”按钮即可切换到轴测图绘图环境。

（2）输入“SE”，按 Enter 键打开“草图设置”对话框，切换至“捕捉和栅格”选项卡，选中“捕捉类型”选项组中的“等轴测捕捉”单选按钮，如图 9-4 所示。

设置好轴测图绘图环境后，根据绘图需要切换到不同的等轴测平面进行绘图，此时鼠标指针会切换到相应的等轴测平面。

连续按 F5 键可以切换到 3 个不同的等轴测平面，等轴测平面分别为“<等轴测平面 俯视>”、“<等轴测平面 右视>”和“<等轴测平面 左视>”，如图 9-5 所示。

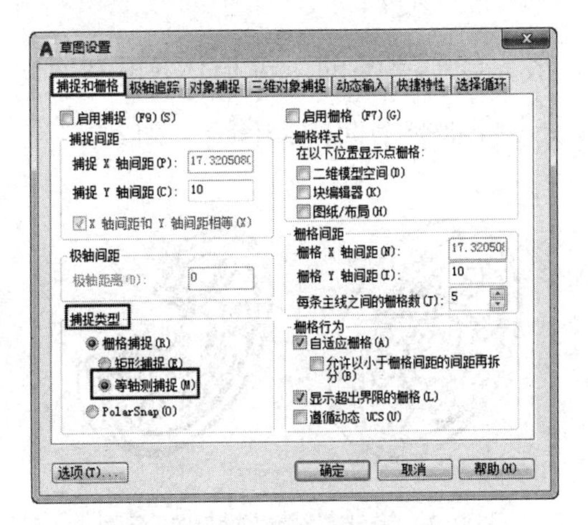

图 9-4　设置轴测图绘图环境

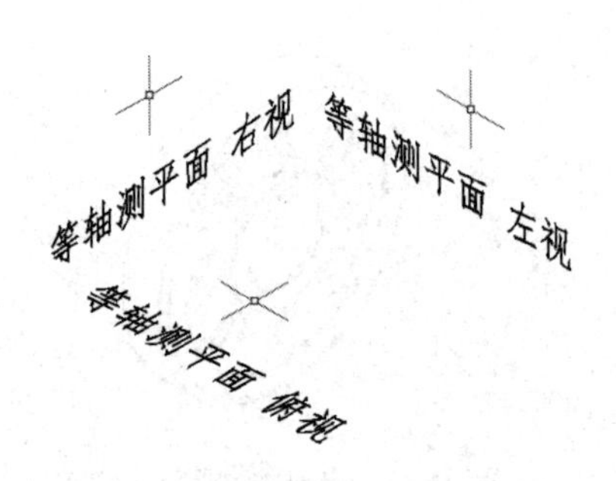

图 9-5　等轴测平面与鼠标指针

9.2 绘制轴测图

在绘制轴测图时，直线和圆的绘制方法与在正交视图中直线和圆的绘制方法都不同。

9.2.1　在轴测图绘图环境下绘制直线

在轴测图绘图环境下绘制直线需要配合使用正交功能，并根据绘图需要切换不同的等轴测平面进行绘制。下面通过绘制边长为 100mm 的等轴测立方体来介绍在轴测图绘图环境下绘制直线的方法。

【课堂实训】绘制等轴测立方体。

1. 绘制立方体底面

等轴测立方体底面需要在轴测图绘图环境下的“<等轴测平面 俯视>”等轴测平面进行绘制。

（1）激活状态栏中的“等轴测草图”按钮，进入轴测图绘图环境，按 F5 键切换到“<等轴测平面 俯视>”等轴测平面，按 F8 键激活正交功能。

（2）输入“L”，按 Enter 键激活“直线”命令，在绘图区单击拾取一点，向右上引导鼠标指针，输入“100”，按 Enter 键。

（3）向左上引导鼠标指针，输入“100”，按 Enter 键，向左下引导鼠标指针，输入“100”，按 Enter 键，输入“C”，按 Enter 键闭合图形，结果如图 9-6 所示。

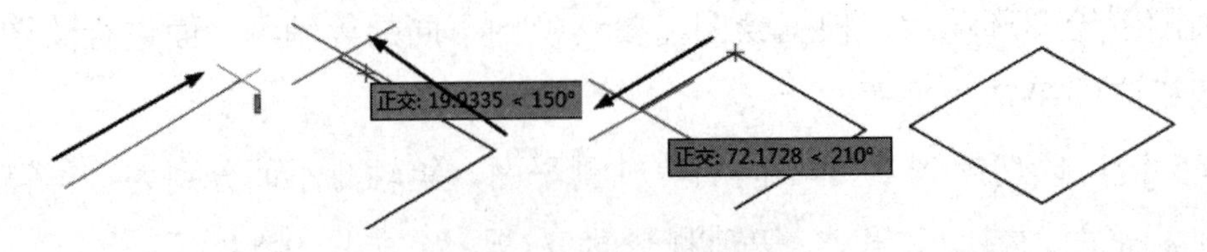

图 9-6　绘制立方体底面

2. **绘制立方体左平面**

轴测立方体左平面需要在轴测图绘图环境下的“<等轴测平面 左视>”等轴测平面进行绘制。

（1）按 F5 键切换到“<等轴测平面 左视>”等轴测平面，按 Enter 键重复执行“直线”命令，捕捉顶平面左端点，向下引导鼠标指针，输入“100”，按 Enter 键确认。

（2）向右下引导鼠标指针，输入“100”，按 Enter 键确认，垂直向上引导鼠标指针，捕捉顶平面端点，按两次 Enter 键确认，结果如图 9-7 所示。

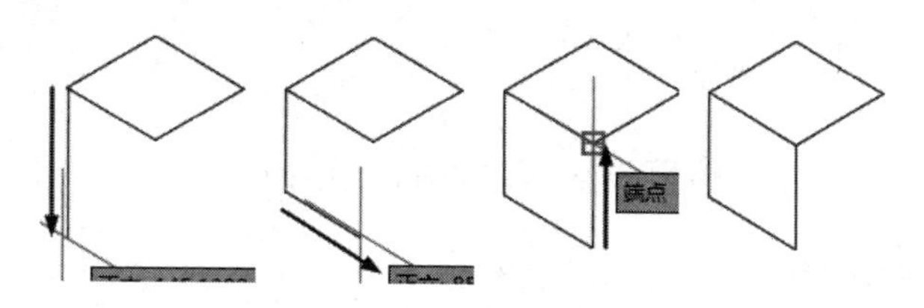

图 9-7　绘制立方体左平面

3. **绘制立方体右平面**

轴测立方体右平面需要在轴测图绘图环境下的“<等轴测平面 右视>”等轴测平面进行绘制。

（1）按 F5 键切换到“<等轴测平面 右视>”等轴测平面，按 Enter 键重复执行“直线”命令，捕捉左平面右下端点，向右上引导鼠标指针，输入“100”，按 Enter 键确认。

（2）向上引导鼠标指针，捕捉顶平面右端点，按两次 Enter 键结束操作，结果如图 9-8 所示。

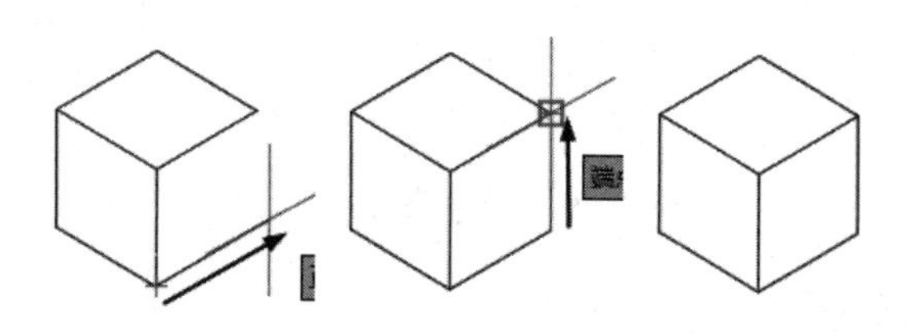

图 9-8　绘制立方体右平面

9.2.2　在轴测图绘图环境下绘制圆

在轴测图绘图环境下绘制圆时不能使用“圆”命令，而应使用“椭圆”命令，并配合等轴测圆功能来绘制。下面在 9.2.1 节绘制的立方体的左平面、右平面和顶面绘制半径为 40mm 的等轴测圆，并以此为例介绍绘制轴测图的相关内容。

【课堂实训】绘制轴测圆。

1. **在立方体顶面绘制圆**

在立方体顶面绘制圆时需要在“<等轴测平面 俯视>”等轴测平面进行。

（1）按 F3 键和 F10 键分别启用极轴追踪功能和对象捕捉追踪功能，并设置中点捕捉模式和交点捕捉模式。

（2）按 F5 键切换为“<等轴测平面 俯视>”等轴测平面，输入“EL”，按 Enter 键激活“椭圆”命令，输入“I”，按 Enter 键激活“等轴测圆”选项。

（3）由立方体顶面的两条边的中点引出矢量线，捕捉矢量线的交点确定圆心，输入“40”，按 Enter 键，绘制半径为 40mm 的等轴测圆，如图 9-9 所示。

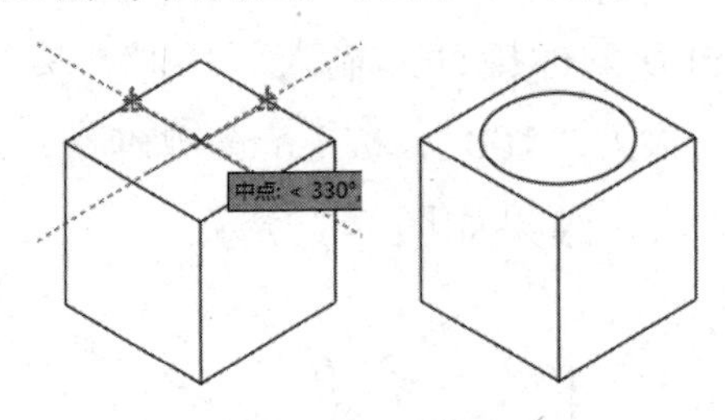

图 9-9　绘制等轴测圆 1

2. **在立方体左平面绘制圆**

在立方体左平面绘制圆时需要在“<等轴测平面 左视>”等轴测平面进行。

（1）按 F5 键切换到“<等轴测平面 左视>”等轴测平面，输入“EL”，按 Enter 键激活“椭圆”命令，输入“I”，按 Enter 键激活“等轴测圆”选项。

（2）由立方体左平面的两条边的中点引出矢量线，捕捉矢量线的交点确定圆心，输入“40”，按 Enter 键，绘制半径为 40mm 的等轴测圆，如图 9-10 所示。

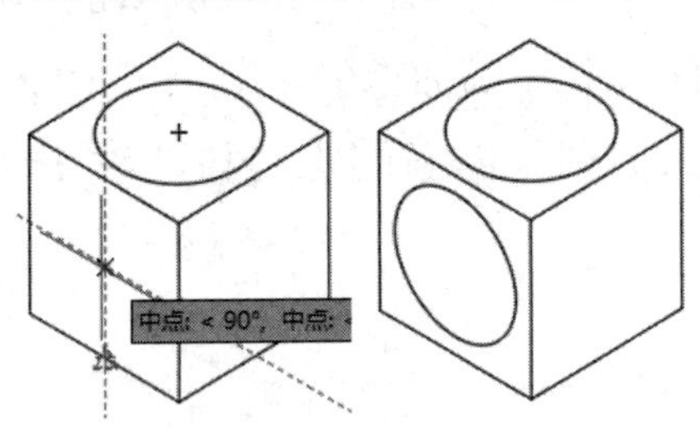

图 9-10　绘制等轴测圆 2

3. **在立方体右平面绘制圆**

在立方体右平面绘制圆时需要在“<等轴测平面 右视>”等轴测平面进行。

（1）按 F5 键切换到“<等轴测平面 右视>”等轴测平面，输入“EL”，按 Enter 键激活“椭圆”命令，输入“I”，按 Enter 键激活“等轴测圆”选项。

（2）由立方体右平面的两条边的中点引出矢量线，捕捉矢量线的交点确定圆心，输入“40”，按 Enter 键，绘制半径为 40mm 的等轴测圆，如图 9-11 所示。

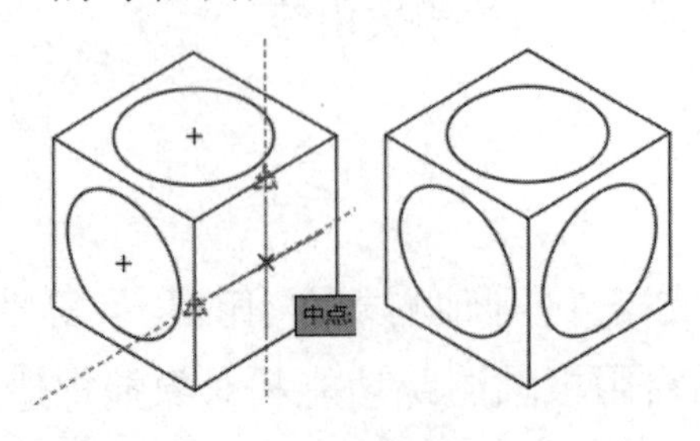

图 9-11　绘制等轴测圆 3

9.3 标注轴测图文本注释与尺寸

在轴测图中输入文本与在二维绘图空间中输入文本不同，除了需要设置文字样式，在输入文本时还需要根据等轴测平面设置文字的旋转角度。另外，标注轴测图尺寸的方法也与一般的标注尺寸的方法不同，直线的尺寸一般使用“对齐”命令进行标注，而直径和半径的尺寸则需要通过引线进行标注。

9.3.1 为轴测图标注文字注释

在轴测图中标注文字注释时，需要先设置文字样式，再根据不同的等轴测平面设置文字的倾斜角度。下面在 9.2.2 节创建的轴测立方体的 3 个面上分别输入文本，并以此为例介绍在轴测图中标注文字注释的相关方法。

【课堂实训】在轴测图中标注文字注释。

（1）输入“ST”，按 Enter 键打开“文字样式”对话框，新建名称为“左等文本”、“右等文本”和“上等文本”3 种文字样式，并设置 3 种文本的字体均为仿宋体，其中“左等文本”的“倾斜角度”为“-30”，“右等文本”和“上等文本”的“倾斜角度”均为“30”，如图 9-12 所示。

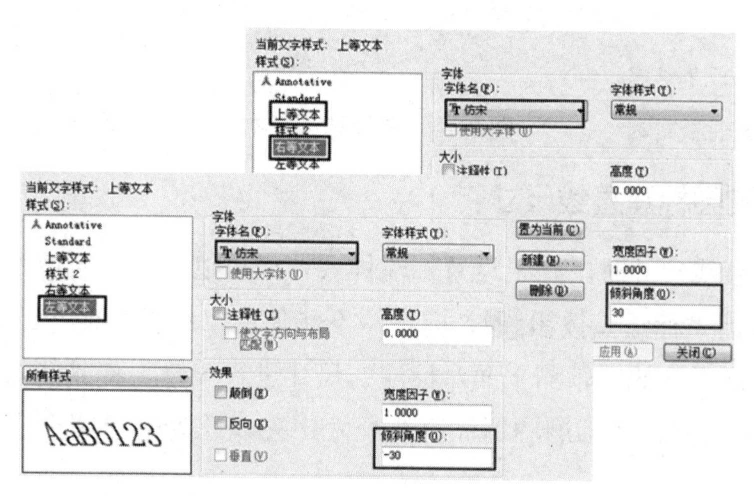

图 9-12　设置轴测图中的文本样式

（2）在“文字样式”对话框中，将“上等文本”文字样式设置为当前样式，按 F5 键，将当前绘图平面切换为“<等轴测平面 俯视>”等轴测平面。

（3）输入“TEXT”，按 Enter 键激活“单行文字”命令，捕捉立方体顶面圆的圆心，输入“8”，按 Enter 键设置文字高度，输入“-30”，按 Enter 键设置文字旋转角度。

（4）在文本框中输入“上等轴测文本”字样，按两次 Enter 键退出单行文字样式，效果如图 9-13 所示。

（5）在“文字样式”对话框中将“左等文本”文字样式设置为当前样式，按 F5 键，将当前绘图平面切换为“<等轴测平面 左视>”等轴测平面。

（6）输入“TEXT”，按 Enter 键激活“单行文字”命令，捕捉立方体左平面圆的圆心，输入“10”，按 Enter 键设置文字高度，输入“-30”，按 Enter 键设置文字旋转角度。

（7）在文本框中输入“左等轴测文本”字样，按两次 Enter 键退出单行文字样式，效果如图 9-14 所示。

（8）在“文字样式”对话框中将“右等文本”文字样式设置为当前样式，按 F5 键，将当前绘图平面切换为“<等轴测平面 右视>”等轴测平面。

（9）输入“TEXT”，按 Enter 键激活“单行文字”命令，捕捉立方体右平面圆的圆心，输入“10”，按 Enter 键设置文字高度，输入“30”，按 Enter 键设置文字旋转角度。

（10）在文本框中输入“右等轴测文本”字样，按两次 Enter 键退出单行文字样式，效果如图 9-15 所示。

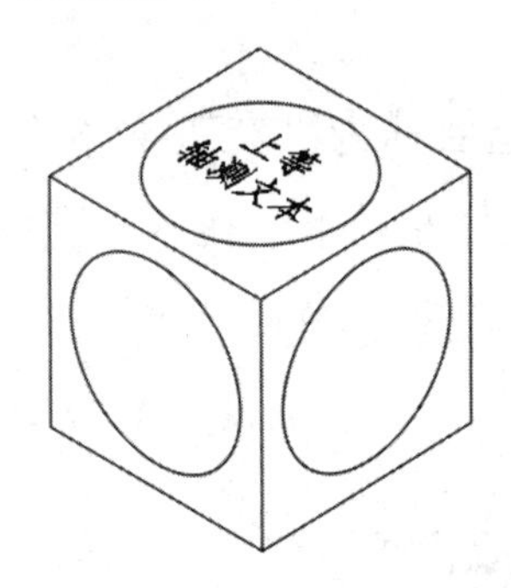

图 9-13　上等轴测文本

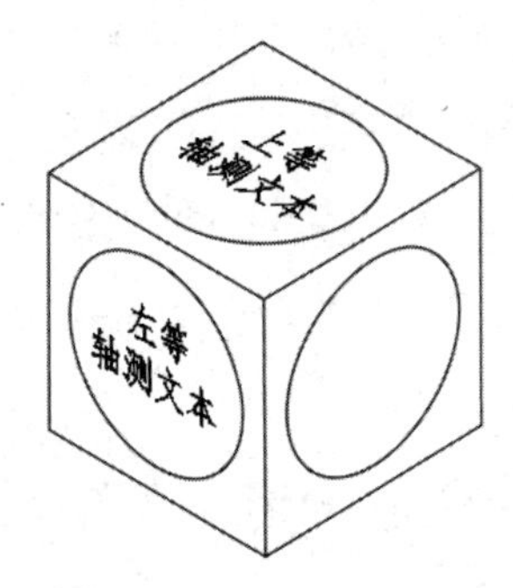

图 9-14　左等轴测文本

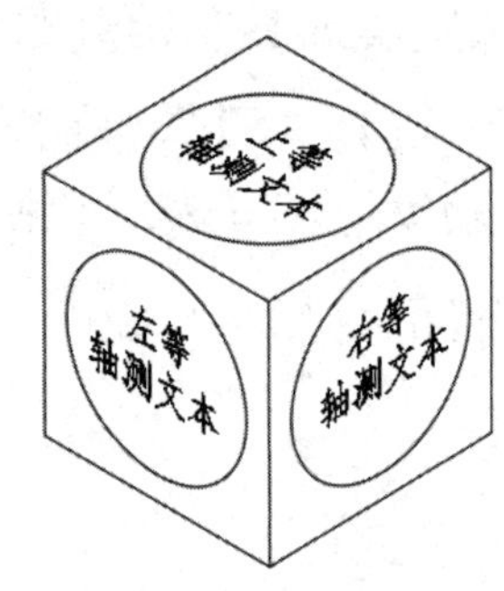

图 9-15　右等轴测文本

9.3.2　为轴测图标注直线尺寸

在标注轴测图直线尺寸时，除了设置标注样式，还可以使用“对齐”命令，或者在“注释”工具列表中激活“标注”按钮来标注，不能使用“线性”命令或其他命令标注。标注完成后还需要根据不同的等轴测平面对标注的尺寸进行编辑，使其能与等轴测平面平行。下面为 9.3.1 节绘制的立方体轴测图标注直线尺寸，并以此为例介绍标注轴测图直线尺寸的方法。

【课堂实训】标注轴测图直线尺寸。

（1）输入“D”，按 Enter 键打开“标注样式”对话框，新建名称为“轴测标注”的标注样式，激活“标注”按钮，分别单击立方体的 3 条边，标注 3 个尺寸，如图 9-16 所示。

（2）单击“标注”工具栏中的“编辑标注”按钮，输入“O”，按 Enter 键激活“倾斜”选项，选择下方的尺寸标注，按 Enter 键确认，输入倾斜角度“30”，按 Enter 键使该尺寸与“<等轴测图平面 俯视>”等轴测平面对齐，效果如图 9-17 所示。

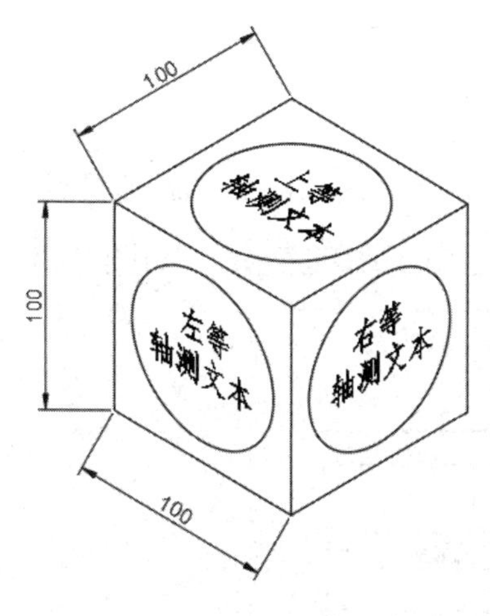

图 9-16　标注直线尺寸

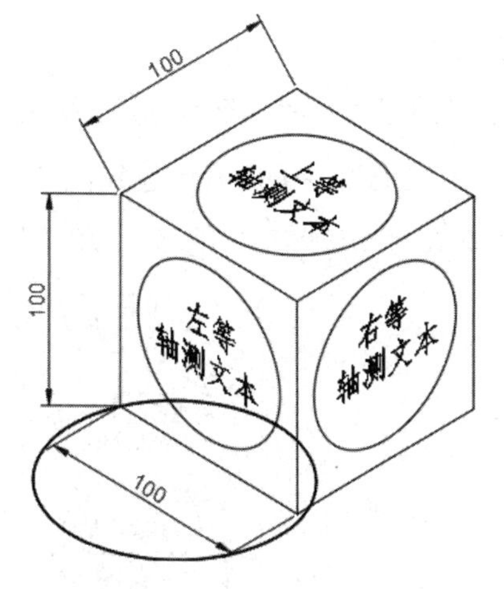

图 9-17　调整尺寸倾斜角度

小贴士：

“标注”按钮是 AutoCAD 2020 新增的一个多用途标注工具，可以用来标注任意尺寸，激活该工具，只需单击要标注的对象即可对其进行标注，应用非常方便。

（3）使用相同的方法分别编辑其他两个尺寸，将其旋转-30°，使其与各自的轴测平面对齐，效果如图 9-18 所示。

（4）在没有任何命令发出的情况下，分别选择左边、左上方和下方的尺寸使其夹点显示，在“样式”工具栏的“文字样式控制”下拉列表中为左边和下方文本选择“上等文本”文字样式，为左上方文本选择“左等文本”文字样式，按 Esc 键取消夹点显示，此时各等轴测平面上的文字也与等轴测平面对齐，完成轴测图直线尺寸的标注，效果如图 9-19 所示。

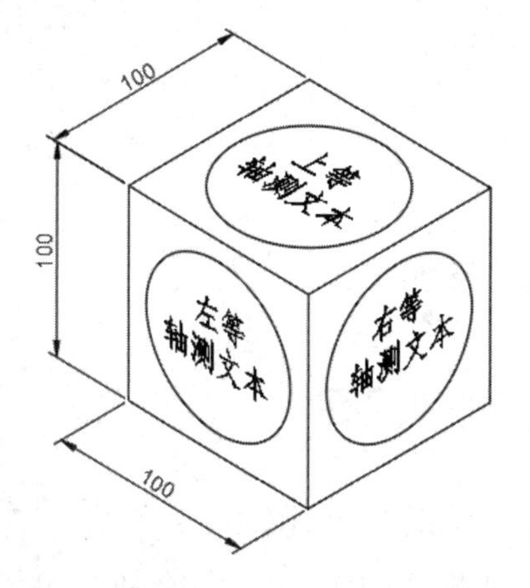

图 9-18　调整尺寸标注的倾斜角度

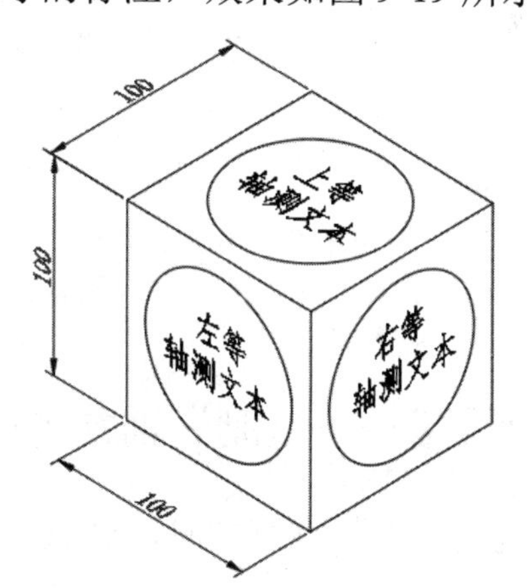

图 9-19　编辑尺寸文字

9.3.3　为轴测图标注直径和半径的尺寸

在标注轴测图直径和半径的尺寸时，需要使用引线。需要注意的是，应事先设置引线样式。下面为 9.3.1 节绘制的立方体轴测图中的轴测圆标注直径尺寸，并以此为例介绍标注轴测图直径尺寸的方法。

【课堂实训】标注轴测图的直径尺寸。

（1）输入“LE”，按 Enter 键激活“引线”命令，输入“S”，按 Enter 键打开“引线注释”对话框，分别设置“注释”选项卡及“引线和箭头”选项卡中的参数，如图 9-20 所示。

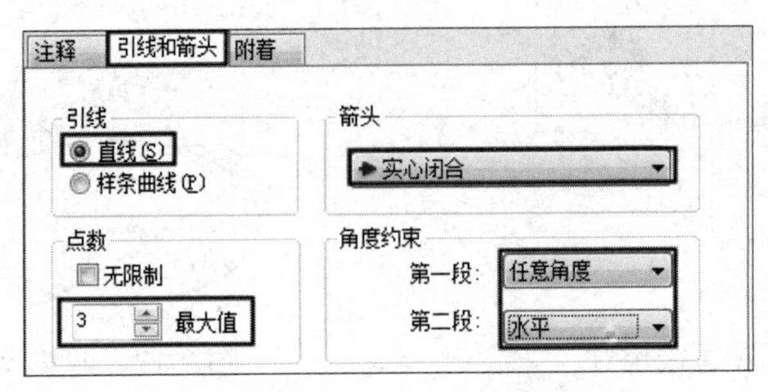

图 9-20　设置引线参数

（2）单击“确定”按钮关闭“引线注释”对话框，在上等轴测平面内的轴测圆上单击拾取第一点，向右上方引导鼠标指针到合适位置单击拾取第二点，水平引导鼠标指针到合适位置单击拾取第三点，按两次 Enter 键，打开“文字格式编辑器”选项卡，设置文字样式为“标准”，文字高度为“10”，输入“3-%%C80”，单击“关闭”按钮，标注轴测圆的直径尺寸，效果如图 9-21 所示。

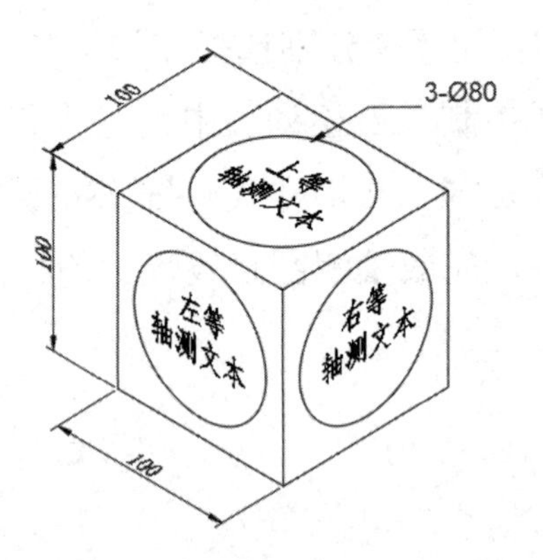

图 9-21　标注轴测圆直径尺寸

综合练习——绘制半轴壳零件轴测图与轴测剖视图

在绘制机械零件轴测图时，必须依照零件的其他视图的尺寸来绘制。打开“素材”目录下的“半轴壳零件俯视图.dwg”文件，根据该零件俯视图的相关尺寸来绘制右等轴测图、左等轴测图与轴测剖视图，效果如图 9-22 所示。

需要注意的是，如果俯视图中的相关尺寸标注不明确，那么可以随时测量所需尺寸，以便绘制轴测图。

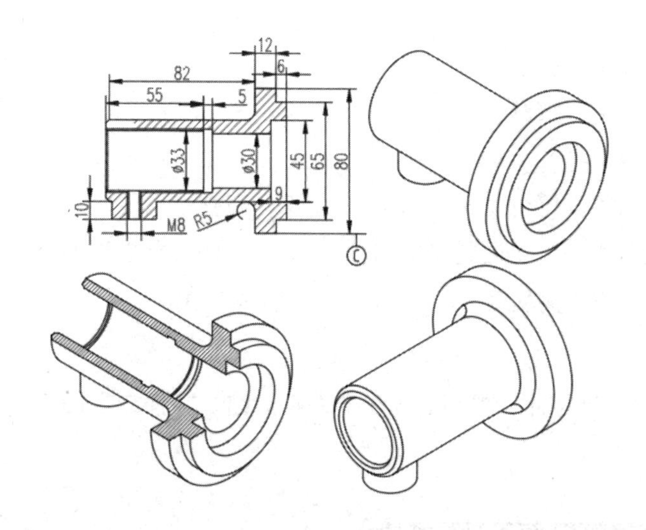

图 9-22 半轴壳零件俯视图、轴测图与轴测剖视图

详细的操作步骤请参考配套教学资源的视频讲解。

绘制半轴壳零件轴测图与轴测剖视图的练习评价表如表 9-1 所示。

表 9-1 绘制半轴壳零件轴测图与轴测剖视图的练习评价表

练习项目	检查点	完成情况	出现的问题及解决措施
绘制半轴壳零件轴测图与轴测剖视图	绘制轴测图	□完成 □未完成	
	书写轴测文本、标注轴测尺寸	□完成 □未完成	

知识巩固与能力拓展

一、单选题

1．切换等轴测平面的快捷键是_____。

A．F4 B．F5 C．F6 D．F7

2．标注轴测图直线尺寸的标注命令是_____。

A．线性 B．对齐 C．快速 D．连续

3．标注轴测图直径尺寸的标注命令是_____。

A．线性 B．对齐 C．引线 D．连续

4．在轴测图绘图环境下，只能使用_____命令绘制圆。

A．圆 B．椭圆 C．圆或椭圆

5．在轴测图绘图环境下，当使用“椭圆”命令绘制圆时，需要输入_____激活“轴测图”选项。

A．C B．A C．I D．J

二、多选题

1．轴测图分为_____。

A．正轴测图 B．斜轴测图

C．正二等轴测图 D．斜二等轴测图

2．轴测图的绘制方法包括_____。

A．坐标法　　B．切割法　　C．组合法　　D．测量法

3．轴测图的轴测平面包括_____。

A．左视　　B．俯视　　C．右视　　D．前视

4．在轴测图中输入文本时，需要设置文本的_____。

A．倾斜角度　　B．旋转度　　C．高度　　D．宽度因子

三、上机实操

打开“素材”目录下的“键零件二视图.dwg”文件，请结合零件二视图所标注的尺寸绘制该零件的轴测图，效果如图 9-23 所示。

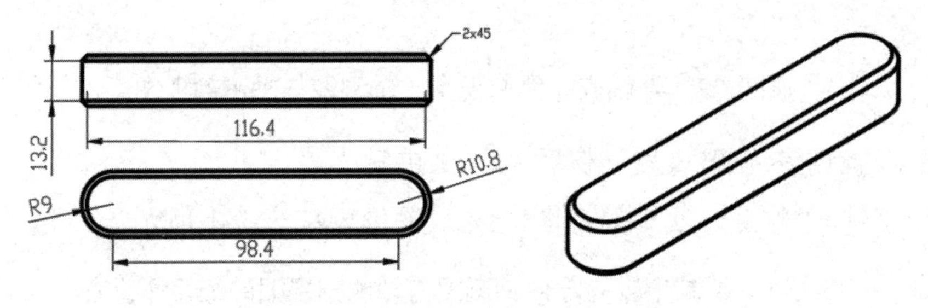

图 9-23　键零件二视图与轴测图

AutoCAD 绘图提高（二）——三维建模

第 10 章

工作任务分析

本章主要介绍 AutoCAD 三维建模的相关内容，包括三维视图、三维模型、视觉样式、用户坐标系等。

知识学习目标

- 掌握三维视图与视觉样式的切换技能。
- 掌握定义用户坐标系的技能。
- 掌握创建各种三维模型的技能。
- 掌握编辑与修改三维模型的技能。

技能实践目标

- 能够根据建模需求定义用户坐标系。
- 能够创建各种机械零件的三维模型尺寸。
- 能够对三维模型进行各种编辑与修改。

10.1 三维视图、三维模型、系统变量与自定义用户坐标系

本节主要介绍三维视图、三维模型的类型、系统变量的设置及自定义用户坐标系，这些内容对于创建三维模型非常重要。

10.1.1 三维视图及其切换方法

AutoCAD 提供了俯视、仰视、左视、右视、前视和后视 6 个平面视图，用于在二维空间中分别表现对象的上、下、左、右、前和后 6 个面的效果。另外，AutoCAD 还提供了西南等轴测、西北等轴测、东南等轴测和东北等轴测 4 个正交视图，用于在三维空间中分别从西南、西北、东南和东北 4 个方向表现模型的三维效果。在创建三维模型时，需要将视图从二维视图切换到三维视图。

【课堂实训】切换三维视图。

切换三维视图的方法有很多种，具体如下。

（1）切换至“视图”选项卡，在“命名视图”下拉列表中选择一种正交视图，如选择“西南等轴测”视图，这样就将视图切换为三维视图，此时坐标系显示三维坐标系的效果，鼠标指针也显示三维坐标系的效果，如图 10-1 所示。

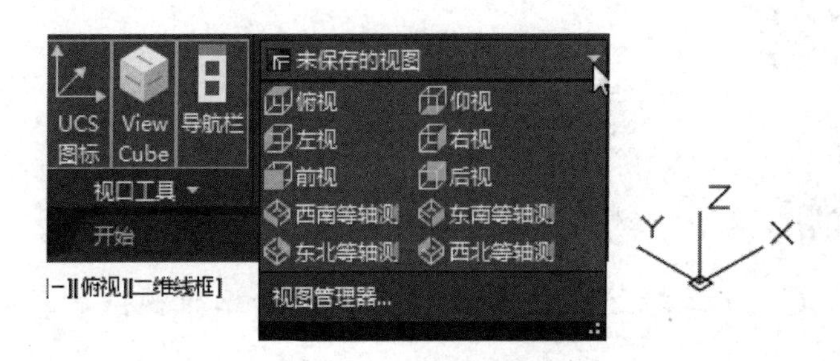

图 10-1　切换三维视图

（2）打开“视图”工具栏，分别单击 4 个正交视图按钮，将视图从二维视图切换为三维视图，如图 10-2 所示。

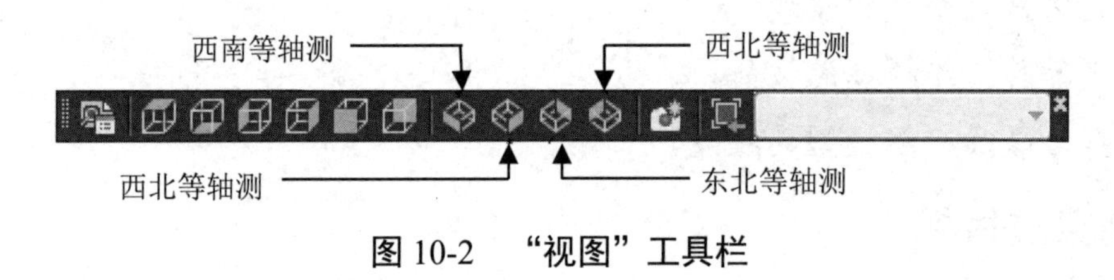

图 10-2　“视图”工具栏

（3）执行“视图”→“三维视图”菜单下的子菜单命令，或者将鼠标指针移动到视图左上角的“视图控件”按钮上，按鼠标右键，在弹出的下拉列表中选择相关选项，也可以将视图切换为三维视图，如图 10-3 所示。

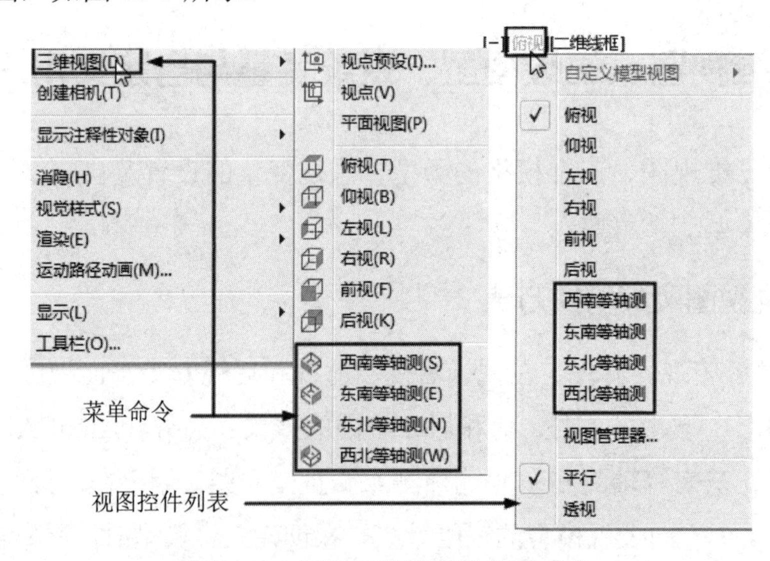

图 10-3　切换三维视图的菜单命令

（4）将鼠标指针移动到视图右上角的导航罗盘上，通过单击立方体的任意一面或一角，可以将视图切换至三维空间中相应的视角，如图 10-4 所示。

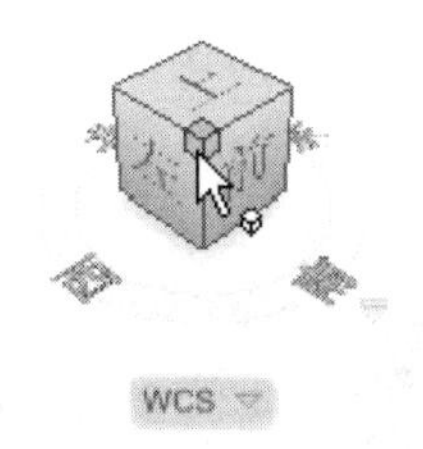

图 10-4　通过导航罗盘切换视图

10.1.2　三维模型的类型

在 AutoCAD 中，三维模型有 3 种类型，分别是实体模型、曲面模型和网格模型。

1）实体模型

实体模型是实实在在的物体，不仅包含面、边等信息，还具备实物的一切特性。实体模型不仅可以进行着色和渲染，还可以进行打孔、切槽和倒角等布尔运算，同时可以检测和分析实体内部的质心、体积与惯性矩等。图 10-5 所示是链轴零件的三维实体模型。

2）曲面模型

曲面的概念比较抽象，用户可以将其理解为实体的面。曲面模型不仅能着色、渲染等，还可以进行修剪、延伸、圆角和偏移等，但是不能进行打孔、开槽等，如创建的“面域”对象其实就是一个曲面模型。图 10-6 所示是球轴承零件的曲面模型。

3）网格模型

网格模型是由一系列规则的格子线围绕而成的网状表面，由网状表面的集合来定义三维物体。网格模型仅包含面、边信息，能着色和渲染，但是不能表达真实实物的属性。图 10-7 所示是底座零件的网格模型。

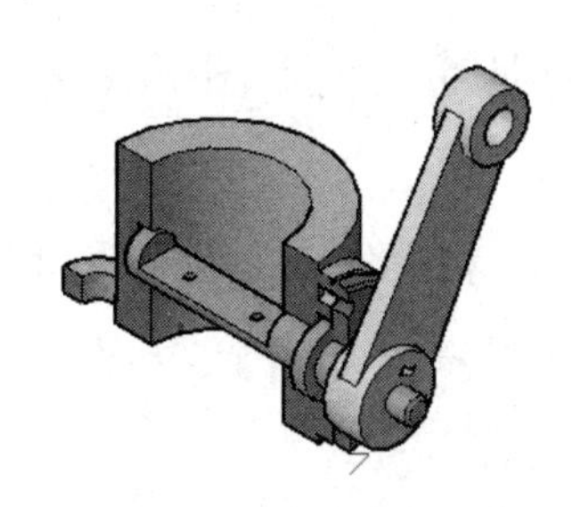

图 10-5　链轴零件的三维实体模型

图 10-6　球轴承零件的曲面模型

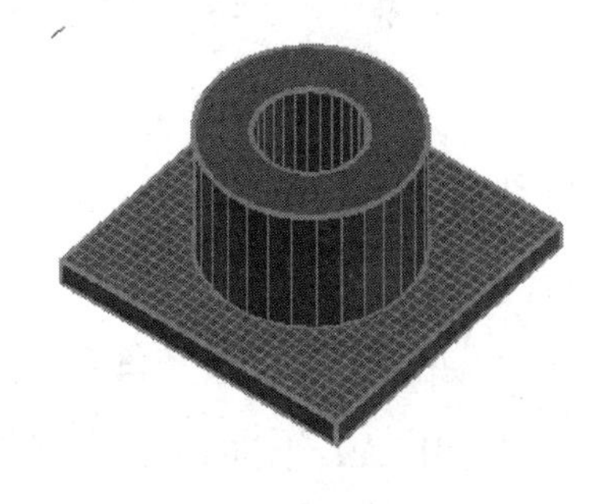

图 10-7　底座零件的网格模型

10.1.3　系统变量的设置

AutoCAD 中的一些系统变量用于控制三维模型的线框密度及表面网格线的数量，从而决定模型的显示光滑度，具体如下。

- ISOLINES：用于设置实体表面网格线的数量，值越大网格线越密。当 ISOLINES 的值为 4 和 30 时，实体球体模型的显示效果如图 10-8 所示。
- FACETRES：用于设置实体渲染或消隐后的表面网格的密度，变量的取值范围为 0.01～

10.0，值越大网格越密，表面也就越光滑。当 FACETRES 的值为 1 和 10 时，实体球体模型的消隐效果如图 10-9 所示。

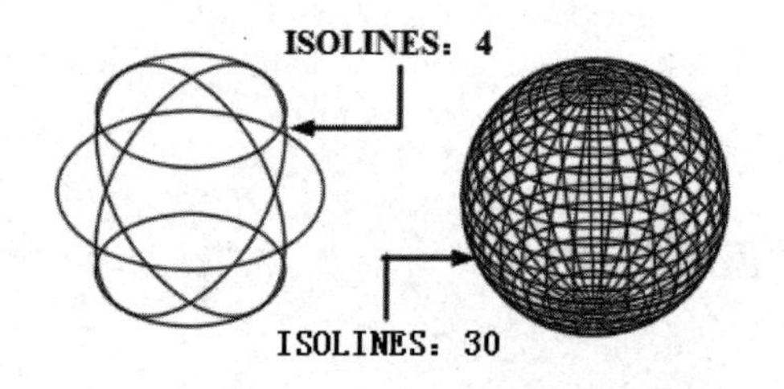

图 10-8　实体球体模型的显示效果

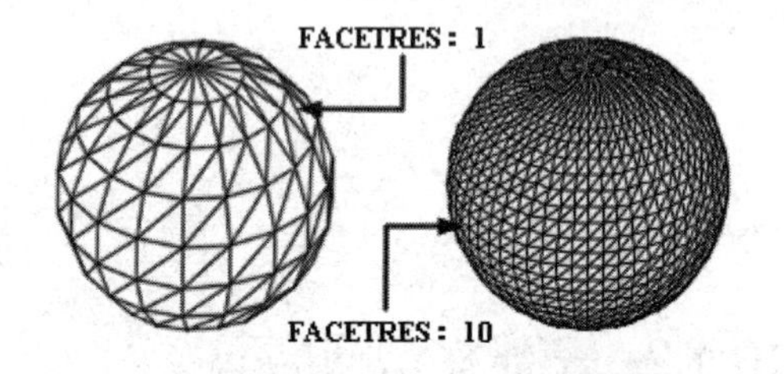

图 10-9　实体球体模型的消隐效果 1

- DISPSILH：用于控制视图消隐时是否显示实体表面的网格线。当 DISPSILH 的值为 0 时显示网格线，当 DISPSILH 的值为 1 时不显示网格线。当 DISPSILH 的值为 0 和 1 时，实体球体模型的消隐效果如图 10-10 所示。
- SURFTAB：用于设置网格和曲面模型的线框密度，值越大，网格模型越光滑。当 SURFTAB1 与 SURFTAB2 的值均为 6 和 30 时，直纹网格圆柱体的效果如图 10-11 所示。

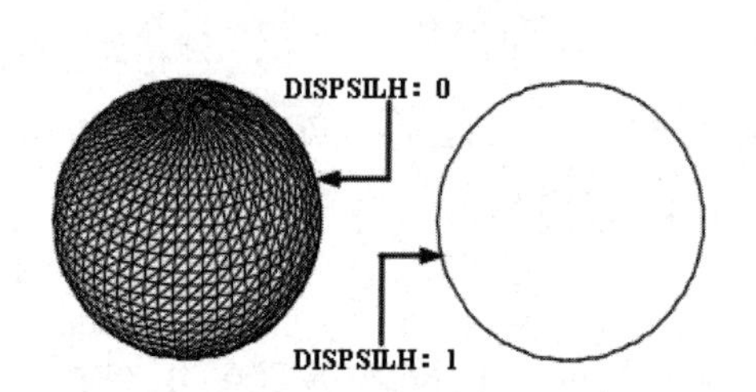

图 10-10　实体球体模型的消隐效果 2

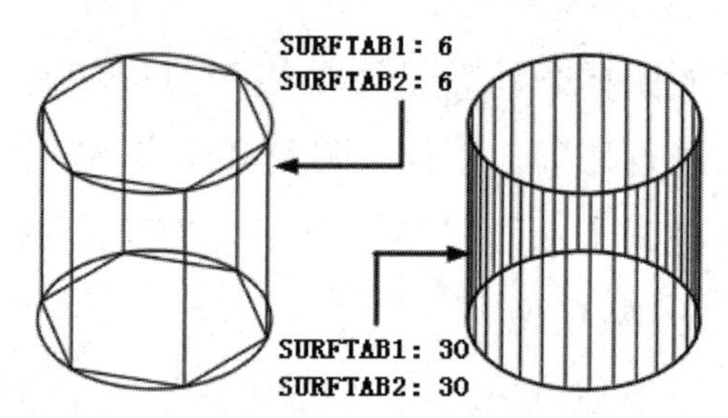

图 10-11　直纹网格圆柱体的效果

10.1.4　坐标系的作用与自定义用户坐标系

在 AutoCAD 中，坐标系是绘图的重要依据，每个图形的绘制都是通过输入图形各坐标点的参数来完成的。

坐标系是由 *X*、*Y* 和 *Z* 3 个坐标轴构成的 3 个坐标平面，分别是 *XY* 平面、*YZ* 平面和 *ZX* 平面。在二维绘图空间中，由于 *Z* 轴始终垂直屏幕指向用户，因此用户只能看到由 *X* 轴和 *Y* 轴组成的 *XY* 平面；三维绘图空间则显示 3 个坐标平面，如图 10-12 所示。

不管是在二维绘图空间还是三维绘图空间中，*XY* 平面始终是绘图平面，因此，在二维绘图空间中可以采用系统默认的世界坐标系，在 *XY* 平面轻松绘图，但由于世界坐标系是固定不变的，这并不能满足在三维绘图空间中创建三维模型时的要求，因此系统允许用户根据绘图需求自定义坐标系，这就是用户坐标系。用户坐标系可以灵活地定义 *XY* 平面，这对在三维绘图空间中创建三维模型提供了极大的便利。

自定义用户坐标系的方法非常简单。打开“素材”目录下的“螺母零件三维实体模型.dwg”文件，此时螺母使用的是世界坐标系，其 *XY* 平面在螺母的底面，如图 10-13 所示。

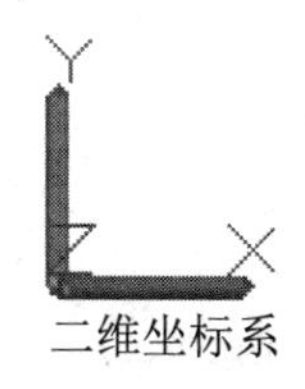

图 10-12　坐标系

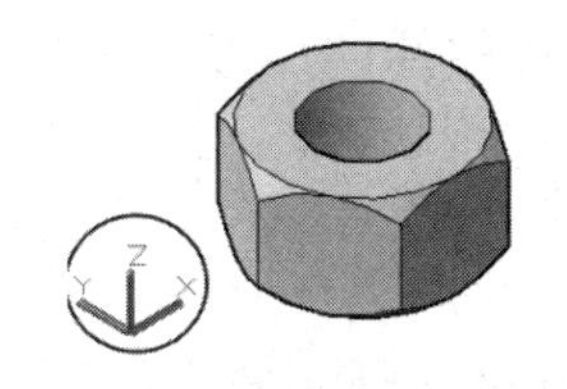

图 10-13　螺母零件的坐标系

下面将绘图平面 *XY* 重新定义在螺母的左、右两个侧面上，在这两个侧面各创建一个圆柱体，并以此为例介绍自定义、保存与调用用户坐标系的相关内容。

【课堂实训】自定义、保存与调用用户坐标系。

（1）设置中点捕捉与极轴追踪功能，输入“UCS”，捕捉螺母左侧面的三维中心点以确定坐标系原点，捕捉螺母左侧面右垂直边的中点以确定 *X* 轴，捕捉螺母左侧面上方的三维顶点以确定 *Y* 轴，完成用户坐标系的定义，绘图平面 *XY* 位于螺母的左侧面，如图 10-14 所示。

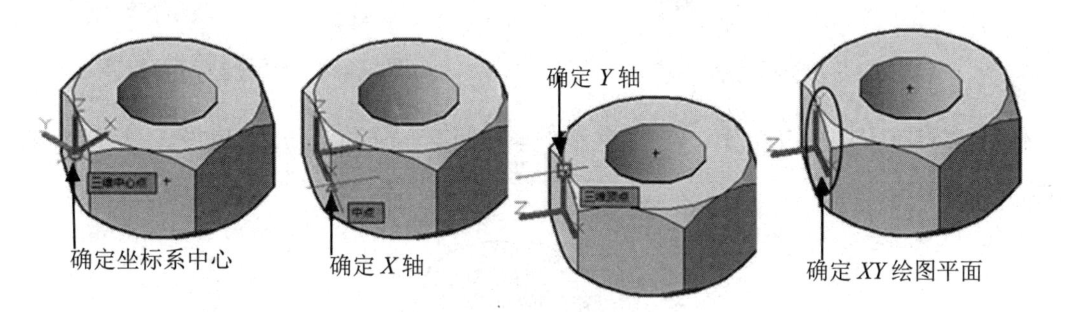

图 10-14　定义用户坐标系 1

下面命名定义的用户坐标系并保存。

（2）输入“UCS”，按 Enter 键确认，输入“S”，按 Enter 键激活“保存”命令，在命令行输入“UCS 左”，按 Enter 键确认，对其进行保存。

（3）输入“UCS”，捕捉螺母右侧面的三维中心点以确定坐标系原点，捕捉螺母右侧面左垂直边的中点以确定 *X* 轴，捕捉螺母右侧面下方的中点以确定 *Y* 轴，完成用户坐标系的定义，绘图平面 *XY* 位于螺母的右侧面，如图 10-15 所示。

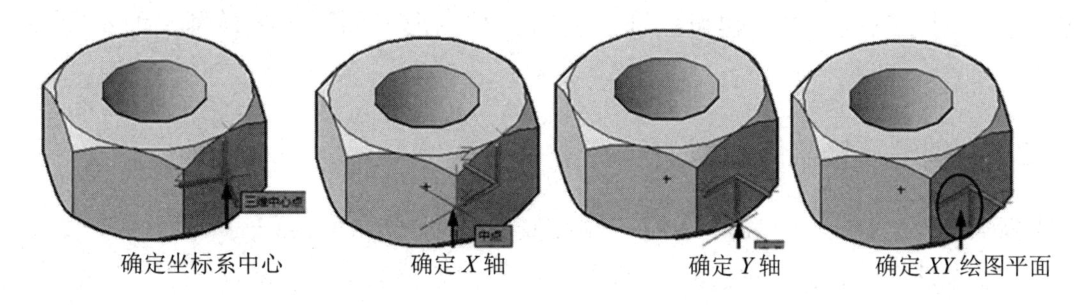

图 10-15　定义用户坐标系 2

（4）输入“CYL”，按 Enter 键激活“圆柱体”命令，输入“0,0,0”，按 Enter 键确定圆柱体的圆心位于坐标系的中心位置，输入“2”，按 Enter 键确定圆柱体的半径，输入“10”，按 Enter 键确定圆柱体的高度，在螺母右侧面创建一个圆柱体，效果如图 10-16 所示。

（5）依照步骤（2）中的操作将该坐标系保存为“UCS 右”，执行“工具”→“命名 UCS”命令，打开“UCS”对话框，双击前面保存的“UCS 左”坐标系，将其设置为当前坐标系，确认并关闭该对话框，效果如图 10-17 所示。

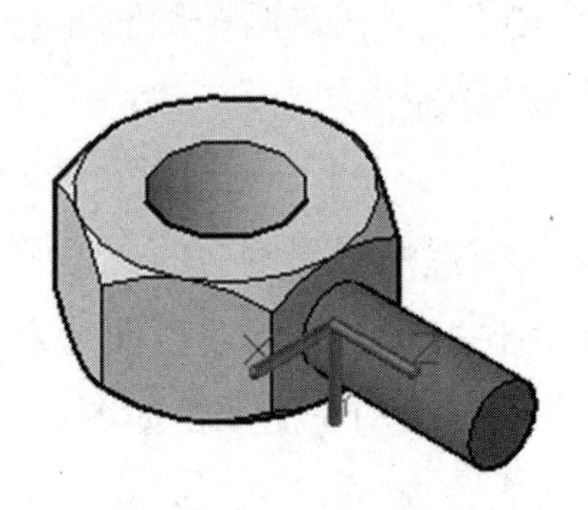

图 10-16　创建圆柱体

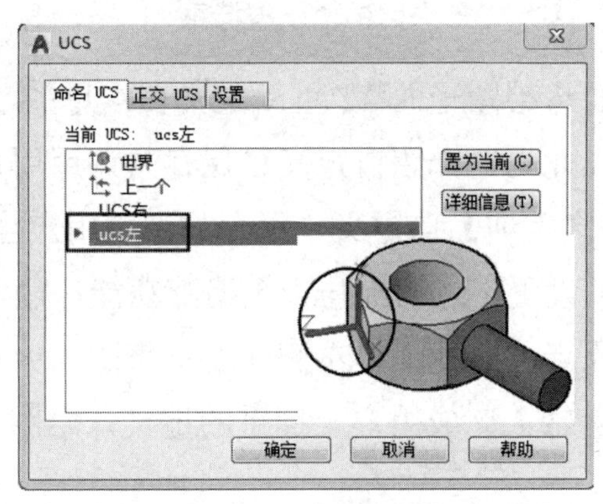

图 10-17　设置当前坐标系

（6）依照步骤（4）中的操作，在螺母左侧面创建半径为 2mm、高度为 10mm 的圆柱体，效果如图 10-18 所示。

图 10-18　创建圆柱体

10.2 创建三维模型

可以直接创建三维模型，也可以通过编辑二维图形来创建三维模型，但不管采用哪种方式，操作都非常简单。

10.2.1　创建三维实体模型

三维实体模型包括立方体、球体、圆柱体和圆环等几何体模型。执行“绘图”→“建模”命令，或者激活“建模”工具栏中的相关按钮，或者单击“三维基础”工作空间的“默认”选项卡中的相关按钮，都可以创建三维实体模型，如图 10-19 所示。

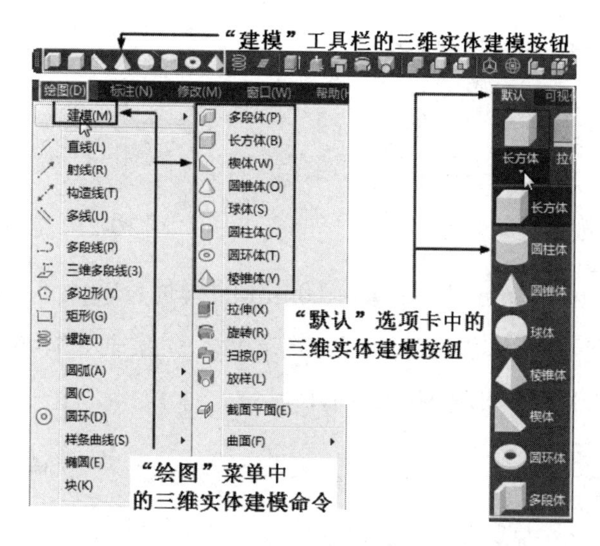

图 10-19　三维实体建模命令与按钮

【课堂实训】创建三维实体模型。

将视图切换到“西南等轴测”，下面创建三维实体模型。

（1）创建 10mm×10mm×10mm 的立方体模型：输入“BOX”，按 Enter 键激活“长方体”命令，在绘图区单击拾取一点并输入“@10,10”，按 Enter 键绘制立方体的底面正方形，输入“10”，按 Enter 键确定高度，创建的立方体如图 10-20 所示。

（2）创建底面半径为 10mm 且高度为 10mm 的圆柱体：输入“CYL”，按 Enter 键激活“圆柱体”命令，在绘图区单击确定底面圆心，输入“10”，按 Enter 键绘制底面圆，继续输入“10”，按 Enter 键确定高度，创建的圆柱体如图 10-21 所示。

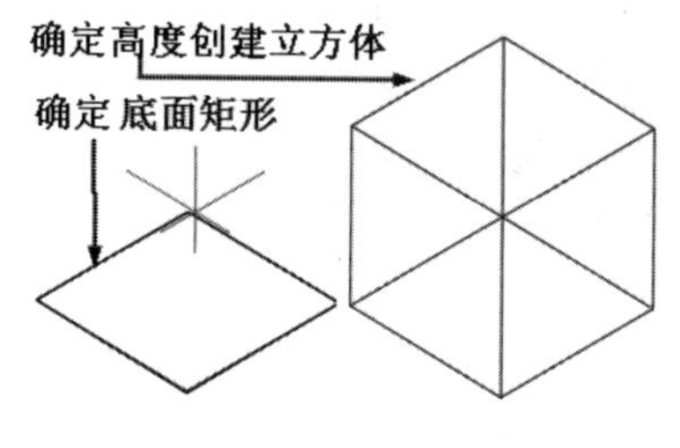

图 10-20　创建的立方体

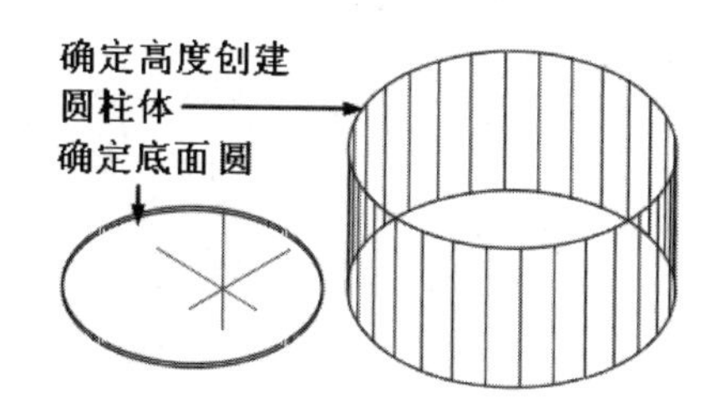

图 10-21　创建的圆柱体

（3）创建底面半径为 10mm 且高度为 10mm 的圆锥体：输入“CONE”，按 Enter 键激活“圆锥体”命令，在绘图区单击确定底面圆心，输入“10”，按 Enter 键绘制底面圆，继续输入“10”，按 Enter 键确定高度，创建的圆锥体如图 10-22 所示。

（4）创建底面边长为 10mm 且高度为 10mm 的棱锥体：输入“PYR”，按 Enter 键激活“棱锥体”命令，在绘图区单击确定底面中心，输入“10”，按 Enter 键绘制底面图形，继续输入“10”，按 Enter 键确定高度，创建的棱锥体如图 10-23 所示。

（5）创建半径为 10mm 的球体：输入“SPH”，按 Enter 键激活“球体”命令，在绘图区单击确定球心，输入“10”，按 Enter 键确认，创建的球体如图 10-24 所示。

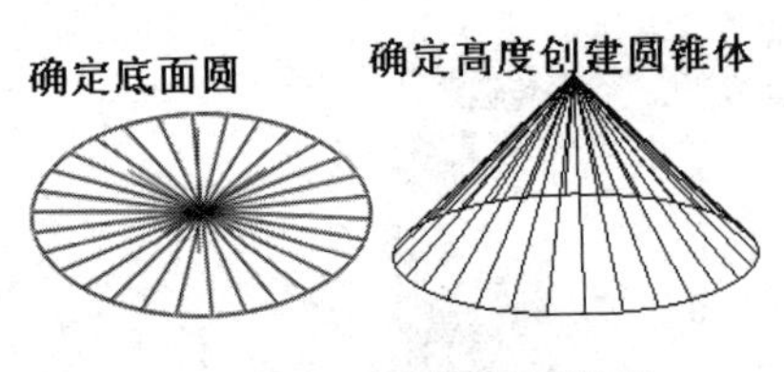

图 10-22　创建的圆锥体

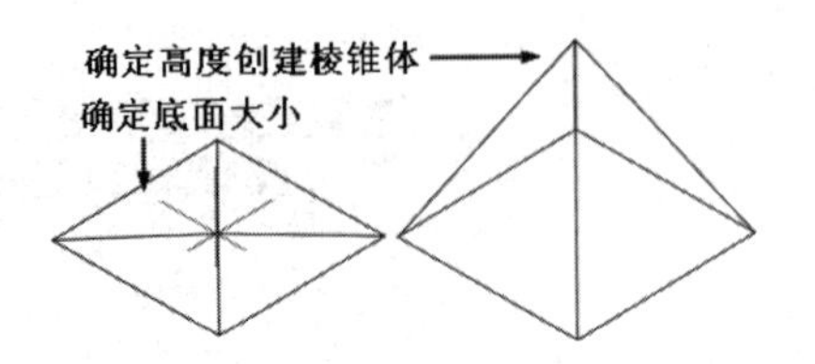

图 10-23　创建的棱锥体

（6）创建底面为 10mm×10mm 且高度为 10mm 的楔体：输入“WE”，按 Enter 键激活“楔体”命令，在绘图区单击，输入“@10,10”，按 Enter 键绘制楔体底面，继续输入“10”，按 Enter 键确定高度，创建的楔体如图 10-25 所示。

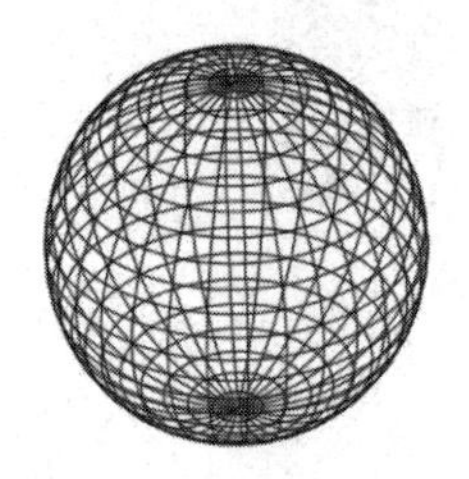

图 10-24　创建的球体

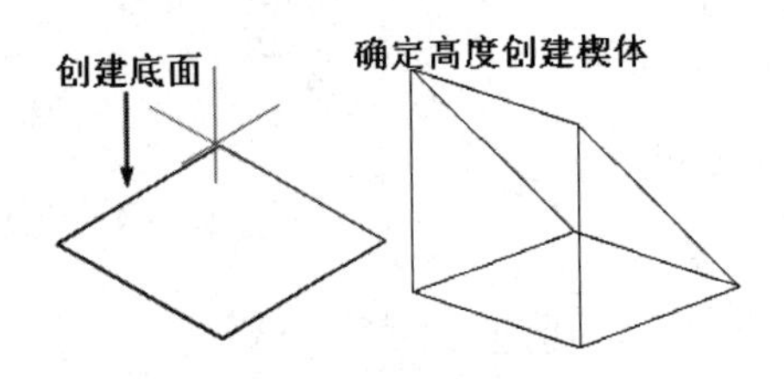

图 10-25　创建的楔体

【课堂练习】创建圆环与多段体三维实体模型。

除了上面讲解的三维实体模型，还有圆环和多段体两种三维实体模型，这两种模型的创建方法也比较简单。在创建多段体之前，可以设置宽度、高度，还可以创建圆弧多段体和直线多段体，其选项设置和操作与多段线的设置和操作完全相同。读者可自行尝试创建半径分别为 20mm 和 5mm 的圆环实体模型，以及高度为 100mm 且宽度为 10mm，并且由直线和圆弧组成的多段体，效果如图 10-26 所示。

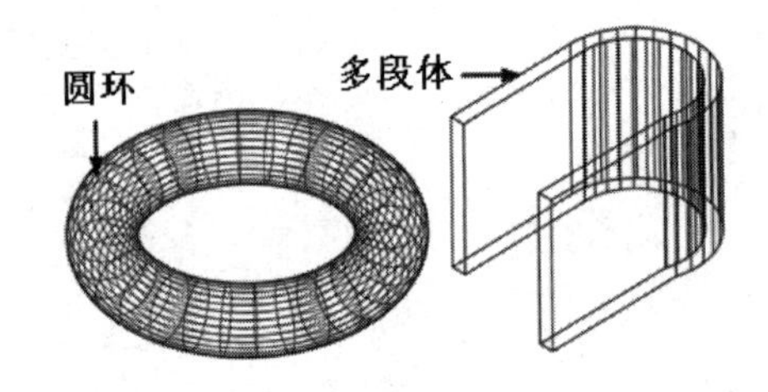

图 10-26　圆环与多段体

10.2.2　创建三维曲面模型

在 AutoCAD 中，通过对二维图形进行拉伸、旋转、扫掠和放样等可以创建三维实体模型与三维曲面模型，其命令执行方式与三维实体模型建模命令的执行方式相同，此处不再详述。下面通过对二维图形进行编辑来创建三维曲面模型，并以此为例介绍创建曲面模型的相关内容。

【课堂实训】创建三维曲面模型。

1）拉伸

拉伸是指将二维图形进行延伸创建三维模型，延伸时通过选择延伸模式可以生成曲面模型或实体模型。

绘制半径为 10mm 的圆，输入“EXT”，按 Enter 键激活“拉伸”命令，输入“MO”，按 Enter 键激活“模式”选项，输入“SU”，按 Enter 键激活“曲面”选项，单击圆，按 Enter 键确认，输入“10”，按 Enter 键设置高度，将圆进行拉伸，创建一个圆柱体曲面模型，效果如图 10-27 所示。

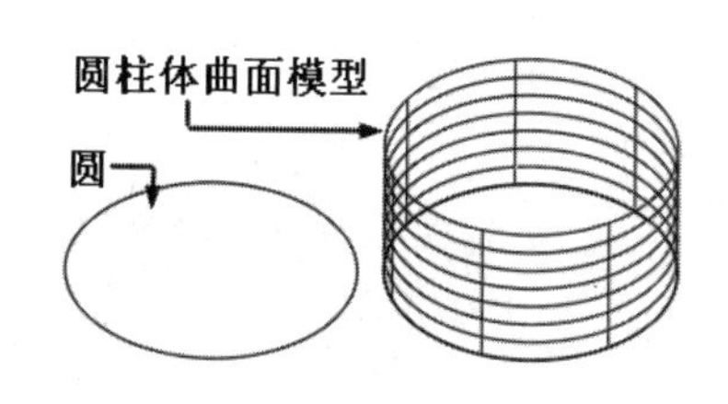

图 10-27　拉伸创建曲面模型

小贴士：

另外，在拉伸时，对于闭合的二维图形，既可以拉伸为三维实体模型，又可以拉伸为三维曲面模型。但是，非闭合的二维图形只能拉伸为三维曲面模型。

【知识拓展】拉伸的其他设置（请参考资料包中的“知识拓展”→“第 10 章”→“拉伸的其他设置”）。

2）旋转

旋转是指将二维图形沿某个轴旋转来创建三维模型，旋转时同样可以选择模式，以生成曲面模型或实体模型。

绘制一条直线，在距离直线为 10mm 的位置绘制 10mm×5mm 的矩形，输入“REV”，按 Enter 键激活“旋转”命令，输入“MO”，按 Enter 键激活“模式”选项，输入“SU”，按 Enter 键激活“曲面”选项，单击矩形，按 Enter 键确认，分别捕捉直线的两个端点以确定旋转轴，输入“270”，按 Enter 键确认旋转角度，通过旋转创建曲面模型，效果如图 10-28 所示。

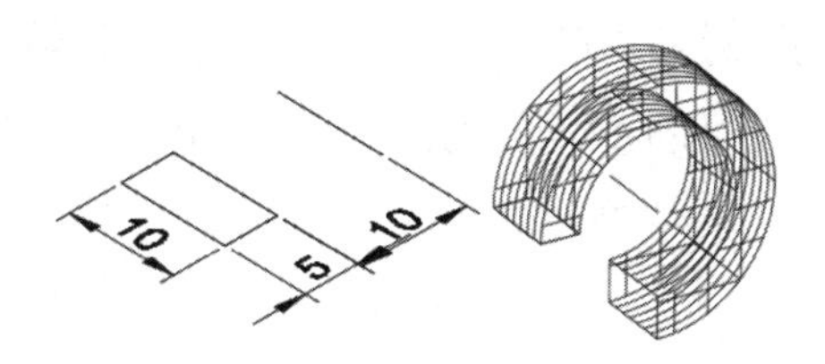

图 10-28　旋转创建曲面模型

3）扫掠

通过扫掠创建三维模型需要截面和路径，但路径与截面不能共面，即截面与路径不能在同一个平面上。

输入“HELI”激活“螺旋线”命令，以坐标点“0,0,0”为螺旋线底面圆心，绘制底面半径和顶面半径均为 15mm 且高度为 500mm 的螺旋线，如图 10-29 所示。

下面绘制截面圆。由于截面圆不能与路径螺旋线共面，因此需要自定义用户坐标系。

输入“UCS”，按 Enter 键确认，输入“X”，按 Enter 键激活 *X* 轴，输入“90”，按 Enter 键确认，将坐标系沿 *X* 轴旋转 90°，自定义坐标系，效果如图 10-30 所示。

输入“C”，按 Enter 键激活“圆”命令，捕捉螺旋线的端点作为圆心，绘制半径为 5mm 的圆作为截面，如图 10-31 所示。

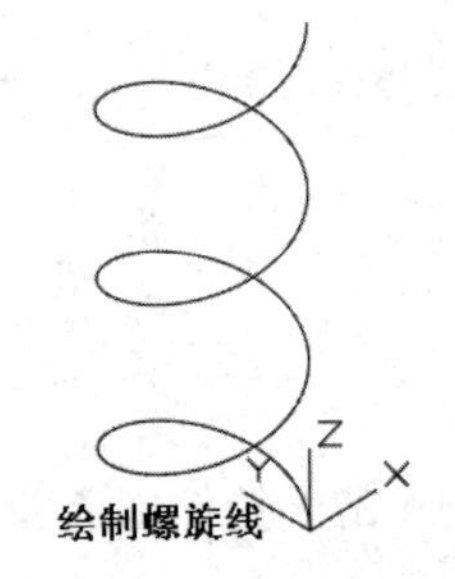

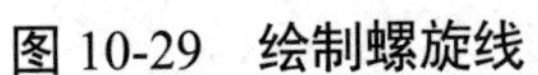
图 10-29　绘制螺旋线

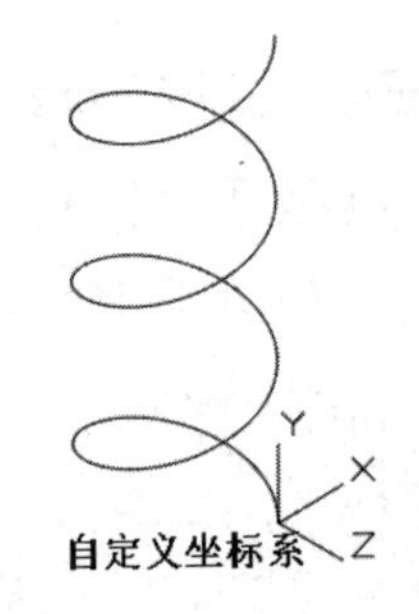

图 10-30　自定义坐标系

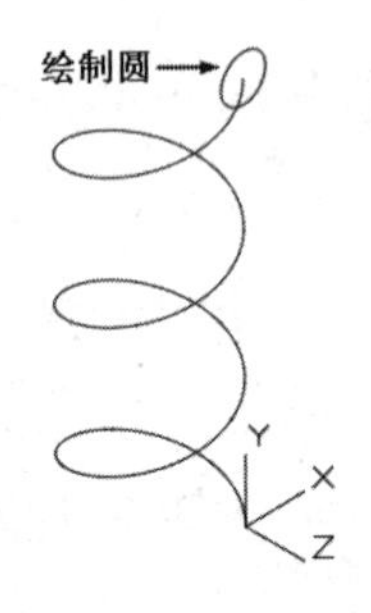

图 10-31　绘制圆

输入“SW”，按 Enter 键激活“扫掠”命令，输入“MO”，按 Enter 键激活“模式”选项，输入“SU”，按 Enter 键激活“曲面”选项，单击圆，按 Enter 键确认，单击螺旋线进行扫掠。通过扫掠创建的曲面模型如图 10-32 所示。

【知识拓展】扫掠的其他设置（请参考资料包中的“知识拓展”→“第 10 章”→“扫掠的其他设置”）。

4）放样

放样是在两个或两个以上的截面之间进行延伸以创建三维模型。另外，也可以将一个截面沿一条路径进行延伸以创建三维模型，可以设置模式，以创建三维实体模型或三维曲面模型。需要注意的是，沿路径放样时，路径与截面不能共面。

输入“UCS”，按 Enter 键确认，输入“W”，按 Enter 键将坐标系恢复为世界坐标系，先绘制半径为 10mm 的圆，在圆的高度方向为 20mm 的位置再绘制边长为 20mm 的正方形，效果如图 10-33 所示。

输入“LOFT”，按 Enter 键激活“放样”命令，输入“MO”，按 Enter 键激活“模式”选项，输入“SU”，按 Enter 键激活“曲面”选项，分别单击圆和正方形进行放样，按两次 Enter 键结束操作。通过放样创建的曲面模型如图 10-34 所示。

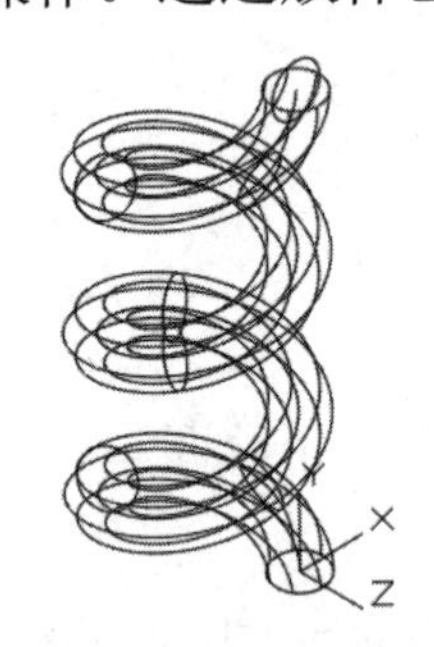

图 10-32　通过扫掠创建的曲面模型

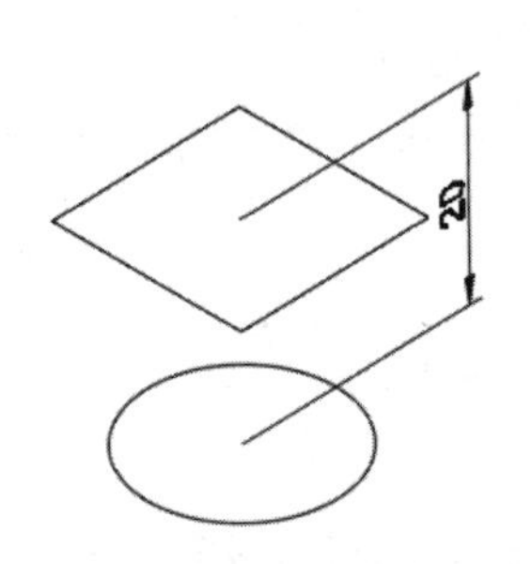

图 10-33　创建的圆和正方形

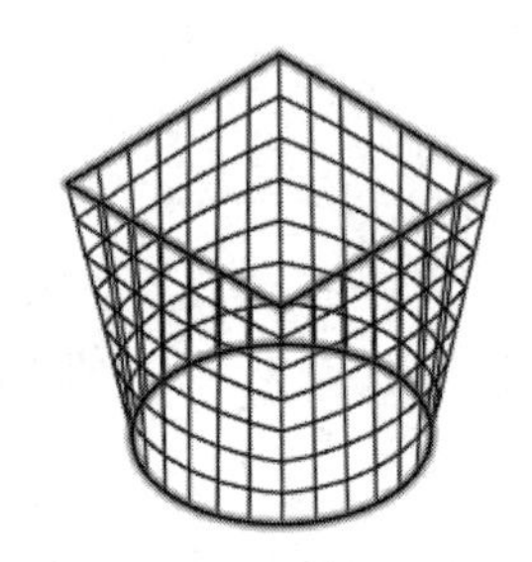

图 10-34　通过放样创建的曲面模型

【知识拓展】放样的其他设置（请参考资料包中的“知识拓展”→“第 10 章”→“放样的其他设置”）。

10.2.3　创建三维网格模型

网格模型包括两部分：一部分是标准网格模型，这类网格模型的创建方法与外观特点和三维实体模型的相似，此处不再讲解。执行“绘图”→“建模”→“网格”→“图元”子菜单中的相关命令即可创建标准网格模型，如图 10-35 所示。

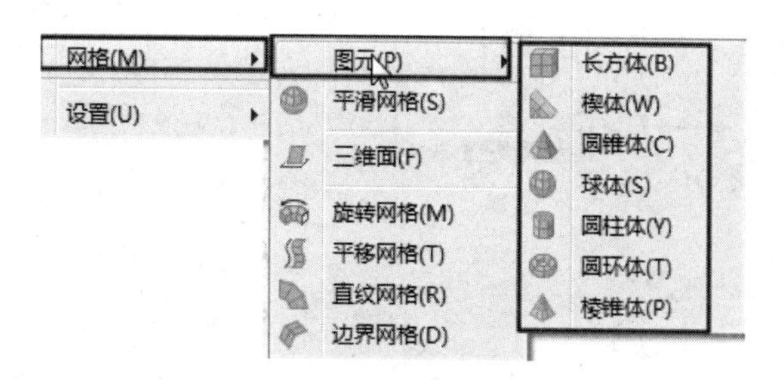

图 10-35　网格模型创建命令

另一部分网络模型是由二维图形编辑转化而来的。本节主要介绍通过对二维图形进行编辑来创建三维网格模型的命令，分别是“旋转网格”命令、“边界网格”命令、“直纹网格”命令和“平移网格”命令。

【课堂实训】创建三维网格模型。

1）创建旋转网格模型

旋转网格模型的创建方法与旋转曲面模型的创建方法完全相同，是通过将旋转对象沿旋转轴进行旋转创建的。

根据旋转创建曲面模型的操作，创建一个正方形和一条直线，输入“REVSURF”，按 Enter 键激活“旋转网格”命令，分别单击正方形和直线，按两次 Enter 键，采用默认的起点角度和端点角度设置，将正方形沿直线旋转以创建旋转网格模型，效果如图 10-36 所示。

小贴士：

旋转网格的起点角度默认为 0°，端点角度默认为 360°，用户可以根据需求进行设置。端点角度为 180° 和 270° 的旋转网络模型如图 10-37 所示。

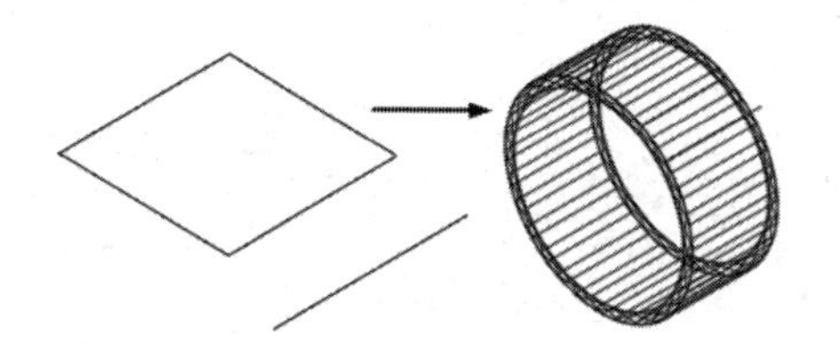

图 10-36　创建旋转网格模型

图 10-37　端点角度为 180°和 270°的旋转网格模型

2）创建边界网格模型

边界网格是在 4 条彼此相连的边或曲线之间创建网格。例如，创建任意大小的矩形，先将其分解为 4 条首尾相连的直线，再输入“EDG”，按 Enter 键激活“边界网格”命令，依次单击 4 条直线，这样就可以创建一个边界网格模型，如图 10-38 所示。

3）创建直纹网格模型

直纹网格是在两条直线或曲线之间创建表示曲面的网格。例如，绘制任意大小的两个圆，并且使这两个圆保持一定的距离，输入“RUL”，按 Enter 键激活“直纹网格”命令，分别单击两个圆创建直纹网格模型，如图 10-39 所示。

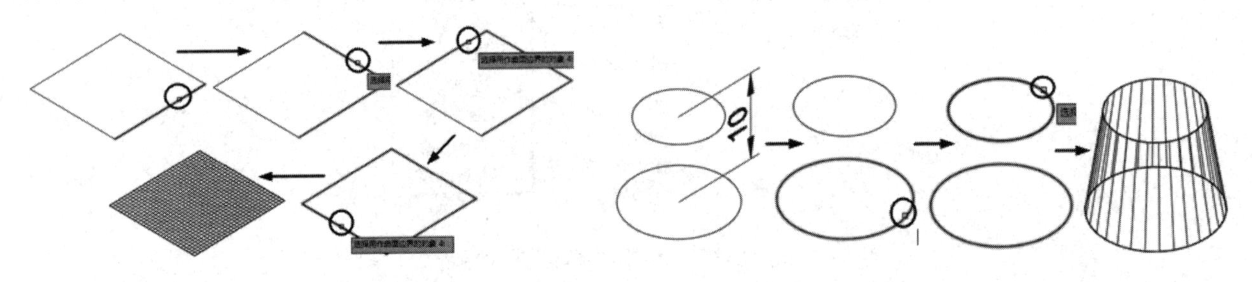

图 10-38　创建边界网格模型

图 10-39　创建直纹网格模型

4）创建平移网格模型

平移网格是截面沿直线路径进行扫掠创建的，截面可以是直线也可以是曲线，但路径必须是直线。先使用“多段线”命令绘制多段线，再激活“直线”命令，以圆弧的圆心为起点，绘制与多段线垂直的直线作为路径，如图 10-40 所示。

输入“TABSURF”，按 Enter 键激活“平移网格”命令，单击多段线，在直线下方单击，此时多段线沿直线延伸，创建出平移曲面网格模型，如图 10-41 所示。

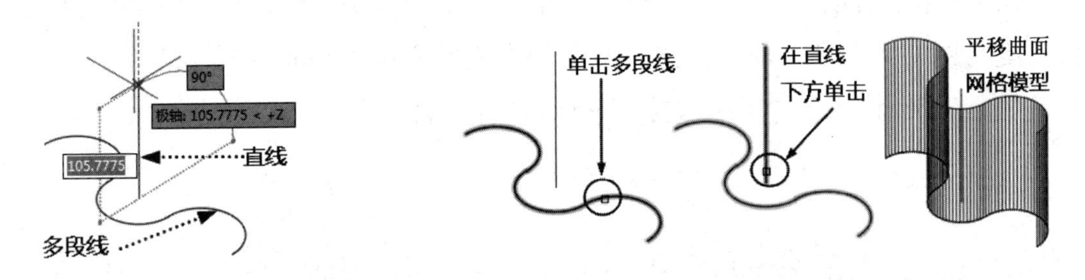

图 10-40　绘制的多段线与直线

图 10-41　创建的平移曲面网格模型

小贴士：

在创建平移网格模型时，单击直线路径的下端，截面向上延伸。如果在直线路径的上端单击，那么截面向下延伸创建平移网格模型。

综合练习——创建阶梯轴零件三维模型

打开“素材”目录下的“阶梯轴.dwg”文件（这是阶梯轴零件平面图），下面根据该零件的平面图创建三维模型。

由于该零件平面图并没有标注相关尺寸，因此先对零件平面图进行编辑，再通过三维建模中的“旋转”命令对轮廓线进行旋转来创建三维模型，效果如图 10-42 所示。

详细的操作步骤请参考配套教学资源的视频讲解。

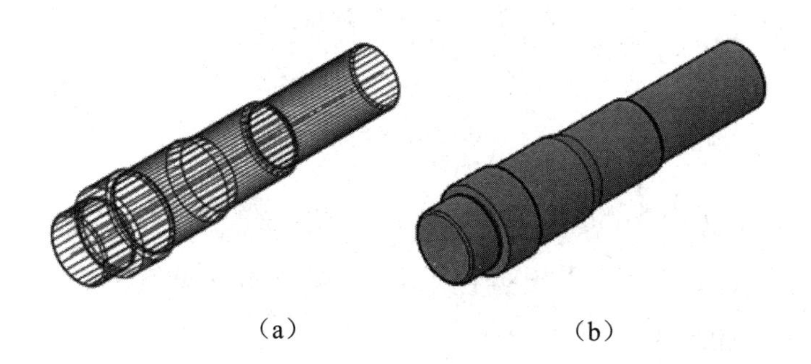

（a）　　（b）

图 10-42　阶梯轴零件三维模型

创建阶梯轴零件三维模型的练习评价表如表 10-1 所示。

表 10-1　创建阶梯轴零件三维模型的练习评价表

练习项目	检查点	完成情况	出现的问题及解决措施
创建阶梯轴零件三维模型	修剪图线	□完成　□未完成	
	三维旋转建模	□完成　□未完成	

综合练习——创建传动轴零件三维模型

打开“素材”目录下的“传动轴零件图.dwg”文件（这是一个标注了尺寸的传动轴零件的二维图），下面根据该二维图创建三维模型，效果如图 10-43 所示。

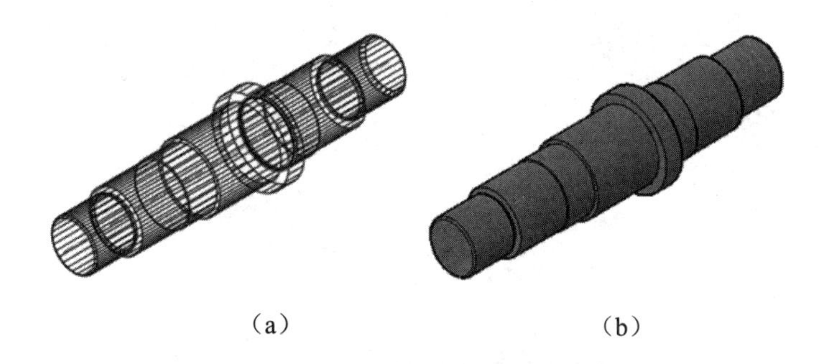

（a）　　（b）

图 10-43　传动轴零件三维模型

由于这是一个轴类零件，因此只需要根据二维图标注的尺寸创建圆柱体即可创建出该零件的三维模型。

详细的操作步骤请参考配套教学资源的视频讲解。

创建传动轴零件三维模型的练习评价表如表 10-2 所示。

表 10-2　创建传动轴零件三维模型的练习评价表

练习项目	检查点	完成情况	出现的问题及解决措施
创建传动轴零件三维模型	定义用户坐标系	□完成　□未完成	
	创建三维模型	□完成　□未完成	

10.3 视觉样式、视口与查看三维模型

10.3.1 设置视觉样式

视觉样式就是模型在视口中的显示效果。系统默认模型是以二维线框样式在视口中显示的，如图 10-43（a）所示，用户可以根据需要设置模型的视觉样式。

【课堂实训】设置视觉样式。

（1）单击视图左上角的视觉样式控件，弹出视觉样式下拉菜单，共有 10 种视觉样式可供用户选择，如图 10-44 所示。

（2）如果选择“概念”命令，那么此时模型以“概念”的视觉样式显示其三维模型效果，如图 10-43（b）所示。

（3）用户也可以根据需要选择其他几种视觉样式，以查看模型的显示效果，如图 10-45 所示。

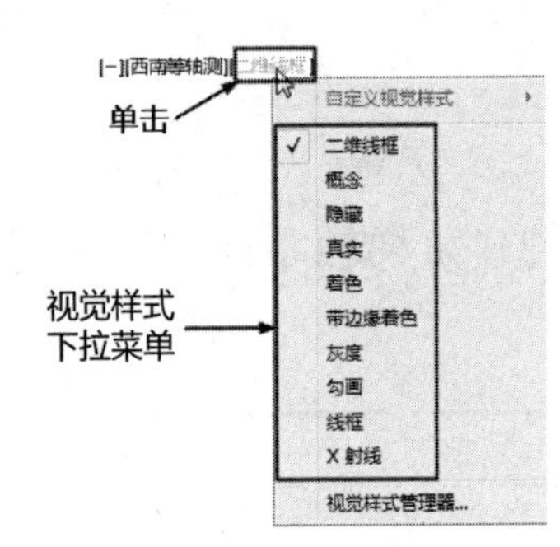

图 10-44　视觉样式下拉菜单

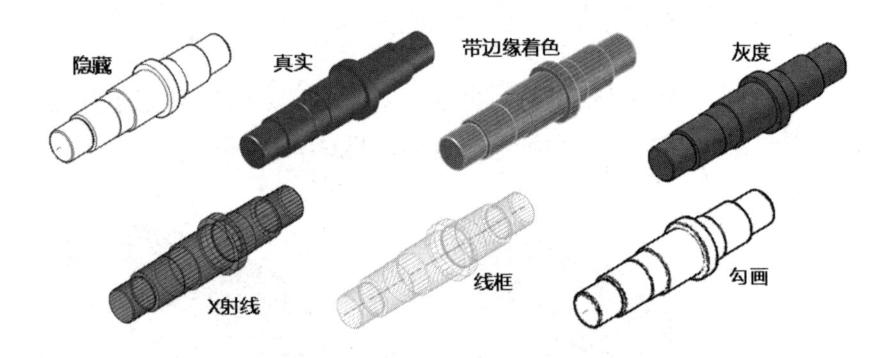

图 10-45　模型的其他视觉样式

10.3.2 创建视口

视口其实就是用于绘制、显示和查看模型的区域。在默认设置下，AutoCAD 只呈现一个视口，用户可以根据需要创建新的视口，或者将一个视口分割为多个视口，这样就可以在不同的视口显示模型不同的视觉效果。

【课堂实训】创建视口。

（1）继续 10.3.1 节的操作，将模型的视觉样式设置为“概念”，执行“视图”→“视口”→“新建视口”命令，打开“视口”对话框，先选择一种视口，如选择“三个：右”选项，再单击“确定”按钮，此时视口被分割为 3 个视口，如图 10-46 所示。

（2）选择左上角的视口，单击左上角的视图控件，并选择“俯视”命令，将该视口设置为俯视图，继续单击视觉样式控件，并选择“二维线框”命令，将其设置为二维线框样式。

（3）使用相同的方法将右侧的视口设置为“左视图”，并设置视觉样式为“二维线框”，

在不同的视口将该模型显示为不同的视图及视觉样式，效果如图 10-47 所示。

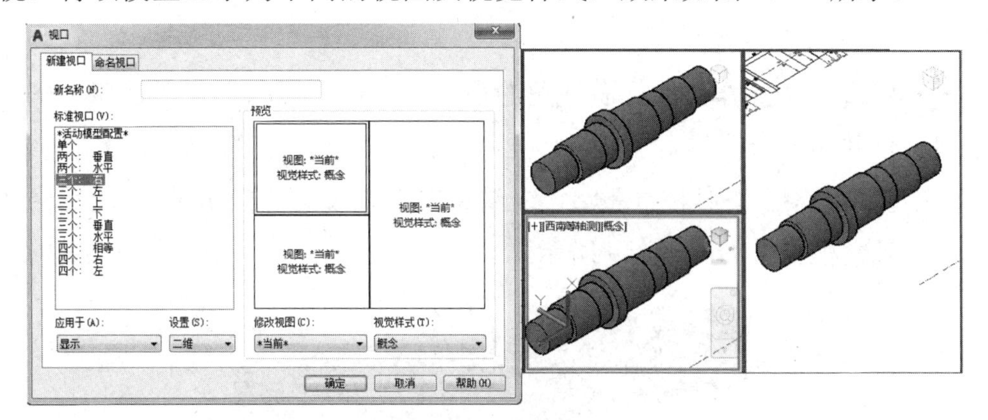

图 10-46 分割视口

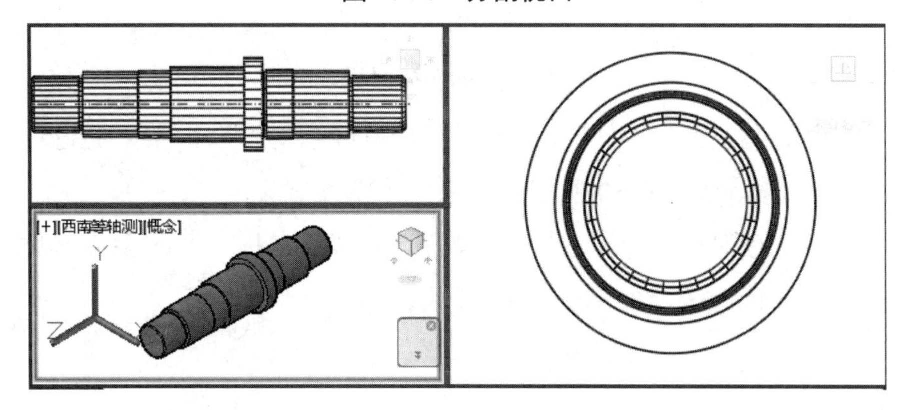

图 10-47 模型在不同的视口中的显示效果

【课堂练习】设置视口。

请读者自行尝试将该模型的视口设置为 4 个相等的视口：左上角显示模型的二维图形；右上角设置为左视图，并设置视觉样式为“勾画”；左下角设置为前视图，并设置视觉样式为“隐藏”；右下角设置为西南等轴测视图，视觉样式为“概念”，效果如图 10-48 所示。

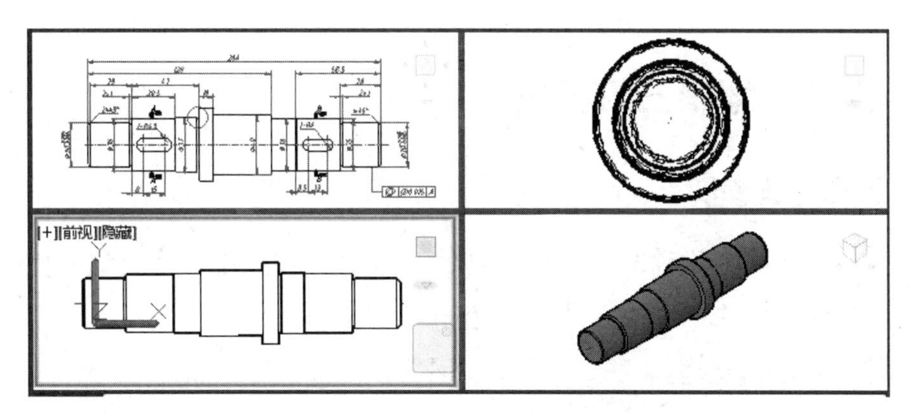

图 10-48 创建视口并设置视觉样式

10.3.3 查看三维模型

查看三维模型的方法比较简单，不仅可以通过缩放、平移等传统方法查看三维模型，还可以从不同角度查看三维模型。

【课堂实训】查看三维模型。

（1）继续 10.3.2 节的操作，选择右下角的视口，执行“视图”→“视口”→“合并”命令，将 3 个视口合并为 1 个视口。

（2）打开“动态观察”工具栏，激活“受约束的动态观察”按钮，通过移动鼠标手动调整观察点，以观察模型，如图 10-49 所示。

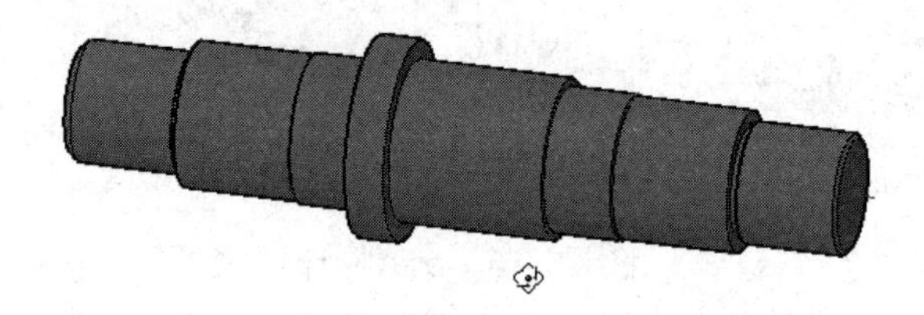

图 10-49　动态观察模型

（3）激活“自由动态观察”按钮，绘图区会出现圆形辅助框架，通过移动鼠标手动调整观察点，以观察模型，如图 10-50 所示。

（4）激活“连续动态观察”按钮，沿观察方向移动鼠标，此时会连续旋转视图，以便观察模型，单击即可停止旋转，如图 10-51 所示。

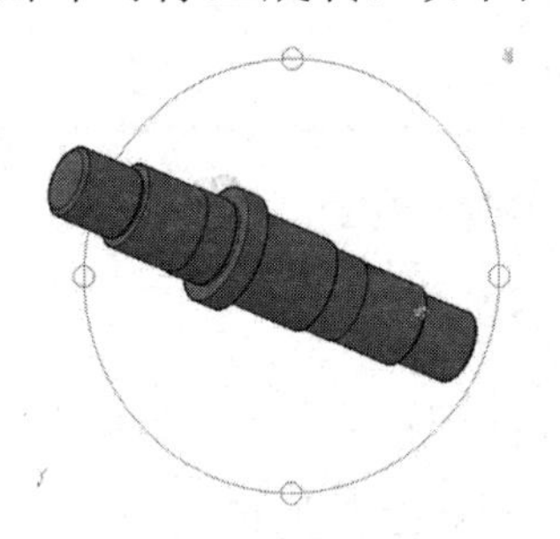

图 10-50　自由动态观察模型

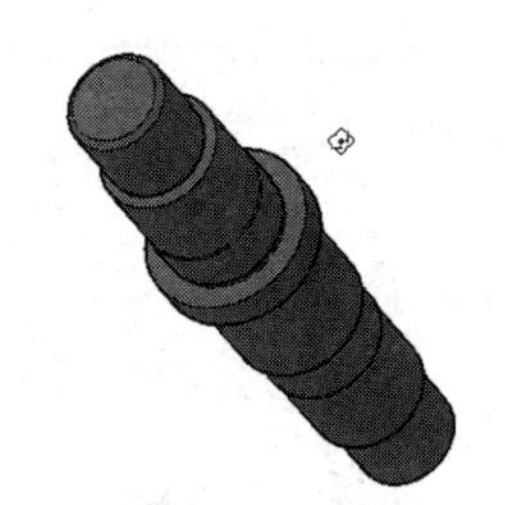

图 10-51　连续动态观察模型

10.4 操作与编辑三维模型

10.4.1　操作三维模型

三维模型的操作包括三维移动、三维旋转、三维对齐和三维镜像，这些操作在很大程度上与在二维绘图空间中操作二维图形的方法相同。

【课堂实训】操作三维模型。

1. 三维移动

使用“三维移动”命令可以在 X 轴、Y 轴和 Z 轴方向上移动三维模型。在移动时，先拾取基点，再输入 X 轴、Y 轴和 Z 轴的坐标来确定目标点，或者直接拾取目标点。

继续 10.3.3 节的操作，下面将传动轴三维模型移动到其二维图形上，使其与二维图形对齐。

（1）输入“3M”，按 Enter 键激活“三维移动”命令，单击传动轴三维模型，按 Enter 键确认。

（2）先捕捉传动轴三维模型一端的圆心作为基点，再捕捉二维图形一端中心线与轮廓线的交点作为目标点，将其移到二维图形上，效果如图 10-52 所示。

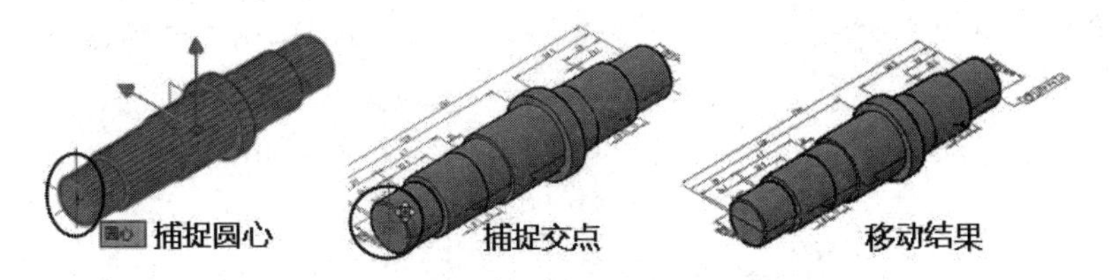

图 10-52　三维移动

2. 三维旋转

与二维旋转不同，进行三维旋转时，需要先确定一个旋转轴，并确定基点，再输入旋转角度。

下面将传动轴三维模型沿 *Z* 轴旋转 90°，具体操作如下。

（1）输入“3DR”，按 Enter 键激活“三维旋转”命令，单击传动轴三维模型，按 Enter 键确认，此时出现红、绿、蓝 3 种颜色的圆环，分别代表 *X* 轴、*Y* 轴和 *Z* 轴，如图 10-53 所示。

（2）捕捉传动轴中间位置的圆心作为基点，将鼠标指针移到蓝色圆环上并单击，蓝色圆环显示黄色，同时出现旋转轴，如图 10-54 所示。

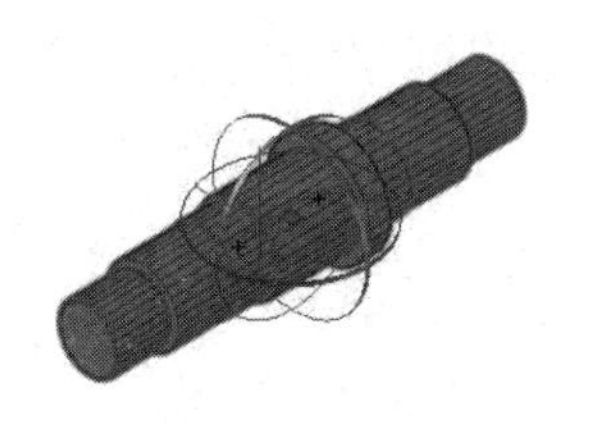

图 10-53　显示坐标轴

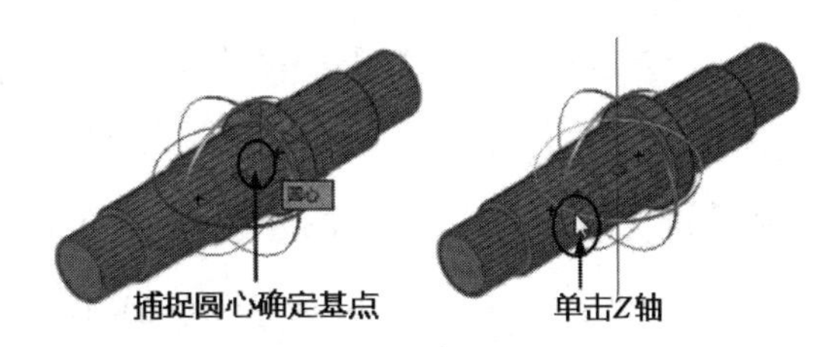

图 10-54　拾取基点并确定旋转轴

（3）输入“90”，按 Enter 键确认，将传动轴沿 *Z* 轴旋转 90°，结果如图 10-55 所示。

3. 三维对齐

使用“三维对齐”命令可以在三维操作空间中将两个三维对象的两个面对齐。下面先绘制两个 10mm×10mm×10mm 的立方体，再将一个立方体的底面对齐到另一个立方体的顶面，具体操作如下。

（1）设置视口的视觉样式为“二维线框”，这样便于捕捉模型的各端点。

（2）输入“3AL”，按 Enter 键激活“三维对齐”命令，通过单击选择一个立方体，按 Enter 键确认，依次捕捉该立方体的底面的 3 个端点作为基点，如图 10-56 所示。

（3）捕捉另一个立方体的顶面的 3 个端点作为目标点，此时两个立方体的底面和顶面被对齐，如图 10-57 所示。

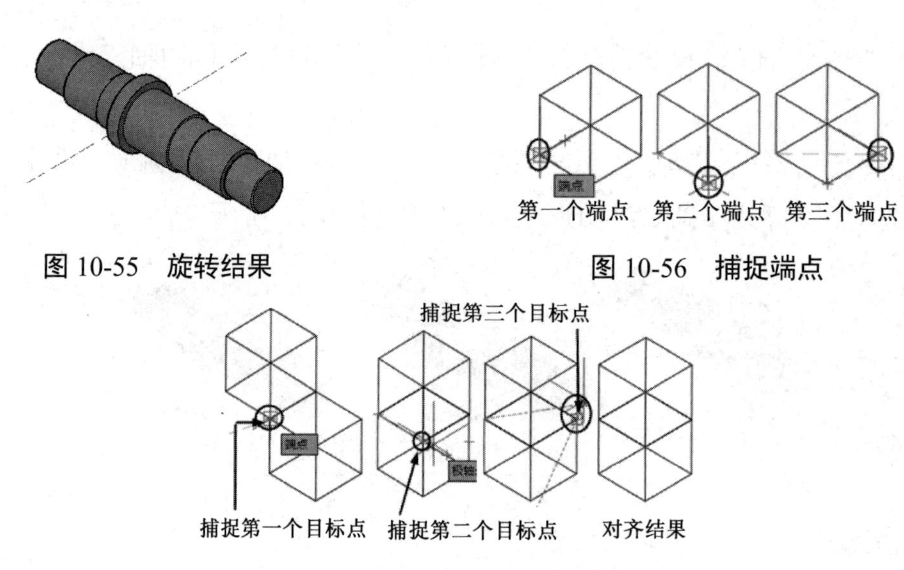

图 10-55　旋转结果

图 10-56　捕捉端点

图 10-57　捕捉目标点对齐对象

4. 三维镜像

三维镜像是指在三维空间中对三维模型进行镜像操作。与二维镜像不同，进行三维镜像需要先选择镜像平面，再选择镜像平面上的一点，这样才能镜像。另外，镜像时原对象可以删除也可以保留。

打开“素材”目录下的“螺母零件三维实体模型.dwg”文件，该文件中有半个螺母的三维模型，下面将半个螺母的三维模型以 *ZX* 平面为镜像平面进行镜像，具体操作如下。

（1）输入“3DMI”，按 Enter 键激活“三维镜像”命令，通过单击选择半个螺母的三维模型对象，按 Enter 键确认。

（2）输入“ZX”，按 Enter 键指定镜像平面，捕捉螺母 *ZX* 平面上的端点，按 Enter 键确认，镜像出螺母的另一半，效果如图 10-58 所示。

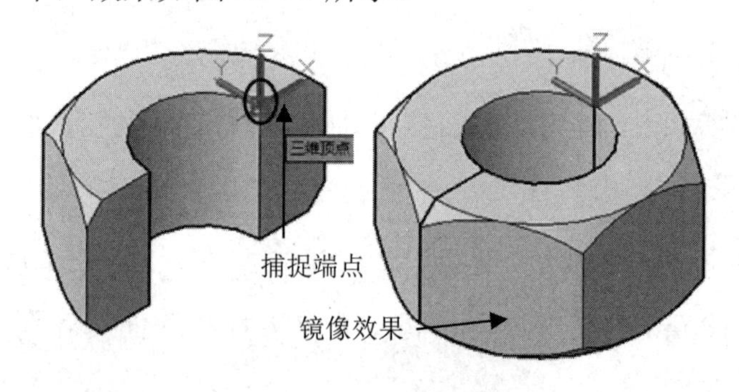

图 10-58　镜像螺母的效果

综合练习——创建链轴部件三维装配图

机械零件三维装配图主要用于机械零件的检修和测试等，是机械制图中非常重要的图纸之一。

打开“素材”目录下的“端盖.dwg”、“心轴.dwg”、“壳体.dwg”和“连杆.dwg”4 个文件

（这是链轴部件的 4 个装配零件），下面对这 4 个零件进行装配，创建链轴部件三维装配图，效果如图 10-59 所示。

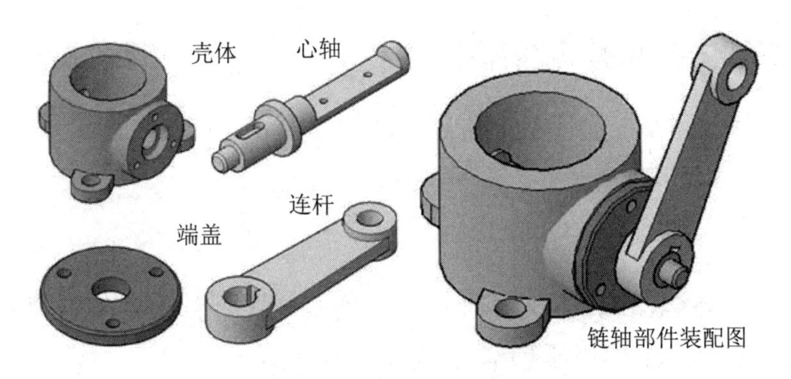

图 10-59 链轴部件三维装配图

详细的操作步骤请参考配套教学资源的视频讲解。

创建链轴部件三维装配图的练习评价表如表 10-3 所示。

表 10-3 创建链轴部件三维装配图的练习评价表

练习项目	检查点	完成情况	出现的问题及解决措施
创建链轴部件三维装配图	三维视觉样式	□完成 □未完成	
	三维模型的操作	□完成 □未完成	

10.4.2 布尔运算

布尔运算包括并、差和交。在 AutoCAD 三维建模中，通过布尔运算可以对三维实体模型和三维曲面模型执行相加、相减和相交操作，以达到编辑三维模型的目的。

【课堂实训】并。

并是指将两个或两个以上相交的三维实体、面域或曲面模型进行相加，以组合成一个新的实体、面域或曲面模型。

（1）创建一个球体和一个圆锥体三维实体模型，并使这两个三维实体模型相交。

（2）输入“UNION”，按 Enter 键激活“并集”命令，分别单击球体与圆锥体，按 Enter 键确认，球体与圆锥体组合成新的三维实体模型，如图 10-60 所示。

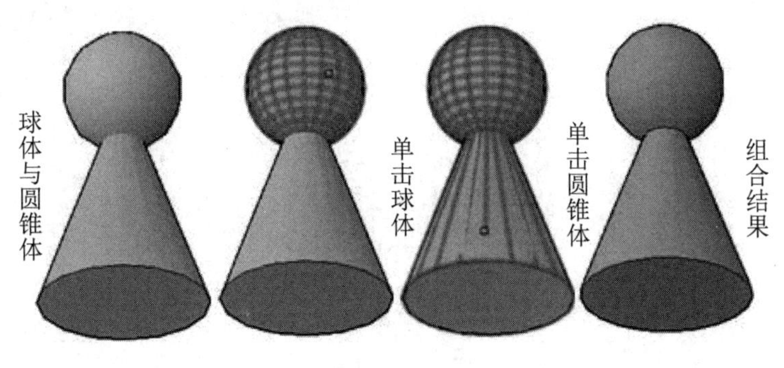

图 10-60 并

【知识拓展】布尔的其他操作（请参考资料包中的“知识拓展”→“第 10 章”→“布尔的其他操作”）。

10.4.3 三维实体模型的其他编辑方法

除了布尔运算，还可以对三维实体模型进行其他编辑，如剖切、抽壳、倒角边、圆角边、压印边及拉伸面等。

1. 剖切

剖切是将三维实体模型沿剖切线剖切为两部分，剖切时既可以保留剖切部分，也可以将该部分删除。“剖切”命令主要用于创建三维剖视图。

【课堂实训】剖切壳体模型。

打开“素材”目录下的“壳体.dwg”文件，下面使用“剖切”命令将壳体上的圆管状零件剖切为半个圆管。

（1）输入“SL”，按 Enter 键激活“剖切”命令，通过单击选择壳体零件中的管状体模型，按 Enter 键确认。

（2）输入“ZX”，按 Enter 键确定剖切面，先捕捉管状体顶面的圆心，以确定剖切面上的点，再捕捉另一半管状体顶面的象限点，以确定要保留的侧面，结果管状体被剖切为两半，并保留该侧面，效果如图 10-61 所示。

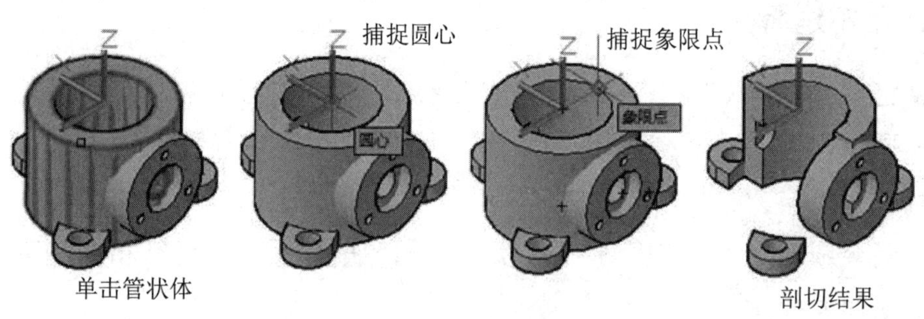

图 10-61　剖切

小贴士：

在剖切时，若指定了剖切平面上的点，则直接按 Enter 键确认，此时会将模型剖切为两半，并保留这两个侧面，效果如图 10-62 所示。

图 10-62　剖切模型并保留两个侧面

2. **倒角边**

使用“倒角边”命令可以将三维实体模型上的边进行倒角，从而形成倒角边效果。打开“效果文件”→“第 10 章”→“综合练习——创建传动轴零件三维模型.dwg”文件，通过该零件的平面图可以发现，模型左端有倒角边效果。下面使用“倒角边”命令对传动轴零件进行倒角，创建倒角边效果。

【课堂实训】创建传动轴零件的倒角边效果。

（1）单击“实体编辑”工具栏中的“倒角边”按钮，输入“D”，按 Enter 键激活“距离”选项，输入“2”，按两次 Enter 键确定距离。

（2）单击传动轴模型左端的边，按两次 Enter 键确认进行倒角，效果如图 10-63 所示。

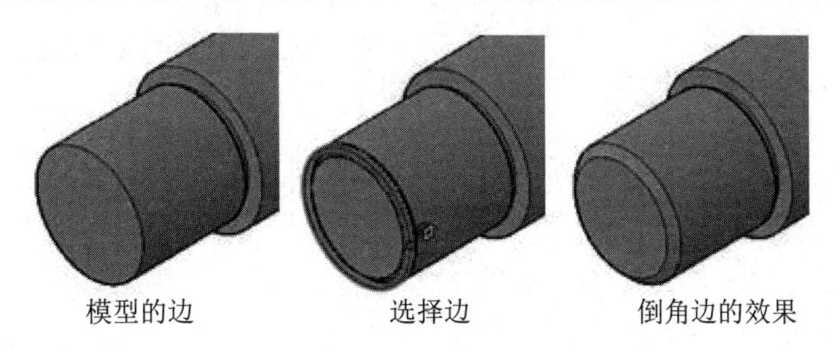

图 10-63 倒角边

【知识拓展】圆角边、压印边与拉伸面（请参考配套教学资源）。

10.4.4 编辑三维曲面模型

编辑曲面模型具体包括修剪曲面、修补曲面、偏移曲面及圆角曲面。

修剪曲面模型的操作与编辑二维图形中的“修剪”命令的操作相同，修剪时需要一个边界，沿边界修剪多余的曲面。

可以通过如下几种方式激活“修剪曲面”命令。

- 在菜单栏中选择“修改”→“曲面编辑”→“修剪曲面”命令。
- 单击“曲面”选项卡的“编辑”工具列表中的“修剪曲面”按钮。
- 使用命令简写 SUR。

【课堂实训】修剪曲面。

（1）单击“曲面”选项卡的“创建”工具列表中的“平面曲面”按钮，在绘图区绘制一个垂直的曲面模型，将坐标系的 X 轴旋转 90°，定义用户坐标系，绘制一个水平的曲面模型，使两个模型相交。

（2）输入“SUR”，按 Enter 键激活“修剪曲面”命令，单击垂直曲面，按 Enter 键，单击水平曲面作为边界，按 Enter 键。

（3）在垂直曲面上半部分单击，按 Enter 键确认，结果垂直曲面被沿着水平曲面进行修剪，效果如图 10-64 所示。

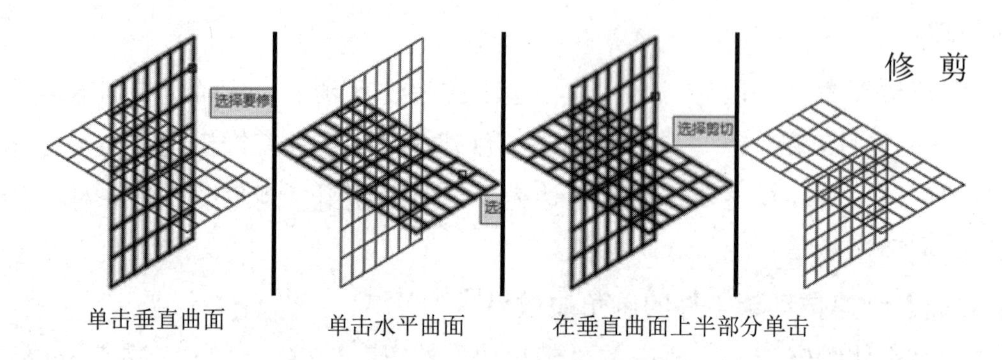

图 10-64 修剪曲面

【知识拓展】曲面的其他编辑（请参考配套教学资源）。

综合练习——创建飞轮零件三维模型

打开“素材”目录下的“飞轮零件图.dwg”文件，请依照该零件图创建三维模型，效果如图 10-65 所示。

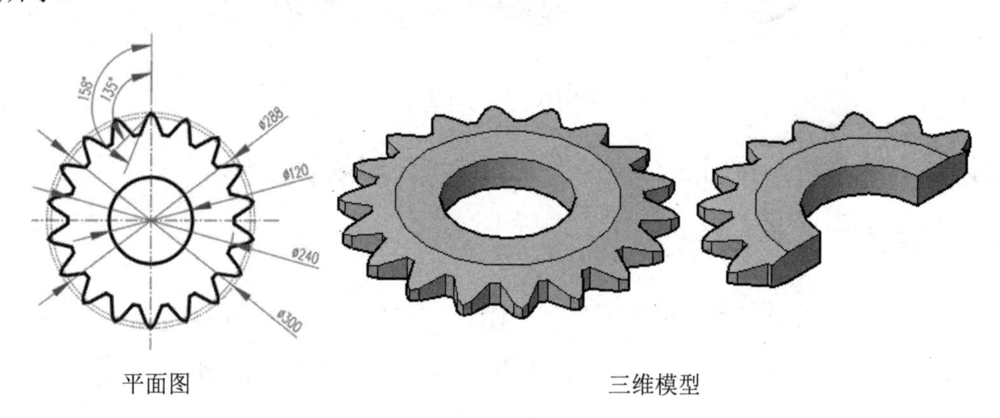

图 10-65 飞轮零件三维模型

详细的操作步骤请参考配套教学资源的视频讲解。

知识巩固与能力拓展

一、单选题

1．不管是在二维视图还是三维视图中，绘图平面始终是_____。

A．*XY* 平面　　B．*YZ* 平面　　C．*ZX* 平面　　D．任意平面

2．系统默认的坐标系是_____，简称是_____。

A．世界坐标系　WCS　　B．用户坐标系　UCS

3．输入_____可以激活“坐标系”命令，以定义用户坐标系。

A．UCS　　B．WCS

4．激活“坐标系”命令，输入_____并确认，可以将用户坐标系恢复为世界坐标系。

A．W　　B．X　　C．Y　　D．Z

5．激活“坐标系”命令，输入_____并确认，可以保存定义的用户坐标系。

A．W　　B．X　　C．S　　D．Y

二、多选题

1．三维模型包括_____。

A．三维实体模型　　B．三维曲面模型　　C．三维网格模型　　D．三维视图

2．4 个正交视图分别是_____。

A．西南等轴测视图　　B．西北等轴测视图

C．东南等轴测视图　　D．东北等轴测视图

3．布尔运算包括_____。

A．并　　B．差　　C．交

三、上机实操

打开“素材”目录下的“键零件二视图.dwg”文件，请结合零件二视图所标注的尺寸创建该零件的三维实体模型，效果如图 10-66 所示。

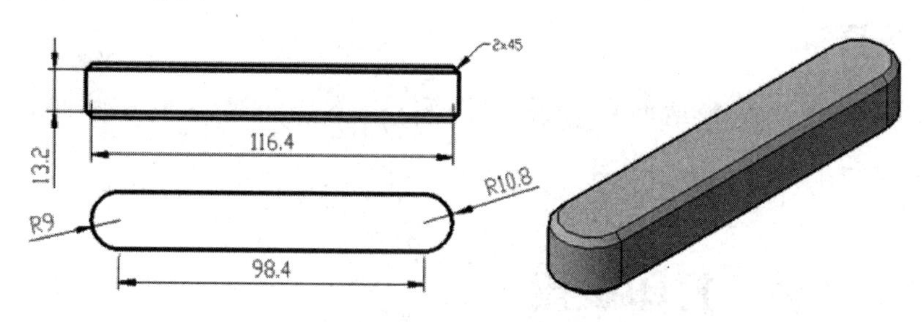

图 10-66　键零件二视图与三维实体模型

AutoCAD 绘图提高（三）——打印输出

工作任务分析

本章主要介绍 AutoCAD 绘图与设计的最后环节，即打印输出的相关内容，包括打印环境、选择打印机、设置打印尺寸、添加样式表与设置打印页面参数，以及快速打印、精确打印及多视口打印的方法等。

知识学习目标

- 掌握打印输出的各种设置。
- 掌握各种打印方式。

技能实践目标

- 能够根据需要快速、精确地打印输出设计图。
- 能够通过多视口打印输出设计图。

11.1 打印环境与打印设置

打印是指将使用 AutoCAD 设计的图形通过绘图仪打印输出到设计图纸上。打印需要在特定的环境下进行，打印之前还需要进行相关的设置，如选择绘图仪、设置打印尺寸等。

11.1.1 打印环境

在 AutoCAD 中，需要在特定的绘图环境下才能打印输出图形。AutoCAD 绘图区的下方有 3 个绘图空间标签，分别是“模型”、“布局 1”和“布局 2”，如图 11-1 所示。

图 11-1　绘图空间标签

- “模型”空间：系统默认的绘图空间，也是用户绘图的唯一空间，所有绘图工作都是在该空间进行的。

- “布局 1”空间、“布局 2”空间：图形的打印空间。在一般情况下，当用户在“模型”空间绘制好图形后，单击“布局 1”标签或“布局 2”标签切换到该空间中，以打印输出图形，如图 11-2 所示。

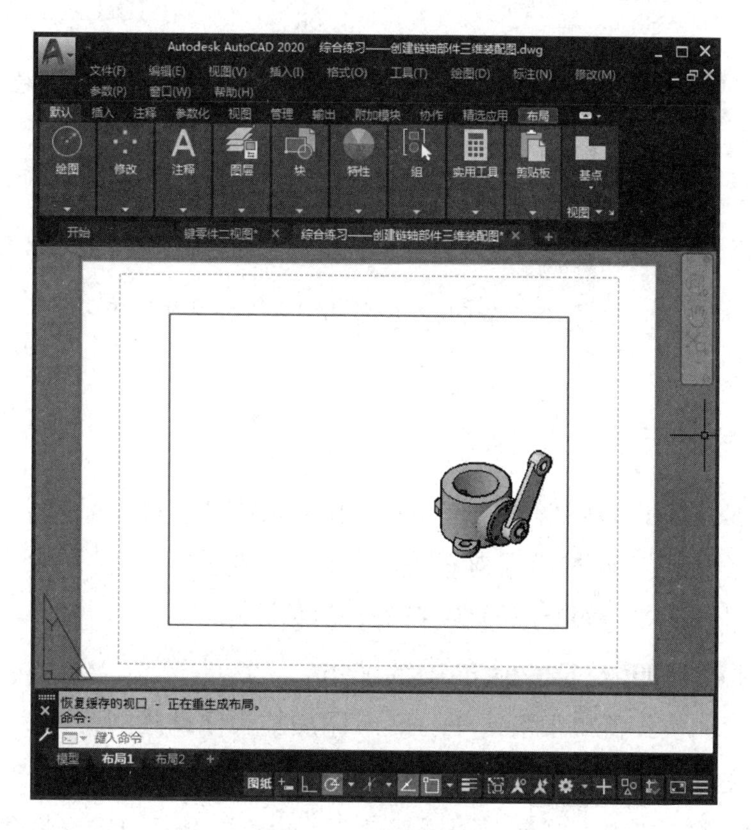

图 11-2　布局空间

11.1.2　选择打印机

在 AutoCAD 中，打印机其实就是绘图仪。在打印之前，需要先向计算机中添加绘图仪。下面以添加名为“光栅文件格式”的绘图仪为例来介绍添加绘图仪的方法。

【课堂实训】添加“光栅文件格式”的绘图仪。

（1）执行“文件”→“绘图仪管理器”命令，打开“添加绘图仪”窗口，双击“添加绘图仪向导”图标，打开“添加绘图仪-简介”对话框。

（2）单击“下一步”按钮，打开“添加绘图仪-开始”对话框，选择“我的电脑”选项，单击“下一步”按钮，打开“添加绘图仪-绘图仪型号”对话框，在该对话框的“生产商”下拉列表中选择“光栅文件格式”选项，在“型号”下拉列表中选择“便携式网格图形 PNG（LZH 压缩）”选项，如图 11-3 所示。

（3）单击“下一步”按钮，直到打开“添加绘图仪-绘图仪名称”对话框，在“绘图仪名称”文本框中输入绘图仪名称，此处采用默认设置，如图 11-4 所示。

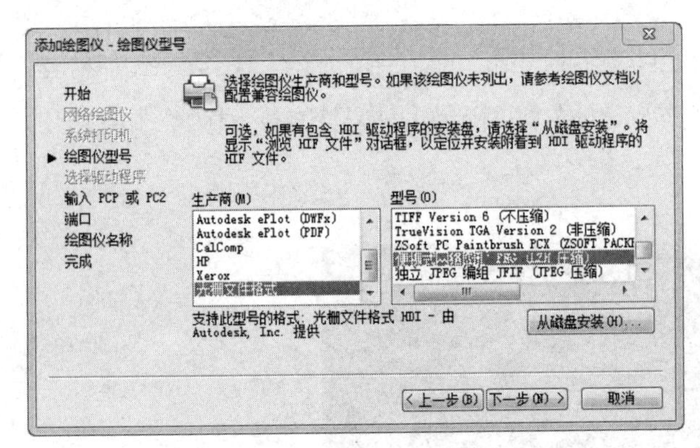

图 11-3　选择绘图仪生产商与型号

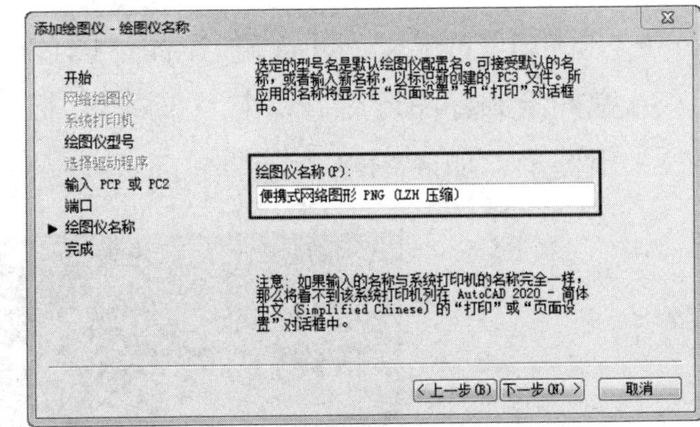

图 11-4　输入绘图仪名称

（4）单击“下一步”按钮打开“添加绘图仪-完成”对话框，单击“完成”按钮关闭该对话框，完成绘图仪的添加。

11.1.3　设置打印尺寸

设置打印尺寸是正确打印图形的关键，尽管不同型号的绘图仪都有合适规格的图纸尺寸，但有时这些图纸尺寸与打印图形很难匹配，这时需要重新定义图纸尺寸。下面以设置 1600px×1280px 的图纸尺寸为例介绍设置打印尺寸的步骤。

【课堂实训】设置 1600px×1280px 的图纸尺寸。

（1）在“添加绘图仪”窗口中双击 11.1.2 节添加的“便携式网格图形 PNG（LZH 压缩）”绘图仪，打开“绘图仪配置编辑器-便携式网格图形 PNG（LZH 压缩）”对话框，切换至“设备和文档设置”选项卡，单击“自定义图纸尺寸”节点，打开“自定义图纸尺寸”选项组，如图 11-5 所示。

（2）单击“添加”按钮，打开“自定义图纸尺寸-开始”对话框，勾选“创建新图纸”复选框，单击“下一步”按钮，打开“自定义图纸尺寸-介质边界”对话框，分别设置图纸的宽度、高度及单位，如图 11-6 所示。

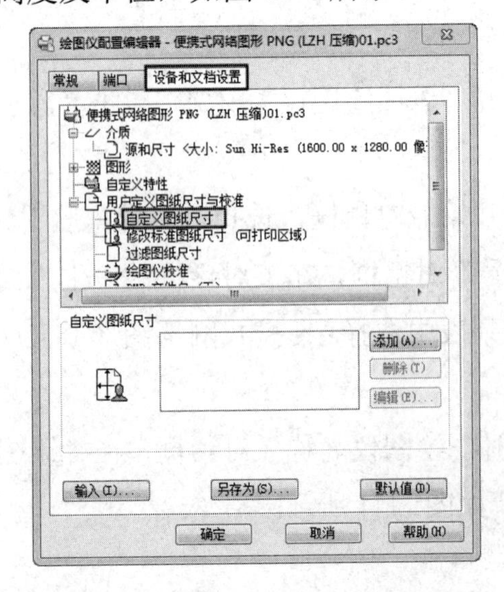

图 11-5　“自定义图纸尺寸”选项组

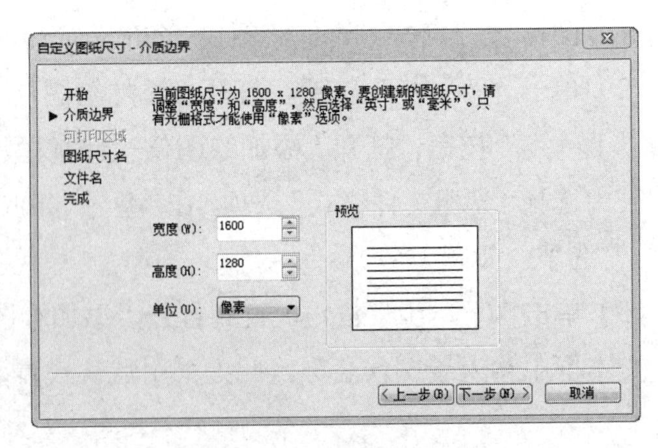

图 11-6　设置图纸尺寸

（3）依次单击“下一步”按钮，直至打开“自定义图纸尺寸-完成”对话框，单击“完成”按钮关闭该对话框，完成图纸尺寸的自定义。

（4）返回“绘图仪配置编辑器-便携式网格图形 PNG（LZH 压缩）”对话框，新定义的图纸尺寸会出现在下方的“自定义图纸尺寸”选项组的列表中，如图 11-7 所示。

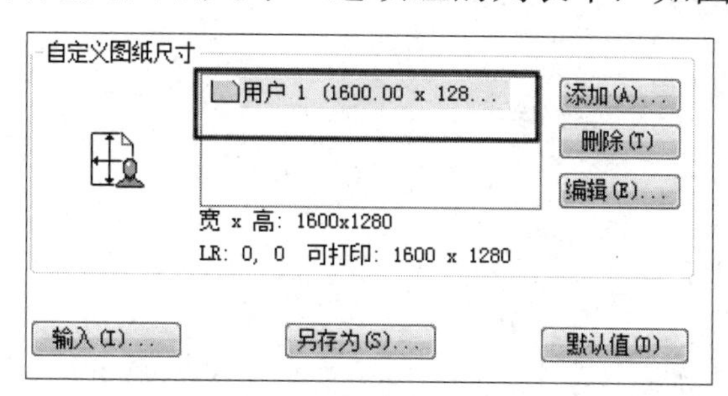

图 11-7 新定义的图纸尺寸

（5）单击“另存为”按钮，保存该图纸尺寸，如果用户仅在当前使用一次，那么单击“确定”按钮即可。

11.1.4 添加样式表

样式表其实就是一组打印样式的集合，使用“打印样式管理器”命令可以创建和管理打印样式表，利用打印样式表可以控制图形的打印效果。下面以添加名称为“stb01”的颜色相关的打印样式表为例介绍添加打印样式表的步骤。

【课堂实训】添加“stb01”的颜色相关的打印样式表。

（1）执行“文件”→“打印样式管理器”命令，在打开的窗口中双击 “添加打印样式表向导”图标，打开“添加打印样式表”对话框。

（2）单击“下一步”按钮，在打开的“添加打印样式表-开始”对话框中选中“创建新打印样式表”单选按钮，单击“下一步”按钮，在打开的“添加打印样式表-选择打印样式表”对话框中选中“颜色相关打印样式表”单选按钮，如图 11-8 所示。

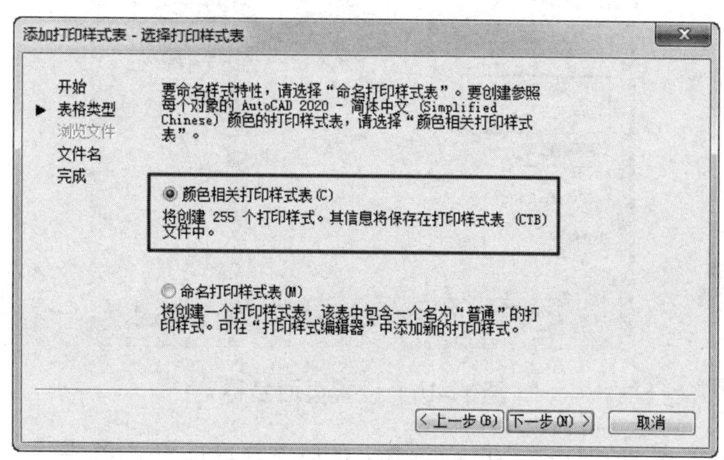

图 11-8 选中“颜色相关打印样式表”单选按钮

（3）单击“下一步”按钮，打开“添加打印样式表-文件名”对话框，将打印样式表命名为“stb01”，如图 11-9 所示。

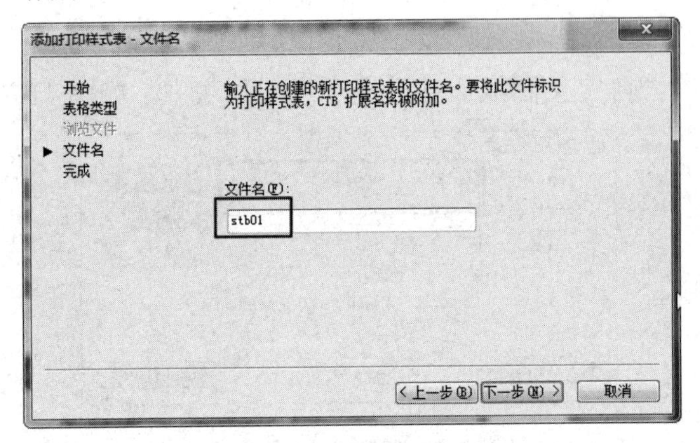

图 11-9　为打印样式表命名

（4）单击“下一步”按钮，打开“添加打印样式表-完成”对话框，单击“完成”按钮即可添加设置的打印样式表。

11.1.5　设置打印页面参数

打印页面参数也是打印的重要设置，可以通过“页面设置管理器”命令来设置。

【课堂实训】设置打印页面参数。

（1）执行“文件”→“页面设置管理器”命令，打开“页面设置管理器”对话框，单击“新建”按钮，打开“新建页面设置”对话框，为新页面命名，如将其命名为“模型”，如图 11-10 所示。

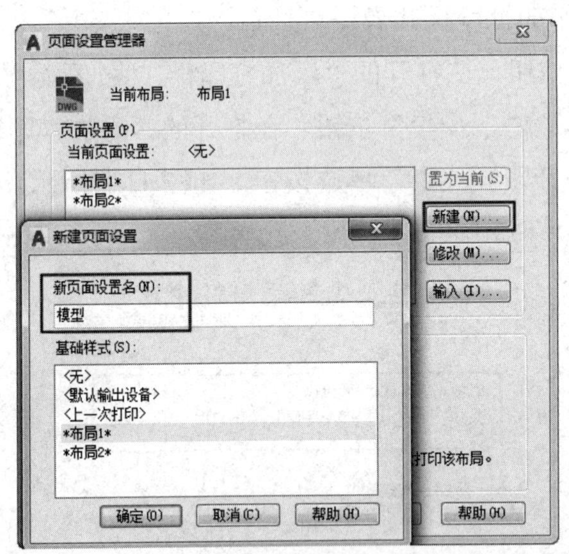

图 11-10　设置页面名称

（2）单击“确定”按钮，打开“页面设置-布局 1”对话框，单击“打印机/绘图仪”选项组中的“名称”下拉按钮，选择 Windows 系统打印机或 AutoCAD 内部打印机（“.pc3”文件）

作为输出设备，如选择“DWF6 ePlot-01.pc3”绘图仪。

（3）在“图纸尺寸”下拉列表中选择图纸幅面，如选择“ISO A1（841.00×594.00 毫米）”选项。

（4）在“打印区域”选项组的“打印范围”下拉列表中选择要输出的范围，包含多种打印区域的设置方式，具体有显示、窗口、范围和图形界限等。

（5）在“打印比例”选项组中设置图形的打印比例，其中，“布满图纸”复选项仅适用于模型空间中的打印。当勾选“布满图纸”复选框后，AutoCAD 将自动调整图形，与打印区域和选定的图纸等相匹配，使图形取最佳位置和比例。

（6）在“着色视口选项”选项组中将需要打印的三维模型设置为着色、线框或以渲染图的方式进行输出。

（7）在“图形方向”选项组中调整图形在图纸上的打印方向。右侧的图标代表图纸的放置方向，图标中的字母 A 代表图形在图纸上的打印方向（包括纵向和横向两种方式）。

（8）在“打印偏移（原点设置在可打印区域）”选项组中设置图形在图纸上的打印位置。在默认设置下，AutoCAD 从图纸左下角打印图形。打印原点位于图纸左下角，坐标是（0,0）。用户可以在“打印偏移（原点设置在可打印区域）”选项组中重新设定打印原点，这样图形在图纸上将沿 *X* 轴和 *Y* 轴移动。

设置完成后的页面设置如图 11-11 所示。

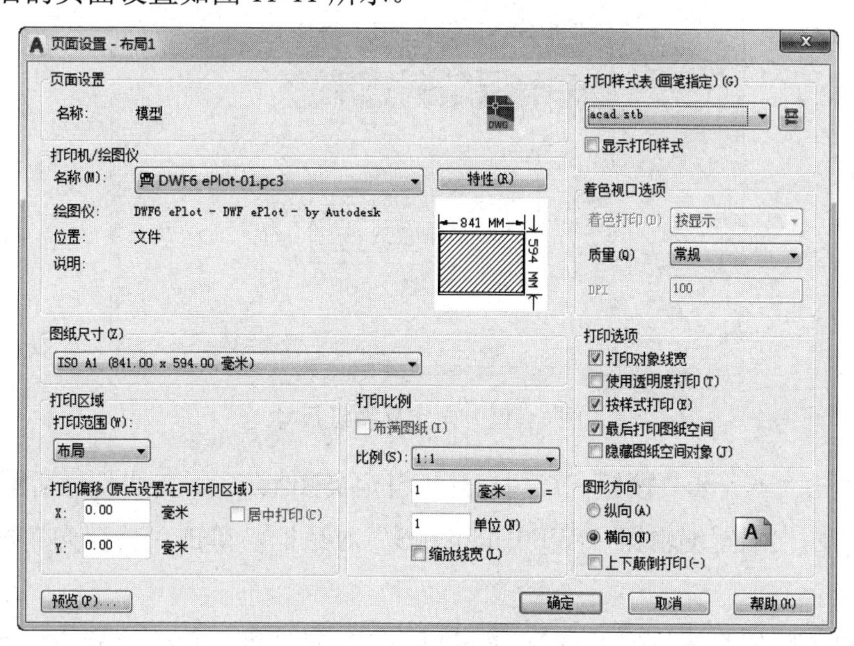

图 11-11　页面设置

打印环境设置完毕即可打印图形。执行“文件”→“打印”命令，可以打开与“页面设置”对话框相同的对话框，在此对话框中可以重新设置打印参数，并进行打印预览，若感觉满意，则单击“确定”按钮，这样就可以打印当前的页面设置。

11.2 打印输出图形

由于图形的输出要求不同，因此可以采用快速打印、精确打印及多视口打印 3 种方式来打印输出图形。下面介绍打印输出图形的相关内容。

11.2.1 快速打印

当采用快速打印方式打印输出图形时，一般不需要太多的设置，因此其操作可以在模型空间中直接进行。打开“效果文件”→“第 10 章”→“综合练习——创建链轴部件三维装配图.dwg”文件，下面在模型空间中快速打印该零件三维模型。

【课堂实训】快速打印链轴部件三维装配图。

（1）执行“文件”→“绘图仪管理器”命令，双击“DWF6 ePlot”图标，打开“绘图仪配置编辑器-DWF6 ePlot.pc3”对话框，切换至“设备和文档设置”选项卡。

（2）单击“修改标准图纸尺寸（可打印区域）”节点，在“修改标准图纸尺寸”选项组中选择“ISO A3（420×297）”图纸尺寸，单击“修改”按钮，在打开的“自定义图纸尺寸-可打印区域”对话框中设置参数，如图 11-12 所示。

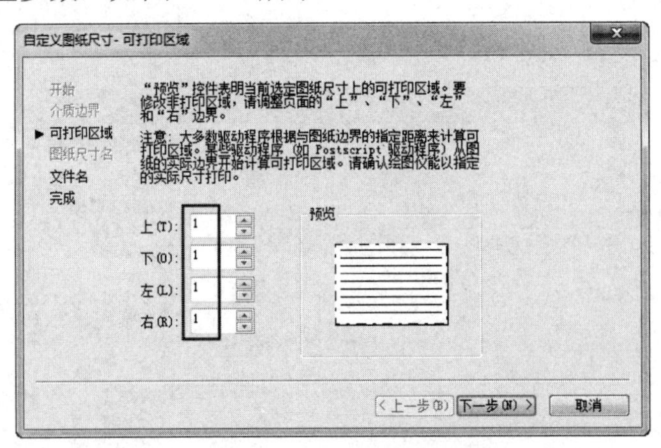

图 11-12　自定义图纸尺寸

（3）连续单击“下一步”按钮，直到打开“自定义图纸尺寸-完成”对话框，单击“完成”按钮，返回“绘图仪配置编辑器-DWF6 ePlot.pc3”对话框，单击“另存为”按钮，保存当前配置。

（4）返回“绘图仪配置编辑器-DWF6 ePlot.pc3”对话框，单击“确定”按钮。

（5）执行“文件”→“页面设置管理器”命令，在打开的对话框中单击“新建”按钮，新建命名为“快速打印”的打印样式，单击“确定”按钮，打开“页面设置-模型”对话框，选择“DWF6 ePlot.pc3”打印机，设置图纸尺寸为“ISO A3（420.00×297.00 毫米）”，在“打印范围”下拉列表中选择“窗口”选项，返回绘图区，以窗口方式选择链轴部件三维模型，以确定打印区域，如图 11-13 所示。

（6）系统自动返回“页码设置-快速打印”对话框，在“打印偏移（原点设置在可打印区域）”选项组中勾选“居中打印”复选框，设置图形方向为“横向”，其他采用默认设置，单击“确定”按钮返回“页面设置管理器”对话框，将刚创建的新页面置为当前页面并关闭该对话框，执行“文件”→“打印预览”命令，预览打印效果，如图 11-14 所示。

图 11-13　确定打印区域

图 11-14　预览打印效果

（7）若满意则右击并选择“打印”命令，打开“浏览打印文件”对话框，设置打印文件的保存路径及文件名进行保存，单击“保存”按钮，打开“打印作业进度”对话框，该对话框关闭后打印过程就结束。

11.2.2　精确打印

当采用精确打印方式打印输出图形时，需要在布局空间中来完成。打开“效果文件”→“第 8 章”→“综合练习——标注直齿轮零件图的尺寸、公差与技术要求.dwg”文件，精确打印该机械零件图。

【课堂实训】精确打印直齿轮零件图。

（1）单击绘图区下方的“布局 2”标签 布局2 进入“布局 2”空间，通过单击选择系统自动产生的视口，并按 Delete 键将其删除，如图 11-15 所示。

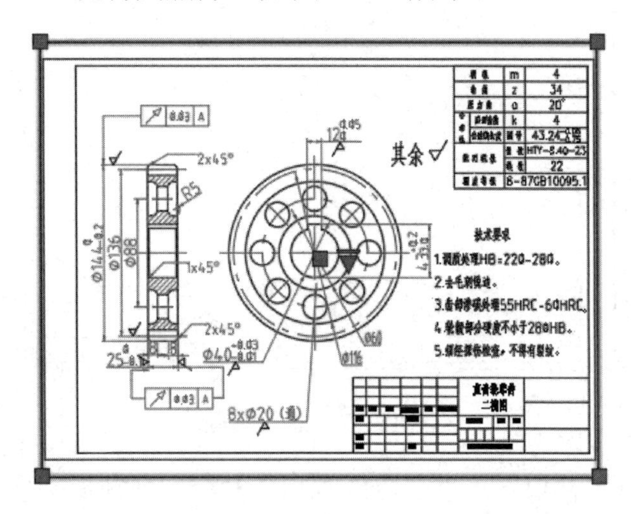

图 11-15　选择系统自动产生的视口并删除

（2）执行“文件”→“页面设置管理器”命令，打开“页面设置管理器”对话框，新建名称为“精确打印”的页面，单击“确定”按钮，打开“页面设置-布局2”对话框。

（3）选择“DWF6 ePlot.pc3”打印机，设置图纸尺寸为“ISO A3（420.00×297.00 毫米）”，在“打印范围”下拉列表中选择“布局”选项，设置打印比例为1∶1，图形方向为“横向”，如图11-16所示。

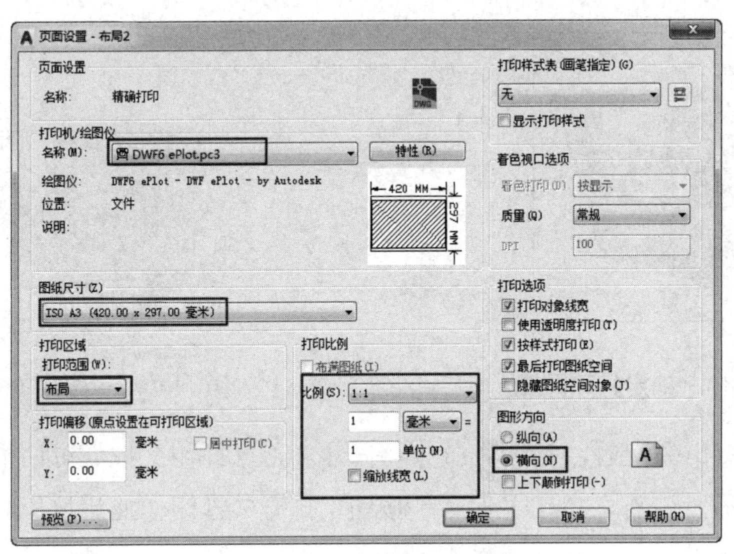

图11-16 设置页面

（4）单击“确定”按钮，返回“页面设置管理器”对话框，将刚创建的新页面置为当前页面，关闭该对话框。

（5）执行“插入块”命令，选择“图块”目录下的“A3-H.dwg”内部块，输入“X”，按Enter键确认，输入比例“58241/59400”，按Enter键。

（6）输入“Y”，按Enter键确认，输入比例“38441/42000”，按Enter键，在“布局2”空间左下角拾取一点，插入图框，如图11-17所示。

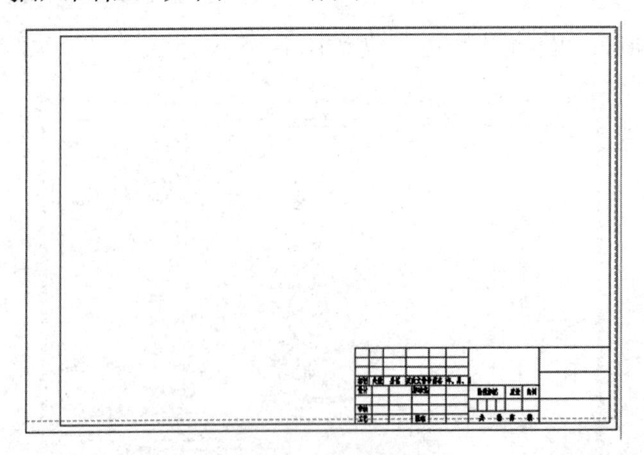

图11-17 插入图框

（7）执行“视图”→“视口”→“多边形视口”命令，分别捕捉图框内边框的角点，创建多边形视口，将平面图从“模型”空间添加到“布局2”空间中，如图11-18所示。

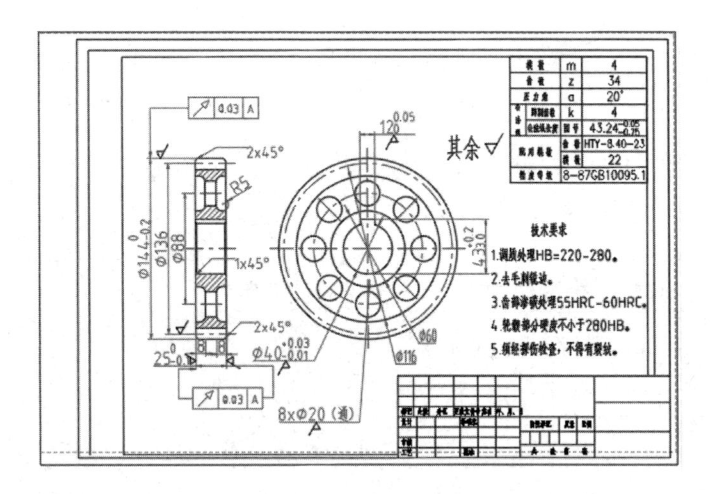

图 11-18　添加模型

（8）单击状态栏中的按钮图纸，激活刚创建的视口，选择并删除自带的图框及零件名称，如图 11-19 所示。

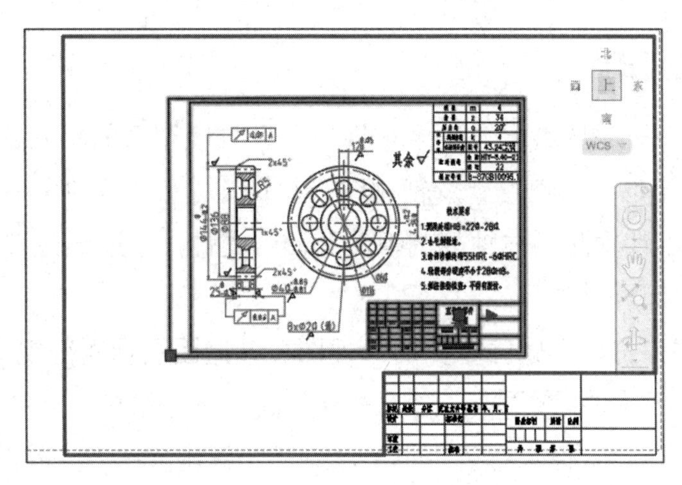

图 11-19　选择并删除自带的图框与零件名称

（9）打开“视口”工具栏，调整比例为 0.9，使用“实时平移”命令调整图形的出图位置，效果如图 11-20 所示。

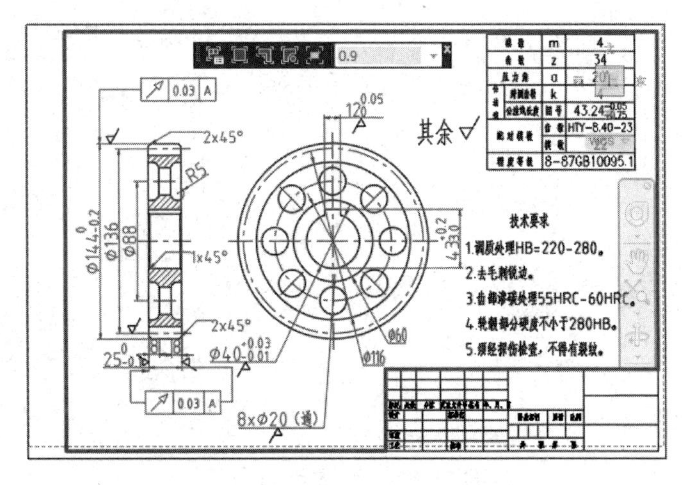

图 11-20　调整比例与出图位置

（10）单击“模型”标签 模型 返回图纸空间，设置当前层为“文本层”，当前文字样式为“仿宋体”，并使用“窗口缩放”工具将图框放大显示。输入“T”，按 Enter 键激活“多行文字”命令，设置文字高度为“6”、对正方式为“正中”，并为标题栏填充图名和比例，如图 11-21 所示。

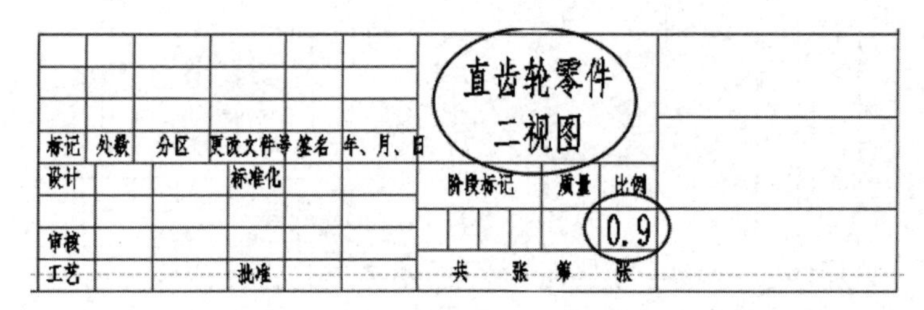

图 11-21　输入图名与比例

（11）执行“打印”命令，在打开的“打印-布局 2”对话框中单击“预览”按钮预览打印效果，右击并选择“打印”命令开始打印输出，执行“另存为”命令，命名并保存图形。

11.2.3　多视口打印

多视口打印可以在一张图纸上通过多个视口分别打印图形的不同部分，如在一张图纸上打印机械零件的二维图形、三维模型及轴测图等。打开“效果文件”→“第 9 章”→“综合练习——绘制半轴壳零件轴测图与轴测剖视图.dwg”文件，下面通过多视口打印该机械零件的二维图、轴测图及轴测剖视图。

【课堂实训】多视口打印半轴壳零件的二视图、轴测图及轴测剖视图。

（1）单击“布局 1”标签 布局1 ，进入布局空间，删除系统自动产生的矩形视口。

（2）执行“文件”→“页面设置管理器”命令，先新建名称为“多视口打印”的页面，再设置打印机名称、图纸尺寸、打印比例和图形方向等页面参数，如图 11-22 所示。

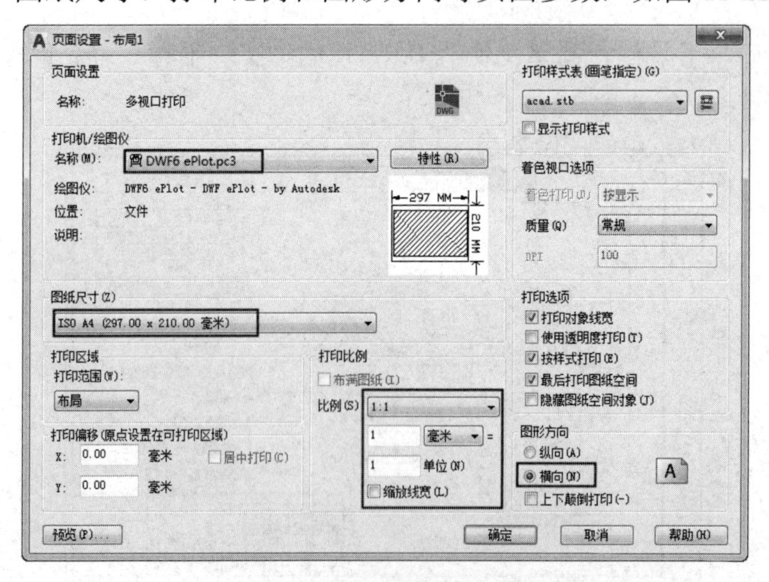

图 11-22　设置页面参数

（3）单击“确定”按钮，返回“页面设置管理器”对话框，将创建的新页面置为当前页面，执行“插入块”命令，选择“图块”目录下的“A4.dwg”内部块，输入“X”，按 Enter 键确认，输入其比例“28541/29700”，按 Enter 键。

（4）输入“Y”，按 Enter 键确认，输入比例“17441/21000”，按 Enter 键，在布局空间左下角拾取一点插入图框，如图 11-23 所示。

（5）执行“视图”→“视口”→“新建视口”命令，在打开的“视口”对话框中选择“四个：相等”选项，单击“确定”按钮，返回绘图区，根据命令行的提示捕捉内框的两组对角点，将内框区域分割为 4 个视口，结果如图 11-24 所示。

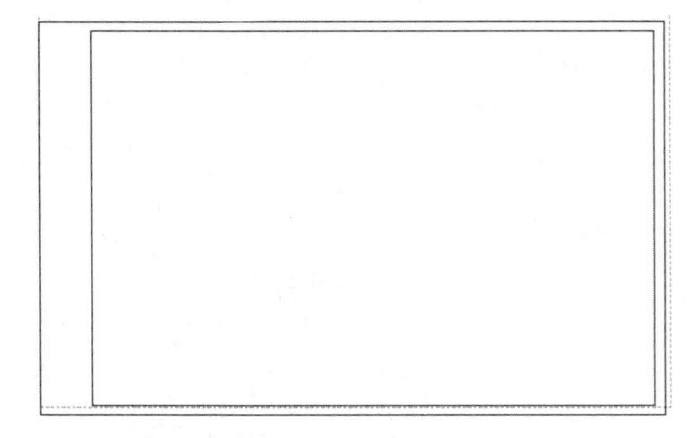

图 11-23 插入图框

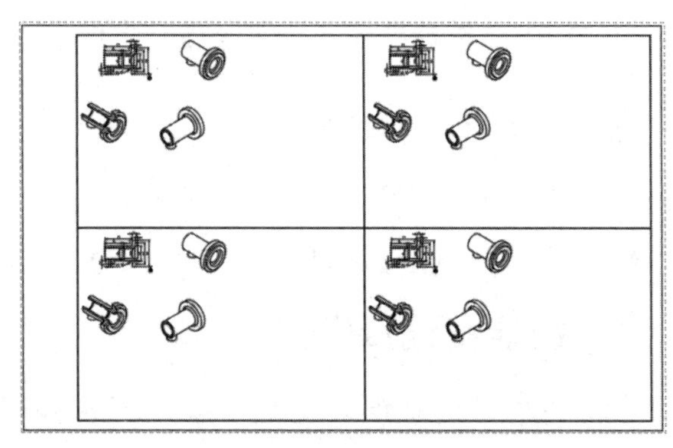

图 11-24 创建视口

（6）单击状态栏中的按钮图纸，进入浮动式的模型空间，分别激活每个视口，调整每个视口内的视图大小与位置，使 4 个视图分别显示零件二维图、西南等轴测视图、西北等轴测视图及轴测剖视图，结果如图 11-25 所示。

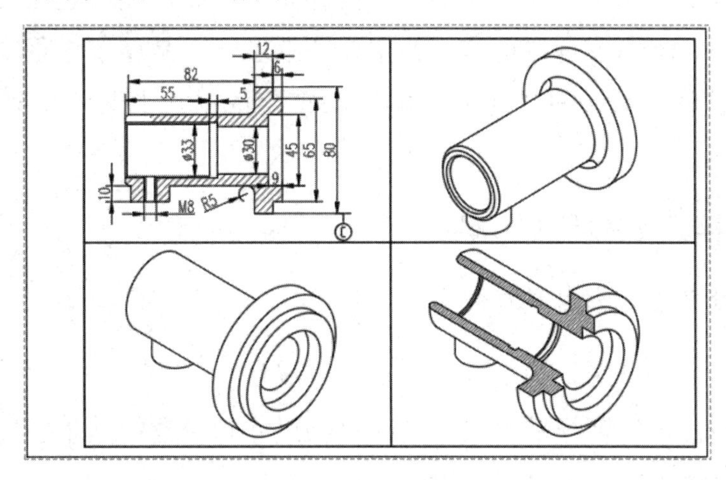

图 11-25 调整视口

（7）返回图纸空间，执行“文件”→“打印预览”命令，对图形进行打印预览，预览满意后，右击并选择“打印”命令，在打开的“浏览打印文件”对话框中设置打印文件的保存路径及文件名称，单击“保存”按钮，对其进行保存，并打印图形。

AutoCAD 绘图实战（一）——建筑设计

第 12 章

工作任务分析

本章主要通过 AutoCAD 建筑设计案例来介绍建筑设计图纸的类型，帮助读者掌握使用 AutoCAD 绘制各种建筑设计图纸的方法。

知识学习目标

- 掌握建筑设计图纸的相关知识。
- 掌握使用 AutoCAD 绘制各种建筑设计图纸的方法。

技能实践目标

- 能够掌握建筑设计图纸的各种理论知识。
- 能够使用 AutoCAD 绘制各种建筑设计图纸。

12.1 绘制建筑平面图

平面图主要用于表达建筑物的平面形状、内部布置，以及墙、柱与门窗构配件的位置、尺寸、材料和做法等。平面图是建筑施工的主要图纸之一，是施工过程中房屋的定位放线、砌墙、设备安装、装修、编制概预算、备料等的重要依据。下面绘制某小区住宅楼建筑平面图。

12.1.1 建筑平面图的相关内容

在平面图上一般需要表达如下内容。

1. 轴线与编号

在建筑平面图中，定位轴线是用来控制建筑物尺寸和模数的基本手段，是墙体定位的主要依据，能表达建筑物纵向和横向墙体的位置关系。

定位轴线分为纵向定位轴线与横向定位轴线。纵向定位轴线自下而上用大写拉丁字母 A、B、C 等表示（但不能使用 I、O、Z，避免与数字 1、0、2 相混），横向定位轴线由左向右使用阿拉伯数字 1、2、3 等按顺序编号。某建筑平面图中标注的纵向定位轴线和横向定位轴线如图 12-1 所示。

2. 内部布置和朝向

平面图的内部布置和朝向应包括各房间的分布及结构间的相互关系，如入口、过道、楼梯的位置等。平面图一般均注明房间的名称或编号，层平面图还需要注明建筑的朝向。在平面图中应注明各层楼梯的形状、走向和级数。在楼梯段中部，应使用带箭头的细实线表示楼梯的走向，并注明“上”或“下”字样，如图 12-2 所示。

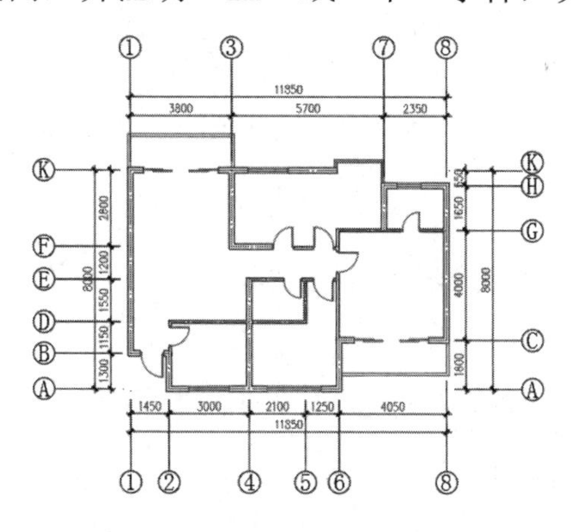

图 12-1 纵向定位轴线与横向定位轴线

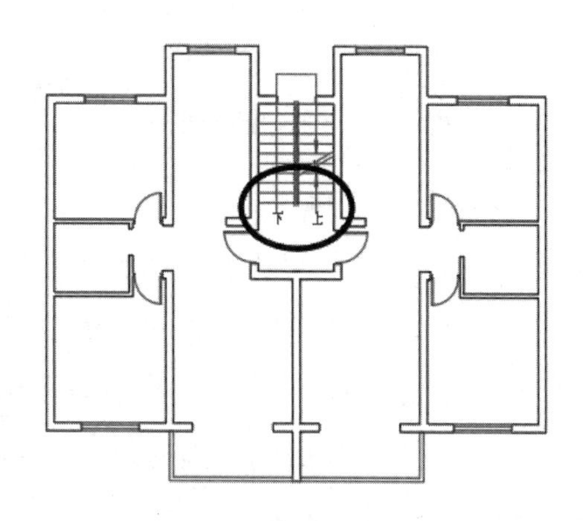

图 12-2 标注楼梯的走向

3. 门窗型号

平面图中的门使用大写字母 M 表示，窗使用大写字母 C 表示，并采用阿拉伯数字编号，如 M1、M2、M3、C1、C2 和 C3 等。同一编号代表同一类型的门或窗，如图 12-3 所示。

当门窗采用标准图时，应标注图集的编号及图号。从编号中可知门窗各有多少种。在一般情况下，首页图纸上附有一个门窗表，列举门窗的编号、名称、洞口尺寸及数量等。

4. 建筑尺寸

建筑尺寸主要用于反映建筑物的长、宽及内部各结构的位置关系，是施工的依据。建筑尺寸主要包括外部尺寸和内部尺寸。内部尺寸就是在平面图内部标注的尺寸，主要表现外部尺寸无法表明的内部结构的尺寸，如门洞及门洞两侧的墙体尺寸等。

外部尺寸就是在平面图的外围所标注的尺寸，在水平方向和垂直方向上各有 3 道尺寸，由里向外依次为细部尺寸、轴线尺寸和总尺寸。

- 细部尺寸：也叫定形尺寸，用来表示平面图内的门、窗距离，以及墙体等细部的详细尺寸，如图 12-4 所示。
- 轴线尺寸：用来表示平面图的开间和进深，如图 12-4 所示。在一般情况下，两堵横墙之间的距离称为开间，两堵纵墙之间的距离为进深。
- 总尺寸：也叫外包尺寸，用来表示平面图的总宽和总长，通常标在平面图的最外部，如图 12-4 所示。

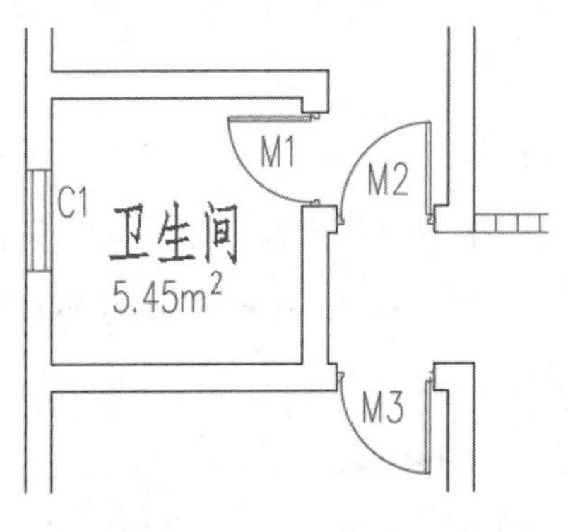

图 12-3　门、窗编号

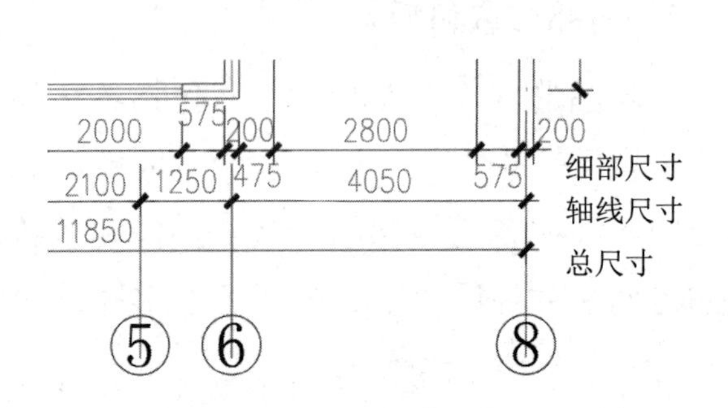

图 12-4　尺寸标注

5. 文本注释与标高

平面图中应注明必要的文字性说明，如标注各房间的名称、有效使用面积，平面图的名称、比例，以及各门窗的编号等文本对象。

另外，平面图中应标注不同楼层地面标高，表示各楼层地面距离相对标高零点的高差。除此之外，还应标注各房间及室外地坪、台阶等的标高。

6. 剖切位置、详图位置与编号

在首层平面图上应标注剖切符号，以表明剖面图的剖切位置和剖视方向。当某些构造细部或构件用详图表示时，需要在平面图的相应位置注明索引符号，表明详图的位置和编号，以便与详图对照查阅。

对于平面较大的建筑物，可以进行分区绘制，但每张平面图均应绘制组合示意图。各区需要使用大写拉丁字母编号。在组合示意图上要提示的分区，应采用阴影或填充的方式表示。

7. 层次、图名及比例

平面图中不仅要注明该平面图表达的建筑的层次，还要注明建筑物的图名和比例，以便查找、计算和施工等。

12.1.2　绘制住宅楼的定位轴线

定位轴线是墙体定位的主要依据，是控制建筑物尺寸和模数的基本手段。下面绘制住宅楼的定位轴线，详细的操作步骤请参考配套教学资源的视频讲解，效果如图 12-5 所示。

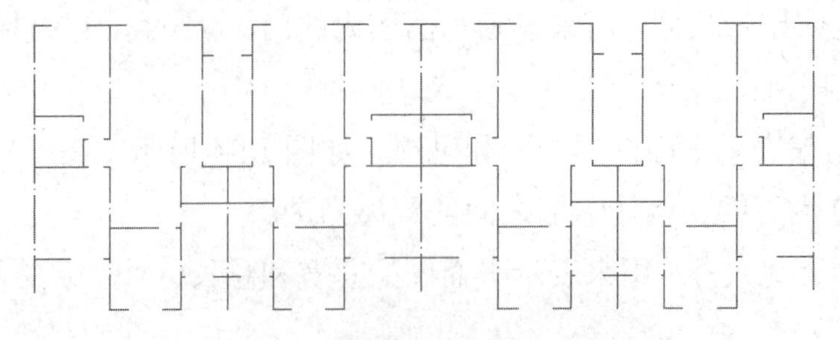

图 12-5　绘制住宅楼的定位轴线

12.1.3　绘制住宅楼的墙线

本节在定位轴线的基础上绘制住宅楼的墙线，以对平面图进行完善，详细的操作步骤请参考配套教学资源的视频讲解，效果如图 12-6 所示。

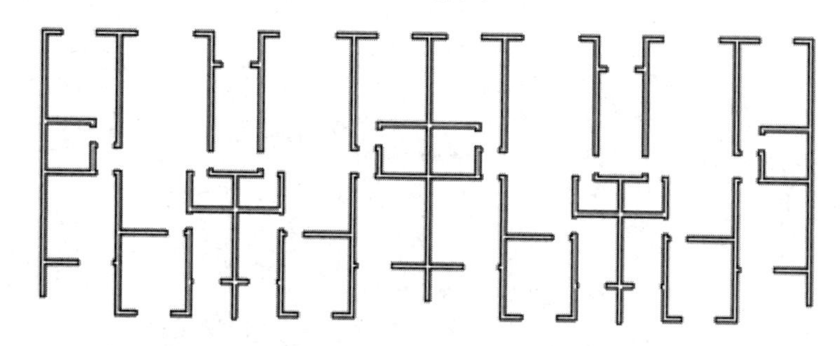

图 12-6　绘制住宅楼的墙线

12.1.4　绘制住宅楼的门、窗、楼梯等建筑构件

下面绘制住宅楼的各种建筑构件，包括门、窗、楼梯等，详细的操作步骤请参考配套教学资源的视频讲解，效果如图 12-7 所示。

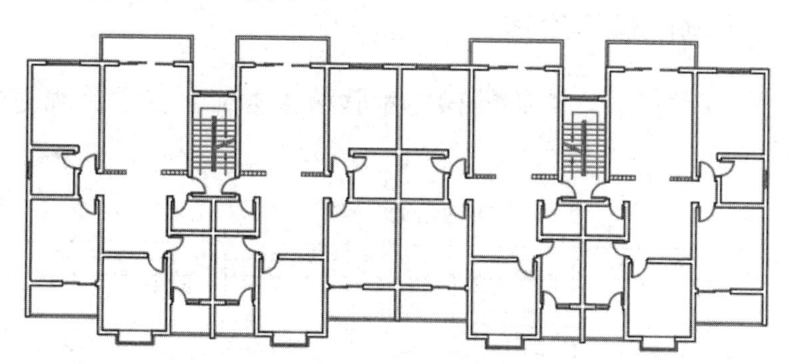

图 12-7　绘制住宅楼的建筑构件

12.1.5　标注住宅楼的房间功能与面积

下面标注住宅楼的房间功能与面积，详细的操作步骤请参考配套教学资源的视频讲解，效果如图 12-8 所示。

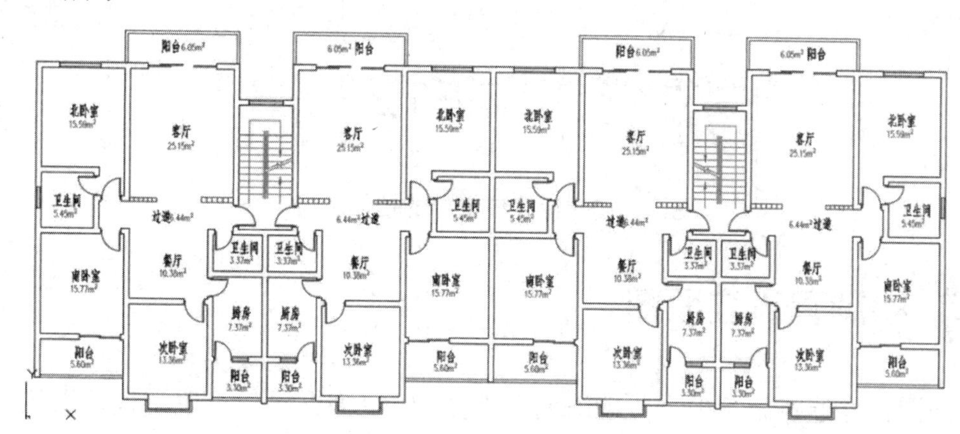

图 12-8　标注住宅楼的房间功能与面积

12.1.6 标注住宅楼的施工尺寸

下面标注住宅楼的施工尺寸，详细的操作步骤请参考配套教学资源的视频讲解，效果如图 12-9 所示。

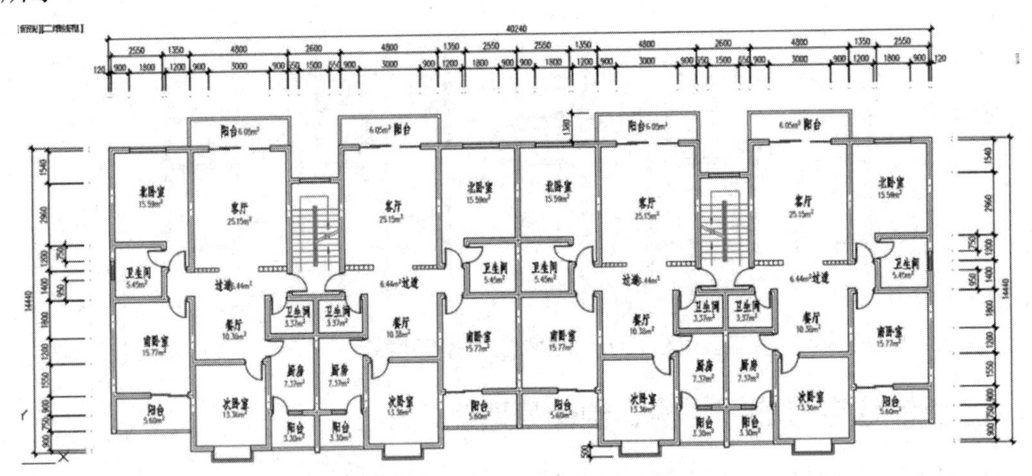

图 12-9 标注住宅楼的施工尺寸

12.1.7 标注住宅楼的墙体序号

下面标注住宅楼的墙体序号，详细的操作步骤请参考配套教学资源的视频讲解，效果如图 12-10 所示。

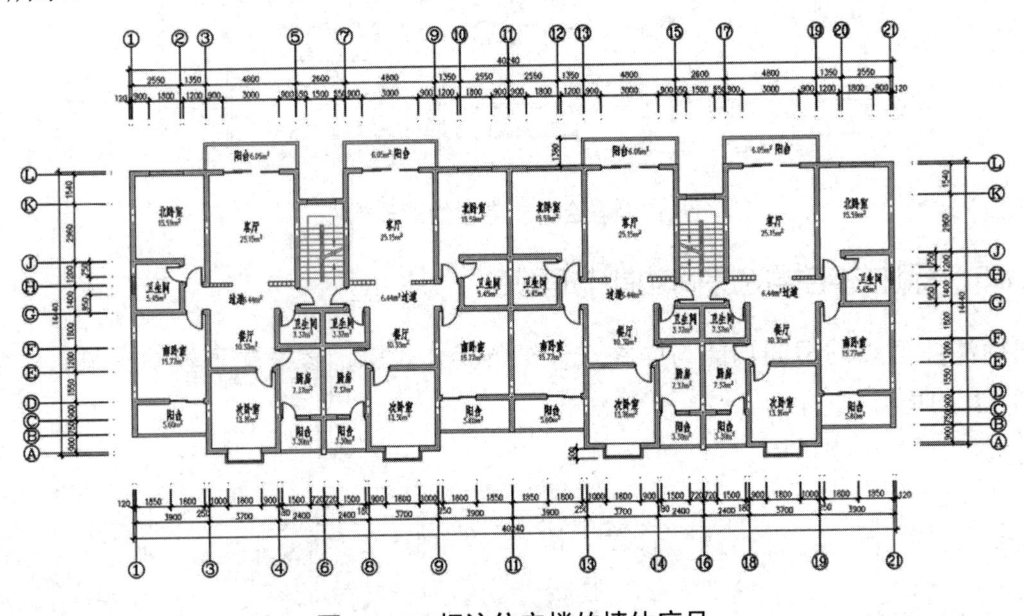

图 12-10 标注住宅楼的墙体序号

12.2 绘制建筑立面图

建筑立面图也是建筑施工中不可或缺的图纸之一。立面图不仅可以清楚地表达建筑物的体形和外貌，还可以表明建筑物外墙的装修概况等。

12.2.1 建筑立面图的内容与表达方法

1. 立面图例

由于立面图的比例小，因此立面图中的门窗应按立面图例式样表示，类似的门窗只绘制一两个完整图，其余的只绘制单线图形即可。

2. 立面图定位轴线

立面图横向定位轴线是一种用于表达建筑物的层高线，以及窗台、阳台等立面构件的高度线；纵向定位轴线代表的是建筑物门、窗、阳台等建筑构件位置的辅助线。因此，可以根据建筑平面图的纵向定位轴线为建筑物各立面构件进行定位，如图 12-11 所示。

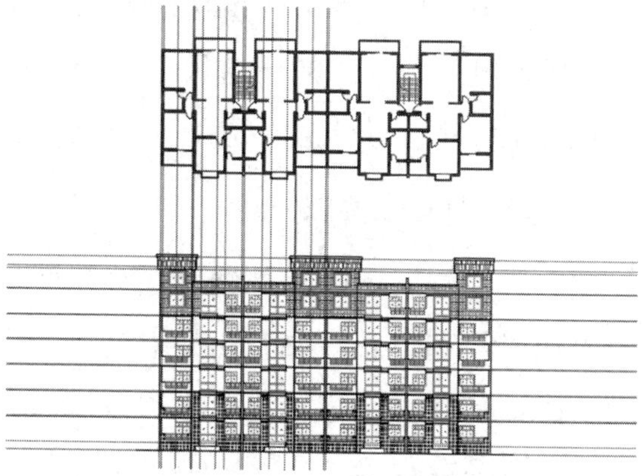

图 12-11 纵向定位轴线和横向定位轴线

3. 立面图编号

对于有定位轴线的建筑物，只需要绘制出两端的轴线并标注其编号，编号应与建筑平面图两端的轴线编号一致，以便与建筑平面图对照阅读，从而确认立面的方位。若建筑物没有定位轴线，则可以按照平面图各面的朝向进行绘制。

4. 图名

建筑立面图需要标明图名。在一般情况下，立面图有 3 种命名方式，具体如下。

- 第一种方式：按照立面图的主次命名。把建筑物的主要出入口或反映建筑物外貌主要特征的立面图称为正立面图，把其他立面图分别称为背立面图、左立面图和右立面图等。
- 第二种方式：按照建筑物的朝向命名。根据建筑物立面的朝向可分别称为南立面图、北立面图、东立面图和西立面图。
- 第三种方式：按照轴线的编号命名。根据建筑物立面两端的轴线编号命名，如①~⑨图等。

5. 立面图标高

立面图中要标注房屋主要部位的相对标高，如室外地坪、室内地面、各层楼面、檐口、女儿墙压顶和雨罩等，其尺寸标注只需沿立面图的高度方向标注细部尺寸、层高尺寸和总高度即可。

6. 立面图尺寸

与建筑平面图一样，建筑立面图在其高度方向上也需要标注 3 道尺寸，即细部尺寸、层高尺寸和总高尺寸，具体如下。

- 细部尺寸：最里面的一道尺寸，用于表示室内外地面高度差、窗下墙高度、门窗洞口高度、洞口顶面到上一层楼面的高度、女儿墙或挑檐板高度等。
- 层高尺寸：中间的一道尺寸，用于表明每上下两层楼地面之间的距离。
- 总高尺寸：最外面一道尺寸，用于表明室外地坪至女儿墙檐口的距离。

7. 立面图文本注释

在建筑物立面图中，外墙表面分格线应标示清楚，一般需要使用文字说明各部分所用的外墙表面材料和色彩，如表明外墙装饰的做法和分格，以及室外台阶、勒角、窗台、阳台、檐沟、屋顶和雨水管等的立面形状与材料做法等，以方便指导施工。

8. 立面图线宽

为了确保建筑立面图的清晰和美观，在绘制立面图时需要注意图线的线宽。在一般情况下，立面图的外形轮廓线需要使用粗实线表示，室外地坪线需要使用特粗实线表示，门窗、阳台、雨罩等构件的主要轮廓线用中粗实线表示，其他（如门窗扇、墙面分格线等）均用细实线表示。

9. 立面图符号

对于比较简单的对称式的建筑物，立面图可以只绘制一半，但必须标出对称符号；对于另绘制详图的部位，一般需要标注索引符号，以指明查阅详图。

12.2.2 绘制住宅楼 1～2 层的立面图

下面绘制住宅楼 1～2 层的立面图，详细的操作步骤请参考配套教学资源的视频讲解，效果如图 12-12 所示。

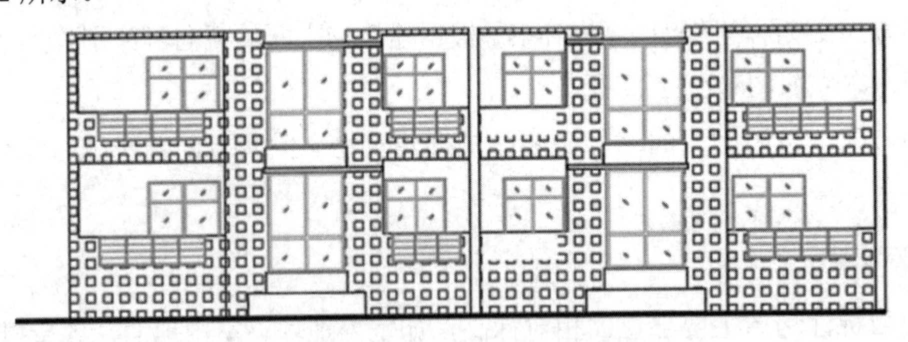

图 12-12 住宅楼 1～2 层的立面图

12.2.3 绘制住宅楼标准层的立面图

下面绘制住宅楼标准层的立面图，详细的操作步骤请参考配套教学资源的视频讲解，效果如图 12-13 所示。

图 12-13 住宅楼标准层的立面图

12.2.4 绘制住宅楼顶层的立面图

下面绘制住宅楼顶层的立面图，详细的操作步骤请参考配套教学资源的视频讲解，效果如图 12-14 所示。

图 12-14 住宅楼顶层的立面图

12.2.5 标注住宅楼立面图的文字注释、尺寸与标高

下面标注住宅楼立面图的文字注释、尺寸与标高，详细的操作步骤请参考配套教学资源的视频讲解，效果如图 12-15 所示。

图 12-15 住宅楼立面图的文字注释、尺寸与标高

12.3 绘制建筑剖面图

建筑剖面图主要用于表达建筑物内部垂直方向的高度、楼梯分层、垂直空间的利用，以及简要的结构形式和构造方式等，如屋顶形式、屋顶坡度、檐口形式、楼板搁置方式、楼梯的形式及其简要的结构和构造等。

12.3.1 建筑剖面图的功能与图示内容

1. 剖切位置

剖面图的剖切位置一般应根据图纸的用途或设计深度来决定，通常选择建筑物内部结构，以及构造比较复杂、有变化、有代表性的部位，如通过门窗洞口，或者楼梯间及主要出入口等位置。

2. 剖面比例

剖面图通常与同一建筑物的平面图、立面图的比例保持一致，即采用 1/50、1/100、1/200 的比例绘制。当剖面图的比例小于 1/50 时，可以采用简化的材料图例来表示其构配件断面的材料，如钢筋混凝土构件在断面涂黑，砖墙则用斜线表示。

3. 剖面图线

在剖面图中，凡是剖到的墙、板、梁等构件用粗实线表示，没有剖到的其他构件的投影线则用细实线表示。

4. 剖切结构

在剖面图中，需要表达出以下剖切到的结构。

- 剖切到的室内外地面（包括台阶、明沟及散水等）、楼地面（包括吊天棚）、屋顶层（包括隔热通风层、防水层及吊天棚）。
- 剖切到的内外墙及其门窗（包括过梁、圈梁、防潮层、女儿墙及压顶）。
- 剖切到的各种承重梁和连系梁、楼梯段及楼梯平台、雨篷、阳台，以及剖切到的孔道和水箱等的位置、形状及其图例。

由于剖面图也是一种正投影图，因此对于没有剖切到的可见结构，也需要在剖面图中体现出来，如墙面及其凹凸轮廓、梁、柱、阳台、雨篷、门、窗、踢脚、勒脚、台阶（包括平台踏步）、水斗、雨水管、楼梯段（包括栏杆、扶手），以及各种装饰构件、配件等。

5. **尺寸**

剖面图的尺寸分为外部尺寸和内部尺寸。内部尺寸主要标注剖面图内部各构件之间的位置尺寸；外部尺寸主要有水平方向和垂直方向两种方式，其中水平方向常标注剖到的墙、柱及剖面图两端的轴线编号及轴线间距。

6. **坡度**

建筑物倾斜的地方（如屋面、散水等）需要使用坡度来表示倾斜的程度。图 12-16（a）所示是坡度较小时的表示方法，箭头指向下坡方向，2%表示坡度的高宽比。图 12-16（b）和图 12-16（c）所示是坡度较大时的表示方法，其中直角三角形的斜边应与坡度平行，直角边上的数字表示坡度的高宽比。

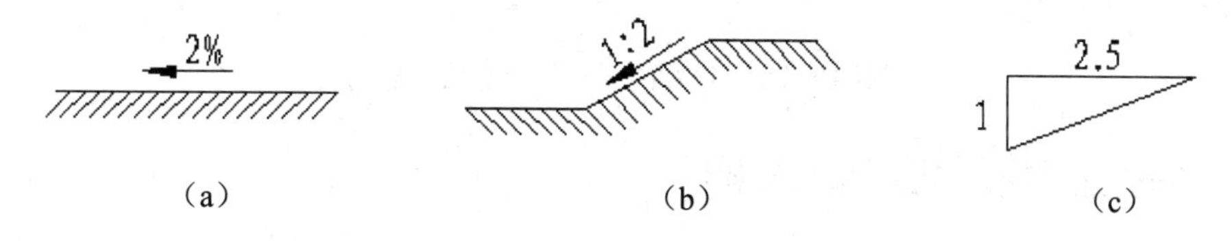

图 12-16 坡度的表示方法

7. **剖面图数量与其他符号**

建筑剖面图应根据建筑物内部构造的复杂程度和施工需要而定，并使用阿拉伯数字（如1—1、2—2）或拉丁字母（如 A—A、B—B）命名。另外，在剖面图上应标明轴线编号、索引符号和标高等。

12.3.2 绘制住宅楼 1～2 层的剖面图

下面绘制住宅楼 1～2 层的剖面图，详细的操作步骤请参考配套教学资源的视频讲解，效果如图 12-17 所示。

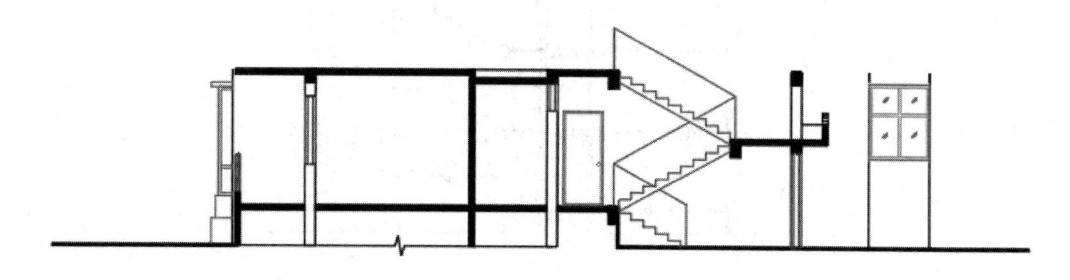

图 12-17 住宅楼 1～2 层的剖面图

12.3.3 绘制住宅楼标准层的剖面图

下面绘制住宅楼标准层的剖面图，详细的操作步骤请参考配套教学资源的视频讲解，效果如图 12-18 所示。

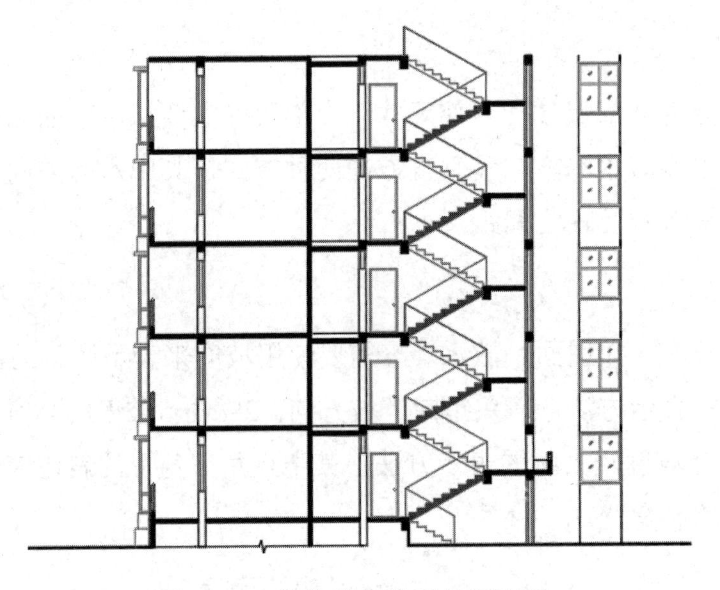

图 12-18　住宅楼标准层的剖面图

12.3.4　绘制住宅楼顶层的剖面图

下面绘制住宅楼顶层的剖面图，详细的操作步骤请参考配套教学资源的视频讲解，效果如图 12-19 所示。

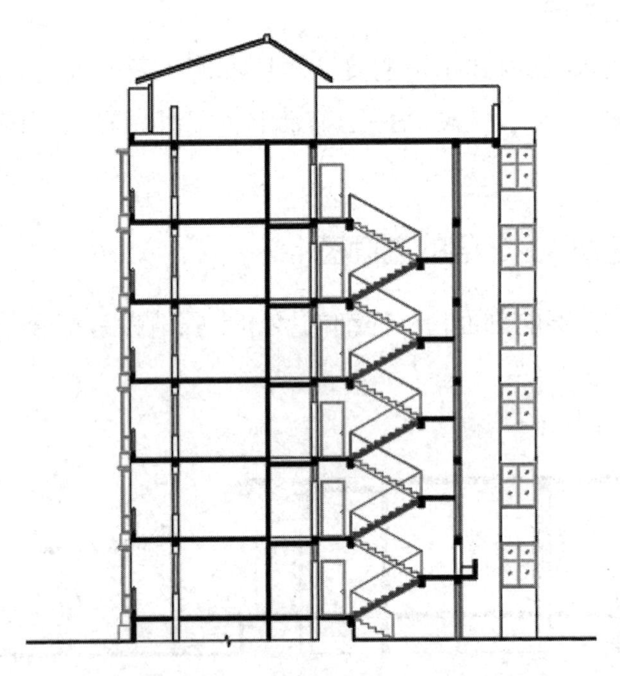

图 12-19　住宅楼顶层的剖面图

12.3.5　标注住宅楼剖面图的尺寸

下面标注住宅楼剖面图的尺寸，详细的操作步骤请参考配套教学资源的视频讲解，效果如图 12-20 所示。

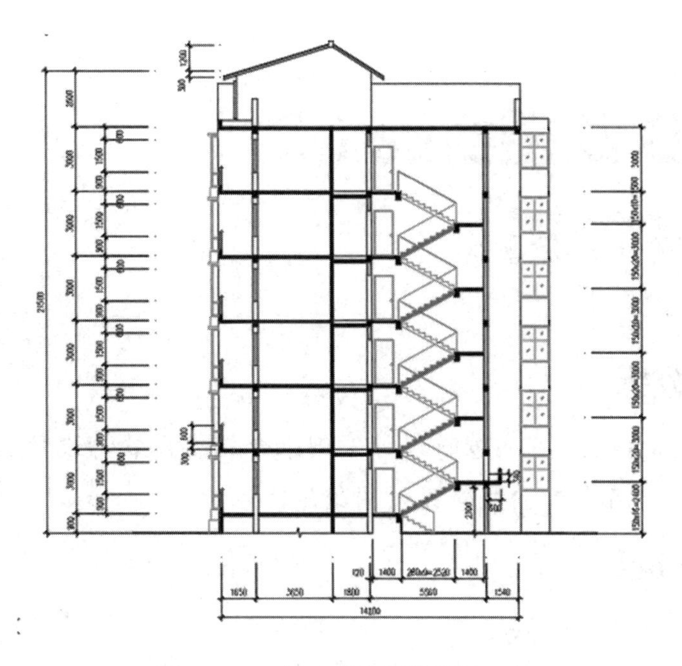

图 12-20　住宅楼剖面图的尺寸

12.3.6　标注住宅楼剖面图的符号

下面标注住宅楼剖面图的符号，详细的操作步骤请参考配套教学资源的视频讲解，效果如图 12-21 所示。

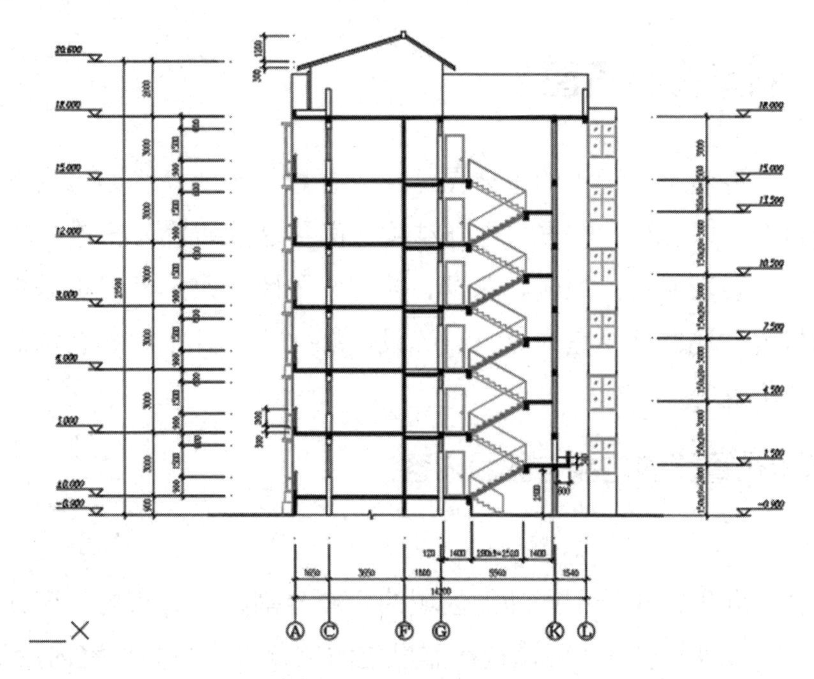

图 12-21　住宅楼剖面图的符号

AutoCAD 绘图实战（二）——室内装饰设计

第 13 章

工作任务分析

本章主要通过 AutoCAD 室内装饰设计案例来介绍室内装饰设计图纸的类型，帮助读者掌握使用 AutoCAD 绘制各种室内装饰设计图纸的方法。

知识学习目标

- 掌握室内装饰设计的相关知识。
- 掌握使用 AutoCAD 绘制各种室内装饰设计图纸的方法。

技能实践目标

- 能够掌握室内装饰设计的一般理论知识。
- 能够使用 AutoCAD 绘制各种室内装饰设计图纸。

13.1 绘制室内布置图

室内布置图是室内装饰工程中的重要图纸，主要用于表明室内装修布置的平面形状、位置、大小和所用材料，以及这些布置与主体结构之间、这些布置与布置之间的相互关系等。

室内布置图不仅要表明室内地面、门窗、楼梯、隔断、装饰柱、护壁板或墙裙等装饰结构的平面形式和位置，还要标明室内家具、陈设、绿化、室外水池和装饰品等配套设置体的平面形状、数量及位置等。

13.1.1 室内布置图的功能与图示内容

1. 功能布局

室内空间的合理利用，在于不同功能区域的合理分割、巧妙布局，充分发挥居室的使用功能。例如：卧室、书房要求静，可设置在靠里边的位置以不被其他室内活动干扰；起居室、客厅是对外接待、交流的场所，可设置在靠近入口的位置；卧室、书房与起居室和客厅相连处又可设置过渡空间或共享空间，起间隔调节作用。此外，厨房应紧靠餐厅，卧室与卫生间应贴近。

2. **空间设计**

平面空间设计主要包括区域划分和交通流线两方面内容。区域划分是指室内空间的组成；交通流线是指室内各活动区域之间及室内外环境之间的联系，包括有形和无形两种。有形的交通流线是指门厅、走廊、楼梯、户外的道路等；无形的交通流线是指其他可能作为交通联系的空间。设计时应尽量减少有形的交通区域，增加无形的交通区域，以达到充分利用空间且自由、灵活和缩短距离的效果。

另外，区域划分和交通流线是居室空间整体组合的要素，区域划分是对整体空间进行合理分配，交通流线寻求的是个别空间的有效连接。只有将两者相互协调，才能取得理想的效果。

3. **内含物的布置**

室内内含物主要包括家具、陈设、灯具、绿化等设计内容。室内内含物通常处于视觉中显著的位置，可以脱离界面布置于室内空间中，不但具有实用和观赏的作用，而且对烘托室内环境气氛和形成室内装饰设计风格等具有举足轻重的作用。

4. **整体上的统一**

整体上的统一指的是将同一空间的许多细部以一个共同的有机因素统一起来，使它变成一个完整而和谐的视觉系统。在设计构思时，需要根据业主的职业特点、文化层次、个人爱好、家庭成员构成、经济条件等做综合的设计定位。

13.1.2 绘制套一厅平面布置图

下面绘制套一厅平面布置图，在绘制时需要先绘制套一厅的墙体结构图，由于篇幅所限，因此详细的操作步骤请参考配套教学资源的视频讲解，效果如图 13-1 所示。

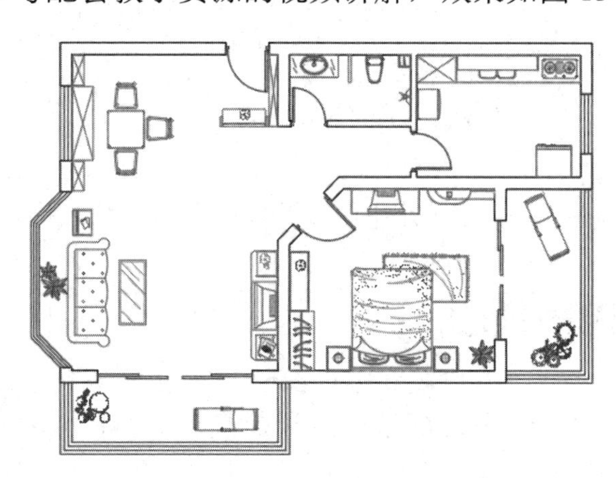

图 13-1 套一厅平面布置图

13.1.3 绘制套一厅地面材质图

下面绘制套一厅地面材质图，以对平面布置图进行完善，详细的操作步骤请参考配套教学资源的视频讲解，效果如图 13-2 所示。

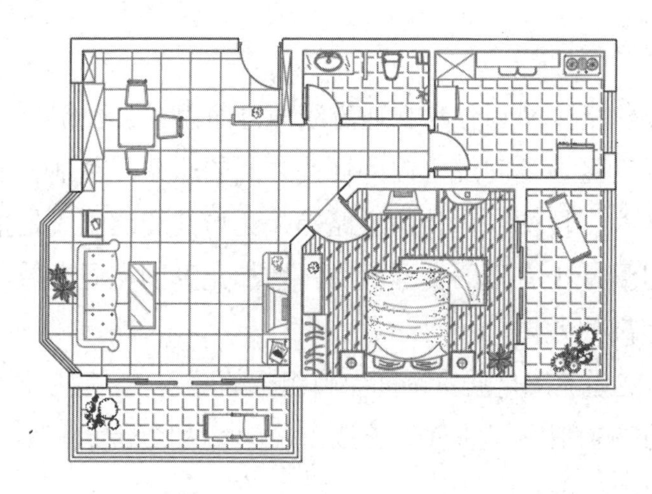

图 13-2　套一厅地面材质图

13.1.4　标注套一厅平面布置图的尺寸与文字注释

下面标注套一厅平面布置图的尺寸与文字注释，详细的操作步骤请参考配套教学资源的视频讲解，效果如图 13-3 所示。

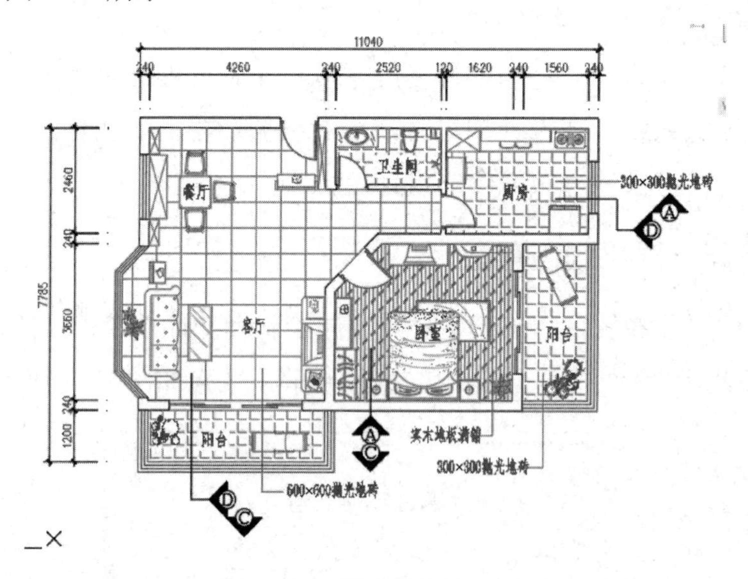

图 13-3　套一厅平面布置图的尺寸与文字注释

13.2　绘制室内吊顶图

吊顶图标明了室内吊顶的结构、灯具样式和数量、灯具的具体位置等，是室内装饰设计中的重要图纸之一。

13.2.1　吊顶的设计理念、形成特点与类型

下面介绍吊顶的设计理念、形成特点与类型，以帮助读者绘制室内吊顶图。

1. 小户型吊顶的设计原理

（1）避免复杂的吊顶：小户型居室大多较矮，所以吊顶应点到为止，较薄的、造型较小的吊顶装饰应该成为首选，或者干脆不做吊顶。如果吊顶形状过于规则，就会使吊顶的空间区域感很强烈，因此，小户型可以考虑做异形吊顶或木质、铝制的格栅吊顶。

当然，也可以选用新型材料或打破常规的材料，既富有新意又无局促感。

（2）避免单调的布光：小户型吊顶的造型较为简单，区域界线感不够强，这无形中为灯具的选择与使用带来了较大的难度。如果只放一个或几个主灯，就会显得过分单调。小空间的布光应该有主有次，主灯应大气明亮，以造型简洁的吸顶灯为主，辅之以台灯、壁灯、射灯等，相配的灯具和光线的运用会使空间氛围更好。

另外，还要强调灯具的功能性、层次感，因为交叉使用不同的光源效果，不仅可以突出主体，还可以明确功能。

（3）避免暗淡的墙面颜色：空间狭小的户型主体颜色的选择难度较大，一般选择明度与纯度都较低的色系，也就是常说的灰色系，因为颜色的纯度越强烈，越先映入眼帘，这会让人有挤压感，感觉空间缩小。

明度应以相对明亮的颜色为主，明度较高，感官上会有延展性，就是我们通常所说的“宽敞明亮”。

2. 吊顶的形成特点

吊顶也称为天棚、顶棚、天花板及天花等，是室内装饰的重要组成部分，也是室内空间装饰中最富有变化、最引人注目的界面，其透视感较强。

吊顶平面图一般采用镜像投影法绘制，主要根据室内的结构布局进行吊顶的设计和灯具的布置，与室内其他内容构成一个有机联系的整体，让人们从光、色、形体等方面感受室内环境。

在一般情况下，吊顶的设计常常需要从审美要求、物理功能、建筑照明、设备安装、管线敷设、防火安全等多方面进行综合考虑。

3. 吊顶的类型

吊顶一般可分为平板吊顶、异型吊顶、格栅式吊顶、藻井式吊顶、局部吊顶五大类型，具体如下。

- 平板吊顶：一般以 PVC 板、铝扣板、石膏板、矿棉吸音板、玻璃纤维板、玻璃等作为主要装修材料，照明灯卧于顶部平面之内或吸于顶上。此种类型的吊顶多用于卫生间、厨房、阳台和玄关等。
- 异型吊顶：是局部吊顶的一种，使用平板吊顶的形式把顶部的管线遮挡在吊顶内，顶面可嵌入筒灯或内藏日光灯，使装修后的顶面形成两个层次，不会产生压抑感。

异型吊顶采用的云型波浪线或不规则弧线一般不超过整体顶面面积的三分之一，如果超过或小于这个比例，就难以达到好的效果。

- 格栅式吊顶：需要使用木材做成框架，镶嵌上透光或磨砂玻璃，光源在玻璃上面。此种类型的吊顶是平板吊顶的一种，但是造型比平板吊顶生动、活泼，装饰效果比较好，一般用于餐厅、门厅、中厅或大厅等大空间。此种类型的吊顶的优点是光线柔和、轻松自然。
- 藻井式吊顶：在房间的四周进行局部吊顶，可设计成一层或两层，装修后有增加空间高度的效果，还可以改变室内的灯光照明效果。

这类吊顶需要室内空间具有一定的高度，并且房间面积较大。

- 局部吊顶：为了避免室内的顶部有水、暖、气管道，并且空间的高度又不允许进行全部吊顶，可以采用局部吊顶。

由于城市的住房普遍较低，因此吊顶后会使人感到压抑和沉闷。所谓无吊顶装修就是在房间顶面不加修饰。无吊顶装修的方法是，顶面做简单的平面造型处理，采用现代灯饰灯具，配以精致的角线，给人一种轻松自然的感觉。选用合适的吊顶类型，不但可以弥补室内空间的缺陷，而且可以给室内增加个性色彩。

13.2.2 绘制套一厅吊顶轮廓图

下面绘制套一厅吊顶轮廓图，详细的操作步骤请参考配套教学资源的视频讲解，效果如图 13-4 所示。

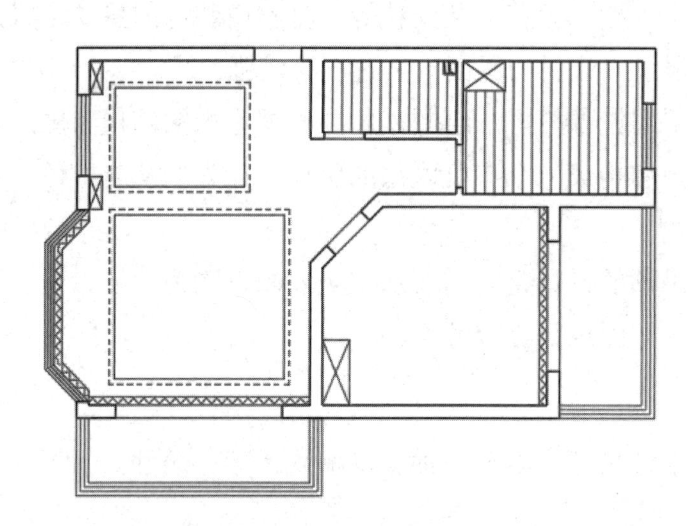

图 13-4　套一厅吊顶轮廓图

13.2.3 绘制套一厅吊顶灯具图

下面绘制套一厅吊顶灯具图，详细的操作步骤请参考配套教学资源的视频讲解，效果如图 13-5 所示。

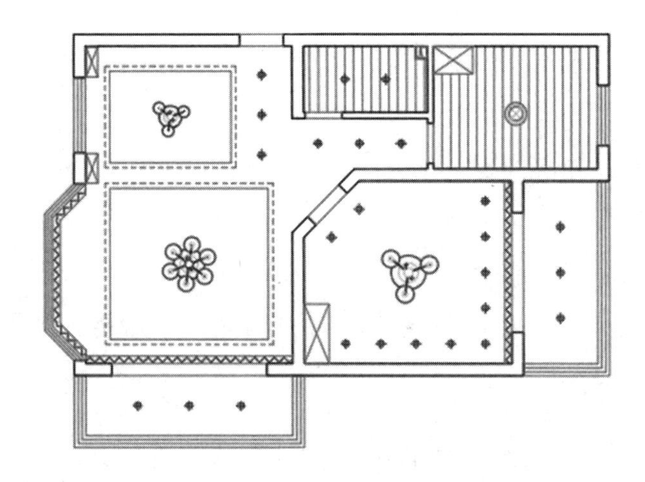

图 13-5　套一厅吊顶灯具图

13.2.4　标注套一厅吊顶图的尺寸与文字注释

下面标注套一厅吊顶图的尺寸与文字注释，详细的操作步骤请参考配套教学资源的视频讲解，效果如图 13-6 所示。

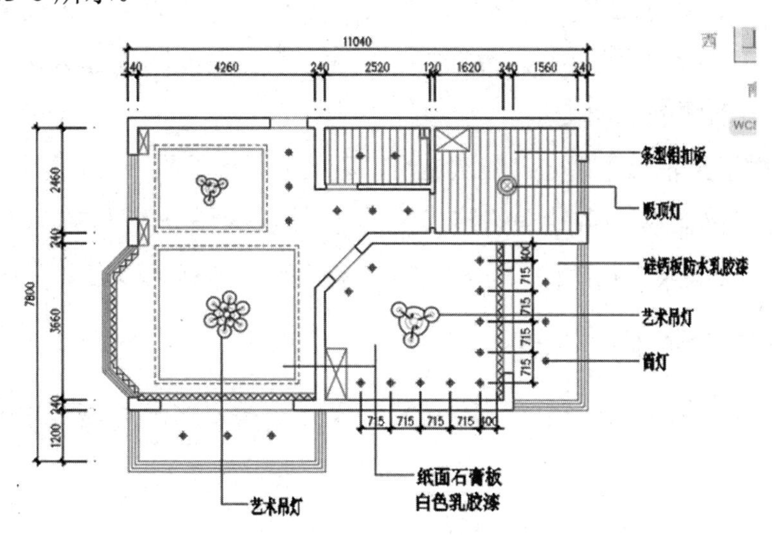

图 13-6　套一厅吊顶图的尺寸与文字注释

13.3 绘制室内立面图

室内立面图也是室内装饰工程中的重要图纸。

13.3.1　室内立面图的表达内容与形成特点

1. 室内立面图的表达内容

室内立面图主要用于标明建筑内部某装修空间的立面形式、尺寸及室内配套布置等，其图示内容如下。

- 在立面图中，需要体现室内立面上的各种装饰品，如壁画、壁挂及金属等的式样、位置和大小。
- 在立面图中，还需要体现门窗、花格及隔断等构件的高度尺寸和安装尺寸，以及家具和室内配套产品的安放位置及尺寸等。
- 如果采用剖面图表示的立面图，还要表明顶棚的选级变化及相关尺寸。
- 若有必要，则需要配合文字说明其饰面材料的品名、规格、色彩和工艺要求等。

2. **室内立面图的形成特点**

室内立面图的形成，归纳起来主要有以下 3 种方式。

- 将室内空间垂直剖开，移去剖切平面前的部分，对余下的部分进行正投影。这种立面图实际上是带有立面图示的剖面图。它所表现的图像的进深感比较强，并且能同时反映顶棚的选级变化。但这种立面图的缺点是剖切位置不明确（在平面布置上没有剖切符号，仅用投影符号表明视向），其剖面图示安排较难与平面布置图和顶棚平面图相对应。
- 将室内各墙面沿面与面相交处拆开，移去暂时不予图示的墙面，将剩下的墙面及其装饰布置向铅直投影面进行投影。这种立面图不出现剖面图像，只出现相邻墙面及其上装饰构件与该墙面的表面交线。
- 将室内各墙面沿某轴阴角拆开，依次展开，直至都平等于同一铅直投影面，形成立面展开图。这种立面图能将室内各墙面的装饰效果连贯地展示在人们眼前，以便人们研究各墙面之间的统一与反差及相互衔接关系，对室内装饰设计与施工而言具有重要作用。

13.3.2 绘制客厅 C 向立面图

下面绘制某户型客厅 C 向立面图，详细的操作步骤请参考配套教学资源的视频讲解，效果如图 13-7 所示。

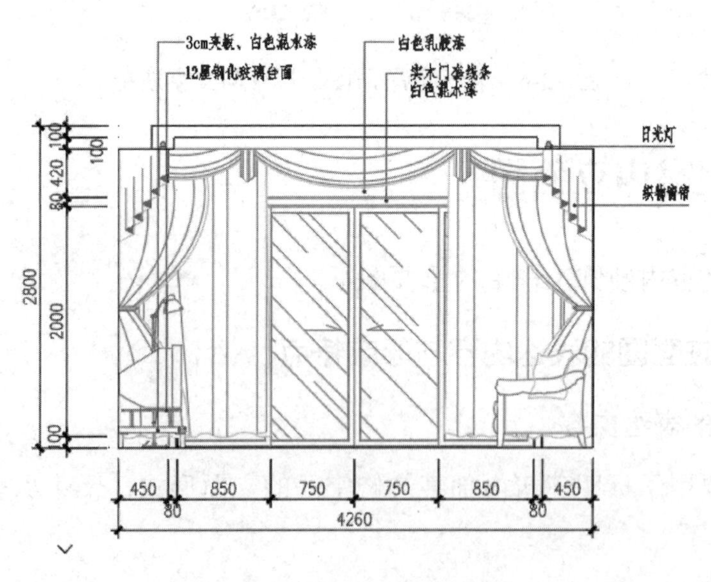

图 13-7 客厅 C 向立面图

13.3.3 绘制客厅 D 向立面图

下面绘制某户型客厅 D 向立面图，详细的操作步骤请参考配套教学资源的视频讲解，效果如图 13-8 所示。

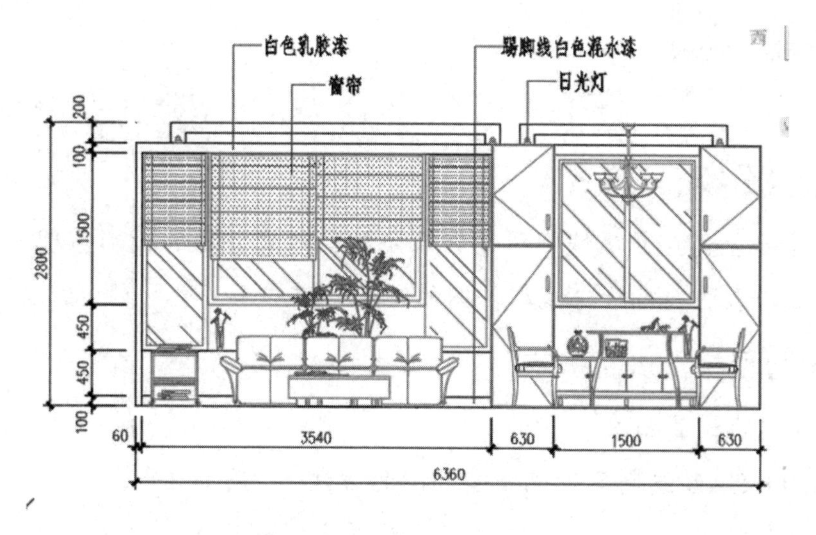

图 13-8 客厅 D 向立面图

13.3.4 绘制卧室 C 向立面图

下面绘制卧室 C 向立面图，详细的操作步骤请参考配套教学资源的视频讲解，效果如图 13-9 所示。

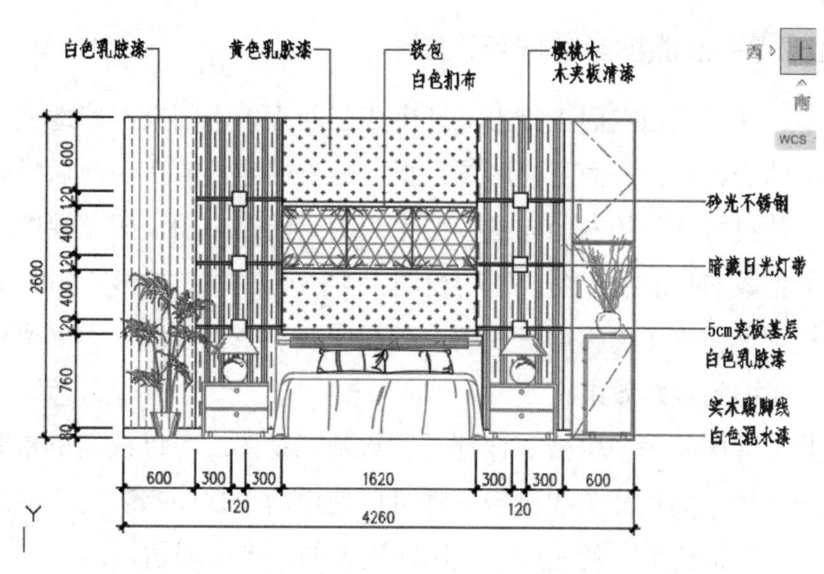

图 13-9 卧室 C 向立面图

AutoCAD 绘图实战（三）——机械制图

第 14 章

工作任务分析

本章主要通过 AutoCAD 机械制图案例来介绍机械零件图的投影原理、机械零件视图的类型、机械零件图的表达内容及机械零件图的绘图标准等。

知识学习目标

- 掌握机械制图的相关知识。
- 掌握使用 AutoCAD 绘制各种机械零件图的方法。

技能实践目标

能够使用 AutoCAD 绘制各种机械零件图。

14.1 机械零件图的投影原理、表达内容与绘图要求

14.1.1 机械零件图的投影原理与视图

在机械工程中，通常采用三面正投影原理生成三面正投影图来准确地表达机械零件的内部结构特征和外部结构特征。三面正投影图是指，从机械零件的正面向后投影生成的正面投影图，即主视图，从机械零件的左面向右投影生成的侧面投影图，即左视图，以及从机械零件的顶面向下投影生成的顶面投影图，即俯视图。半轴壳零件的投影图如图 14-1 所示。

主视图、左视图和俯视图总称为三视图，三视图是机械工程的三大主要视图。三视图表现了机械零件 3 个正面的投影效果。

需要说明的是，并不是每个机械零件都需要绘制三视图。可以根据机械零件的复杂程度选择不同的视图来表达，如较简单的机械零件可以使用两个视图来表达，如果两个视图不能表达清楚机械零件的结构特征，就使用三视图或更多的视图来表达。

除此之外，在机械工程中还需要绘制机械零件三维图、轴测图、装配图和剖视图等。

1. 三维图与轴测图

三维图用来表现机械零件的三维效果，可以更直观地表现机械零件的内部结构特征和外部结构特征。轴测图是在二维空间中快速表达机械零件三维形体的最简单的视图。轴测图也可以比较直观地表现机械零件的外形特征。半轴壳零件的三维图与轴测图如图 14-2 所示。

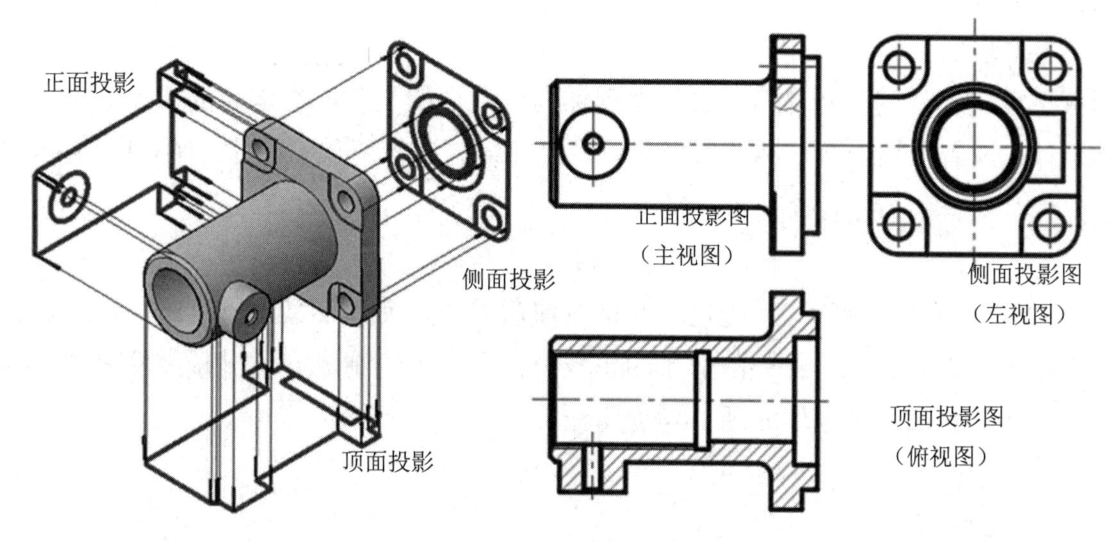

图 14-1 半轴壳零件的投影图

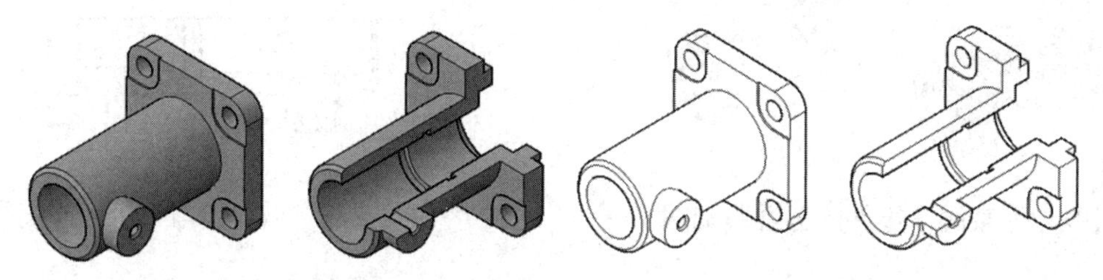

（a）半轴壳零件的三维图与三维剖视图　（b）半轴壳零件的轴测图与轴测剖视图

图 14-2 半轴壳零件的三维图与轴测图

2. 装配图

与其他视图的表达内容不同，装配图主要表达机械的工作原理和装配关系，用于机械或部件的装配、调试、安装和维修等场合，是表达机械或部件的图样，也是生产中的一种重要的技术文件。装配图包括二维装配图与三维装配图。某阀体零件的三维装配图如图 14-3 所示。

3. 剖视图

在机械工程图中，三视图只能表明机械零件外形的可见部分，形体上不可见部分在投影图中用虚线表示，对于内部结构比较复杂的形体来说，图中的虚线和实线必然重叠交错，既不易识读，又不便于标注尺寸。因此，在机械工程图中采用剖视的方法，如果想用一个剖切面将形体剖开，移去剖切面与观察者之间的那部分形体，那么将剩余部分与剖切面平行的投影面做投影，并将剖切面与形体接触的部分绘制剖面线或材料图例，这样得到的投影图称为剖视图。

剖视图包括二维剖视图、三维剖视图及轴测剖视图。二维剖视图包含在三视图之内，三维剖视图包含在三维图之内，轴测剖视图包含在轴测图之内。

剖视图有以下几种类型。

1）全剖视图

用剖切面完全地剖开物体得到的剖视图称为全剖视图。此种类型的剖视图适用于结构不对称的形体，或者虽然结构对称但外形简单、内部结构比较复杂的物体。图 14-1 所示的半轴壳零件的俯视图其实就是一个全剖视图。

2）半剖视图

当机械零件内外形状均匀，为左右对称或前后对称，而外形又比较复杂时，可以将其投影的一半绘制成表示机械零件外部形状的正投影，另一半绘制成表示机械零件内部结构的剖视图。半轴壳零件的半剖视图如图 14-4 所示。

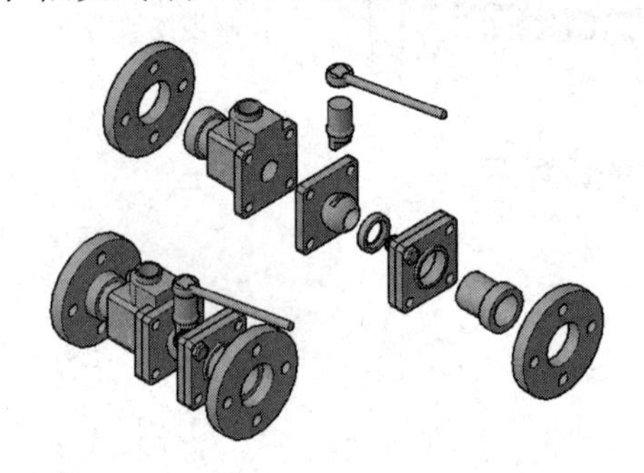

图 14-3　某阀体零件的三维装配图

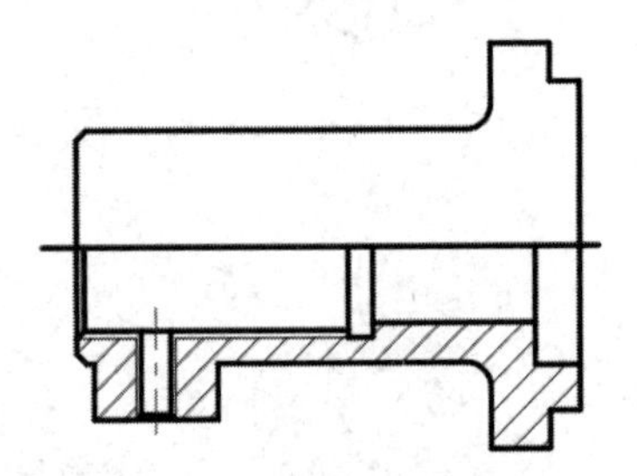

图 14-4　半轴壳零件的半剖视图

3）局部剖视图

使用剖切面局部地剖开机械零件后所得到的视图称为局部剖视图，多用于结构比较复杂、视图比较多的情况。图 14-1 所示的半轴壳零件的主视图就是局部剖视图。

4）其他视图

在机械制图中，三视图基本上能反映出机械零件的结构特征，但在实际绘图时，需要根据机械零件本身的特征来决定。如果主视图已经能清楚地表达零件的结构特征，就不需要绘制其他视图；如果主视图尚不能清楚地表达主要结构形状，就要通过俯视图或左视图来继续表达，有时还需要通过绘制仰视图（从下往上看）、后视图（从后向前看）、右视图（从右向左看）及局部放大图等进一步表达机械零件的结构特征。

14.1.2　机械零件图的表达内容

机械零件图是表达单个机械零件的图样，也是生产加工和检验零件的依据。因此，机械零件图应包括视图、尺寸、技术要求及标题栏等内容。

1）视图与尺寸

视图要能够完整、清晰地表达机械零件的结构和形状，以满足生产的需要。在绘制机械零件图时，应根据零件的功用及结构等采用不同的视图及表达方法。例如，一个简单的轴套零件使用两个视图即可清楚、完整地表达其内部结构特征和外部结构特征，通常将其称为零件二视图。较为复杂的箱体、壳体和夹具等零件需要使用 3 个或更多个视图来表达其内部结构特征和外部结构特征，通常将其称为零件三视图。

尺寸是指表达零件各部分的大小和各部分之间的相对位置关系的参数，是零件加工的重要依据。要在一个零件的各个视图上标注尺寸，并且各个视图之间的尺寸要能相互对应，以方便零件的加工、制造。标注了尺寸的半轴壳零件三视图如图 14-5 所示。

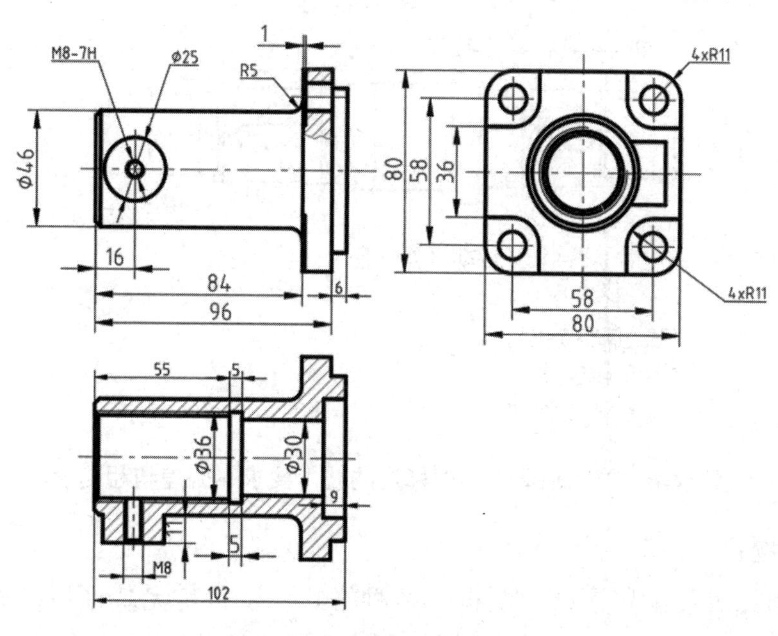

图 14-5 半轴壳零件三视图

2）技术要求、文字注释、公差与粗糙度

技术要求是机械零件图中非常重要的内容，是机械零件加工、制造的重要参考依据。技术要求包括文字说明及符号参数两部分。文字说明通过文字注释的方式说明零件图中未标注的角度，以及零件加工材料、方法和工艺要求；符号参数包括公差和粗糙度两部分，以符号的形式标明零件的精度及工艺要求等。

文字注释一般以文字的形式说明零件在加工、检验过程中所需的技术要求。公差是指实际参数值的变动量，既包括机械加工中的几何参数，又包括物理、化学、电学等学科的参数。机械零件中的几何公差包括尺寸公差、形状公差和位置公差。尺寸公差是指尺寸允许的变动量，等于最大极限尺寸与最小极限尺寸代数差的绝对值；形状公差是指单一实际要素的形状所允许的变动全量，包括直线度、平面度、圆度、圆柱度、线轮廓度和面轮廓度 6 个项目；位置公差是指关联实际要素的位置对基准所允许的变动全量，限制零件的两个或两个以上的点、线、面之间的相互位置关系，包括平行度、垂直度、倾斜度、同轴度、对称度、位置度、圆跳动和全跳动 8 个项目。公差表示了零件的制造精度要求，反映了其加工难易程度。

另外，在机械零件加工中，粗糙度是指零件表面具有的较小间距和峰谷所组成的微观几何形状特性。表面粗糙度一般是由所采用的加工方法和其他因素引起的，如加工过程中刀具与零件表面间的摩擦，切屑分离时表面层金属的塑性变形，以及工艺系统中的高频振动等。由于加工方法和工件材料不同，因此被加工表面留下痕迹的深浅、疏密、形状和纹理都有差别。表面粗糙度与机械零件的配合性质、耐磨性、疲劳强度、接触刚度、振动和噪声等有密切关系，对机械产品的使用寿命和可靠性有重要影响。

图 14-6 所示为传动轴零件图中标注的技术要求、公差与粗糙度。

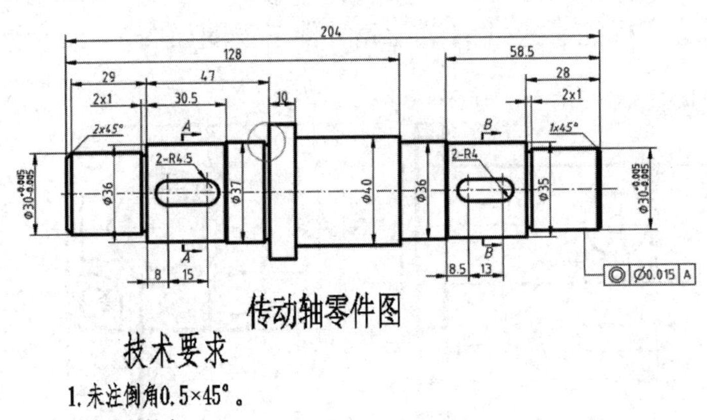

技术要求

1. 未注倒角0.5×45°。
2. 去毛刺锐边。
3. 调质处理190-230HB。

图 14-6　传动轴零件图中标注的技术要求、公差与粗糙度

3）图框与标题栏

机械零件图出图时要配置图框。图框有两种格式，一种是无装订边，另一种是有装订边（这两种格式的图框要根据图纸幅面大小，按照《技术制图　标题栏》（GB/T 10609.1—2008）来配置）。图框的右下角要有标题栏，标题栏的格式及尺寸也要按照《技术制图　标题栏》（GB/T 10609.1—2008）来绘制。标题栏中填写的是零件名称、材料、比例、图号、单位名称，以及设计、审核、批准等有关人员的签字等。标题栏文字的方向一般为看图的方向。连接套二视图配置图框如图 14-7 所示。

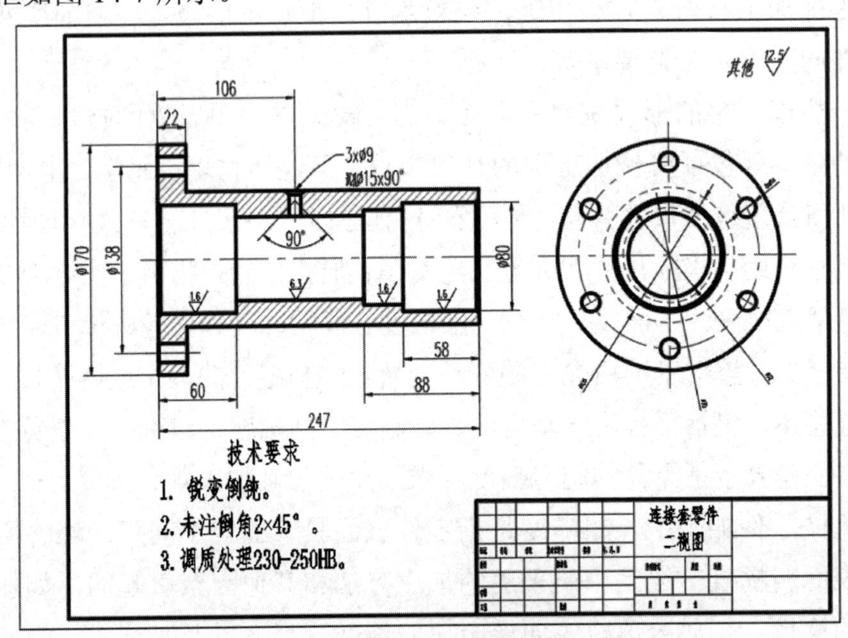

图 14-7　连接套二视图配置图框

14.1.3 机械零件图的选择原则与绘图要求

对于一个机械零件来说，选择零件视图非常重要，这不仅关系到机械零件图的绘制，还关系到机械零件的加工和制造。机械零件图的选择原则包括以下几点。

1. 满足形体特征原则

根据零件的结构特点，要使零件在加工过程中满足工件旋转和车刀移动的要求。

2. 符合工作位置原则

主视图的位置应尽可能与零件在机器或部件中的工作位置一致。

3. 符合加工位置原则

主视图所表达的零件位置要与零件在机床上加工时所处的位置一致，这样便于加工人员在加工零件时看图。

总之，零件视图的选择应根据具体情况进行分析。从有利于看图出发，在满足零件形体特征原则的前提下，应充分考虑零件的工作位置和加工位置，便于加工人员顺利加工出符合要求的零件。

在绘制机械零件图时，每个视图都要能够完整、清晰地表达机械零件的内部结构、外部结构和形状特征，因此，所有视图要能满足以下要求。

（1）完全：零件各部分的结构、形状和相对位置等要表达完整，并且唯一确定，便于零件的加工。

（2）正确：零件图各视图之间的投影关系及表达方法要正确无误，避免加工的零件出现错误。

（3）清楚：所有视图中所绘制的图形要清晰易懂，便于加工人员识图和加工。

在具体绘制过程中，可以先确定正视图方向，再布置视图。先绘制能反映物体真实形状的一个视图，一般为主视图，再运用“长对正、高平齐、宽相等”的原则绘制其他视图和辅助视图。

三等关系具体如下：长对正是指主视图与俯视图的长度要对正（相等）；高平齐是指主视图与左视图的高度要平齐；宽相等是指左视图与俯视图的宽度要相等。半轴壳零件三视图的三等关系如图 14-8 所示。

另外，根据机械零件图的要求，在布置三视图时，俯视图应位于主视图的正下方，左视图应位于主视图的正右方向。

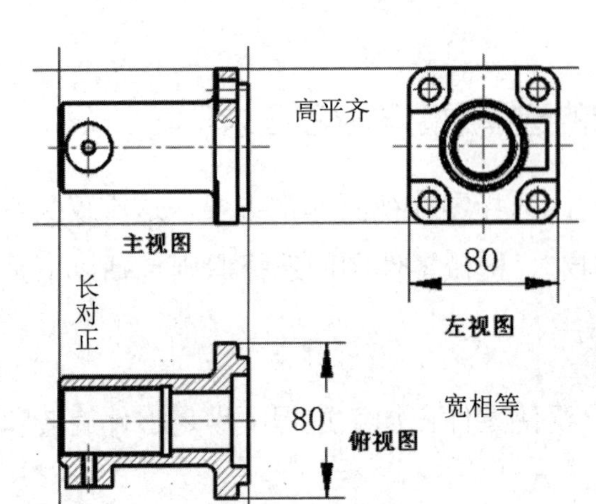

图 14-8　半轴壳零件三视图的三等关系

14.1.4　机械零件图的绘图标准

在机械制图中，所有机械零件图的绘制都要严格遵循国家标准《机械制图》中对机械工程图图样的要求和标准，这些要求和标准包括图纸幅面、图框格式、标题栏尺寸和样式、图形的绘制方法、比例、线型、尺寸标注的基本规定等。

1. 图纸幅面与图框格式的标准

《技术制图　图纸幅面和格式》（GB/T 14689—2008）中对机械零件图图纸幅面及图框都有相关的标准和要求。

1）图纸幅面

图纸幅面就是绘图的纸张大小，纸张的宽度（*B*）和长度（*L*）组成的画面就是图纸幅面，《技术制图　图纸幅面和格式》（GB/T 14689—2008）规定，机械制图中可采用 5 种图纸幅面，表 14-1 所示。

表 14-1　5 种图纸幅面

单位：mm

幅面代号	A0	A1	A2	A3	A4
B×*L*	841×1189	594×841	420×594	297×420	210×297
a	25				
c	10			5	
e	20		10		

2）图框格式

在一般情况下，机械设计图纸中都要有图框。图框有两种格式，一种格式为有装订边，另一种格式为没有装订边，这两种格式的图框都采用粗实线绘制。需要说明的是，同一产品的图纸要采用一种图框格式。图 14-9（a）所示是 A3 图纸有装订边的图框格式，图 14-9（b）所示是 A3 图纸没有装订边的图框格式。

3）标题栏

标题栏位于图框的右下角，用于填写零件名称、材料、比例、图号、单位名称，以及设计、审核、批准等有关人员的签字等。每张机械设计图纸都应该有标题栏，标题栏的方向一般为看图的方向，其区域组成、格式与尺寸要遵循《技术制图　标题栏》（GB/T 10609.1—2008）的规定。标题栏的格式与内容如图 14-10 所示。

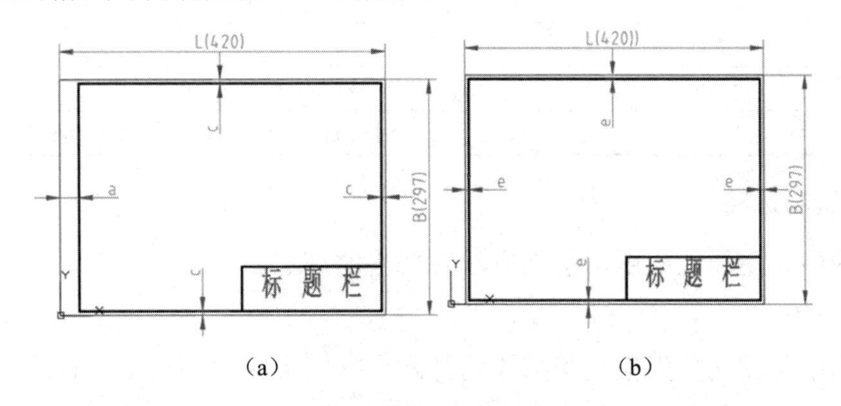

图 14-9　A3 图纸有装订边与没有装订边的图框格式

图 14-10　标题栏的格式与内容

2. **绘图比例要求**

比例就是实物与图形之比。在绘制机械零件图时，同一零件的各视图要采用统一比例，将实物按照放大或缩小的比例来绘制图形。当零件的某些结构采用了不同比例绘制时，要在图形下方标注比例。如图 14-11 所示，弯管模 A 向视图采用了 2∶1 的比例放大绘制。

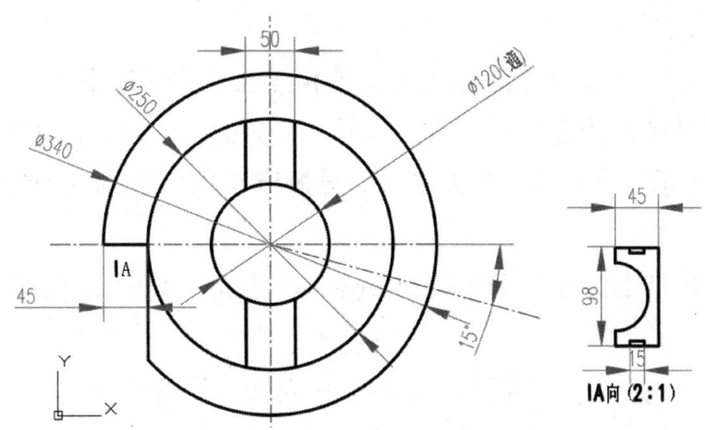

图 14-11　弯管模 A 向视图放大绘制

需要注意的是，不管采用的是放大比例还是缩小比例绘制零件图，都要标注零件的实际尺寸。表 14-2 所示是《技术制图　比例》（GB/T 14690—1993）推荐优先使用的绘图比例。

表 14-2　推荐优先使用的绘图比例

种类	优先使用
原值比例	1：1
放大比例	2：1　　5：1　　1×10*n*：1　　2×10*n*：1　　5×10*n*：1
缩小比例	1：2　　1：2　　1：10　　1：1×10*n*　　1：2×10*n*　　1：5×10*n*

3. 线型与绘制标准

在机械制图中，图线的应用与绘制方法有严格的规定。

1）图线的应用

在机械制图中，图线分为粗线和细线两种。根据图形的大小及复杂程度，图线宽度（*b*）的选择范围为 0.5～2mm，粗线与细线的宽度比为 2：1，图线宽度的推荐系列为 0.13mm、0.18mm、0.25mm、0.35mm、0.5mm、0.7mm、1mm、1.4mm、2mm。在机械制图中，常用图线的用法如表 14-3 所示。

表 14-3　常用图线的用法

名称	形式	宽度	用途
粗实线		*b*	可见轮廓线
细实线		*b*/2	尺寸线、尺寸界线、剖面线、重合断面轮廓线、过渡线
波浪线		*b*/2	断裂处的边界线、视图与剖视图的分界线
双折线		*b*/2	断裂处的边界线
细虚线		*b*/2	不可见轮廓线
粗虚线		*b*	允许表面处理的表示线
细点画线		*b*/2	轴线、对称中心线
粗点画线		*b*	限定范围表示线
细双点画线		*b*/2	相邻辅助零件的轮廓线、极限位置的轮廓线

2）图线的绘制方法

在机械制图中，图线的绘制方法有相关要求和标准，具体如下。

- 同一视图中同类图线的宽度应一致，虚线、点画线及双点画线的线段长度与间隔要一致。图 14-12 所示为连接套零件左视图，外侧圆与内侧圆均为图形轮廓线，（a）是正确的，（b）是错误的。
- 两条平行线（包括剖面线）之间的距离要不小于粗实线的 2 倍宽度，最小距离不得小于 0.7mm。
- 圆的对称中心线的交点应为圆心，点画线与双点画线首尾两端应为线段而不是短画线。在较小的图形上绘制点画线或双点画线时，有时比较困难，这时可以使用细实线代替，如图 14-13 所示。
- 轴线、对称中心线、双折线，以及作为中断线的双点画线，要超出轮廓线 2～5mm，如

图 14-14 所示。

- 当点画线、虚线与其他图线相交时，都应该在线段处相交，不能在空隙或短画线处相交。当虚线处于粗实线的延长线上时，粗实线应绘制到分界点，虚线应留有空隙。当虚线圆弧与虚线直线相切时，虚线圆弧的线段要绘制到切点，虚线直线要留有空隙，如图 14-15 所示。

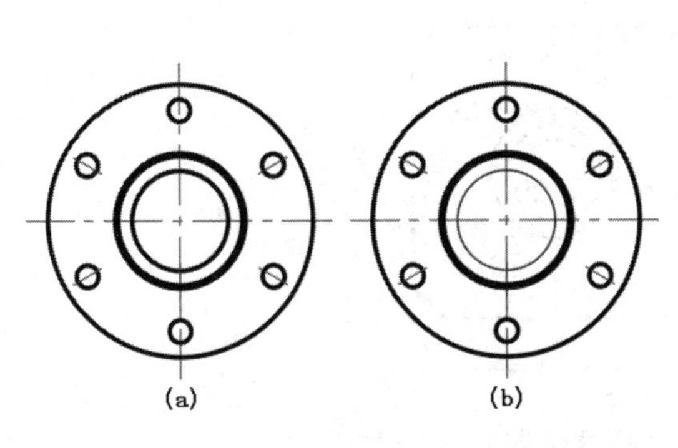

图 14-12　连接套零件左视图

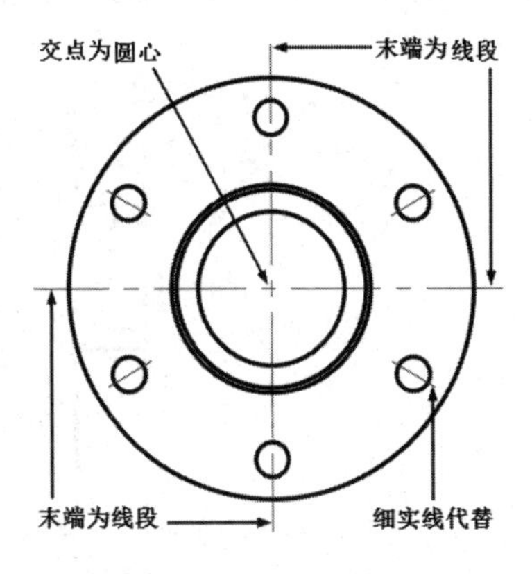

图 14-13　图线示例 1

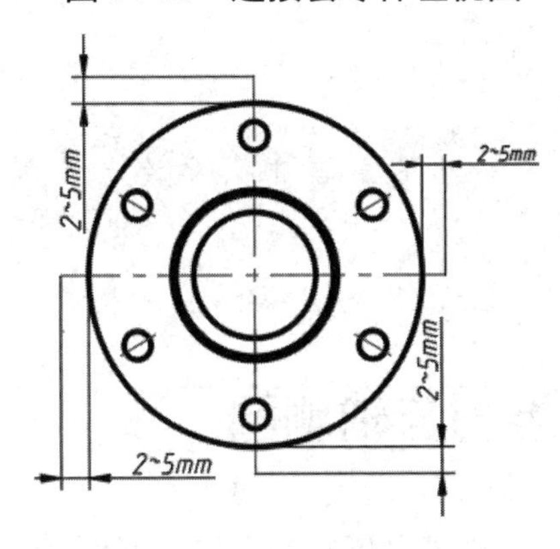

图 14-14　图线示例 2

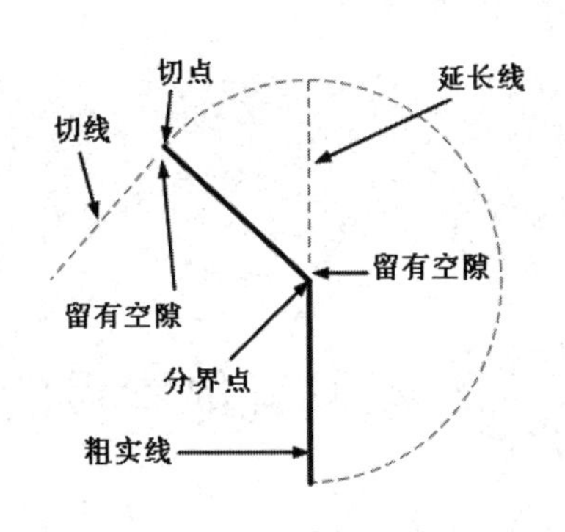

图 14-15　图线示例 3

4. 尺寸标注的基本规定

为机械零件图标注尺寸，不仅要仔细认真、一丝不苟，做到正确、完整、清晰、合理，还要严格遵守《机械制图　图样画法　视图》（GB/T 4458.1—2002）对机械零件图尺寸标注方法的规定。

尺寸标注的基本规定包括以下几点。

- 机械零件的真实大小要以零件图上所标注的尺寸数值为依据，与图形大小及绘图精确度无关。由此可以看出，在绘制机械零件图时，图形大小与精确度并不是很重要，尺寸标注才是关键。
- 绘图单位以毫米为单位时，不必标注单位符号与名称，如果采用了其他单位，就需要注明相应的单位符号。
- 零件图中所标注的尺寸必须是该零件的最后完工尺寸，否则要加以说明。也就是说，零件图中标注的尺寸如果只是该零件的草图而非最终的图样尺寸，那么需要说明，否则会被视为该零件的最终完工尺寸。

- 零件的同一个尺寸一般只标注一次，并且应该标注在反映该零件结构清晰的图形上。如图 14-16 所示，在左视图中已经标注了壳体零件内孔圆的直径，在主视图中就不需要再标注了，在左视图中没有标注隐藏线圆的直径，所以需要在主视图中进行标注，左视图中圆角矩形的 4 个圆角度都相同，只需要标注一个圆角度即可。

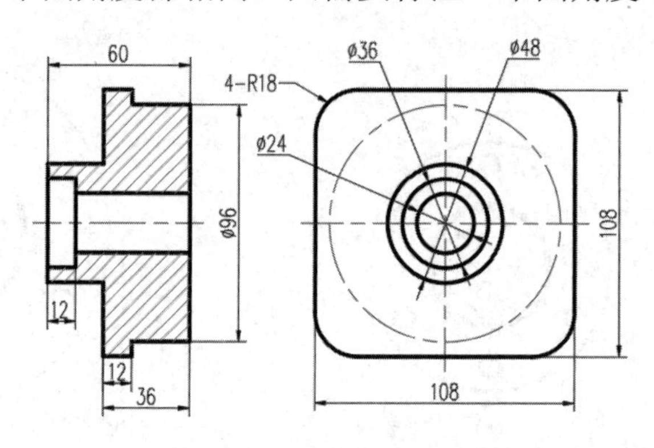

图 14-16　尺寸标注示例

小贴士：

在标注尺寸时，长度尺寸不需要任何符号，而圆弧及圆需要在尺寸数字前添加半径符号或直径符号。

14.2　绘制壳体零件的三视图、三维图与轴测图

壳体零件的结构比较复杂，其正投影图有主视图、俯视图和左视图。下面绘制壳体零件的三视图、三维图与轴测图。

14.2.1　绘制壳体零件的俯视图

下面绘制壳体零件的俯视图，详细的操作步骤请参考配套教学资源的视频讲解，效果如图 14-17 所示。

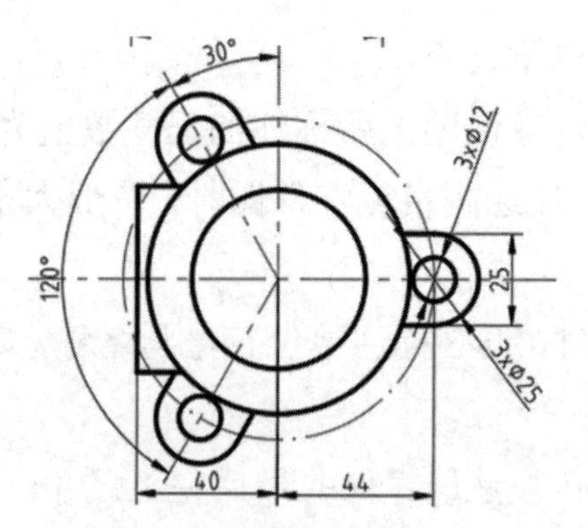

图 14-17　壳体零件的俯视图

14.2.2 绘制壳体零件的左视图

下面绘制壳体零件的左视图，详细的操作步骤请参考配套教学资源的视频讲解，效果如图 14-18 所示。

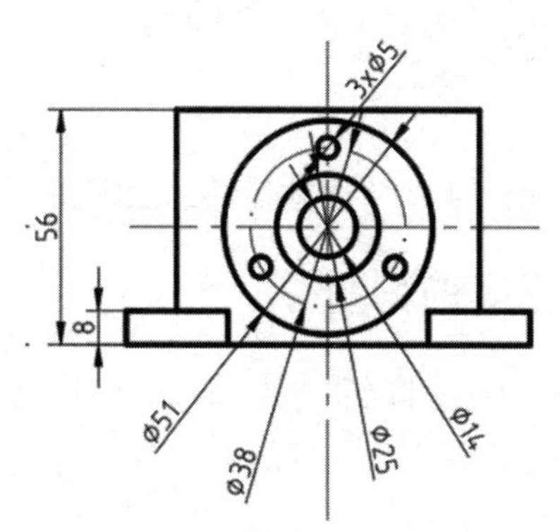

图 14-18 壳体零件的左视图

14.2.3 绘制壳体零件的主视图

下面绘制壳体零件的主视图，详细的操作步骤请参考配套教学资源的视频讲解，效果如图 14-19 所示。

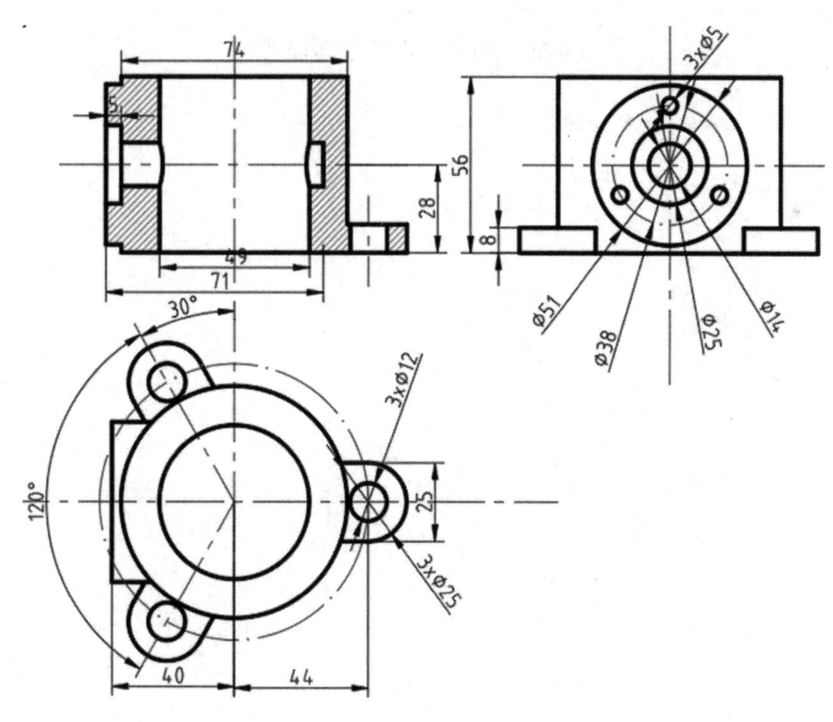

图 14-19 壳体零件的三视图

14.2.4 绘制壳体零件的三维图

下面绘制壳体零件的三维图，详细的操作步骤请参考配套教学资源的视频讲解，效果如图 14-20 所示。

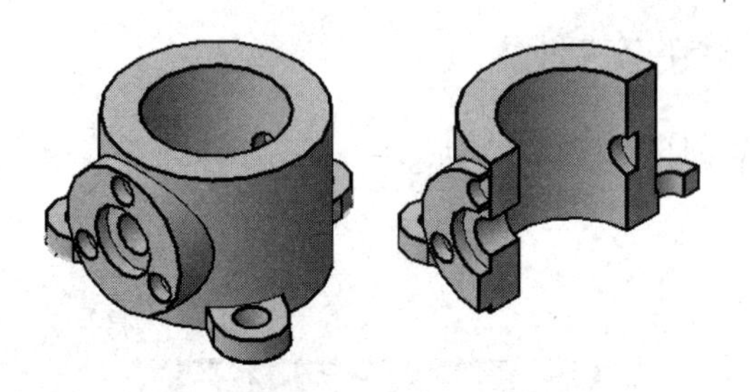

图 14-20　壳体零件的三维图

14.2.5　绘制壳体零件的正等轴测图

下面绘制壳体零件的正等轴测图，详细的操作步骤请参考配套教学资源的视频讲解，效果如图 14-21 所示。

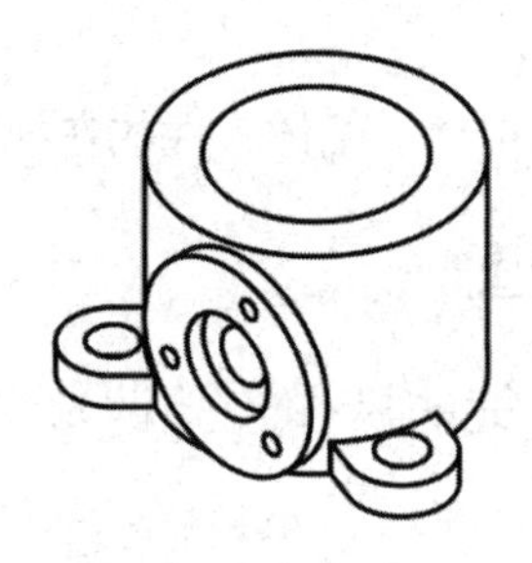

图 14-21　壳体零件的正等轴测图